电气自动化技能型人才实训系列

Protel 99SE电路设计与制版应用技能实训

肖明耀　程　莉　廖银萍　编著

中国电力出版社
CHINA ELECTRIC POWER PRESS

内 容 提 要

本书以 Protel 99SE 为平台，介绍了电路设计与制版的基本方法和技巧。本书采用以工作任务驱动为导向的项目训练模式，分七个项目，每个项目设有 1～3 个训练任务，通过任务驱动技能训练，读者可快速掌握简单电原理图设计、原理图元件库的编辑、层次化电原理图设计、印制电路板 PCB 设计、PCB 元件制作、单片机可编程控制器 PCB 设计与软件配置、电路仿真分析等电路设计、制版知识与技能。

本书由浅入深，循序渐进，各项目相对独立且前后关联。全书语言简洁，思路清晰，图文并茂，解说详细。随书配套的光盘包含全书 PPT 教学资料和项目教学实例文件，方便教师教学。读者可以通过 PPT 幻灯片快速浏览学习本书内容，通过项目教学实例文件，学习电路设计制版的技术与技巧。

本书贴近教学实际，可作为电路设计与制版的教材，也可供相关行业工程技术人员以及各院校相关专业师生学习参考。

图书在版编目(CIP)数据

Protel 99SE 电路设计与制版应用技能实训/肖明耀，程莉，廖银萍编著. —北京：中国电力出版社，2014.1
(电气自动化技能型人才实训系列)
ISBN 978-7-5123-5199-8

Ⅰ.①P… Ⅱ.①肖… ②程… ③廖… Ⅲ.①印刷电路-计算机辅助设计-应用软件 Ⅳ.①TN410.2

中国版本图书馆 CIP 数据核字(2013)第 272918 号

中国电力出版社出版、发行
(北京市东城区北京站西街 19 号 100005 http://www.cepp.sgcc.com.cn)
北京丰源印刷厂印刷
各地新华书店经售
*
2014 年 1 月第一版 2014 年 1 月北京第一次印刷
787 毫米×1092 毫米 16 开本 16 印张 431 千字
印数 0001—3000 册 定价 **39.00** 元(含 1CD)

前 言

《电气自动化技能型人才实训系列》为电气类高技能人才的培训教材，以培养学生实际综合动手能力为核心，采取以工作任务为载体的项目教学方式，淡化理论、强化应用方法和技能的培养。

电子产品设计制作者都渴望自己能够在短时间内学会设计电路原理图并能制作出完美的印制电路板。为了帮助电子产品设计制作者快速掌握设计电路原理图和制作印制电路板的技能，特编写本书。

本书以 Protel 99SE 为平台，介绍了电路设计与制版的基本方法和技巧。本书采用以工作任务驱动为导向的项目训练模式，分为简单电原理图设计、原理图元件库的编辑、复杂电原理图设计、简单印制电路板 PCB 设计、PCB 元件制作、复杂印刷电路板 PCB 设计、电路仿真分析共七个项目，每个项目设有 1～3 个训练任务。全书共 17 个任务，通过任务驱动技能训练，读者可快速掌握电路原理图设计和制版的知识与技能。

本书由浅入深，循序渐进，各项目相对独立且前后关联。全书语言简洁，思路清晰，图文并茂，解说详细。随书配套的光盘包含全书 PPT 教学资料和项目教学实例文件，方便教师教学，读者可以通过 PPT 幻灯片快速浏览学习本书内容，通过项目教学实例文件，学习电路设计制版的技术与技巧。

本书由肖明耀、程莉、廖银萍编写。

由于编写时间仓促，加上作者水平有限，书中难免存在错误和不妥之处，恳请广大读者批评指正。

作 者

目 录

项目一　简单电原理图设计

学习目标

（1）学会启动、退出 Protel 99SE 软件。
（2）学会创建、保存、删除 Protel 99SE 文件。
（3）学会设置系统参数。
（4）学会查看元件属性，编辑、移动元件对象。
（5）设计直流稳压电源电路。

任务 1　认识 Protel 99SE

基础知识

一、Protel 99SE 简介

Protel 99SE 是一款非常好用而且实用的电路设计软件，它采用数据库的管理方式，电路设计功能强大、界面友好、操作简便，受到广大电路设计人员的好评，是当今最流行的电子设计自动化软件之一。

Protel 99SE 包括原理图设计、印刷电路板 PCB 设计、电路仿真等多个模块，能够准确地设计和分析电路，并可提高设计效率、缩短开发周期、降低生产成本。

1. Protel 99SE 的功能模块

Protel 99SE 主要包括原理图设计模块、印刷电路板设计模块、电路信号仿真模块和可编程逻辑器件 PLD 设计模块等，各模块功能强大，可以较好地实现电路设计与分析。

（1）原理图（Schematic）设计模块。电路原理图是表示电路原理或电气产品的重要技术文件，主要由代表各种电子元器件的图形符号、线路和连接点等组成。图 1-1 就是一张由原理图设

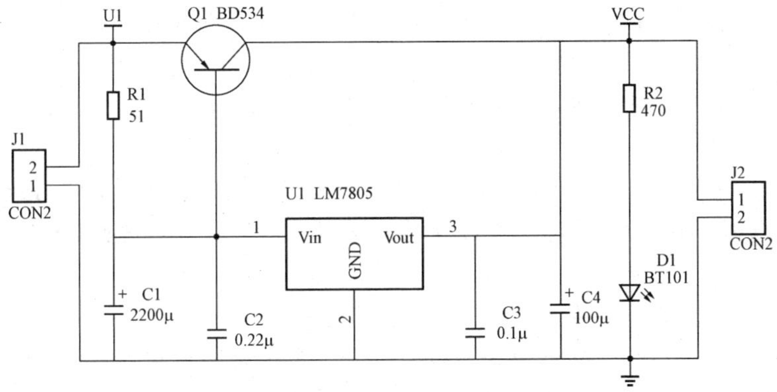

图 1-1　电路原理图

计模块设计完成的电路原理图。

原理图设计模块主要包括设计原理图的原理图编辑器，用于制作、修改、生成电子元件符号编辑器和各种报表生成器。原理图设计模块具有丰富、灵活的编辑功能，在线库编辑及库管理功能，强大的设计自动化功能，支持层次化设计功能等。

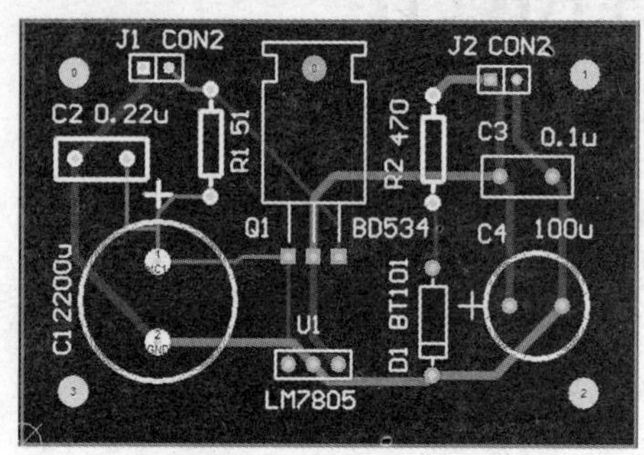

图 1-2　印刷电路板图

(2) 印刷电路板设计模块。印刷电路板 PCB 设计模块是由电路原理图到制作印刷电路板的桥梁，设计了电路原理图后，可以利用印刷电路板设计模块完成复杂印刷电路板图的设计。印刷电路板是用于安装电子元件组成电器产品的底板，图 1-2 为一张由 PCB 设计模块设计的印刷电路板 PCB 图。

印刷电路板设计模块是一个 32 位电子自动化设计系统，主要包括用于设计印刷电路板的 PCB 编辑器，用于 PCB 自动布线的 Route 模块，用于修改、生成元件封装的元件封装库编辑器和各种报表生成器。

印刷电路板设计模块具有方便灵活的编辑功能、强大的设计自动化功能、在线元件库封装编辑及库管理功能、完备的输出系统等功能和特点。

(3) 电路信号仿真模块。电路信号仿真是一个功能强大的数字、模拟混合信号仿真器，它能提供连续的模拟信号和离散的数字信号仿真。它运行在 Protel 的 EDA/Client 集成环境下，与 Advanced Schematic 原理图输入程序协调工作，作为 Advanced Schematic 原理图的扩展，为用户提供完整的从电路设计到仿真验证的设计环境。Protel 软件支持静态工作点分析、直流分析、交流小信号分析、瞬态分析、傅里叶分析、噪声分析、参数扫描分析、温度扫描分析等电路分析类型。

(4) 可编程逻辑器件设计模块。可编程逻辑器件是根据用户的实际需要，由用户和集成电路制作商对其编程，制成符合用户要求的专用集成电路，使单片的器件集成多片 CMOS 或 TTL 数字逻辑器件的逻辑功能。

可编程逻辑器件设计模块支持所有主要逻辑元件生产企业生产的元器件，只需学习一种开发环境就可以使用不同厂商的集成电路器件，可将不同的逻辑功能用物理上不同的元件实现，隐藏所使用的逻辑器件，并且可以随意安排元件的引脚，便于印刷电路板的设计，以便根据生产成本、供货等自由选择元件的制作商。

2. Protel 99SE 的特性

Protel 99SE 在 Protel 版本的基础上增加了更多实用、强大、灵活的新功能，提高了电路图设计质量和效率。

(1) 文件管理。Protel 99SE 独特的设计导航器 Design Explorer 提供了强大的工具整合环境、文件管理和团队协作特性。

Protel 99SE 的设计导航器 Design Explorer 提高了设计数据库文件的关闭与开启的速度，提供了两种存储数据库的格式选项。可以将设计保存为 Microsoft Access 数据库格式或 Windows 文档数据格式。

图 1-3 显示了一个设计项目数据库文件中的所有文件。

(2) 原理图编辑器。Protel 99SE 电路设计软件强大的原理图编辑器（Schematic Editor）与 PCB 编辑器紧密结合，成为一个高效率的电路设计编辑环境，电路设计功能的增强使电路设计

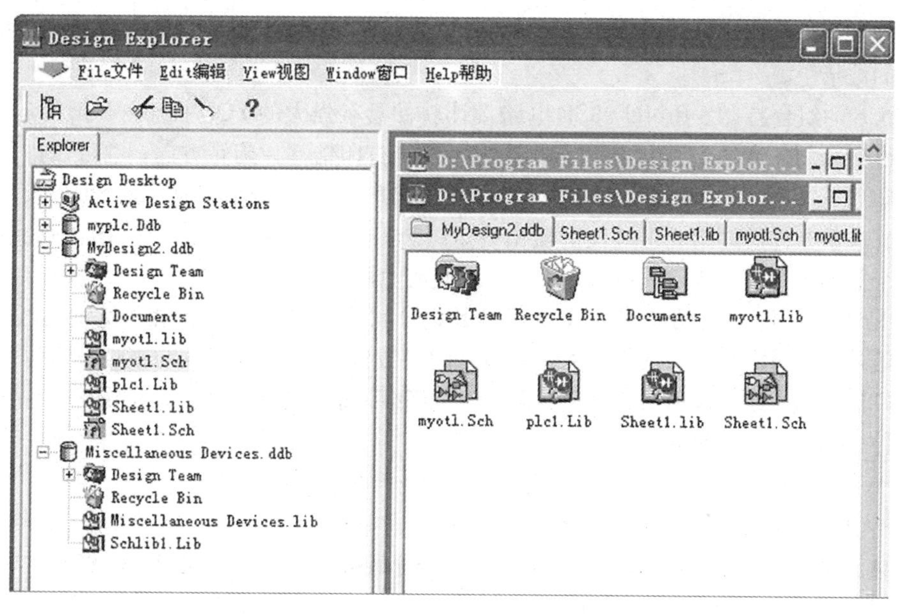

图 1-3 数据库文件

更加便捷，如自动防止元件超出图框、允许连接垂直放置等。

Protel 99SE 电路设计的原理图编辑器（Schematic Editor）还提供了预设接地符号外形名称及排除 Error markers、No ERC markers、directive 被打印出来等功能，这些功能加上其他的改进使 Protel 99SE 能简便地画出最好的电路原理图。

（3）增加 PCB 布线层、电源层、机械层。Protel 99SE 电路设计软件新增了很多工作层，包括 32 层布线层、16 层的内层电源或接地层和 16 层的机械层，具有层面堆叠排列定义和设置过孔（Via）直接连接内层电源、接地层的功能。用户可以简单快捷地在 Protel 99SE 电路设计软件中定义板层堆叠，从 32 层布线层、16 层的内层电源或接地层和 16 层的机械层中挑选所需的层，以便完成板层的设定。所有层面名称可以变更，并且一条信号线可以被设定为不同的内层电源或接地层。

（4）加强 PCB 工作编辑区功能。Protel 99SE 电路设计软件在 PCB 的工作编辑区加入了许多自动化处理的功能，如走线犁穿铜箔功能，将走线布在已经存在的铜箔上面时，这些铜箔会自动地避开该走线（保持相对安全的间隙距离）。在布线时，若进行层面切换，且切换点的过孔被焊点完全包含，则该过孔被自动取消。当元件从某一个层面切换到另一个面放置时，系统将翻转所有的相对的层叠。

（5）PCB 设计规则。Protel 99SE 电路设计软件提供强大的设计规则（Design Rule）来保证 PCB 遵守设计必须依据的规范，保证 PCB 设计的正确性、可靠性。用户可以方便地建立和管理设计规则，增加设计规则的范围和条件，并可以生成设计规则的相关报表。

（6）PCB 元件布局。Protel 99SE 电路设计软件的 Place in Room 规则设定，使用户很容易定义出全自动或互动式的元件自动配置功能所遵守的元件配置区，并且提供对于特定元件配置区的即时绘制与编辑。Protel 99SE 电路设计软件的动态分析及最佳化与新增的元件配置规则，再配合强化的互动式元件配置工具，使元件布局更快、更精确、更便捷。

（7）电路仿真。电路仿真在整个电路设计中是非常重要的工作，只有获得正确的电路设计才能保证后续印刷电路板设计的正确，节省时间和生产成本。Protel 99SE 电路设计软件改善了电路仿真的性能，波形显示器可以同时显示两种不同类型的波形，分析效果好，操作方便。完整的电路仿真能提供精确的输出波形的后续处理，可以使用任何标准数学公式组合建立程序并应用到任何类型的波形上。

(8) PCB的组合打印。Protel 99SE 电路设计软件具有强大的 PCB 打印（PCB Power Print）功能。可以打印出任意的 PCB 层面组合，还可以设定打印倍率、旋转方向，并可以进行精确的清晰的打印预览。PCB Power Print 功能将打印设定信息存储为文档的一部分，可以设定打印机构的输出、一般文件的输出或组装图的输出等。每个打印输出设定都可以定义合适的层面和选项，而每个层面上元件打印方式可以是实心、空心或隐藏。

(9) 3D 印刷电路板预览器。Protel 99SE 电路设计软件的 3D 印刷电路板预览特性可以提前看到电路板的外观。不需要输入任何有关元件高度的参数资料，3D 的压缩与塑性技术可描绘精美的 PCB 的 3D 图像，还可以利用旋转和画面缩放，仔细观察电路板各个方位的图像，也可以显示或隐藏元件、铜箔、文字等。

二、Protel 99SE 的基本操作

1. 启动 Protel 99SE 电路设计软件

双击桌面上的 Protel 99SE 图标 ，或者单击开始菜单，查找程序 Protel 99SE，即可启动 Protel 99SE，启动后的画面如图 1-4 所示。

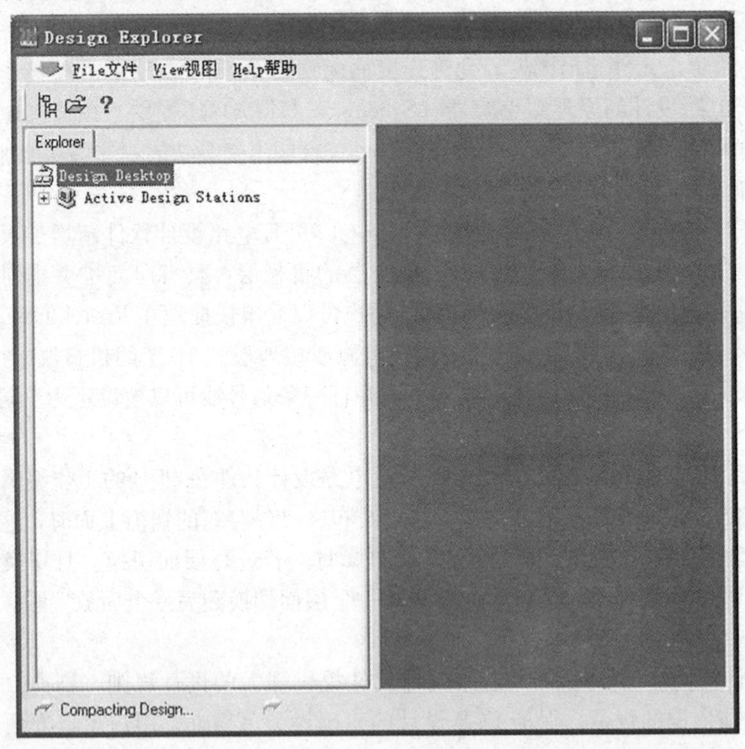

图 1-4　Protel 99SE 启动后的界面

2. 新建一个项目

(1) 如图 1-5 所示，单击执行“File 文件”菜单下的“New 新建文件”命令。

(2) 弹出图 1-6 所示的新建设计数据库对话框。

(3) 在“Design Storage Type”栏中选择设计数据库保存类型，包括“MS Access Database”和“Windows File System”两种。

1) MS Access Database：电路设计过程中的所有文件都存储在单一的数据库中，即所有的原

理图、PCB 图、网络表、报表文件等都保存在一个“. ddb”文件中，在资源管理器里只能看到唯一的“. ddb”文件。

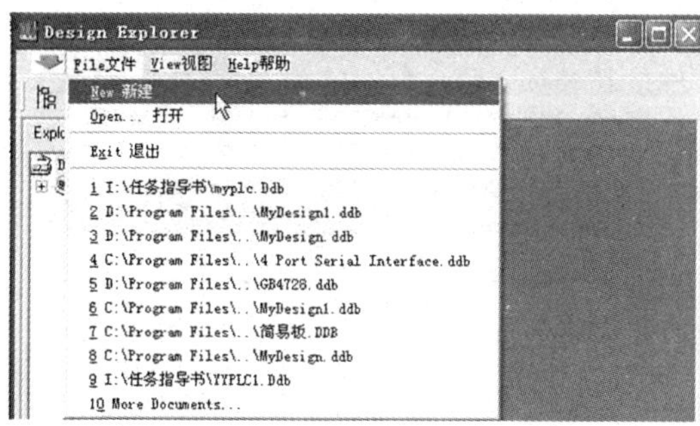

图 1-5 执行新建命令

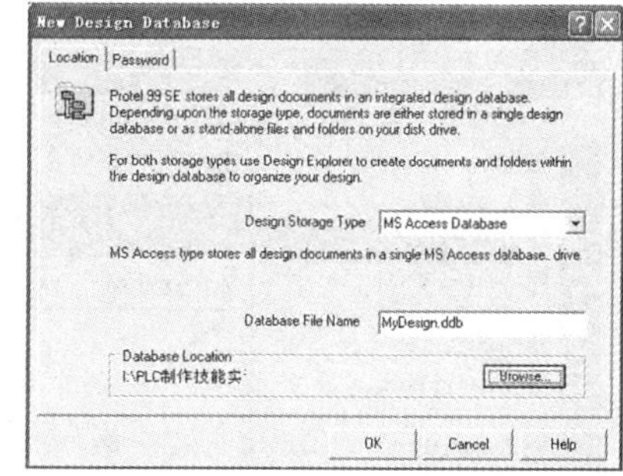

图 1-6 新建对话框

2）Windows File System：电路设计过程中的所有数据文件被保存在一个文件夹内，该文件夹通过对话框底部指定设计数据库文件夹的位置。在资源管理中的指定文件夹里，可以看到所有的原理图、PCB 图、网络表、报表文件，便于对原理图、PCB 图等文件进行复制、粘贴等操作。但该模式不支持 Design Team 设计组特性。

（4）在“Design Storage Type”栏中选择“Windows File System”类型。

（5）在“Database File Name”栏中设定数据库的文件名，默认的数据库文件名为“MyDesign. ddb”，该文件名可以修改。

（6）单击“Browse”按钮，可以设定数据库文件保存的路径。

（7）单击“OK”按钮，生成一个“MyDesign. ddb”数据库项目文件，如图 1-7 所示。

图 1-7 数据库项目文件

3. 设置系统参数

(1) 如图 1-8 所示，单击主工具栏的按钮，选择执行“Preference”命令。

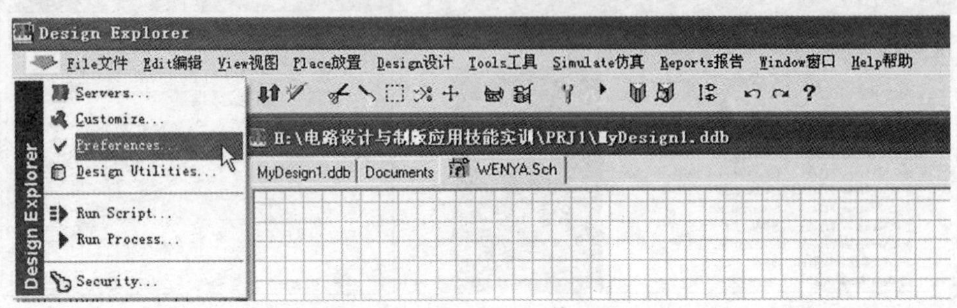

图 1-8 执行 Preference 命令

(2) 弹出如图 1-9 所示的系统参数设置对话框。

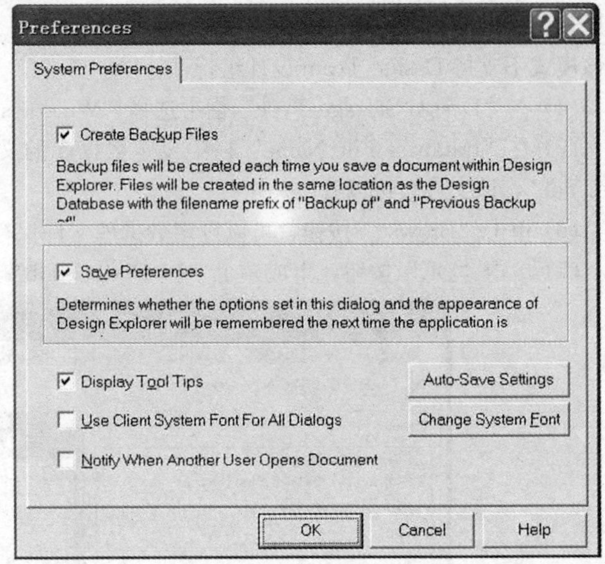

图 1-9 系统参数设置

- Create Backup Files：选中此复选框，用户在设计时，系统将创建自动保存备份文件。
- Save Preferences：选中此复选框，用户的设置会保存到下次启动时。
- Display Tool Tips：选中此复选框，在设计中，鼠标停留在某个工具按钮上时，会显示该工具的功能提示。
- Use Client System Font For All Dialogs：取消此复选框，系统界面的字体变小，屏幕上按钮上的信息可完整的显示出来；选中此复选框，字体变大，按钮上的信息不会完整的显示。
- Notify When Another User Opens Document：选中此复选框，当另一个用户打开文档时提示，一般不选择此复选框。

(3) 单击“Auto-Save Settings”按钮，弹出图 1-10 所示的自动保存对话框，可以设置村在设计时自动保存文件，包括设置备份的份数 Number、保存的时间间隔 Time Interval 及备份的文件夹。

(4) 单击“OK”按钮，返回参数设置对话框。

(5) 单击“OK”按钮，返回设计界面。

4. 文件管理

文件管理通过文件菜单中的各个命令实现的，文件菜单如图 1-11 所示。

(1) 新建文件。执行“File 文件”菜单下的“New 新建文件”命令，弹出图 1-12 所示新建文件对话框，选择要创建的文件类型，创建相应类型的文件。

文件图标和对应的文件类型说明见表 1-1。

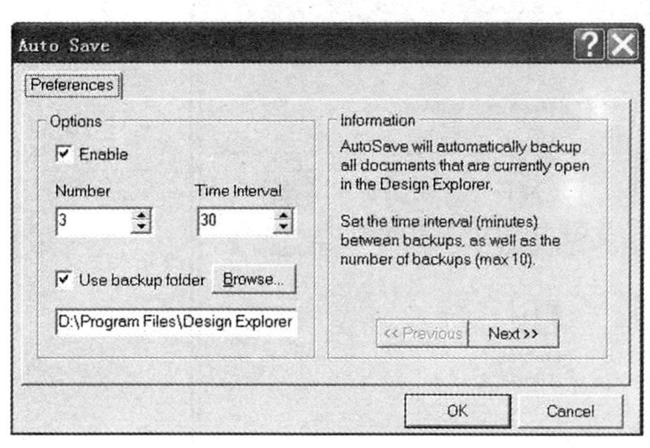

图 1-10 自动保存对话框

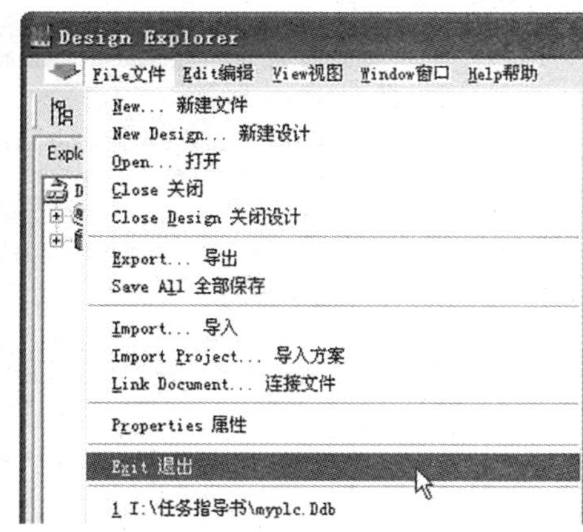

图 1-11 文件菜单

表 1-1　　文件图标和对应的文件类型

图标	功能	图标	功能
CAM output configur...	新建 CAM 计算机辅助制造输出文件	Schematic Document	新建原理图文件
Document Folder	新建设计文件夹	Schematic Librar...	新建原理图库文件
PCB Document	新建 PCB 文件	Spread Sheet...	新建表格处理文件
PCB Library Document	新建 PCB 库文件	Text Document	新建文本处理文件
PCB Printer	新建 PCB 打印文件	Waveform Document	新建波形处理文件

(2) 新建设计。

1) 执行“File 文件”菜单下的“New Design 新建设计”命令，弹出新建设计数据库文件对话框。

2) 在“Design Storage Type”栏中选择设计数据库保存类型，包括“MS Access Database”和“Windows File System”两种。

3) 在“Database File Name”栏中设定数据库的文件名。

4) 单击“Browse”按钮，可以设定数据库文件保存的路径。

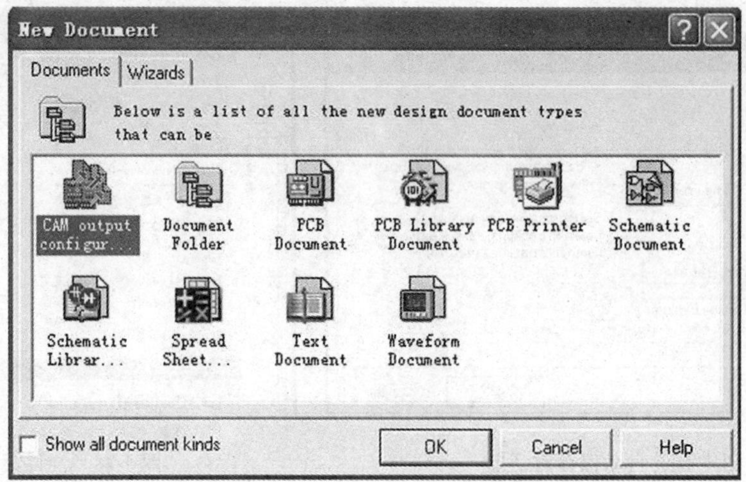

图 1-12　文件类型选择对话框

5）单击“OK”按钮，生成一个“MyDesign. ddb”数据库项目文件。

(3) 打开文件。

1）执行“File 文件”菜单下的“Open 打开”命令。

2）弹出图 1-13 所示的打开数据库文件对话框。

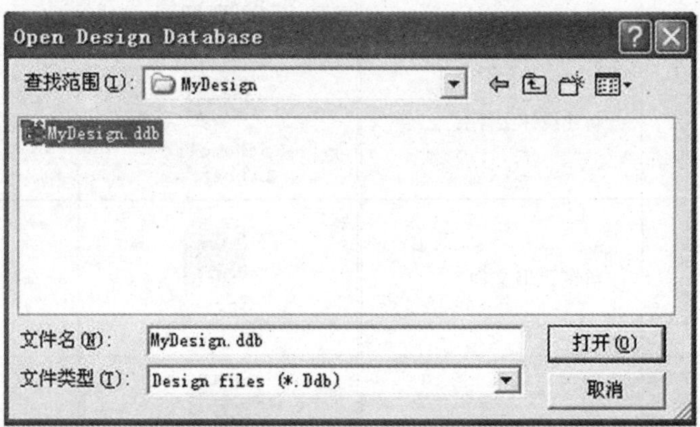

图 1-13　打开数据库文件对话框

3）选择要打开的 . ddb 文件。

4）单击“打开”按钮，即可打开选择的数据库设计文件。

(4) 关闭。执行“File 文件”菜单下的“Close 关闭”命令，关闭当前打开的设计文件。

(5) 关闭设计。执行“File 文件”菜单下的“Close Design 关闭设计”命令，关闭当前打开的设计数据库文件。

(6) 导出。执行“File 文件”菜单下的“Export 导出”命令，导出文件。如导出设计完成的 PCB 文件，再发给生产厂家制版。

(7) 全部保存。执行“File 文件”菜单下的“Save All 全部保存”命令，保存当前的所有文件。

(8) 导入。执行“File 文件”菜单下的“Import 导入”命令，弹出导入文件对话框，选择要导入的文件，将文件导入到当前设计数据库。

(9) 导入方案。执行“File文件”菜单下的“Import Project导入方案”命令，弹出导入设计数据库对话框，选择要导入的设计数据库，将其他设计数据库导入到当前的设计平台。

(10) 连接文件。执行“File文件”菜单下的“Link Document连接文件”命令，弹出连接文件对话框，选择要连接的文件，其快捷方式出现在当前的设计数据库中。

(11) 属性。选择一个文件，执行“File文件”菜单下的“Properties属性”命令，可以查看指定文件的属性。

(12) 退出。执行“File文件”菜单下的“Exit退出”命令，可以退出Protel 99SE电路设计软件。

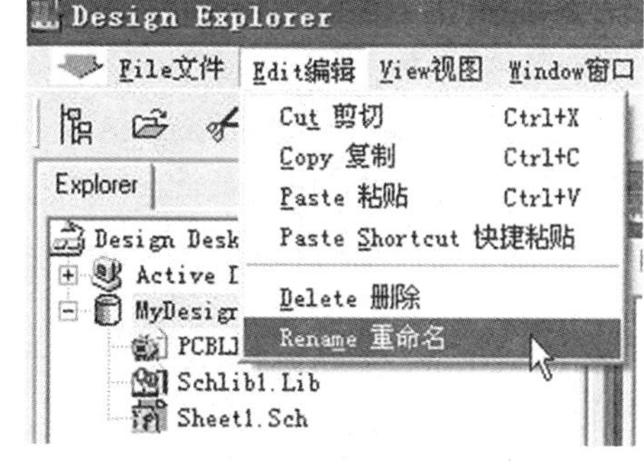

图1-14 编辑菜单及命令

5. 文件编辑

文件编辑通过执行图1-14所示的编辑菜单下的各个命令实现。

(1) 剪切。执行“Edit编辑”菜单下的“Cut剪切”命令，将选中的文件剪切到剪贴板中。

(2) 复制。执行“Edit编辑”菜单下的“Copy复制”命令，将选中的文件复制到剪贴板中。

(3) 粘贴。执行“Edit编辑”菜单下的“Past粘贴”命令，将剪贴板中的文件粘贴到当前位置。

(4) 快捷粘贴。执行“Edit编辑”菜单下的“Past Shortcut快捷粘贴”命令，将剪贴板中的文件以快捷方式粘贴到当前位置。

(5) 删除。执行“Edit编辑”菜单下的“Delete删除”命令，将选中的文件删除。

(6) 重命名。执行“Edit编辑”菜单下的“Rename重命名”命令，将选中的文件重新命名。

6. 视图菜单

视图菜单用于管理电路设计软件的界面状态，包括打开或关闭设计导航、打开或关闭状态条、打开或关闭工具栏、大图标显示文件、小图标显示文件、显示文件详细信息、刷新显示当前文件等。

视图菜单及命令如图1-15所示。

视图界面如图1-16所示。

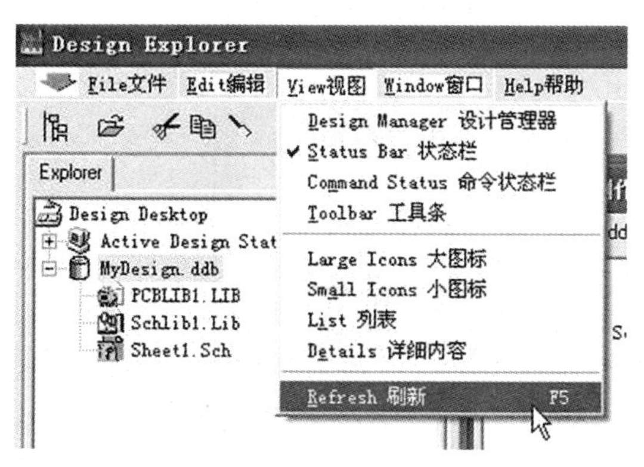

图1-15 视图菜单及命令

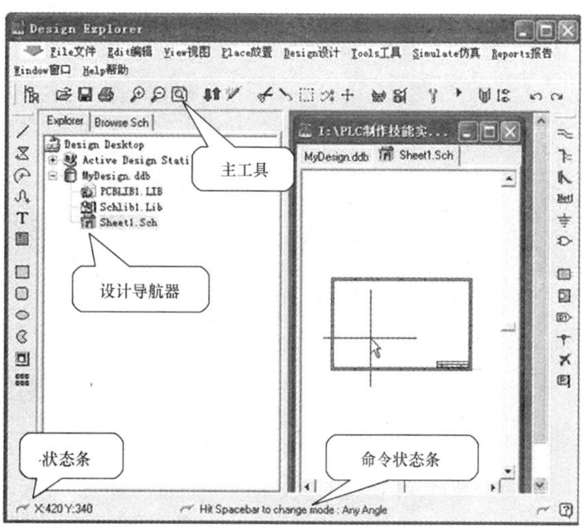

图1-16 视图界面

(1) 打开或关闭设计导航。执行“View 视图”菜单下的“Design Manage 设计管理器”命令，可以打开或关闭设计导航器。

(2) 打开或关闭状态条。执行“View 视图”菜单下的“Status Bar 状态栏”命令，可以打开或关闭设计状态条。

(3) 打开或关闭命令状态条。执行“View 视图”菜单下的“Command Bar 状态栏”命令，可以打开或关闭设计命令状态条。

(4) 打开或关闭工具栏。执行“View 视图”菜单下的“Toolbar 工具栏”命令，可以打开或关闭设计工具栏。

(5) 大图标显示文件。执行“View 视图”菜单下的“Large Icons 大图标”命令，文件以大图标形式显示。

(6) 小图标显示文件。执行“View 视图”菜单下的“Small Icons 小图标”命令，文件以小图标形式显示。

(7) 文件列表显示。执行“View 视图”菜单下的“List 列表”命令，文件以列表形式显示。

(8) 显示文件详细信息。执行“View 视图”菜单下的“Details 详细内容”命令，文件以列表详细形式显示。

(9) 刷新显示当前文件。执行“View 视图”菜单下的“Refresh 刷新”命令，刷新显示当前文件。

7. 窗口管理

窗口管理是通过 Windows 窗口菜单的各个命令实现的，包括在窗口平铺显示、窗口层叠显示等。

Windows 窗口菜单及其子命令如图 1-17 所示。

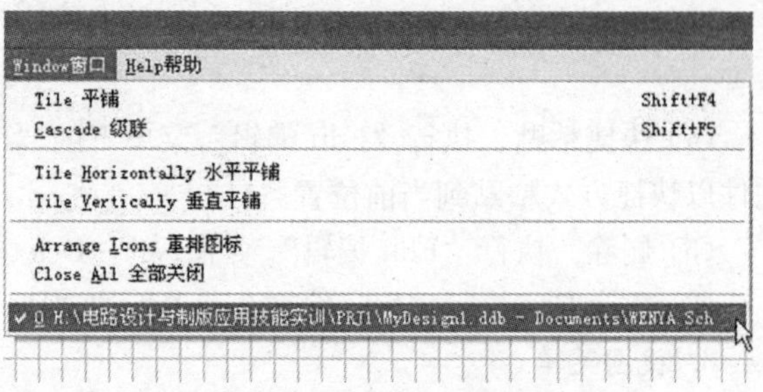

图 1-17　窗口菜单

(1) 窗口水平平铺显示。执行“Windows 窗口”菜单下的“Tile 平铺”命令，窗口以水平平铺形式排列，如图 1-18 所示。

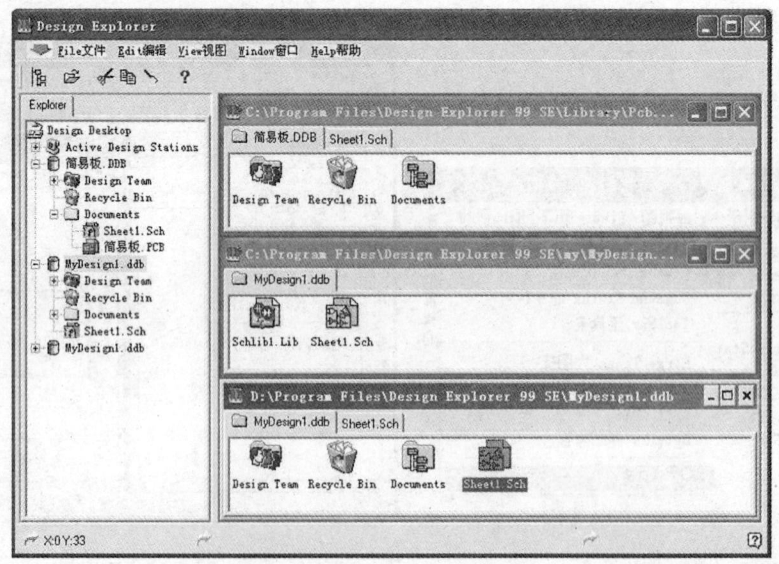

图 1-18　窗口水平平铺排列

(2) 窗口层叠显示。执行“Windows 窗口”菜单下的“Cascade 级联”命令，窗口以层叠形式排列，如图 1-19 所示。

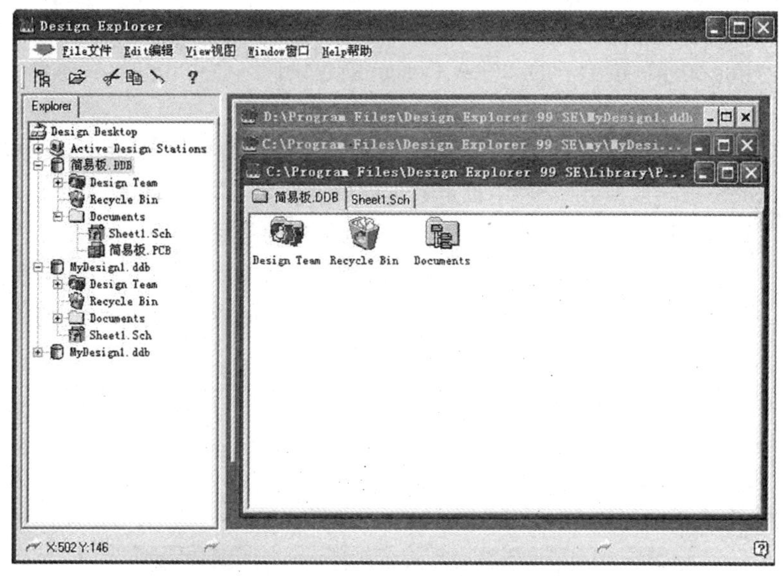

图 1-19 窗口层叠排列

技能训练

一、训练目标

(1) 能够正确启动、退出电路原理图设计软件。

(2) 学会电路原理图软件的基本操作。

二、训练步骤与内容

1. 启动 Protel 99SE 电路设计软件

双击桌面上的 Protel 99SE 图标，启动 Protel 99SE 电路设计软件。

2. 退出 Protel 99SE 电路设计软件

单击执行“File 文件”菜单下的“Exit 退出”命令，退出 Protel 99SE 电路设计软件。

3. 创建一个项目

(1) 双击桌面上的 Protel 99SE 图标，启动 Protel 99SE 电路设计软件。

(2) 单击执行“File 文件”菜单下的“New 新建”命令，弹出新建设计数据库对话框。

(3) 在“Design Storage Type”栏中选择设计数据库保存类型“MS Access Database”，在“Database File Name”栏中设定数据库的文件名，默认的数据库文件名为“MyDesign1. ddb”。

(4) 单击“Browse”按钮，可以设定数据库文件保存的路径。

(5) 单击“OK”按钮，生成一个“MyDesign1. ddb”数据库项目文件。

4. 文件菜单操作

(1) 单击执行“File 文件”菜单下的“New 新建”命令，选择原理图文件，创建一个 sheet1. sch 文件。

(2) 单击执行“File 文件”菜单下的“New 新建”命令，选择原理图库文件，创建一个 schlib1. lib 文件。

(3) 单击执行“File 文件”菜单下的“New 新建”命令，选择印刷电路板 PCB 文件，创建一个 PCB1. PCB 文件。

(4) 单击执行“File 文件”菜单下的“New 新建”命令，选择印刷电路板 PCB 库文件，创建一个 PCBLIB1. LIB 文件。

(5) 执行“File 文件”菜单下的“New Design 新建设计”命令，弹出新建设计数据库文件对话框。

(6) 在“Design Storage Type”栏中选择设计数据库保存类型“Windows File System”。

(7) 在“Database File Name”栏中设定数据库的文件名“MyDesign2. ddb”。

(8) 单击“Browse”按钮，可以设定数据库文件保存的路径。

(9) 单击“OK”按钮，生成一个“MyDesign2. ddb”数据库项目文件。

(10) 单击执行“File 文件”菜单下的“New 新建”命令，选择原理图文件，创建一个“sheet1. sch”文件。

(11) 单击执行“File 文件”菜单下的“New 新建”命令，选择印刷电路板 PCB 文件，创建一个“PCB1. PCB”文件。

(12) 如图 1-20 所示，在编辑区单击选择“MyDesign2. ddb”选项卡，选择“MyDesign2. ddb”页面的“PCB1. PCB”文件。

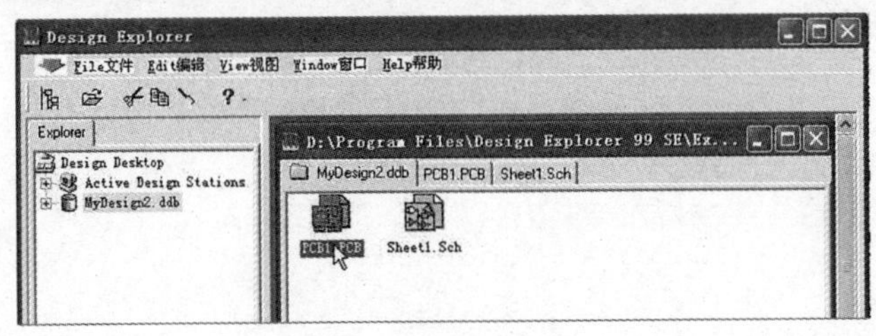

图 1-20　选择 PCB1. PCB 文件

(13) 单击执行“Edit 编辑”菜单下的“Delete 删除”命令，弹出图 1-21 的删除文件确认对话框。

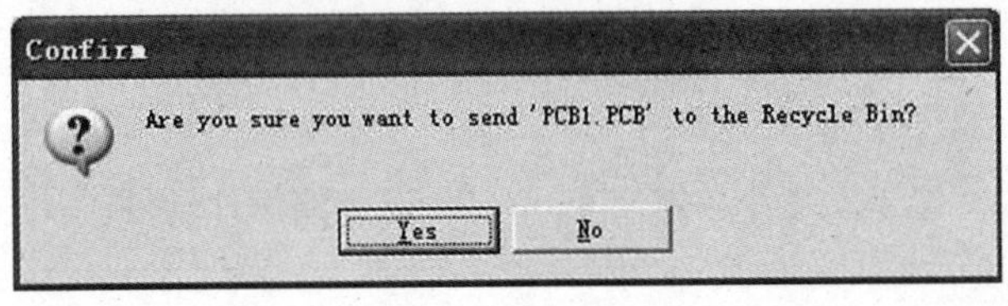

图 1-21　确认对话框

(14) 单击“Yes”按钮，将 PCB1. PCB 删除。

(15) 选择“MyDesign2. ddb”中“sheet1. sch”原理图文件。

(16) 单击执行“Edit 编辑”菜单下的“Rename 重命名”命令，修改“sheet1. sch”文件名为“sheet2. sch”。

(17) 选择“MyDesign2. ddb”中“sheet2. sch”原理图文件。

(18) 单击执行“Edit 编辑”菜单下的“Copy 复制”命令。

(19) 打开“MyDesign1. ddb”设计数据库。

(20) 单击执行“Edit 编辑”菜单下的“Paste 粘贴”命令，“sheet2. sch”文件被粘贴到“MyDesign1. ddb”设计数据库。

5. 视图操作

(1) 执行“View 视图”菜单下的“Design Manage 设计管理器”命令，可以打开或关闭设计导航器。

(2) 执行“View 视图”菜单下的“Status Bar 状态栏”命令，可以打开或关闭设计状态条。

(3) 执行“View 视图”菜单下的“Command Bar 状态栏”命令，可以打开或关闭设计命令状态条。

(4) 执行“View 视图”菜单下的“Toolbar 工具栏”命令，可以打开或关闭设计工具栏。

(5) 执行“View 视图”菜单下的“Large Icons 大图标”命令，文件以大图标形式显示。

(6) 执行“View 视图”菜单下的“Small Icons 小图标”命令，文件以小图标形式显示。

6. 窗口操作

(1) 执行“Windows 窗口”菜单下的“Tile 平铺”命令，观察窗口的水平平铺形式排列。

(2) 执行“Windows 窗口”菜单下的“Cascade 级联”命令，观察窗口的层叠形式排列。

任务 2　直流稳压电源电路设计

基础知识

一、原理图设计的一般步骤

原理图设计包括新建原理图文件、设置图纸大小、规划输入和输出接口、放置元件和调整位置、绘制电气连接线、添加非电气意义的注释等。

(1) 新建一个原理图文件。启动 Protel 99SE 电路设计软件，创建一个原理图文件，为绘制原理图做准备。

(2) 设置图纸属性。设置图纸大小、方向，标题栏参数等。

(3) 加载元件库。元件库包含各种元件的图形符号，Protel 99SE 附带了许多元件的原理图库，常用的元件都可以在这些库中找到，如果某个元件找不到，可以自己创建。

(4) 放置和调整元件。整个电路要兼顾整体和局部布局，一般从信号输入开始，且把输入端放置在左边，按照信号流程顺序布置元件，右边为输出，电源放置在上，接地线放置在下部。一张原理图可以分为若干个模块，模块内的元件放置在一起，各模块之间距离可稍大点。

(5) 绘制电气连接线。包括绘制电源线、地线、信号连接线、总线、端口、节点、网络标号等。

(6) 添加非电气意义的注释和图形。可以添加文字或图形注释，增加原理图的可读性。

(7) 生成报表和打印输出。生成网络报表、元件清单等。按要求打印输出原理图。

二、新建一个原理图文件

(1) 启动 Protel 99SE 电路设计软件。

(2) 单击执行“File 文件”菜单下的“New 新建”命令，弹出新建文件对话框，选择原理图文件类型，创建一个原理图的文件。

(3) 选择新建的原理图文件，执行“Edit 编辑”菜单下的“Rename 重命名”命令，将选中的文件重新命名。

三、设置图纸属性

(1) 单击设计导航器的原理图文件“Sheet1. Sch”，或双击编辑区“Sheet1. Sch”文件图标(见图 1-22)，打开原理图文件“Sheet1. Sch”。

(2) 如图 1-23 所示，单击执行“Design 设计”菜单下的“Option 选项”命令。

(3) 弹出如图 1-24 所示的文件选项对话框。

1) 设置图纸大小。如图 1-25 所示，在 Standard Styles 的下拉列表中选择 A4，便于打印

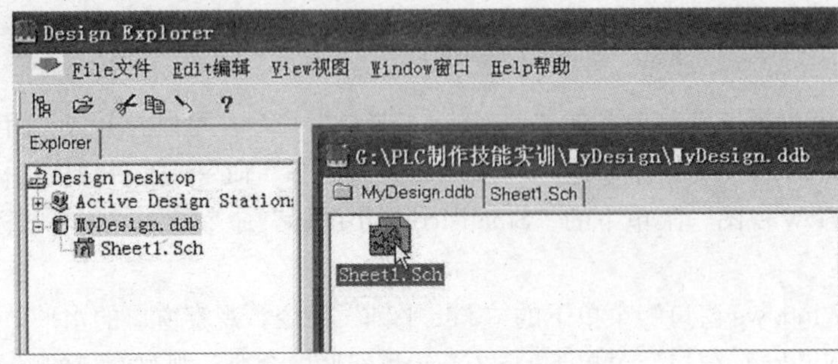

图 1-22　打开原理图文件

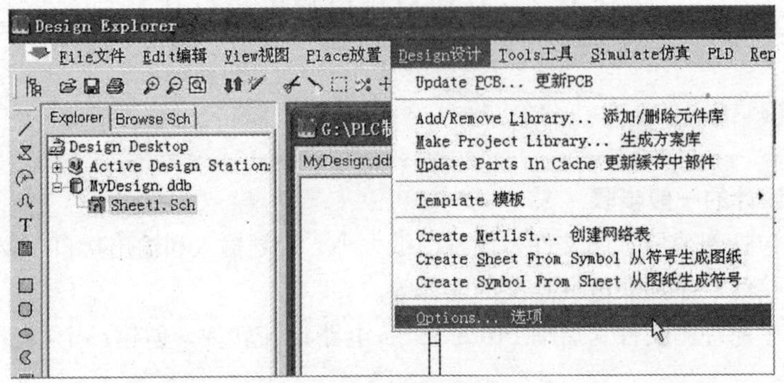

图 1-23　执行选项命令

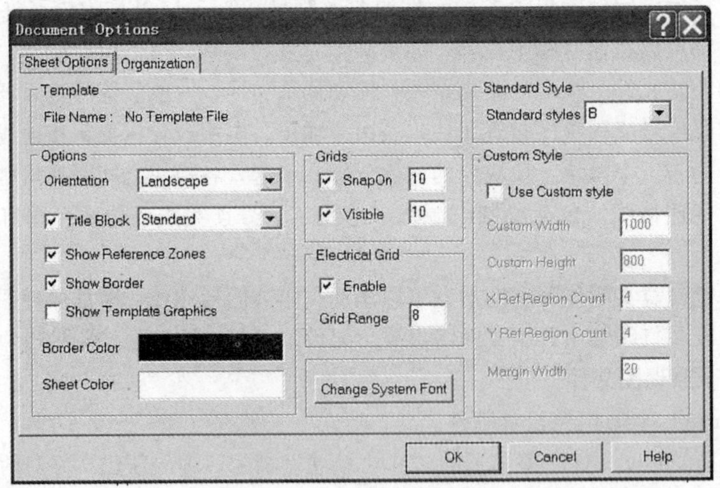

图 1-24　文件选项对话框

输出。

如果选择自定义图纸大小，则要选中“Use Custom Style”激活“Custom Style”栏中的各个输入框，各选项含义如下：

- Custom Width：用户自定义图纸宽度。
- Custom Height：用户自定义图纸高度。
- X Ref Region Count：X 轴参考坐标分格。
- Y Ref Region Count：Y 轴参考坐标分格。

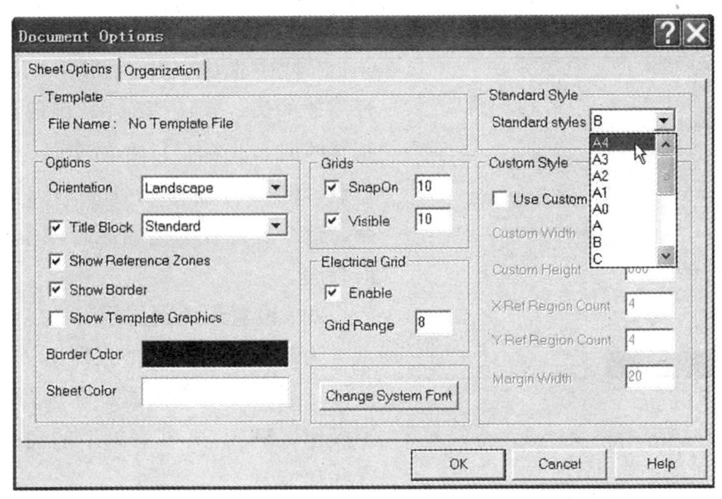

图 1-25 选择 A4

- Margin Width：边框宽度。

分别在以上栏里输入自定义的大小，设置完成自定义图纸的图纸大小。

2）设置图纸方向。在“Options”栏中“Orientation”下拉列表中选择图纸方向为“Landscape 横向”或者“Portrait 纵向”，通常在绘制时选择横向，打印时选择纵向。

3）设置标题栏。在“Options”栏中“Title Block”下拉列表中选择标题栏为“Standard 标准型”或“ANSI 美国国家标准协会”两种形式。

如果不希望显示标题栏，可以去掉“Title Block”前复选框的对勾。

4）设置图纸颜色。通常情况下默认的边框为黑色，图纸为淡黄色。用户可以单击“Border Color”、“Sheet Color”的颜色条，在弹出的图 1-26 所示的“Choose Color”对话框中选择想要的颜色，单击“OK”按钮，选择设定的颜色。

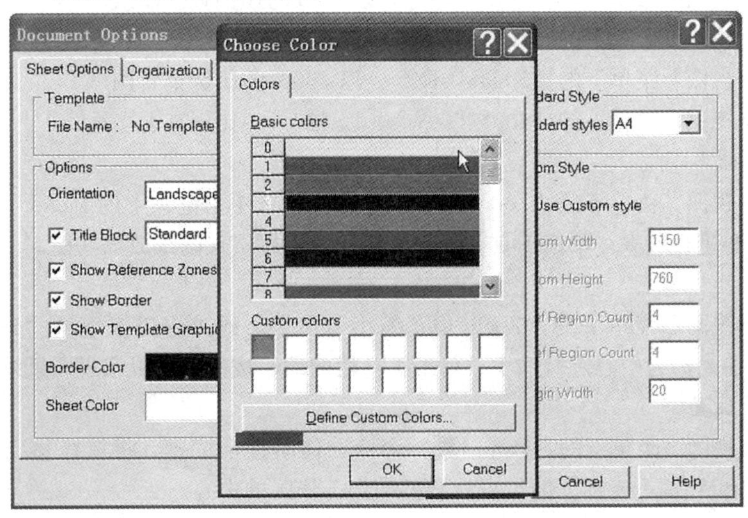

图 1-26 选择边框、图纸颜色

5）设置图纸栅格。如图 1-27 所示，可在“Grids”栏中“SnapOn”（栅格锁定）和“Visible”（可视栅格）中设定栅格的大小，通常保持默认值 10，单位是 mil，SnapOn（栅格锁定）是指光标移动的基本单位，Visible（可视栅格）是图纸上显示的栅格大小。

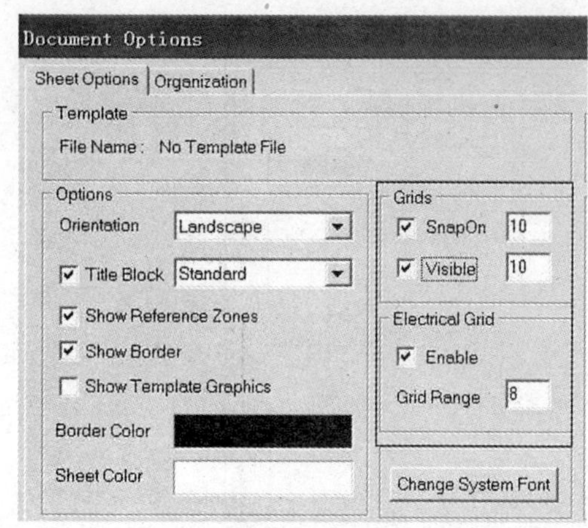

图 1-27　设置图纸栅格

6）设置自动寻找电气节点。在“Electrical Grid”栏中选中，并在“Grid Range”中输入设置需要的值，默认值为 8，单位是 mil，这样在绘制导线时，光标会以 8 为半径，向周围寻找电气节点，同时自动移动到该节点上并显示一个圆点，这个功能在为电路原理图添加电气连接点时很有用。

四、设置原理图显示

为便于用户查看整张图纸、图的局部或某个元件，通常要对整张原理图进行放大或缩小显示等操作，View 视图菜单下的命令可以帮助实现这些功能。

1. 查看整张图纸

执行“View 视图”菜单下的“Fit Document 适合文档”命令，查看整张图纸。

2. 查看电路图所有对象

执行“View 视图”菜单下的“Fit All Object 适合全部体”命令，查看电路图所有对象。

3. 放大指定区域

执行“View 视图”菜单下的“Area 区域”命令，移动十字光标在图纸上指定目标区域的一个顶点，单击后再移动鼠标到对角线的另一个顶点，单击左键确认，即可将指定区域放大到整张图纸。

4. 以点为中心查看用户指定区域

执行“View 视图”菜单下的“Around Point 以点为中心”命令，移动十字光标在图纸上指定目标区域的一个点，单击后再移动鼠标到的另一个点，以点为中心查看用户指定区域。

5. 按比例显示

执行“View 视图”菜单下的“50%”命令，以 50%的比例查看图纸。

执行“View 视图”菜单下的“100%”命令，查看整张图纸。

执行“View 视图”菜单下的“200%”命令，以 200%的比例查看图纸。

执行“View 视图”菜单下的“400%”命令，以 400%的比例查看图纸。

6. 放大

执行“View 视图”菜单下的“Zoom In 放大”命令，或单击键盘上的 PageUp 键，绘图区域会以当前光标中心进行放大。单击工具栏的放大按钮也可以实现图纸放大功能。

7. 缩小

执行“View 视图”菜单下的“Zoom Out 缩小”命令，或单击键盘上的“PageDown”键，绘图区域会以当前光标为中心进行缩小。单击工具栏的缩小按钮也可以实现图纸缩小功能。

8. 移动显示位置

执行“View 视图”菜单下的“Pan 摇景”命令，移动显示位置。将鼠标移到目标点，然后按键盘上的“Home”键，光标下的位置就会移动到工作区的中心。

9. 刷新画面

执行“View 视图”菜单下的“Refresh 刷新”命令，刷新画面。消除移动元件、添加布线等操作后留下的痕迹。按键盘上的“End”键，也可以刷新画面。

10. 显示、隐藏设计浏览器

执行“View 视图”菜单下的“Design Manager 设计管理器”命令，可以显示、隐藏设计浏览器。

11. 显示、隐藏状态栏

执行“View 视图”菜单下的“Status Bar 状态栏”命令，可以显示、隐藏状态栏。

12. 显示、隐藏命令状态栏

执行“View 视图”菜单下的“Command Status 命令栏”命令，可以显示、隐藏命令状态栏。

13. 显示、隐藏工具栏

如图 1-28 所示，执行“View 视图”菜单下的“ToolBars 工具条”下的各项命令，可以显示、隐藏各种工具栏。

14. 显示、隐藏栅格

执行“View 视图”菜单下的“Visible Grid 可视网格”命令，可以显示、隐藏栅格。

15. 允许、禁止锁定栅格

如图 1-29 所示，执行“View 视图”菜单下的“Snap Grid 捕获网格”命令，可以允许、禁止锁定图纸栅格。

16. 允许、禁止电气栅格

执行“View 视图”菜单下的“Electrical Grid 电气网格”命令，可以允许、禁止图纸电气栅格。即以软件设置的参数值自动寻找电气节点。

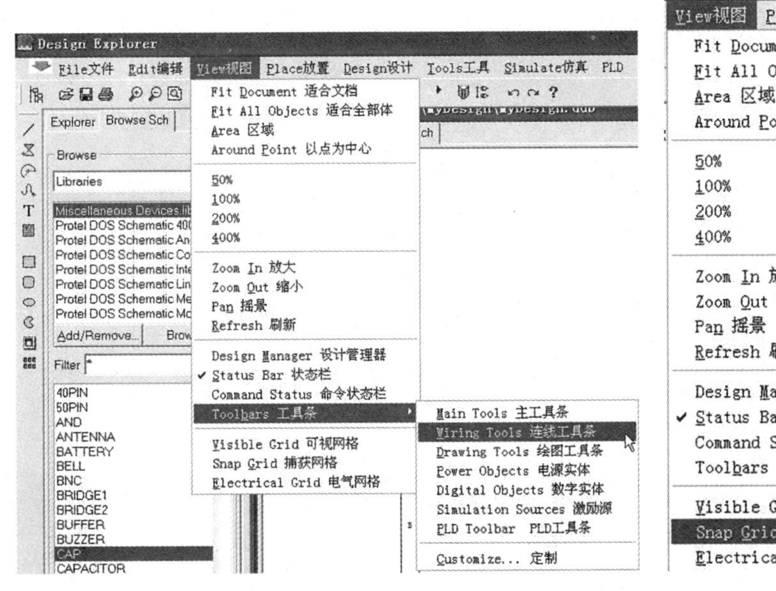

图 1-28 显示、隐藏各种工具栏

图 1-29 捕获网格

五、设置光标和网格

(1) 如图 1-30 所示，执行“Tools 工具”菜单下的“Preference 优选项”命令。

(2) 弹出图 1-31 所示的优选项对话框。

在“Graphical Editing”选项卡的“Cursor/Grid Options”栏中单击“Cursor Type”的下拉列表，选择光标类型，有 Large Cursor 90、Small Cursor 90 和 Small 45 等三种类型，用户根据喜好选择其中一种，通常选择 Small Cursor 90 小型十字 90°光标。

在 Visible Grid 下拉列表中，可以选择设置图纸的网格的类型，有“Line Grid”（线状网格）

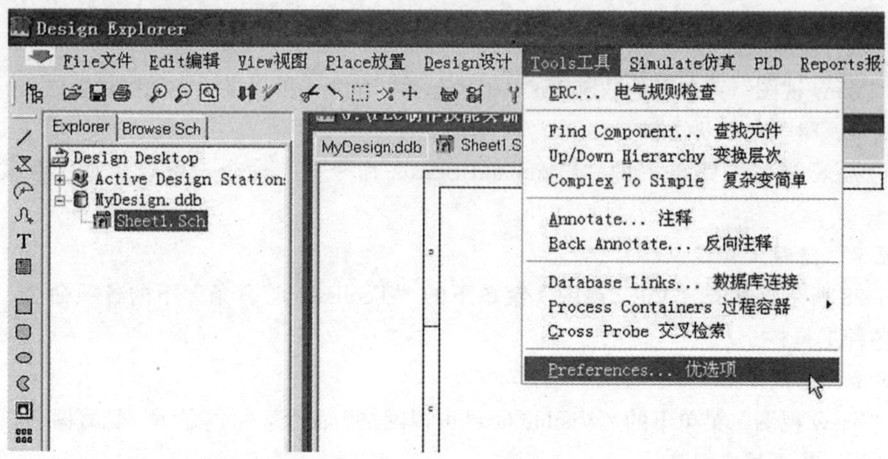

图 1-30 执行优选项命令

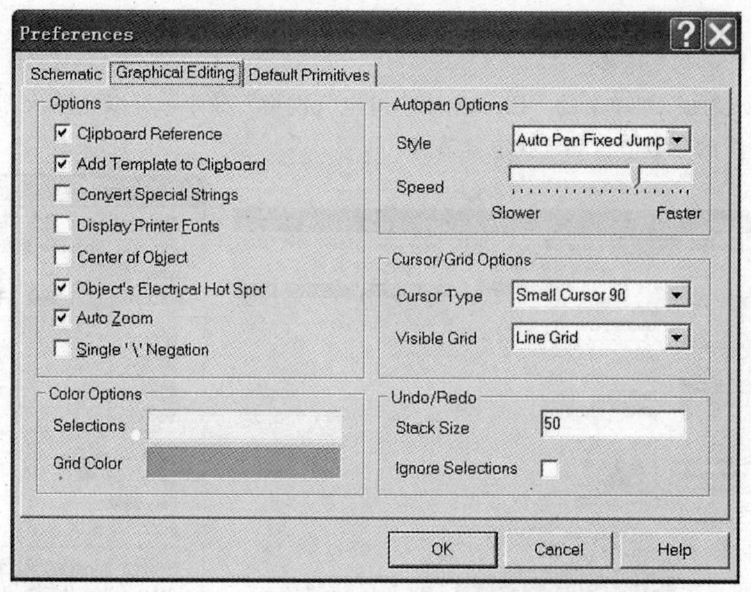

图 1-31 优选项对话框

和“Dot Grid”（点状网格）两种形式，通常保持默认的线状网格选择。

在 Color Option 选项中可以设置网格的颜色，默认为浅灰色。

六、加载元件库

原理图中的元件都是存放在原理图元件库中，绘制原理图时要从不同的元件库中调用所需的元件，如果在现有的元件库里没有找到所需的元件，就需要自己创建元件及元件库以供选用。

(1) 如图 1-32 所示，单击设计浏览管理器的“Browse Sch”选项卡，可以看到已存在的元件库和库里的元件。

(2) 单击“Add/Remove”按钮，或者执行“Design 设计”菜单下的“Add/Remove Library 添加/删除元件库”命令，弹出更改元件库对话框。

(3) 在弹出的更改元件库对话框中选择添加“Protel DOS Schematic Libraries. ddb”元件库。

(4) 然后单击“Add 添加”按钮，被选中的元件库就出现在“Selected Files”列表框中，如图 1-33 所示。

图 1-32 元件库和库里的元件

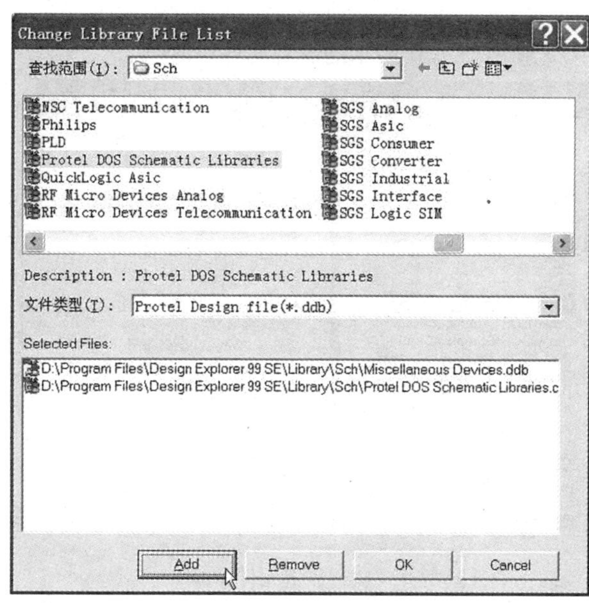

图 1-33 添加 Protel DOS 元件库

（5）单击“OK”按钮，完成元件库的添加。

（6）单击布线工具栏的放置元件按钮，弹出图 1-34 所示的放置元件对话框。

（7）单击放置元件对话框的“Browse”按钮，弹出图 1-35 所示的浏览元件库对话框。

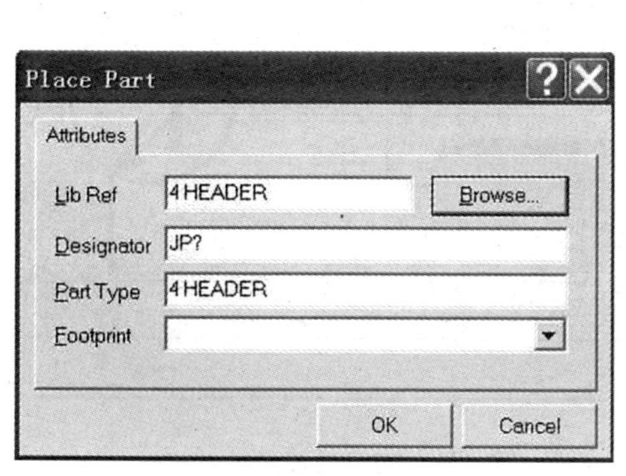

图 1-34 放置元件对话框

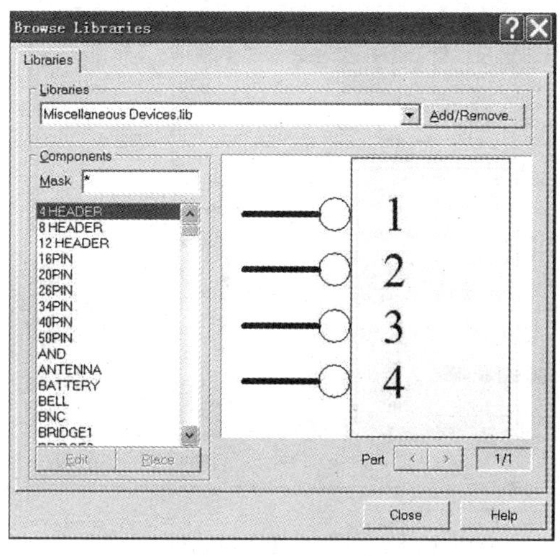

图 1-35 浏览元件库对话框

（8）单击浏览元件库对话框中的“Add/Remove”按钮，弹出更改元件库对话框。

（9）在弹出的更改元件库对话框中选择添加“Protel DOS Schematic Libraries. ddb”元件库，然后单击“Add 添加”按钮，被选中的元件库就出现在“Selected Files”列表框中。

（10）单击“OK”按钮，完成元件库的添加。

七、放置元件

放置元件有三种方法，分别介绍如下。

1. 通过执行菜单命令放置元件

(1) 如图 1-36 所示，执行“Place 放置”菜单下的“Part 元件”命令。

(2) 弹出图 1-37 所示的放置元件对话框。

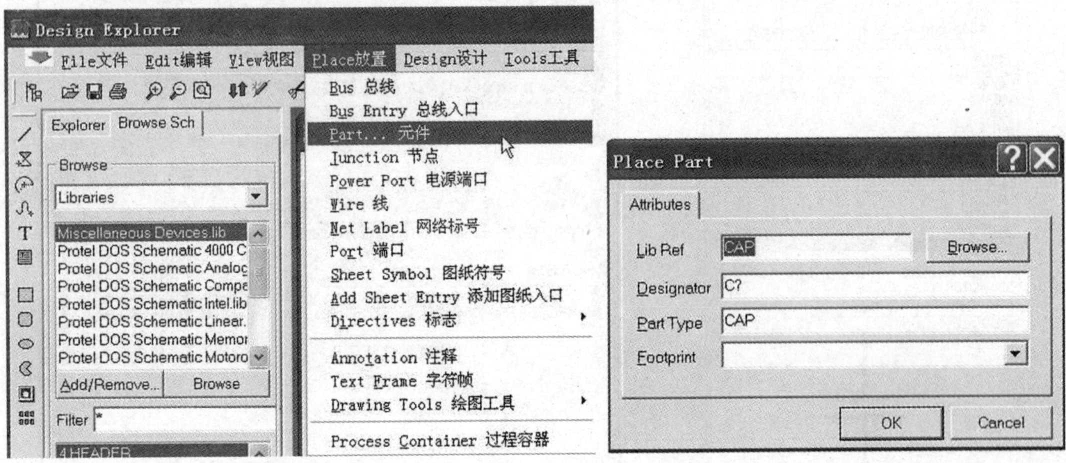

图 1-36 执行放置元件命令　　　图 1-37 放置元件对话框

(3) 单击放置元件对话框的“Browse”按钮，弹出图 1-38 所示的浏览元件库对话框。

(4) 在浏览元件库对话框选择元件库“Miscellaneous Devices. lib”。

(5) 如图 1-39 所示，在对话框的元件选择区选择元件“NPN”。

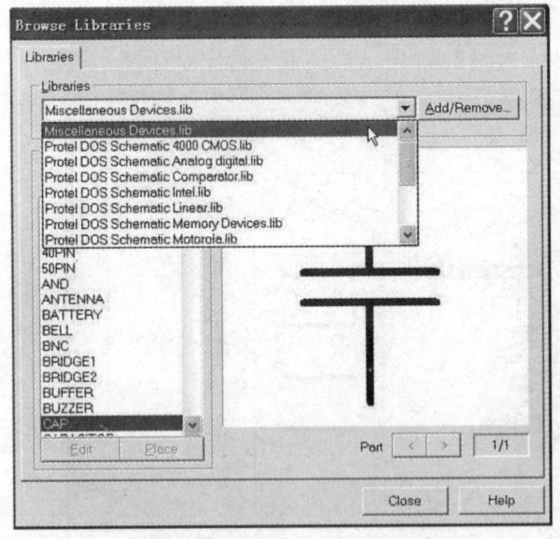

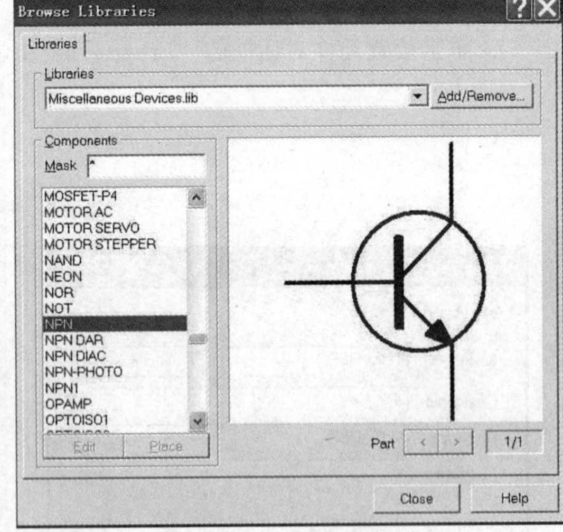

图 1-38 浏览元件库对话框　　　图 1-39 选择元件 NPN

(6) 单击“Close”按钮，返回放置元件对话框，如图 1-40 所示，其中“Lib Ref”指元件库中定义的元件名称，该名称不会显示在原理图中，并且不可修改；“Designator”指元件电路图中的流水序号，这里显示“Q?”，可以修改为“Q1”；“Part Type”指显示在图纸上的元件型号，默认值与 Lib Ref 一致，可以修改为“9014”；“Footprint”指元件的 PCB 封装形式。这些属性可以在这个对话框修改，也可以在元件放置好后修改。

（7）单击放置元件对话框“OK”按钮，此时一个NPN三极管元件就出现在图纸的光标上，移动光标选择好位置后，单击放置，如图1-41所示，放置元件对话框再次出现，并且“Designator”自动变更为“Q2”，此时可以单击“OK”按钮，继续放置一个相同的元件。或者单击“Browse”按钮，寻找其他元件，或者单击“Cancel”取消元件放置。

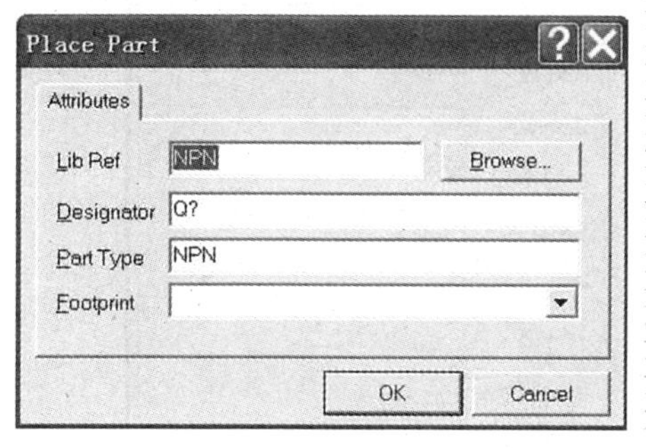

图1-40 修改元件属性

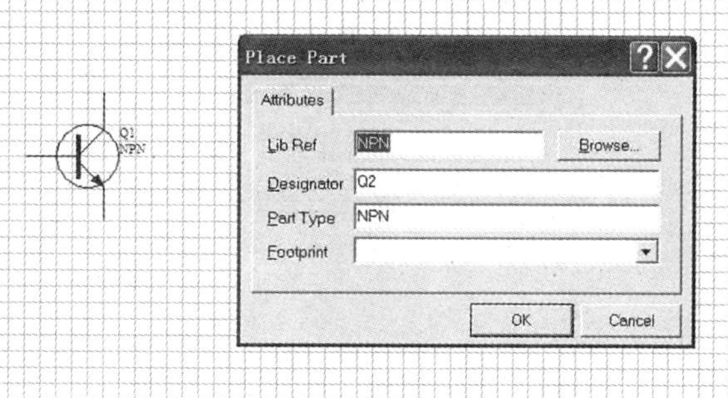

图1-41 放置元件Q2

2. 通过“工具栏”按钮放置元件

（1）单击布线工具栏的放置元件 按钮，弹出放置元件对话框。

（2）单击放置元件对话框的“Browse”按钮，弹出浏览元件对话框，在对话框的元件选择区中选择元件“NPN”，单击“Close”按钮，返回放置元件对话框。

（3）在放置元件对话框修改元件属性，单击“OK”按钮，移动光标选择好位置后单击，放置一个三极管元件。

（4）单击右键，结束元件放置。

3. 通过设计管理器放置元件

（1）在设计管理器的“Browse Sch”选项卡界面，在元件库区中选择元件库，选定元件库后，从中选择所需的元件，例如PNP三极管，见图1-42。

（2）单击元件区下方的“Place”按钮，此时一个PNP三极管元件就出现在图纸的光标上，移动光标选择好位置后单击，放置PNP三极管。

（3）单击右键，结束元件放置。

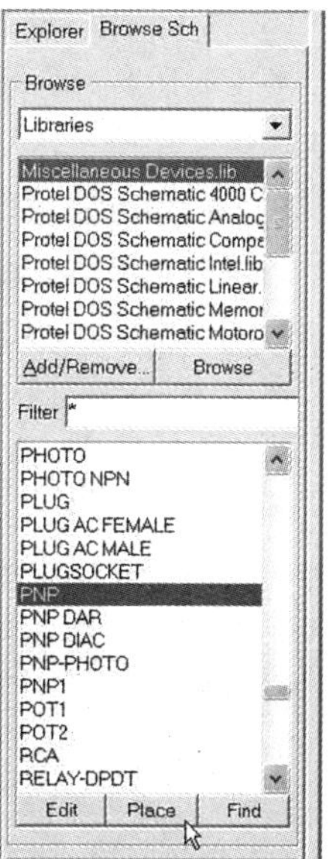

图1-42 选择PNP元件

八、编辑元件属性

对于放置好的元件，可以重新编辑元件属性，包括元件流水号、显示名称、元件封装等。

1. 编辑单个元件属性

（1）放置一个单片机8051元件。

1）在设计管理器的Browse Sch选项卡界面，在元件库区选择元件库“Protel DOS Schematic Intel. lib”。

2）如图1-43所示，从中选择所需的8051元件。

3）单击元件区下方的“Place”按钮，此时一个8051单片机元件就出现在图纸的光标上，移动光标选择好位置后单击，放置此文件。

4）单击右键，结束元件放置。

（2）双击单片机8051元件，弹出图1-44所示的元件“Part”对话框。执行“Edit 编辑”菜单下的“Change 修改”命令，然后将光标移动到单片机 8051 元件上，也可以打开元件属性对话框。

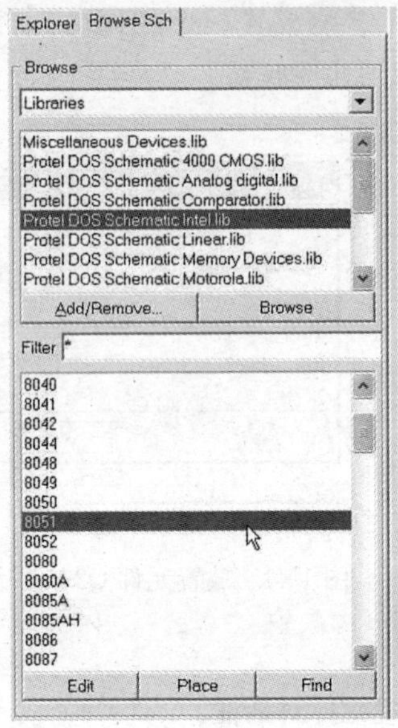

图 1-43　选择所需的 8051 元件

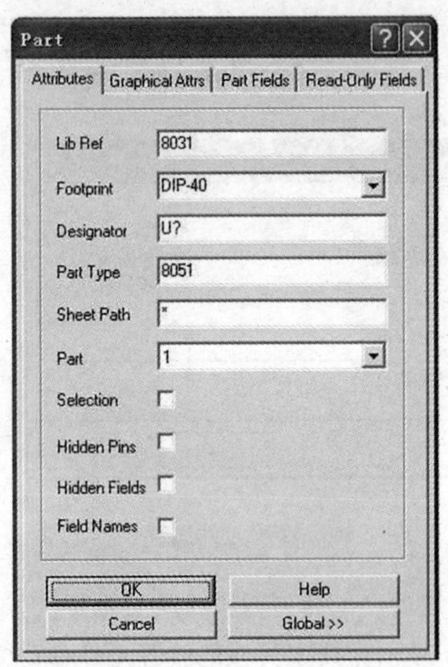

图 1-44　元件属性对话框

(3) Attributes 属性选项卡。Attributes 选项卡用于设置元件的一般选项，设计中比较常用。

● Lib Ref：元件库中定义的元件名称，该名称不会显示在原理图，一般情况下不对它进行修改。

● Footprint：元件的 PCB 封装形式。这里是 DIP-40，双列直插元件，40 个引脚。元件的 PCB 封装形式可以在这个栏修改。

● Designator：元件编号，电路图中的流水序号，这里显示“U?”，可以修改为 U1。

● Part Type：显示在图纸上的元件类型，默认值与 Lib Ref 一致，可以修改为 89C51。

● Sheet Path：成为图样元件时，指定下层电路图样的路径，在绘制层次电路图时使用。

● Part：选择元件的部件序号，有些元件封装了多个功能相同的部件，每个部件就是一个功能单元，不同的部件管脚号有所不同，因此需要选择。如 CD4011，四－二输入与非门，内部包含 4 个二输入与非门（见图 1-45）。

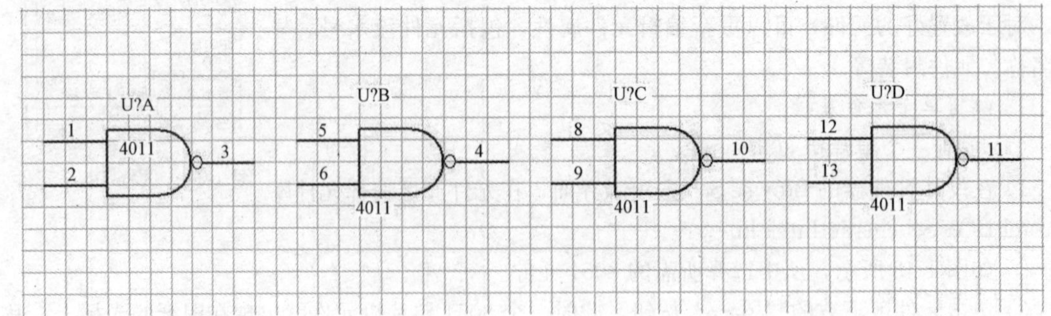

图 1-45　四-二输入与非门

● Selection：设置元件的选中状态，选择该选项，元件被选取。

● Hidden Pin：设置是否显示隐藏管脚。元件库中提供的元件一般会隐藏电源和接地管脚，且在电气连接时自动与电源和地相连。若用户定义了元件标号，或者使用多种电源供电方式，则需要取消该选项，显示隐藏的电源和地管脚，并对其进行人工设置。

● Hidden Files：设置是否显示 Part Files 选项卡中的元件数据栏。

● Field Name：设置是否显示元件的数据栏名称。

（4）Graphical Attrs 图形选项卡（见图 1-46）。

● X-Location：元件参考点在原理图中的 X 坐标位置。

● Y-Location：元件参考点在原理图中的 Y 坐标位置。

● Fill Color：选择元件内部的填充颜色。

● Line Color：选择元件边框线条的颜色。

● Pin Color：选择元件引脚的颜色。

● Local Colors：选择该选项，表示将上面的颜色应用于该元件。

● Mirrored：选中该选项，会将元件作镜像翻转，在原理图界面中处于待放置状态时，按键盘的 X 键，也可以实现这一功能。

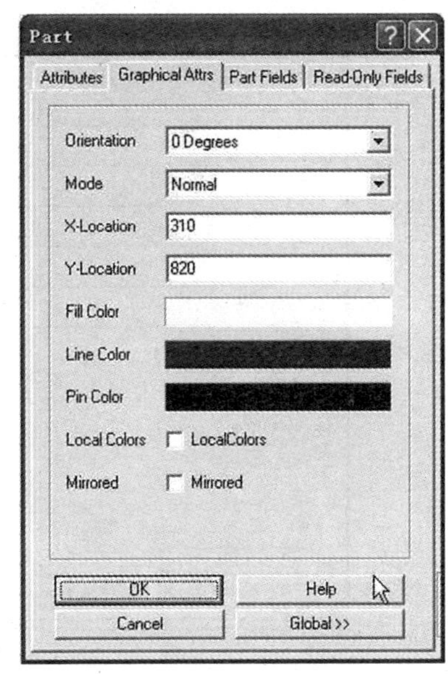

图 1-46 图形选项卡

（5）Part Files 部件选项卡（见图 1-47）。部件选项卡用于设置部件的一些数据信息。

（6）Read-Only Files 只读域选项卡（见图 1-48）。只读域选项卡用于显示该元件在元件库里定义的一些信息。

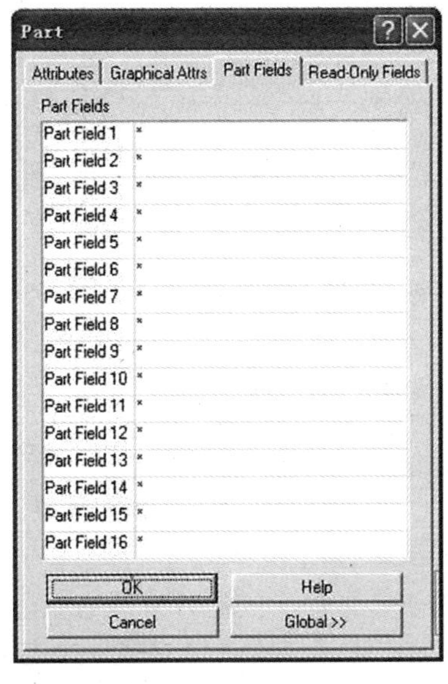

图 1-47 部件选项卡

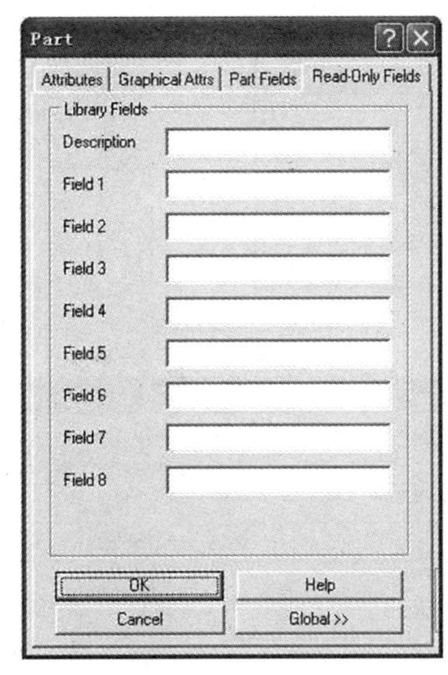

图 1-48 只读域选项卡

（7）放置一个电阻元件。

（8）对选中的电阻元件做图 1-49 所示的修改。

（9）单击“OK”按钮，确认修改。修改后的结果如图 1-50 所示。

（10）双击元件编号，弹出图 1-51 所示的元件编号对话框，可以对元件编号属性进行修改。

（11）双击元件类型，弹出图 1-52 所示的元件类型对话框，可以对元件类型属性进行修改。

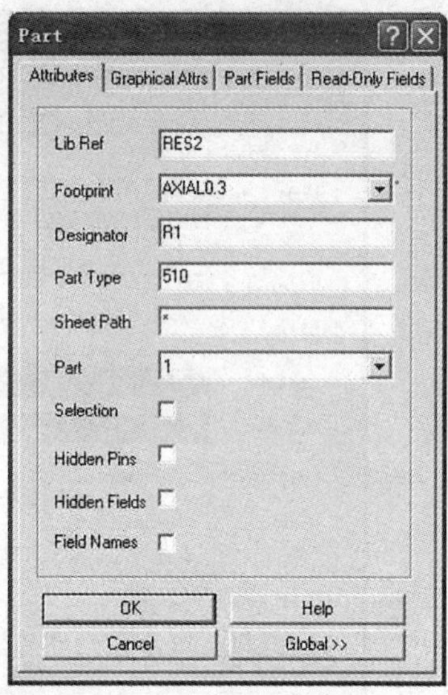

图 1-49　对选中元件做属性修改

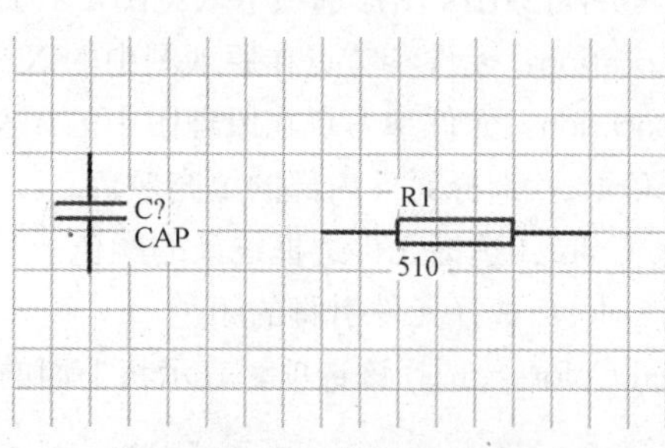

图 1-50　修改后的结果

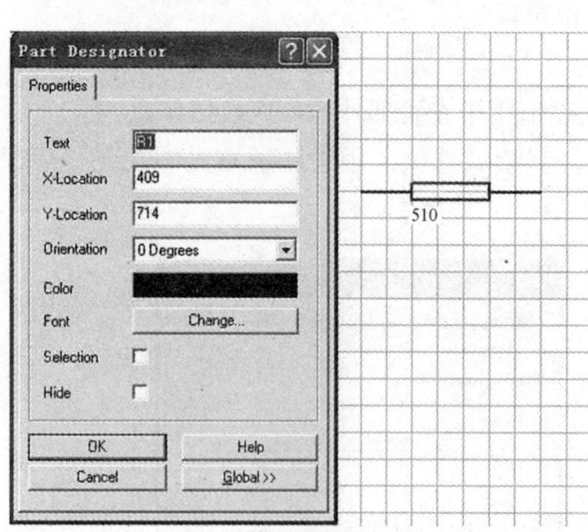

图 1-51　元件编号对话框

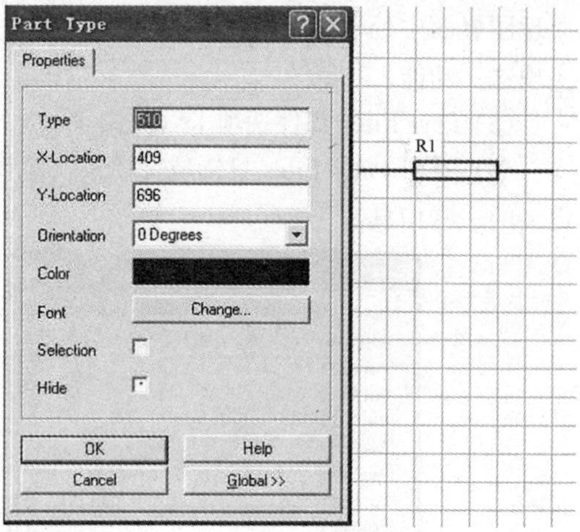

图 1-52　元件类型对话框

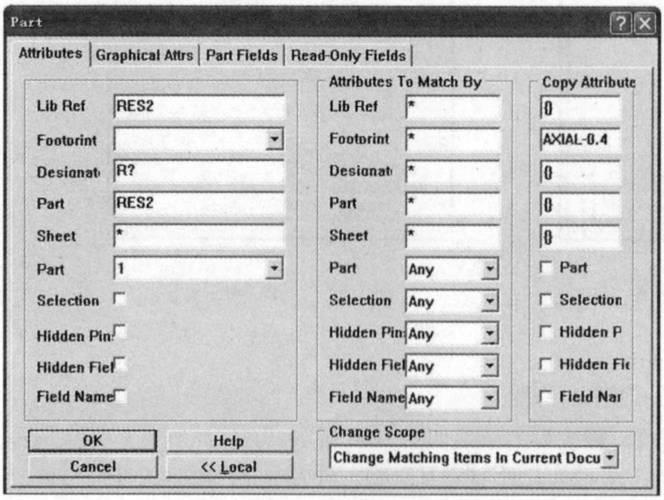

图 1-53　元件全局属性修改对话框

2. 编辑一组元件属性

如果一组元件的某个属性相同，可以成组编辑而不用分别修改。

操作方法如下：

(1) 放置 4 个电阻。

(2) 打开其中任意一个电阻的属性对话框，单击“Global”全局按钮，打开图 1-53 所示的元件全局属性修改对话框。

(3) 在对话框的“Attributes To Match By”栏的“Lib Ref”框中输入“RES2”，即设置所有

的 Lib Ref 都是 RES2 的元件，在“Copy Attributes”栏的“FootPrint”中输入“AXIAL-0.4”，即把所有的 RES2 电阻元件的封装设置为 AXIAL-0.4。在“Change Scope”下拉列表中选择作用范围，包括 Change Matching Items In Current Document（修改范围设在当前文档中的匹配元件）、Change This Item Only（仅仅修改选中的元件）、Change Matching Item In All Document（修改所有文档中匹配的元件），这里选择 Change Matching Item In Current Document（修改范围设在当前文档中的匹配元件）。

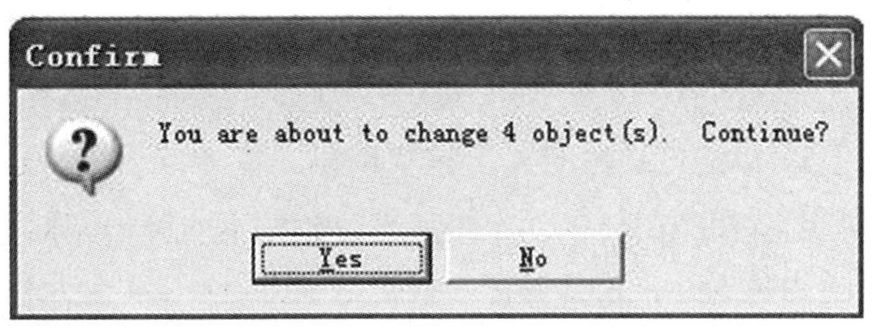

图 1-54 确认修改对话框

(4) 单击“OK”按钮，弹出图 1-54 所示的确认修改对话框，提示会修改 4 个对象，单击“Yes”按钮，这样就把 4 个电阻的 FootPrint 封装特性设置为 AXIAL-0.4。

九、调整元件位置

元件放置好以后，通常需要根据原理图要求、走线安排、审美需求等要素调整元件位置，包括旋转、移动、拷贝、粘贴、对齐等操作。

1. 元件选取

(1) 单一对象选取。鼠标左键单击一个元件，这时该元件会被一个虚线框包围，说明该对象已经被选取。

(2) 鼠标拖动选取多个元件。

1) 拖动左键，如图 1-55 所示，选取框内的所有元件。在电阻 R1 的左上角适当位置按下左键，光标变成十字形状，拖动鼠标至电阻 R4 的右下角适当位置处，松开鼠标，就把电阻 R1～R4 4 个元件全部选中了。

2) 被选中的元件周围都有黄色矩形标志框，被选中的元件如图 1-56 所示。

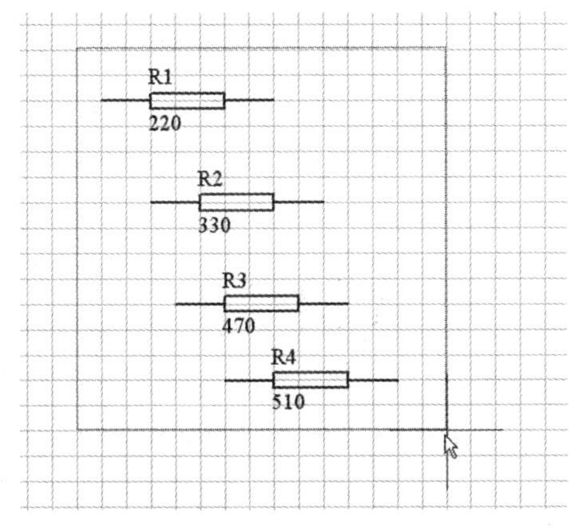

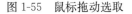

图 1-55 鼠标拖动选取

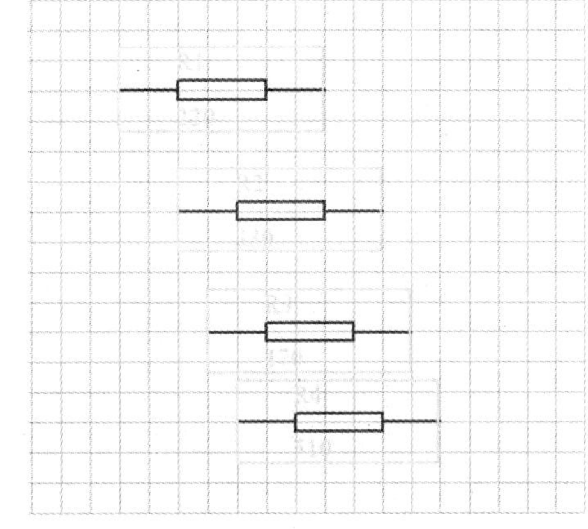

图 1-56 被选中的元件

(3) 使用菜单命令选取。

1) 如图 1-57 所示，执行“Edit 编辑”菜单下“Select 选择”子菜单下的“Inside Area 区域内”命令。

2) 拖动左键，在电阻 R1 的左上角适当位置按下左键，光标变成十字形状，拖动鼠标至电阻 R4 的右下角适当位置处，松开鼠标，就把电阻 R1～R4 4 个元件全部选中了，被选中的元件周围都有黄色矩形标志框。

(4) 单击工具栏按钮 [⬚] 选取。

1) 单击工具栏的 [⬚] 选取按钮。

2) 在电阻 R1 的左上角适当位置按下左键，光标变成十字形状，拖动鼠标至电阻 R4 的右下角适当位置处，松开鼠标，就把电阻 R1～R4 4 个元件全部选中了，被选中的元件周围都有黄色矩形标志框。

(5) 按键盘“Shift”键加单击选取。按键盘“Shift”键，如图 1-58 所示，同时移动鼠标，单击要选择的元件，可以实现单个或多个元件选取。

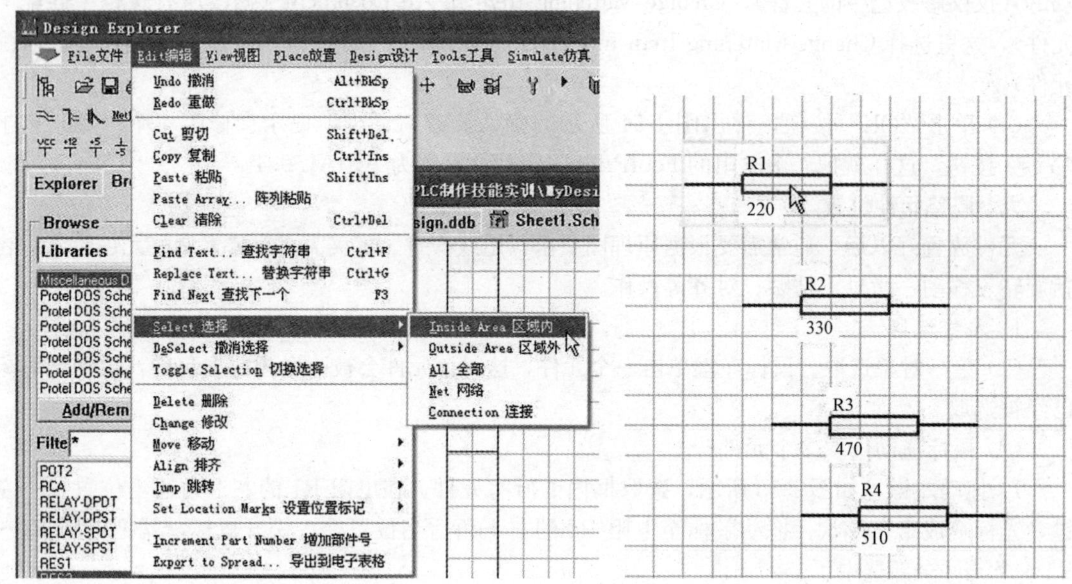

图 1-57　执行选择命令　　　　图 1-58　利用键盘选取

2. 元件取消选取

被选取的对象不会自动取消，需要通过取消选取命令来实现。

(1) 使用菜单命令取消选取。

1) 如图 1-59 所示，执行“Edit 编辑”菜单下“DeSelect 撤消选择”子菜单下的“Inside Area 区域内”命令。

2) 在电阻 R1 的左上角适当位置按下左键，光标变成十字形状，拖动鼠标至电阻 R4 的右下角适当位置处，松开鼠标，将电阻 R1～R4 4 个元件设定为选择区域，被选中的元件周围黄色矩形标志框消失，取消 R1～R4 4 个元件选取状态。

3) 选择原理图里的电阻 R1、R2。

4) 执行“Edit 编辑”菜单下“DeSelect 撤消选择”子菜单下的“Outside Area 区域外”命令。

5) 在电阻 R3 的左上角适当位置按下左键，光标变成十字形状，拖动鼠标至电阻 R4 的右下角适当位置处，松开鼠标，将电阻 R3、R4 两个元件设定为选择区域，区域外的被选中的元件周围黄色矩形标志框消失，取消 R1、R2 两个元件选取状态。

6) 如图 1-60 所示，执行“Edit 编辑”菜单下“DeSelect 撤消选择”子菜单下的“All 全部”命令，立即取消所有被选取的对象。

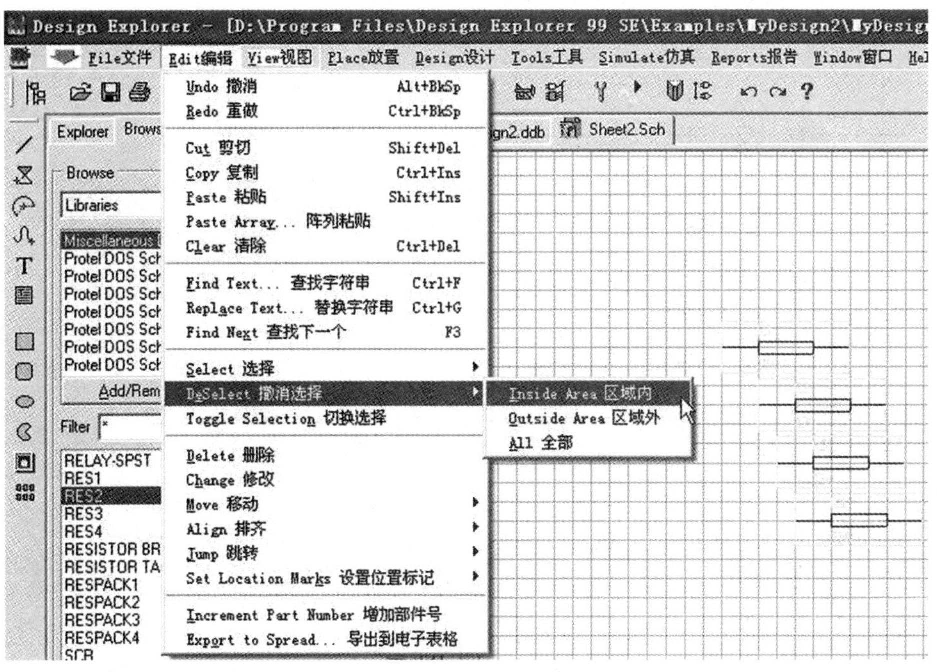

图 1-59 通过菜单命令取消选取

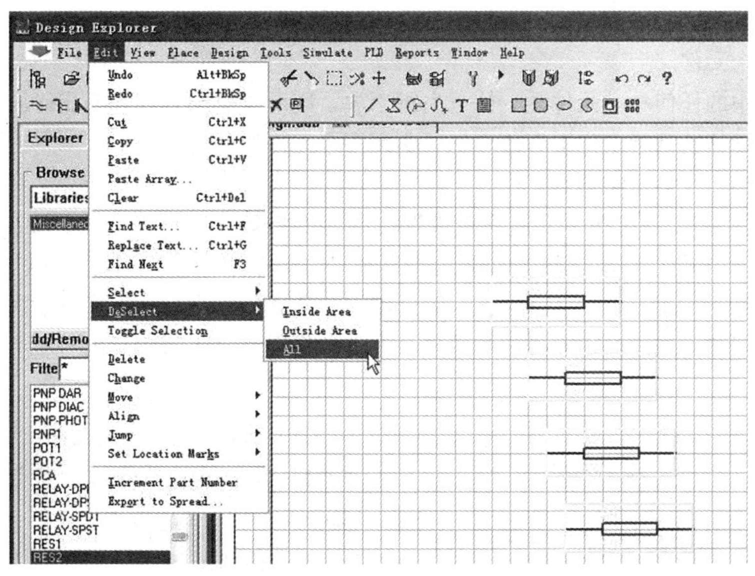

图 1-60 取消所有对象选取

（2）通过工具栏按钮 取消所有对象选取。单击工具栏按钮 ，可以快捷地实现取消所有对象选取。

3. 元件旋转

（1）单击电阻元件 R1，按下左键不放，元件左边出现一个小黑点（见图 1-61），说明该元件处于待放置状态。

（2）按键盘空格键，元件逆时针旋转 90°（见图 1-62）。

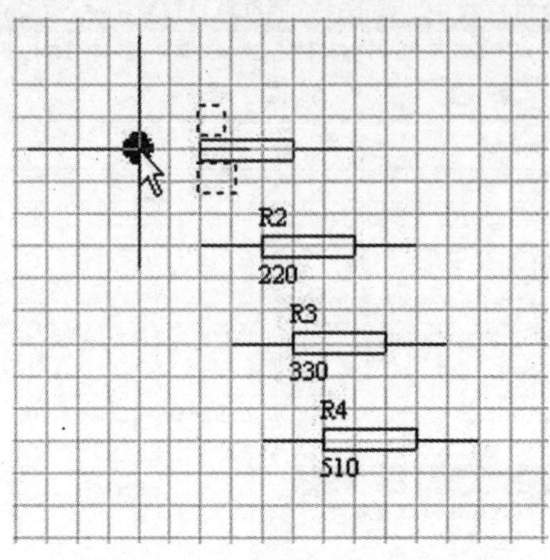

图 1-61　元件待放置状态

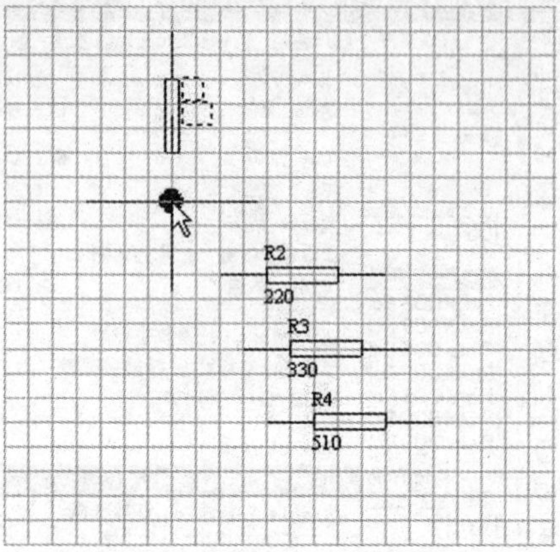

图 1-62　元件旋转 90°

(3) 每按一次空格键，元件逆时针旋转 90°。

4. 元件移动

(1) 单个元件移动。

1) 单击一个元件，按下左键不放，元件左边出现一个小黑点，说明该元件处于待放置状态。

2) 拖动鼠标移动到指定位置释放鼠标左键，实现单一元件的移动。

(2) 多个元件移动。

1) 选取多个元件。

2) 在被选中的任何一个元件上，按下左键不放，则所有被选元件都变成待放置状态。

3) 拖动鼠标移动到指定位置释放左键，实现多个元件的移动。

5. 元件剪切、复制、粘贴

(1) 元件复制。元件剪切、复制只对被选取的元件有效，即要先选取需要复制或剪切的元件，然后再执行“Edit”菜单下的“Copy 复制”或“Cut 剪切”命令。操作方法：

1) 选取需要复制的元件，然后再执行“Edit 编辑”菜单下的“Copy 复制”或“Cut 剪切”命令。

2) 移动鼠标到复制或剪切元件的参考点，单击，指定复制或剪切元件的参考点。

(2) 元件粘贴。操作方法：

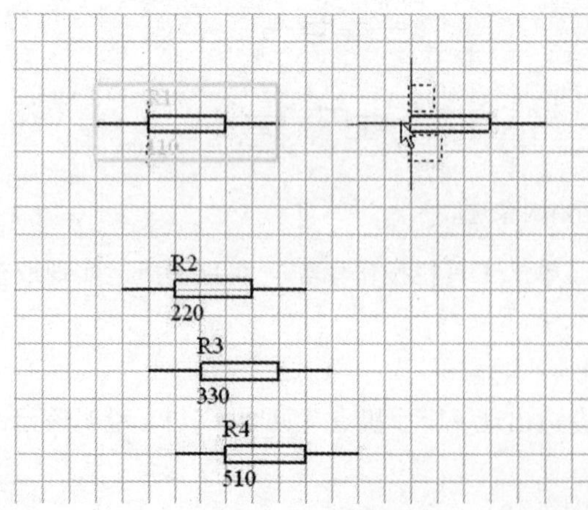

图 1-63　元件粘贴

1) 选取需要复制的元件，然后再执行“Edit 编辑”菜单下的“Copy 复制”或“Cut 剪切”命令。

2) 移动鼠标到复制或剪切元件的参考点，单击，指定复制或剪切元件的参考点。

3) 执行“Edit 编辑”菜单下的“Paste 粘贴”命令。

4) 十字光标处出现被复制或剪切元件的图形（见图 1-63），移动鼠标确定粘贴元件的位置。

5) 单击，确定粘贴元件。元件剪切、复制、粘贴的快捷键分别是 Ctrl＋C、Ctrl＋X、Ctrl＋V，与其他 Windows 软件相同。剪切、粘贴命令还可以通过工具栏的 按钮和 按钮实现。

6. 元件删除

(1) 单个元件的删除。

对于单个元件，可以单击该元件选中，然后执行“Edit 编辑”菜单下的“Delete 删除”命令或者直接按键盘的 Delete 删除。

(2) 多个元件的删除。对于多个被选中的元件，执行“Edit 编辑”菜单下的“Clear 清除”命令或者直接按键盘的 Ctrl＋Delete 键删除。

(3) 逐个元件删除。

1) 执行“Edit 编辑”菜单下的“Delete 删除”命令。

2) 移动鼠标到要删除的元件上单击，选择删除一个元件。

3) 用类似的方法删除其他元件。

4) 单击右键，结束删除操作。

7. 元件的排列、对齐

(1) 左排齐。

1) 选取需要排列或对齐的元件。

2) 如图 1-64 所示，执行“Edit 编辑”菜单下的“Align 排齐”子菜单下“Align Left 左排齐”命令。

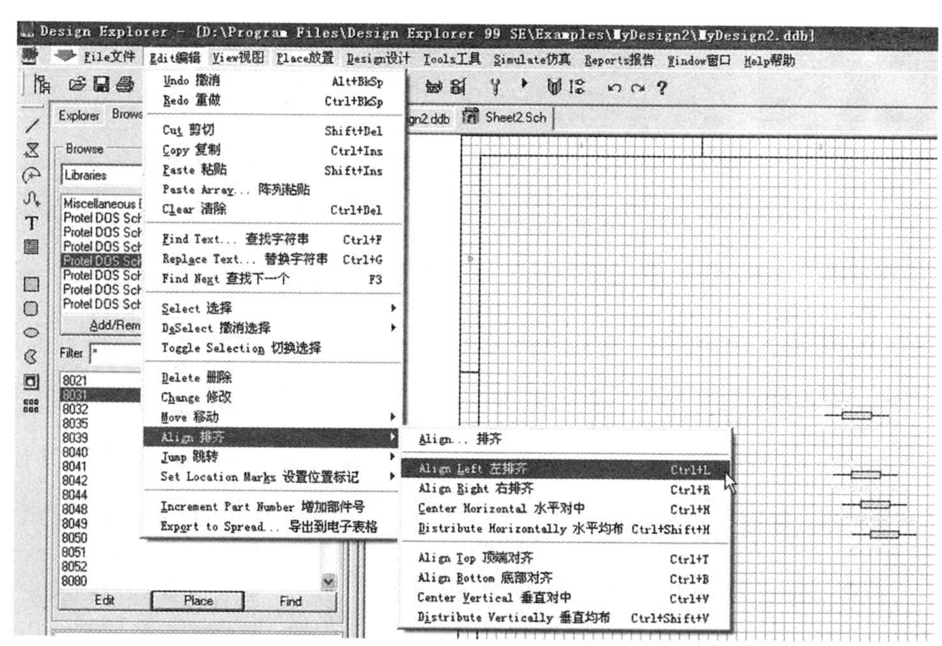

图 1-64 左排齐命令

3) 选取的元件左排齐（见图 1-65）。

(2) 多种对齐操作。

1) 执行“Edit 编辑”菜单下的“Align 排齐”子菜单下“Align 排齐”命令。

2) 打开图 1-66 所示的排齐对话框。

3) 对所选的元件同时进行多种对齐操作，如水平方向选择“Left”（左对齐），垂直方向选择“Distribute equally”（垂直间距对齐）。

4）单击“OK”按钮，左对齐、垂直等间距对齐的效果如图 1-67 所示。

（3）排列、对齐的其他命令（见表 1-2）。

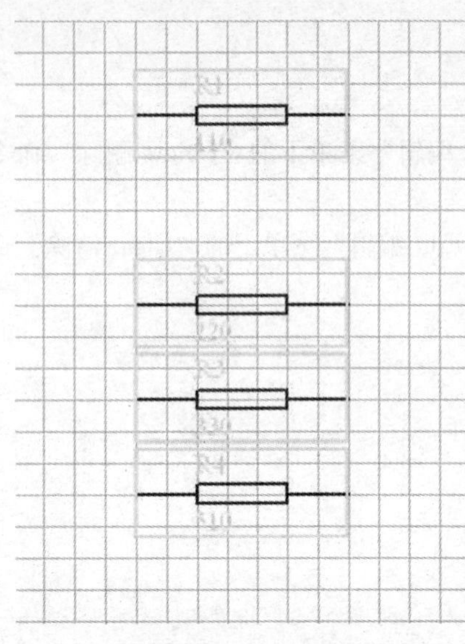

图 1-65　元件左排齐

表 1-2　　排列、对齐的其他命令

菜单命令	功　能
Align	打开排齐对话框
Align Left	将被选元件以最左边的元件为基准对齐
Align Right	将被选元件以最右边的元件为基准对齐
Center Horizontal	将被选元件以最左、最右的元件的中心为基准水平对齐
Distribute Equally	将被选元件以最左、最右的元件边界为基准水平等间距对齐
Align Top	将被选元件以最上边的元件为基准对齐
Align Bottom	将被选元件以最下边的元件为基准对齐
Center Vertical	将被选元件以最上、最下的元件的中心为基准垂直对齐
Distribute equally	将被选元件以最上、最下的元件边界为基准垂直等间距对齐

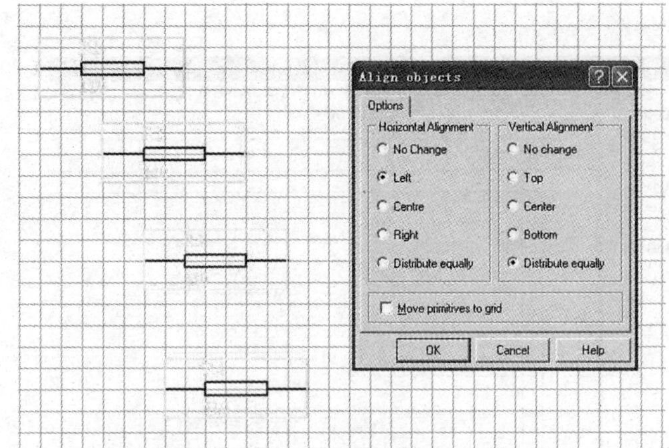

图 1-66　排齐对话框

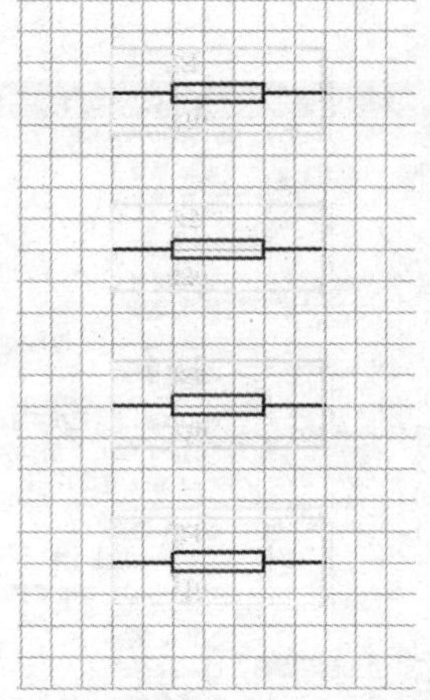

图 1-67　左对齐、垂直等间距对齐

十、放置电源、接地

1. 放置电源

（1）如图 1-68 所示，单击执行“Place 放置”菜单下的“Power Port 电源端口”命令。

（2）按键盘 Tab 键，弹出图 1-69 所示“Power Port 电源端口”对话框。

（3）确定电源属性。该命令只能放置一种对象元件，需要通过修改对象的属性得到所需要的电源或接地，电源端口对象的属性见表 1-3。

表 1-3　　电源端口对象的属性

属性	含　义
Net	端口网络名称
Style	选择电源及接地样式，有七种可供选择（见表 1-4）
X-Location	对象在原理图中的 X 轴坐标位置

续表

属性	含　义
Y-Location	对象在原理图中的 Y 轴坐标位置
Orientation	对象的放置角度
Color	设置对象的颜色
Selection	设置对象是否被选择

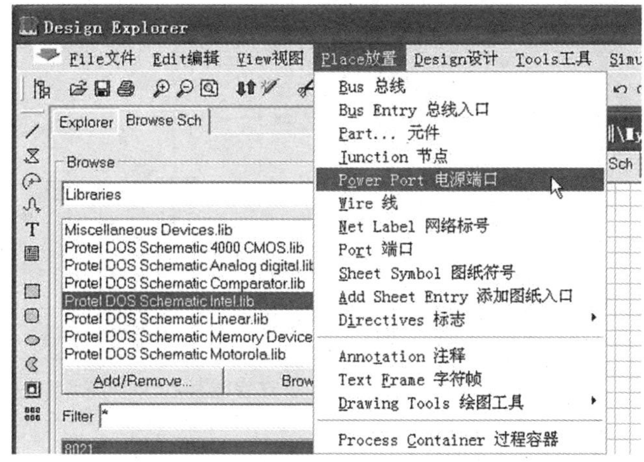

图 1-68　执行放置电源端口命令

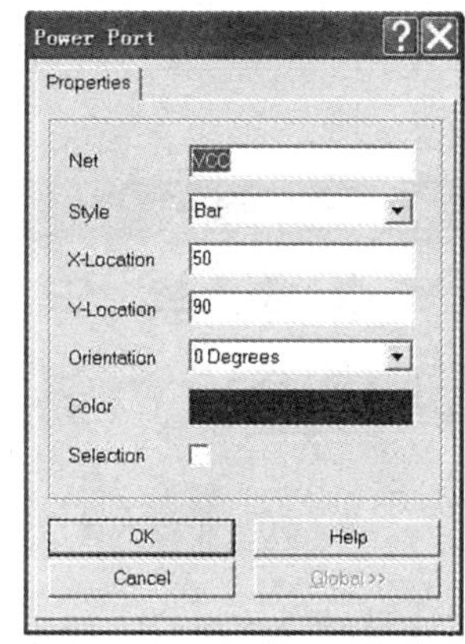

图 1-69　电源端口对话框

电源及接地样式见表 1-4。

表 1-4　电源及接地样式

样式名称	样式说明	样式名称	样式说明
Circle	圆形节点	Power Ground	电源地
Arrow	箭头节点	Signal Ground	信号地
Bar	一字节点	Earth	大地
Wave	波浪节点		

设置网络端口为“VCC”，样式设置为“Bar”，对象的放置角度为 90°。

(4) 设置完成，单击“OK”按钮，移动鼠标，在需要电源的位置单击，放置一个电源端子。

(5) 单击右键，结束放置电源端子。

2. 放置接地

(1) 单击执行“Place 放置”菜单下的“Power Port 电源端口”命令。

(2) 按键盘“Tab”键，弹出“Power Port 电源端口”对话框。

(3) 设置网络端口为“GND”，样式设置为 Power Ground 电源地线，对象的放置角度为 270°。

(4) 设置完成，单击“OK”按钮，移动鼠标，在需要接地的位置单击，放置一个接地端子。

(5) 单击右键，结束放置接地端子。

利用电源工具栏的按钮，也可以放置各种电源、接地节点。

十一、添加电气连接

完成元件放置和位置调整后，就可以开始添加电气连接了。添加电气连接主要用到图 1-70

所示的布线工具栏的布线按钮或 Place 放置菜单下的各种布线命令。

1. 绘制电气导线

完成元件放置和位置调整后，就需要绘制导线了。绘制导线可以单击执行“Place 放置”菜单下的“Wire 导线”命令或单击工具栏的 按钮来实现。

操作方法：

(1) 单击“Place 放置”菜单下的“Wire 导线”命令或者单击工具栏的绘制导线按钮 。

(2) 当光标变为十字形时，单击在图纸上设置导线的起点（见图 1-71）。

图 1-70 布线工具栏

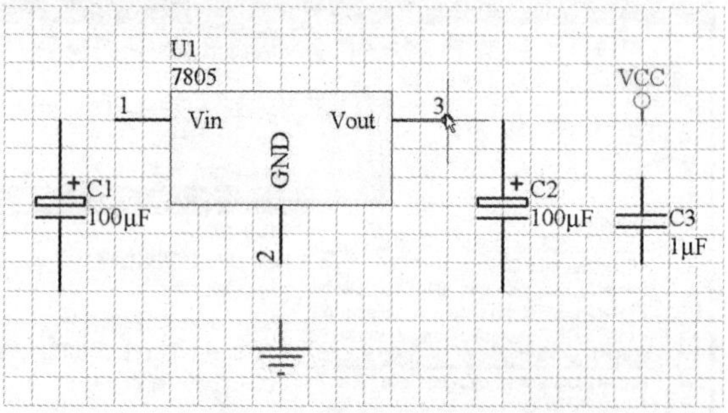

图 1-71 设置导线起点

(3) 移动鼠标到 C2，单击连接 C2。

(4) 移动鼠标到 VCC，单击连接电源 VCC。

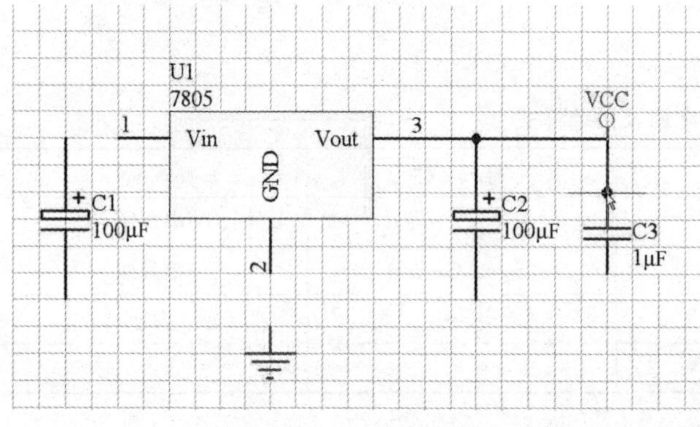

图 1-72 连接电容 C3

(5) 如图 1-72 所示，移动鼠标到 C3，单击连接 C3。

(6) 单击右键或按键盘“Esc”键，结束本条导线绘制，然后开始另一条导线的绘制。

(7) 完成所有导线绘制后，单击右键或按键盘“Esc”键，即可退出导线绘制状态。

2. 删除导线连接

(1) 执行菜单命令删除导线。

1) 单击执行“Edit 编辑”菜单下的“Delete 删除”命令。

2) 当光标变为十字形时，移动鼠标到要删除的导线，单击，删除一条导线。

3) 用上述方法删除其他导线。

4) 单击右键或按键盘“Esc”键，结束删除导线操作。

(2) 通过键盘删除导线。

1) 移动鼠标到要删除的导线，单击，导线两端出现灰色小方块（见图 1-73）。

2) 按键盘“Delete”键删除导线。

3. 调整导线位置

如果想要使某条导线延长或调整导线转折点的位置，可以不必删除再绘制导线，而是直接单击导线，导线的各个转折点出现灰色小方块，再单击导线即可将最近处的转折点粘贴到光标上（见图 1-74），移动光标就可改变该转折点的位置或延长导线，最后单击鼠标确定。

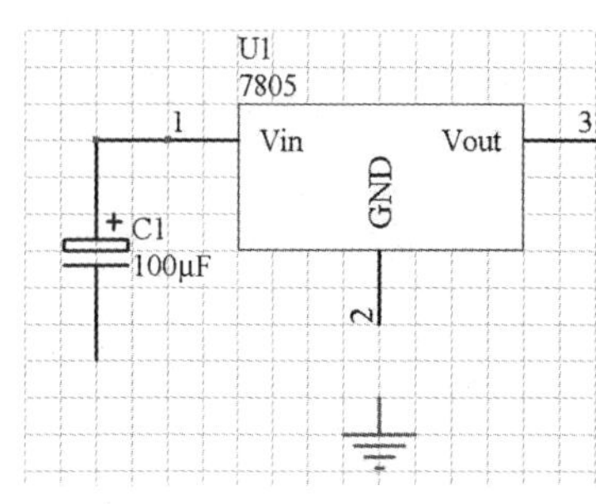

图 1-73 灰色小方块

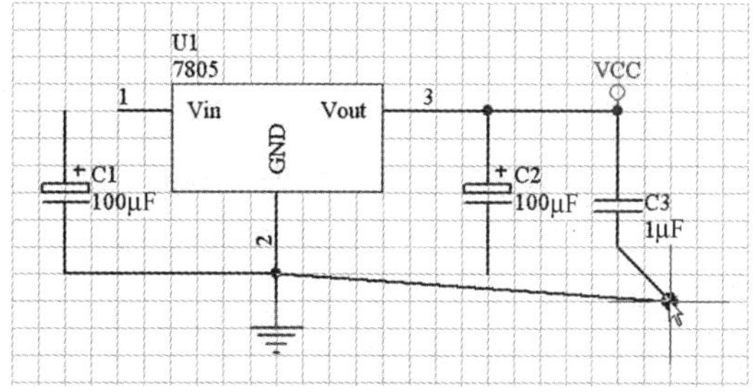

图 1-74 调整导线位置

4. 编辑导线属性

双击想要修改属性的导线，弹出如图 1-75 所示的导线属性对话框，可对导线的属性进行设置。

- Wire Width：用于设置导线宽度，下拉列表中有 Smallest、Small、Medium、Large 四个选项。
- Color：用于设置导线颜色。单击右边的色块，弹出颜色选择对话框，供用户选择颜色或自定义用户颜色。
- Selection：设置导线是否处于选择状态。
- Global：设置一组导线属性，弹出图 1-76 所示的导线 Global 属性设置对话框。

图 1-75 导线属性对话框

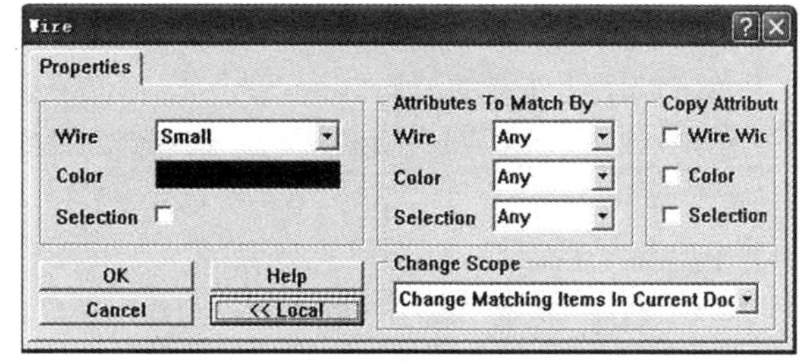

图 1-76 导线 Global 属性对话框

技能训练

一、训练目标

(1) 学会使用原理图元件库。

(2) 学会绘制简单直流稳压电源的原理图。

二、训练步骤与内容

1. 创建一个项目

(1) 启动 Protel 99SE 电路设计软件。

(2) 单击执行“File 文件”菜单下的“New 新建”命令，弹出新建设计数据库对话框。

(3) 在“Design Storage Type”栏中选择设计数据库保存类型“MS Access Database”，在“Database File Name”栏中设定数据库的文件名，默认的数据库文件名为“MyDesign2. ddb”。

(4) 单击“Browse”按钮，可以设定数据库文件保存的路径。

(5) 单击“OK”按钮，生成一个“MyDesign2. ddb”数据库项目文件。

2. 新建一个文件

(1) 单击执行“File 文件”菜单下的“New 新建文档”命令，弹出新建文件对话框，选择原理图的文件，单击“OK”按钮，新建一个原理图文件。

(2) 选择新建的原理图文件，执行“Edit 编辑”菜单下的“Rename 重命名”命令，将选中的文件重新命名为“WENYA. sch”原理图文件。

3. 设置图纸属性

(1) 设置图纸大小为 A4。

(2) 选择图纸方向为 Landscape（横向）。

(3) 设置图纸颜色。通常情况下默认的边框为黑色，图纸为淡黄色。

(4) 设置图纸栅格。可在“Grids”栏中“SnapOn”（栅格锁定）和“Visible”（可视栅格）中设定栅格的大小，通常保持默认值 10。

(5) 设置自动寻找电气节点。在“Electrical Grid”栏中选中，并在“Grid Range”中输入设置需要的值，默认值为 8，单位是 mil，这样在绘制导线时，光标会以 8 为半径，向周围寻找电气节点，同时自动移动到该节点上并显示一个圆点。

4. 加载元件库

(1) 执行“Design 设计”菜单下的“Add/Remove Library 添加/删除元件库”命令，弹出更改元件库对话框。

(2) 在弹出的更改元件库对话框中选择添加“Protel DOS Schematic Libraries. ddb”元件库。

(3) 单击“Add”添加按钮，被选中的元件库就出现在“Selected Files”列表框中。

(4) 单击“OK”按钮，完成“Protel DOS Schematic Libraries. ddb”元件库的添加。

(5) 单击设计管理器的“Browse Sch”标签，可见“Miscellaneous Devices. ddb”、“Protel DOS Schematic Libraries. ddb”元件库已经添加到元件库。

5. 放置元件

(1) 放置电气连接器 2 个。

1) 执行“Place 放置”菜单下的“Part 元件”命令，弹出放置元件的对话框。

2) 单击“Browse”浏览按钮，弹出浏览库对话框，选择元件库“Miscellaneous Devices. ddb”，在对话框的元件选择区选择元件“CON2”。

3) 单击“Close”按钮，关闭浏览库对话框，返回放置元件对话框。

4) 单击“Place”放置按钮，十字光标上附着一个 CON2 电气连接器图标。

5) 按键盘空格键，旋转图标方向，使 CON2 电气连接器连接端向右，移动鼠标到合适位置，单击，放置一个 CON2 电气连接器。

6) 按键盘空格键两次，旋转图标方向，使 CON2 电气连接器连接端向左，移动鼠标到另一个合适位置，单击，再放置一个 CON2 电气连接器。

(2) 放置 BRIDGE1 整流桥堆 1 个。

1) 单击设计管理器的“Browse Sch”标签，选择“Miscellaneous Devices. ddb”杂元件库。

2) 在元件选择区选择“BRIDGE1”整流桥堆元件。

3) 单击“Place”放置元件按钮。

4) 移动鼠标到合适位置，单击，放置一个“BRIDGE1”整流桥堆元件。

(3) 放置 ELECTRO1 电解电容 2 个。

1) 单击设计管理器的“Browse Sch”标签，选择“Miscellaneous Devices. ddb”杂元件库。

2) 在元件选择区中选择“ELECTRO1”电解电容元件。

3）单击“Place”放置元件按钮。

4）移动鼠标到合适位置。单击，放置一个“ELECTRO1”电解电容元件。

5）移动鼠标到另一个合适位置，单击，放置一个“ELECTRO1”电解电容元件。

（4）放置CAP无极性电容2个。

1）在元件选择区选择“CAP”无极性电容元件。

2）移动鼠标到合适位置，单击，放置一个“CAP”无极性电容元件。

3）移动鼠标到另一个合适位置，单击，再放置一个“CAP”无极性电容元件。

（5）放置VOLTREG直流三端稳压集成电路元件1个。

1）在元件选择区选择“VOLTREG”直流三端稳压集成电路元件。

2）单击“Place”放置元件按钮。

3）移动鼠标到合适位置，单击，放置一个“VOLTREG”直流三端稳压集成电路元件。

（6）放置接地符号。

放置直流稳压电路元件后原理图界面如图1-77所示。

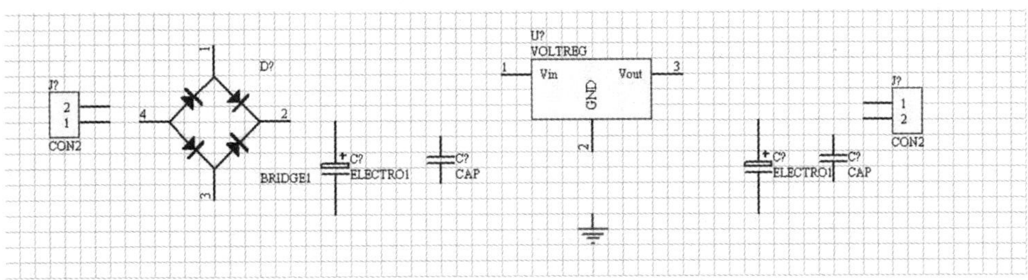

图1-77 放置直流稳压电路元件

6. 修改元件属性

按表1-5修改元件属性。

表1-5 **元件属性表**

流水序号	元件型号	流水序号	元件型号
J1、J2	CON2	C3、C4	0.1μF
D1	3A/25V	U1	LM7805
C1、C2	100μF		

7. 调整元件位置

选择元件，参考图1-78，调整元件位置。

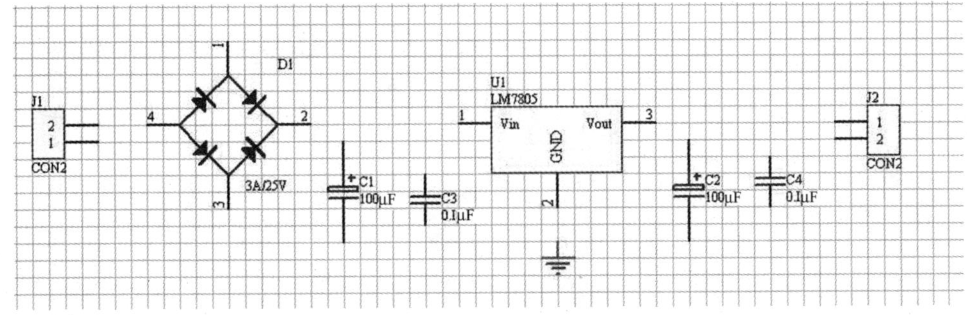

图1-78 调整元件位置

8. 连接导线

(1) 单击连接导线“≈”按钮。

(2) 参考图 1-79，连接电路各支路导线。

9. 单击“保存”按钮，保存原理图

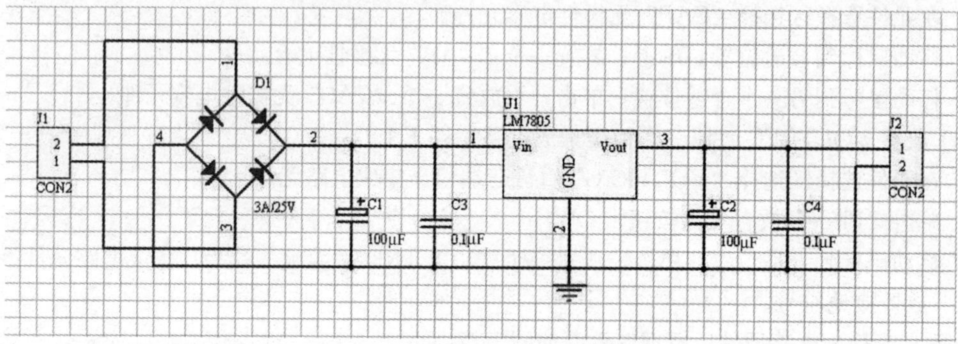

图 1-79　连接导线

项目二　原理图元件库的编辑

学习目标

（1）学会制作简单的三极管元件。

（2）学会制作数字集成电路元件 CD4011。

（3）学会原理图元件库的编辑。

任务 3　创建简单的三极管元件

基础知识

一、启动原理图元件库编辑器

（1）双击 Protel 99SE 图标，启动 Protel 99SE 电路图设计软件。

（2）新建项目“MyDesign1. ddb”数据库，如图 2-1 所示，单击执行“文件”菜单下的“新建文件”命令。

（3）弹出图 2-2 所示的“New Document”新建文件对话框。

图 2-1　执行“新建文件”命令

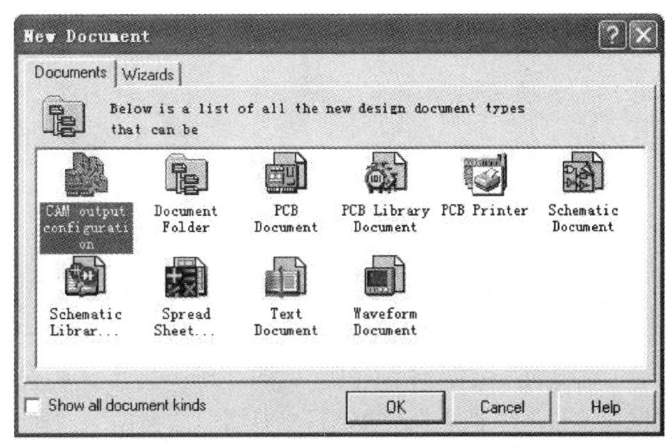

图 2-2　新建文件对话框

（4）在新建文件对话框中，如图 2-3 所示，选择创建“Schematic Library Document”电路图库文件。

（5）单击“OK”按钮，创建一个名称为“Schlib1. Lib”电路图库文件。

（6）如图 2-4 所示，右键单击“Schlib1. Lib”电路图库文件，弹出右键快捷菜单。

（7）执行快捷菜单的“Open”打开文件命令，进入图 2-5 所示的原理图元件库编辑器。

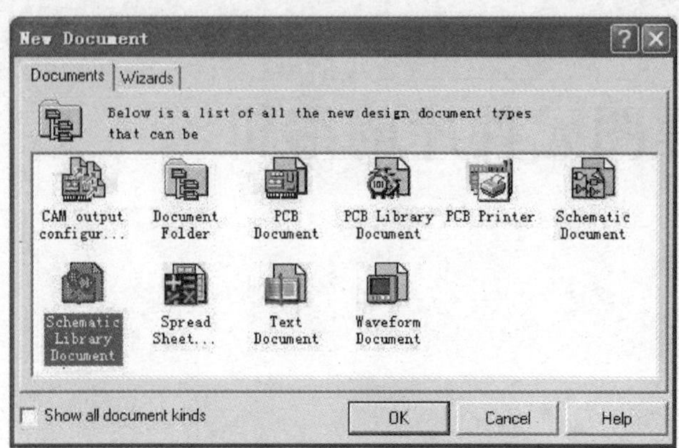

图 2-3　选择创建电路图库文件

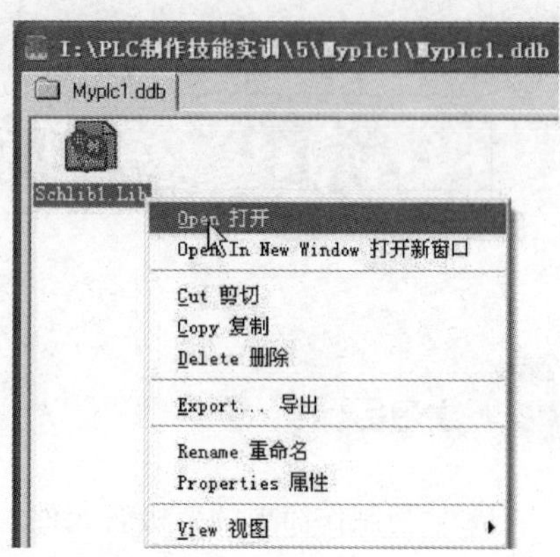

图 2-4　执行打开文件命令

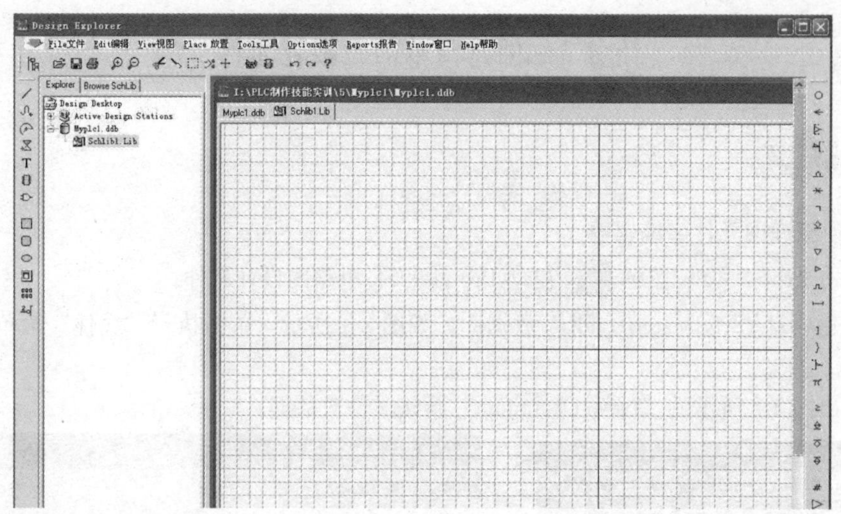

图 2-5　元件库编辑器

二、原理图元件库的操作

(1) 认识图 2-6 所示的原理图元件库编辑器。

(2) 通过执行图 2-7 “View 视图”菜单下的“Toolbars 工具条”子菜单下的“Main Toolbar 主工具条”等命令，选择打开或关闭相应的工具栏。

(3) 认识主工具栏工具（见图 2-8)。主工具栏包括“打开或关闭设计导航”、“打开文件”、“保存文件”、“放大”、“缩小”“剪切”、“粘贴”、“撤消”、“重做”等常用工具按钮。

(4) 认识一般绘图工具（见图 2-9)。一般绘图工具包括“绘制直线”、“绘制曲线”“绘制圆弧”、“绘制多边形”、“添加文字”、“添加元件”、“添加部件”、“绘制矩形”、“绘制圆角矩形”、“绘制椭圆”、“添加图片”、“阵列式粘贴”、“添加引脚”等工具。

如图 2-10 所示，执行“Place 放置”菜单下“Line 直线”等命令，也可以完成“绘制直线”等操作。

(5) 认识 IEEE 符号工具（见图 2-11)。IEEE 符号工具栏包括“低态触发”、“左向信号”等符号。

如图 2-12 所示，执行“Place 放置”菜单下“IEEE 符号”子菜单下“Invertor 反相器”等命令，也可以完成放置“反相器”符号等操作。

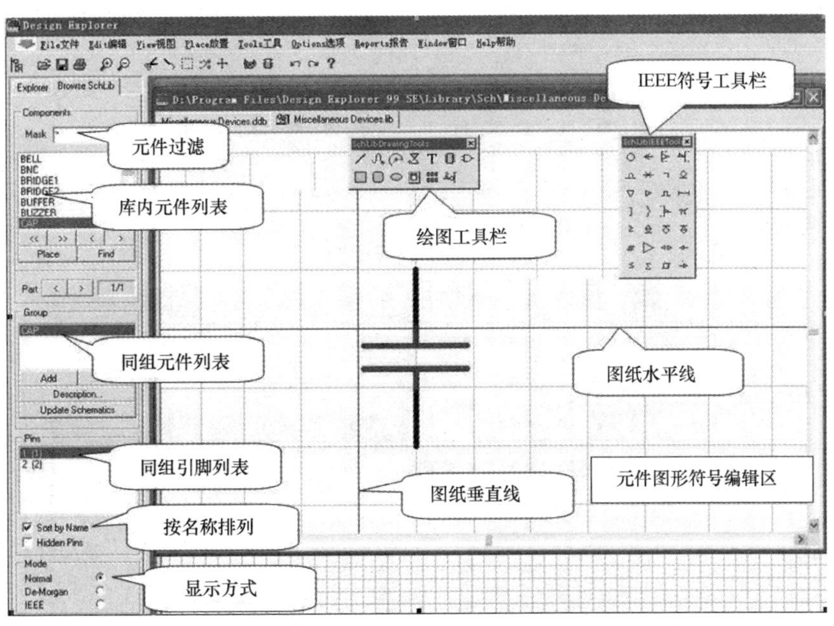

图 2-6 认识元件库编辑器

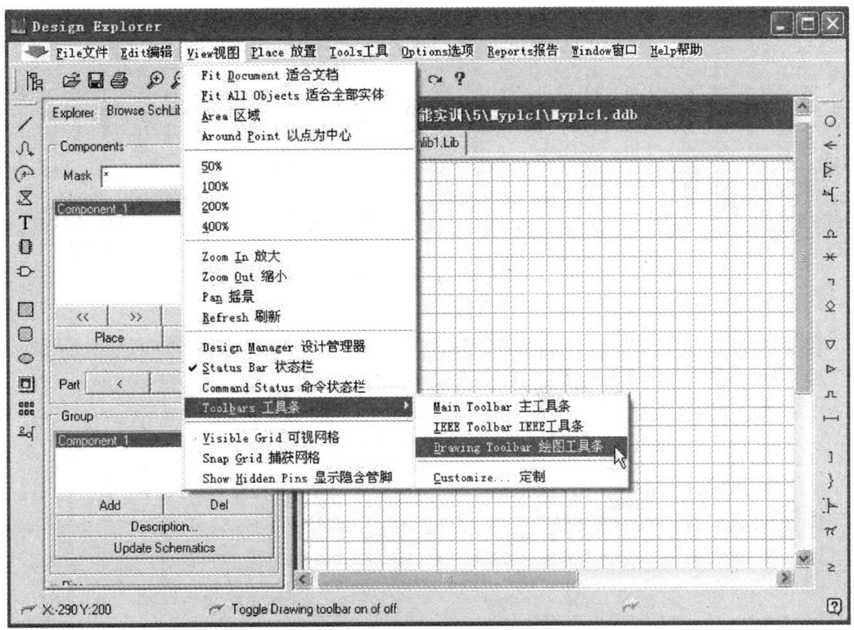

图 2-7 打开或关闭工具栏

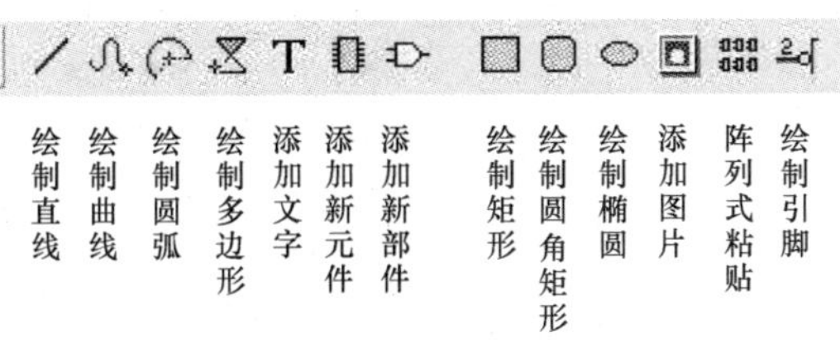

图 2-8 认识主工具栏工具

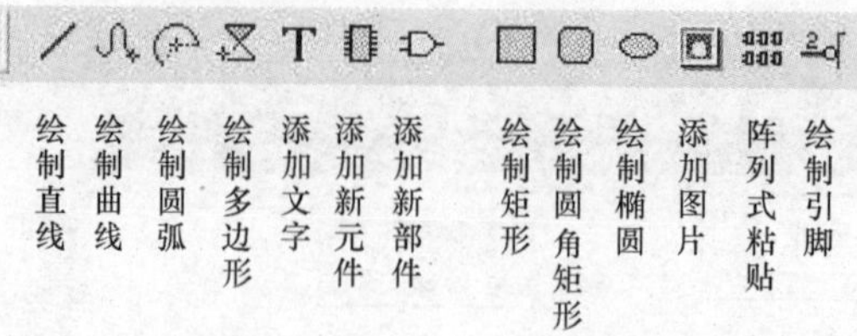

图 2-9　认识一般绘图工具

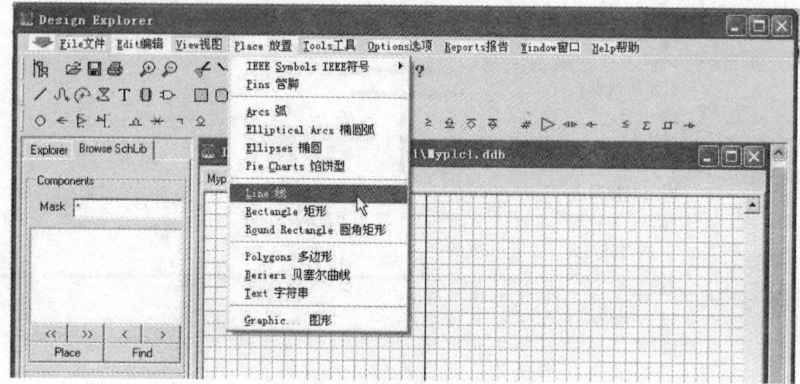

图 2-10　执行绘制直线菜单命令

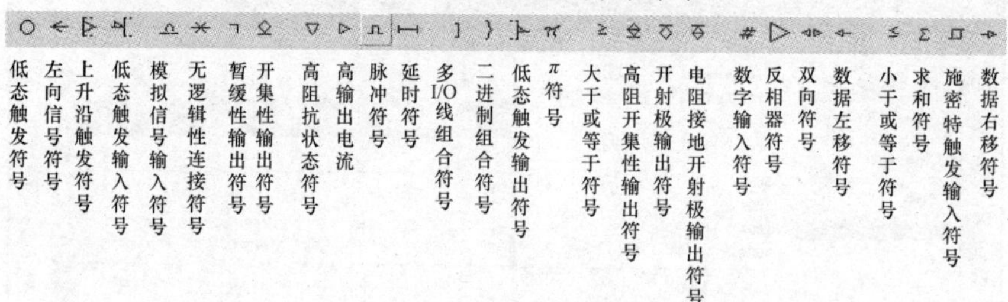

图 2-11　认识 IEEE 符号工具

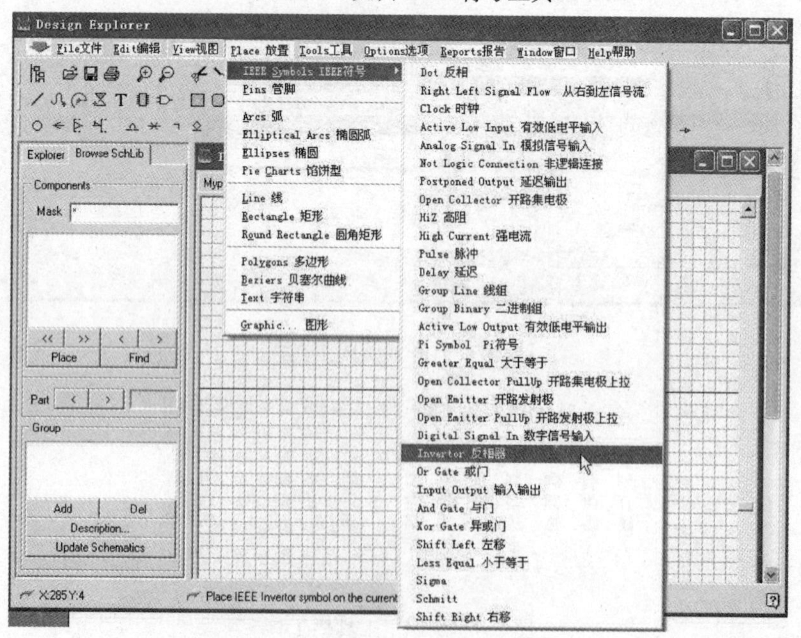

图 2-12　执行放置“反相器”符号命令

技能训练

一、训练目标

(1) 能够正确启动原理图元件库编辑器。

(2) 学会简单的三极管 9014 原理图元件的制作。

二、训练步骤与内容

1. 制作简单的三极管 9014 元件

(1) 启动 Protel 99SE 电路图设计软件。

(2) 打开新建项目 "MyDesign1. ddb" 数据库，单击执行 "文件" 菜单下的 "新建文件" 命令，弹出 "New Document" 新建文件对话框。

(3) 在新建文件对话框中，选择创建 "Schematic Library Document" 电路图库文件，单击 "OK" 按钮，创建一个名称为 "Schlib1. Lib" 电路图库文件。

(4) 右键单击 "Schlib1. Lib" 电路图库文件，弹出右键快捷菜单，执行快捷菜单的 "Open" 打开文件命令，进入原理图元件库编辑器。

(5) 在编辑区十字线的右下角，绘制一个直径为 40 的圆，如图 2-13 所示。

1) 单击绘图工具栏的绘制圆弧按钮。

2) 移动鼠标，在坐标位置 (20，－20) 单击，确定圆心位置。

3) 移动鼠标，在坐标位置 (40，－20) 单击，确定圆的 X 轴半径。

4) 移动鼠标，在坐标位置 (20，0) 单击，确定圆的 Y 轴半径。

5) 移动鼠标，在坐标位置 (0，－20) 单击，确定圆的起点。

6) 移动鼠标绘制一个圆，在坐标位置 (0，－20) 单击，确定圆的终点。

7) 单击右键 1 次，结束圆的绘制。

(6) 如图 2-14 所示，绘制宽度为 Medium 的直线。

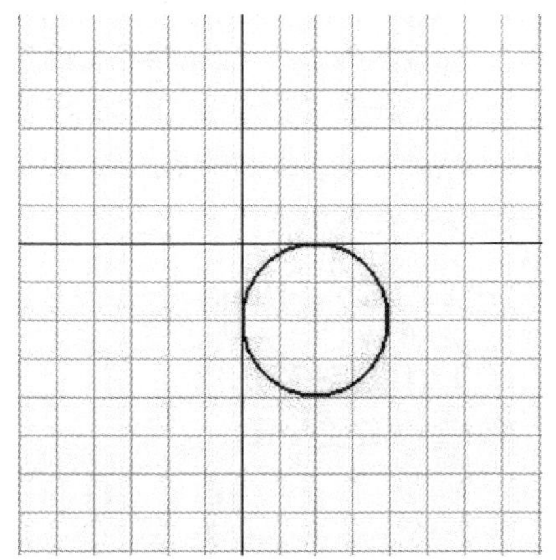

图 2-13　绘制一个直径为 40 的圆

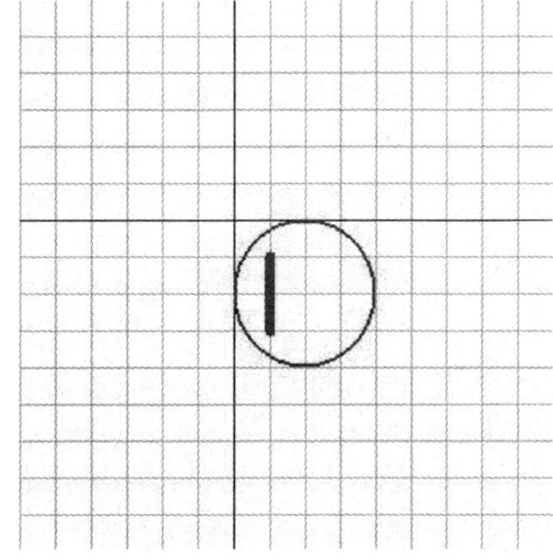

图 2-14　绘制宽度为 Medium 的直线

1) 单击绘图工具栏的直线按钮。

2) 按计算机键盘的 "Tab" 键，弹出图 2-15 所示的直线属性对话框。

3) 在 "Line Width" 直线宽度选择的下拉列表中选择 "Medium"，单击 "OK" 按钮，回到原理图元件编辑器。

任务3

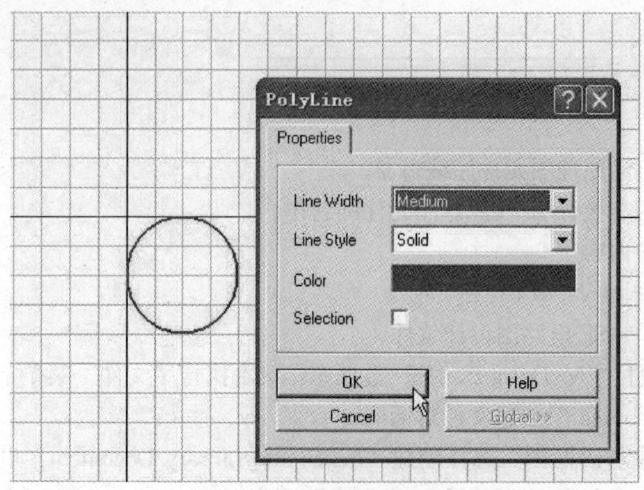

图 2-15 直线属性对话框

4）移动鼠标，在坐标位置（10，－10）单击，确定直线起点位置。

5）移动鼠标，在坐标位置（10，－30）单击，确定直线终点位置，绘制一条宽度为 Medium 的直线。

6）单击右键一次，结束直线的绘制。

（7）如图 2-16 所示，绘制宽度为 Small 的 3 条管脚直线。

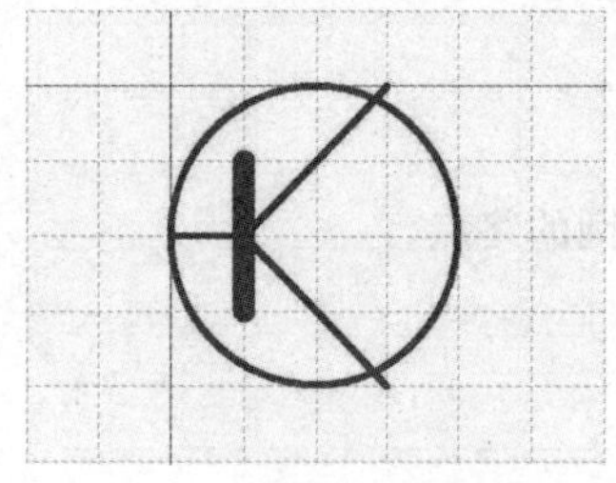

图 2-16 绘制 3 条管脚直线

1）单击绘图工具栏的直线按钮。

2）按计算机键盘的“Tab”键，弹出直线属性对话框。

3）在“Line Width”直线宽度选择的下拉列表中选择“Small”，单击“OK”按钮，回到原理图元件编辑器。

4）移动鼠标，在坐标位置（10，－20）单击，确定直线起点位置。

5）移动鼠标，在坐标位置（0，－20）单击，确定直线终点位置。

6）单击右键一次，结束基极直线的绘制。

7）移动鼠标，在坐标位置（10，－20）单击，确定直线起点位置。

8）移动鼠标，在坐标位置（30，0）单击，确定直线终点位置。

9）单击，右键一次，结束集电极直线的绘制。

10）移动鼠标，在坐标位置（10，－20）单击，确定直线起点位置。

11）移动鼠标，在坐标位置（30，－40）单击，确定直线终点位置。

12）单击右键一次，结束发射极直线的绘制。

13）单击右键一次，结束直线的绘制。

（8）如图 2-17 所示，绘制发射极引脚箭头。

1）如图 2-18 所示，单击执行“Option 选项”菜单下的“Document Option 文档选项”命令。

2）弹出图 2-19 所示的库编辑器网格属性对话框。

3）设置网格追踪属性为“5”，网格可视属性为“5”，单击“OK”按钮，确定属性设置，并返回元件库编辑器界面。

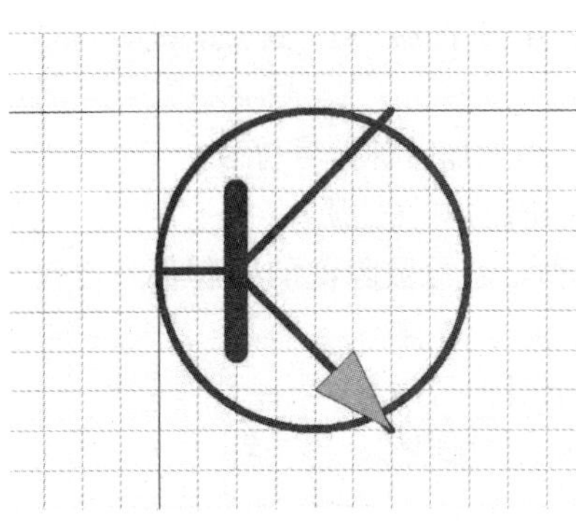

图 2-17 绘制发射极引脚箭头

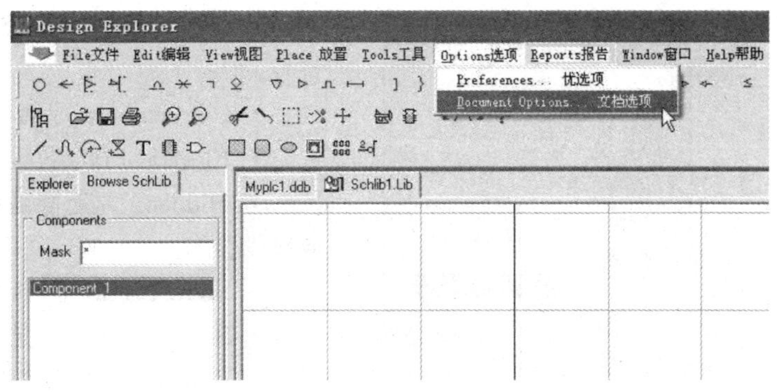

图 2-18 执行文档选项命令

4）单击绘图工具栏的多边形按钮。

5）移动鼠标，在坐标位置（20，－35）单击，确定三角形起点位置。

6）移动鼠标，在坐标位置（30，－40）单击，确定三角形箭头位置。

7）移动鼠标，在坐标位置（25，－30）单击，确定三角形第 3 点位置。

8）移动鼠标，在坐标位置（20，－35）单击，确定三角形终点位置。

9）单击右键一次，结束发射极三角形的绘制。

10）单击右键一次，结束多边形的绘制。

（9）如图 2-20 所示，绘制 3 只引脚。

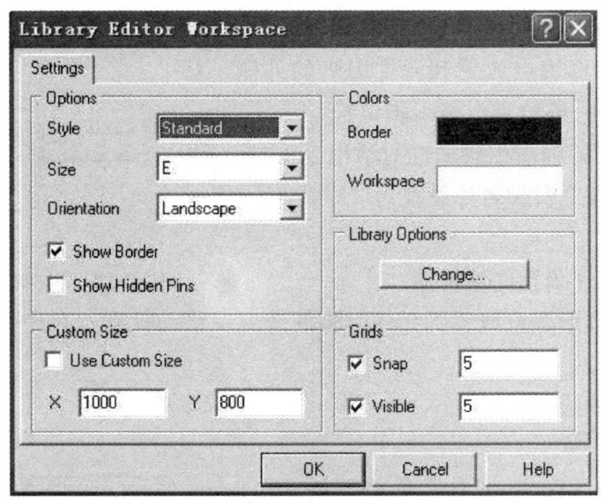

图 2-19 网格属性对话框

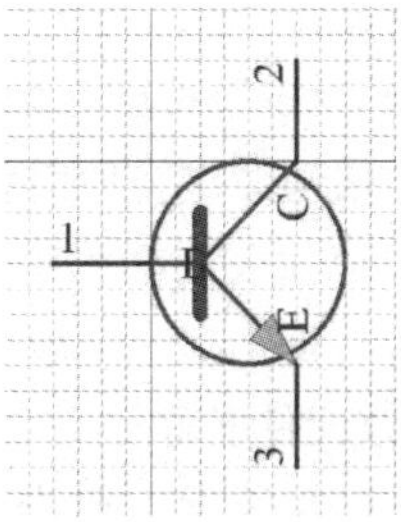

图 2-20 绘制 3 只引脚

1）单击绘图工具栏的引脚按钮。

2）按计算机键盘的“Tab”键，弹出图 2-21 所示的引脚属性对话框。

- Name：引脚名称，根据元件具体引脚名称填写。
- Number：引脚号。
- X-Location：引脚的 X 坐标。
- Y-Location：引脚的 Y 坐标。
- Orientation：引脚方向。
- Color：引脚颜色。

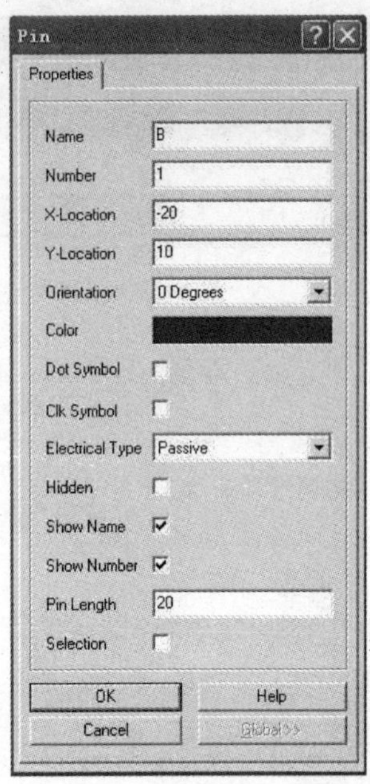

图 2-21　引脚属性对话框

• Dot symbol：是否在引脚上加一个圆点，即“非”符号。

• Clk symbol：是否在引脚上加时钟信号符号。

• Electrical type：设置引脚的电气性质。

• Hidden：是否隐藏引脚，通常被隐藏的引脚都是电源或地线引脚。

• Show Name：是否显示引脚名称。

• Show Number：是否显示引脚号。

• Pin Length：设置引脚长度。

• Selection：设置是否被选中。

3）在引脚属性对话框，“Name”引脚名称设置为“B”，“Number”引脚号属性设置为“1”。

4）单击“OK”按钮，回到原理图元件编辑器。

5）按空格键两次，注意使引脚的圆形黑点放置到元件引脚的外侧，见图 2-22。

6）移动鼠标，在坐标位置（0，－20）单击，确定基极引脚位置。

7）在引脚属性对话框，“Name”引脚名称设置为“C”，“Number”引脚号属性设置为“2”。

8）单击“OK”按钮，回到原理图元件编辑器。

9）按空格键 3 次，使引脚的圆形黑点放置到元件引脚的外侧，移动鼠标，在坐标位置（30，0）单击，确定集电极引脚位置。

10）按计算机键盘的“Tab”键，弹出引脚属性对话框。

11）在引脚属性对话框，“Name”引脚名称设置为“E”，“Number”引脚号属性设置为“3”。

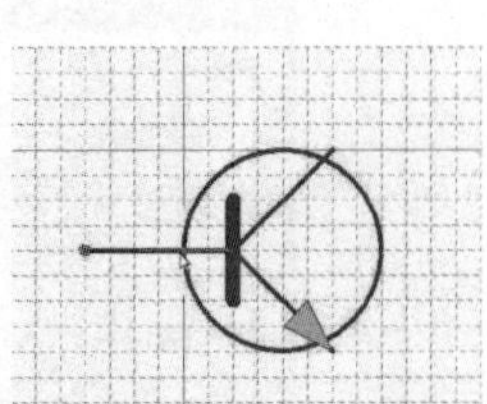

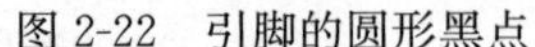
图 2-22　引脚的圆形黑点

12）单击“OK”按钮，回到原理图元件编辑器。

13）按空格键 2 次，使引脚的圆形黑点放置到元件引脚的外侧，移动鼠标，在坐标位置(30，－40）单击，确定发射极引脚位置。

14）单击右键 1 次，结束引脚的绘制。

（10）更改元件名称。

1）如图 2-23 所示，单击执行“Tools 工具”菜单下的“Rename Component 元件重命名”命令。

2）弹出图 2-24 所示的“New Component Name”新元件命名对话框。

3）在新元件命名栏填写“9014”，单击“OK”按钮，完成新元件的命名。

4）单击主工具栏的“保存”按钮，保存新元件三极管 9014 的设计。

2. 制作简单的集成电路元件 NE555

（1）启动 Protel 99SE 电路图设计软件。

（2）打开新建项目“Myplc1. ddb”数据库。

（3）单击项目浏览器区“Myplc1. ddb”数据库左侧的“＋”，展开数据库文件。

（4）双击“Schlib1. Lib”电路图库文件，进入原理图元件库编辑器。

（5）单击“Browse Schlib”浏览原理图元件库按钮，进入元件管理器。

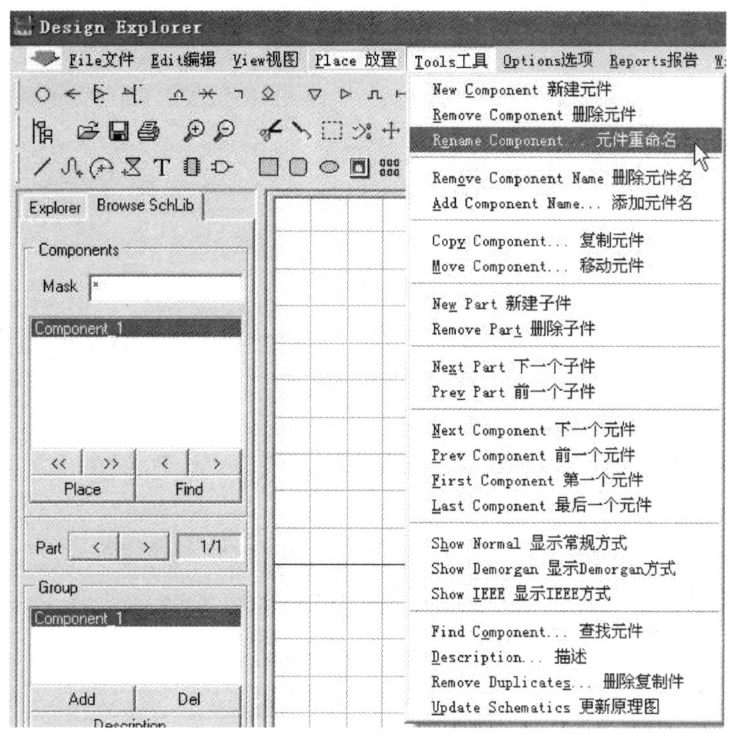

图 2-23 执行元件重命名命令

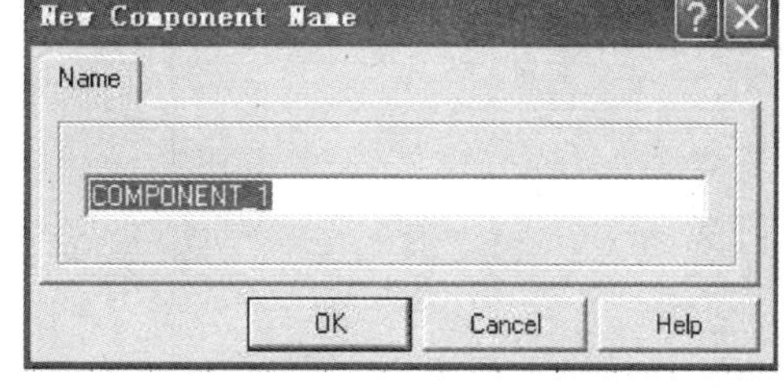

图 2-24 新元件命名对话框

（6）如图 2-25 所示，单击执行“Tools 工具”菜单下的“New Component 新建元件”命令。

（7）弹出新建元件对话框，在对话框中新元件命名栏填写“NE555”，单击“OK”按钮，完成新元件的命名。

（8）单击执行“Option 选项”菜单下的“Document Option 文档选项”命令。

（9）弹出网格属性设置对话框，设置网格追踪属性为“10”，网格可视属性为“10”，单击“OK”按钮，确定属性设置，并返回元件库编辑器界面。

（10）在编辑区十字线的右下角，绘制一个长度为 80、宽度为 80 的正方形，如图 2-26。

1）单击绘图工具栏的绘制矩形按钮。

2）移动鼠标，在坐标位置（0，0）单击，确定矩形的左上角位置。

3）移动鼠标，在坐标位置（80，−80）单击，确定矩形的右下角位置。

4）单击右键 1 次，结束矩形的绘制。

（11）如图 2-27 所示，绘制 8 只引脚。

1）单击绘图工具栏的引脚按钮。

2）按计算机键盘的“Tab”键，弹出引脚对话框，如图 2-28 所示，在引脚属性对话框，“Name”（引脚名称）设置为“GND”，“Number”（引脚号）属性设置为“1”，“Orientation”（引脚方向）设置为“270°”。

3）单击“OK”按钮，回到原理图元件编辑器。

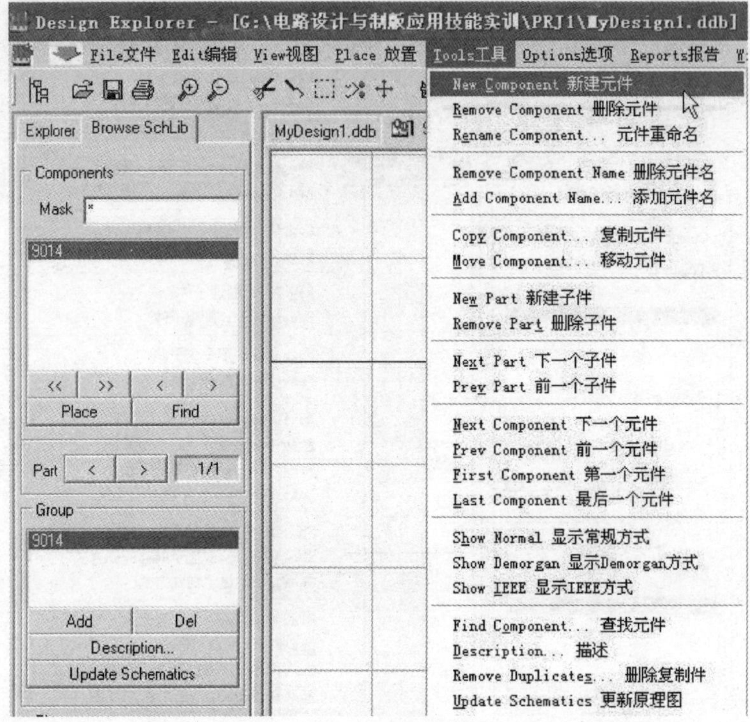

图 2-25　执行新建元件命令

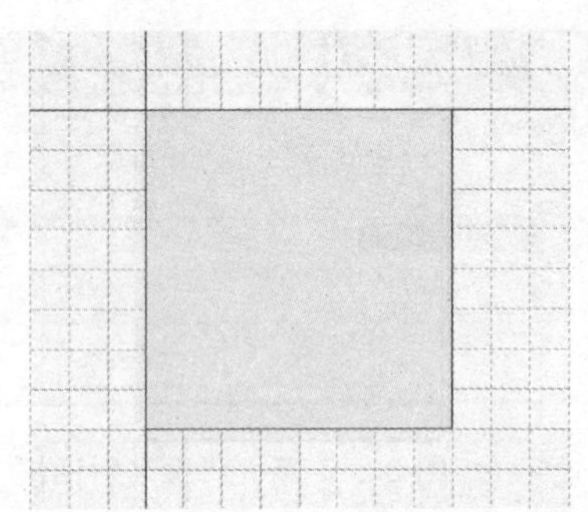

图 2-26　绘制一个长 80 宽 80 的正方形

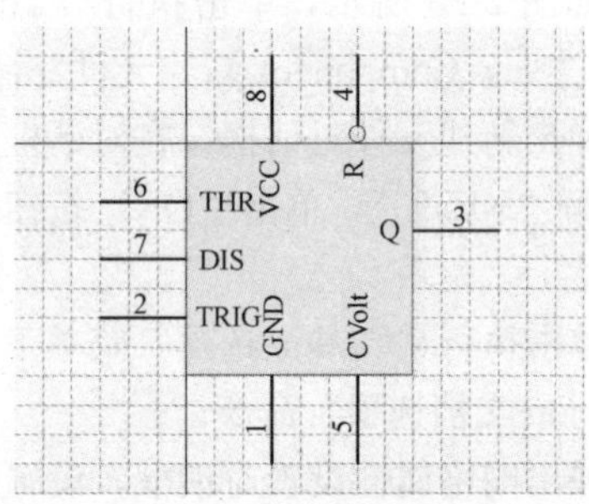

图 2-27　绘制 8 只引脚

4）移动鼠标，在坐标位置（30，−80）单击，确定引脚 1 的位置，绘制引脚 1。

5）按计算机键盘的“Tab”键，弹出引脚对话框，在引脚属性对话框，“Name”（引脚名称）设置为“TRIG”，“Number”（引脚号）属性设置为“2”，“Orientation”（引脚方向）设置为“180°”。

6）单击“OK”按钮，回到原理图元件编辑器。

7）移动鼠标，在坐标位置（0，−60）单击，确定引脚 2 的位置，绘制引脚 2。

8）按计算机键盘的“Tab”键，弹出引脚对话框，在引脚属性对话框，“Name”（引脚名称）设置为“Q”，“Number”（引脚号）属性设置为“3”，“Orientation”（引脚方向）设置为“0°”。

9）单击“OK”按钮，回到原理图元件编辑器。

10）移动鼠标，在坐标位置（80，−30）单击，确定引脚 3 的位置，绘制引脚 3。

11）按计算机键盘的“Tab”键，弹出引脚对话框，在引脚属性对话框，“Name”（引脚名称）设置为“R”，“Number”（引脚号）属性设置为“4”，“Orientation”（引脚方向）设置为“90°”，并选择“Dot Symbol”复选框。

12）单击“OK”按钮，回到原理图元件编辑器。

13）移动鼠标，在坐标位置（60，0）单击，确定引脚 4 的位置，绘制引脚 4。

14）按计算机键盘的“Tab”键，弹出引脚对话框，在引脚属性对话框，“Name”（引脚名称）设置为“CVolt”，“Number”（引脚号）属性设置为“5”，“Orientation”（引脚方向）设置为“270°”。

15）单击“OK”按钮，回到原理图元件编辑器。

16）移动鼠标，在坐标位置（60，－80）单击，确定引脚 5 的位置，绘制引脚 5。

17）按计算机键盘的“Tab”键，弹出引脚对话框，在引脚属性对话框，“Name”（引脚名称）设置为“THR”，“Number”（引脚号）属性设置为“6”，“Orientation”（引脚方向）设置为“180°”。

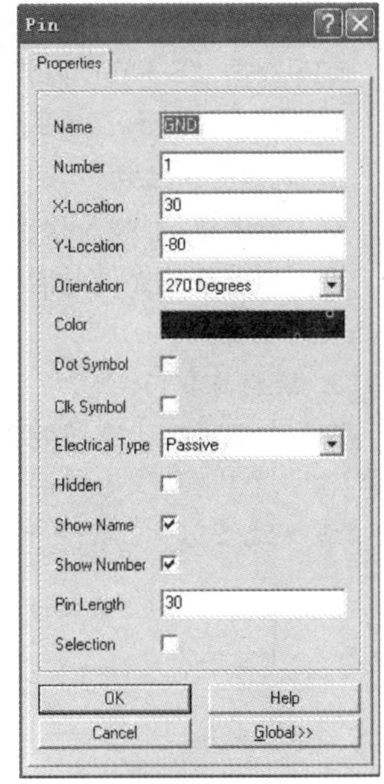

图 2-28　设置引脚 1 的属性

18）单击“OK”按钮，回到原理图元件编辑器。

19）移动鼠标，在坐标位置（0，－20）单击，确定引脚 6 的位置，绘制引脚 6。

20）按计算机键盘的“Tab”键，弹出引脚对话框，在引脚属性对话框，“Name”（引脚名称）设置为“DIS”，“Number”（引脚号）属性设置为“7”，“Orientation”（引脚方向）设置为“180°”。

21）单击“OK”按钮，回到原理图元件编辑器。

22）移动鼠标，在坐标位置（0，－40）单击，确定引脚 7 的位置，绘制引脚 7。

23）按计算机键盘的“Tab”键，弹出引脚对话框，在引脚属性对话框，“Name”（引脚名称）设置为“VCC”，“Number”（引脚号）属性设置为“8”，“Orientation”（引脚方向）设置为“90°”。

24）单击“OK”按钮，回到原理图元件编辑器。

25）移动鼠标，在坐标位置（30，0）单击，确定引脚 8 的位置，绘制引脚 8。

26）单击右键 1 次，结束引脚绘制。

（12）单击工具栏的保存按钮，保存 NE555 的设计。

任务 4　创建数字集成电路元件 CD4011

制作复杂的 CD4011 元件。

1. 进入元件管理器

（1）启动 Protel 99SE 电路图设计软件。

（2）打开新建项目“MyDesign1. ddb”数据库。

（3）单击项目浏览器区“My Design2. ddb”数据库左侧的“+”，展开数据库文件。

（4）双击“Schlib1. Lib”电路图库文件，进入原理图元件库编辑器。

（5）单击“Browse Schlib”浏览原理图元件库按钮，进入元件管理器。

2. 新建一个元件

（1）单击执行“Tools 工具”菜单下的“New Component 新建元件”命令。

（2）弹出新建元件对话框，在对话框中新元件命名栏填写“CD4011”，单击“OK”按钮，完成新元件的命名。

3. 绘制与非门

（1）在编辑区十字线的右下角，绘制图 2-29 所示的长度为 30、宽度为 35 的与门元件。

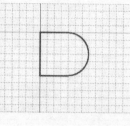

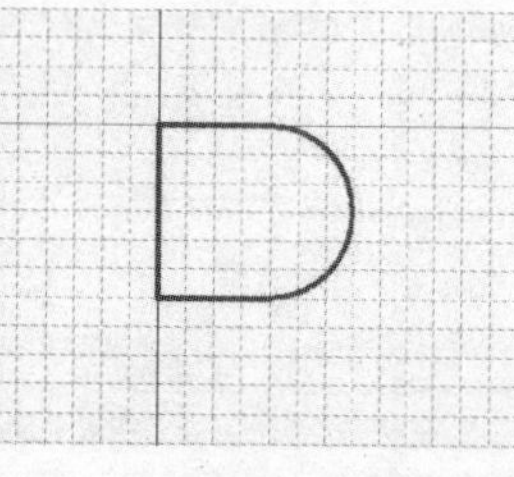
图 2-29　绘制与门元件

1）单击绘图工具栏的直线按钮。

2）移动鼠标，在坐标位置（20，0）单击，确定直线起点位置。

3）移动鼠标，在坐标位置（0，0）单击，绘制与门上部水平直线。

4）移动鼠标，在坐标位置（0，−30）单击，绘制与门的垂直直线。

5）移动鼠标，在坐标位置（20，−30）单击，绘制与门底部直线。

6）单击执行“Option 选项”菜单下的“Document Option 文档选项”命令。

7）弹出网格属性设置对话框，设置网格追踪属性为“5”，网格可视属性为“5”，单击“OK”按钮，确定属性设置，并返回元件库编辑器界面。

8）单击绘图工具栏的圆弧按钮。

9）移动鼠标，在坐标位置（20，−15）单击，确定圆心位置。

10）移动鼠标，在坐标位置（35，−15）单击，确定圆弧的 X 轴半径。

11）移动鼠标，在坐标位置（20，0）单击，确定圆弧的 Y 轴半径；

12）移动鼠标，在坐标位置（20，−30）单击，确定圆弧的起点。

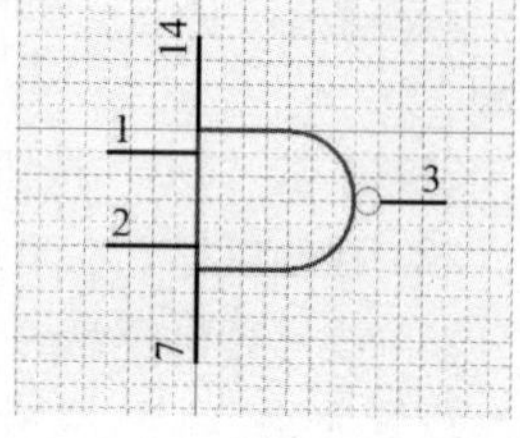

图 2-30　绘制 5 只引脚

13）移动鼠标，在坐标位置（20，0）单击，确定圆弧的终点。

14）单击右键 1 次，结束圆弧的绘制。

（2）如图 2-30 所示，绘制 5 只引脚。

1）单击绘图工具栏的引脚按钮。

2）按计算机键盘的“Tab”键，弹出引脚对话框，如图 2-31 所示，在引脚属性对话框，“Name”（引脚名称）设置为“1”，“Number”（引脚号）属性设置为“1”，“Orientation”（引脚方向）设置为“180°”，“Show Number”（是否显示引脚号）的属性选择为“显示”。

3）单击“OK”按钮，回到原理图元件编辑器。

4）移动鼠标，在坐标位置（0，−5）单击，确定引脚 1 的位置，绘制引脚 1。

5）按计算机键盘的“Tab”键，弹出引脚对话框，在引脚属性对话框，“Name”（引脚名称）设置为“2”，“Number”（引脚号）属性设置为“2”，“Orientation”（引脚方向）设置为“180°”，“Show Number”（是否显示引脚号）的属性选择为显示。

6）单击“OK”按钮，回到原理图元件编辑器。

7）移动鼠标，在坐标位置（0，−25）单击，确定引脚 2 的位置，绘制引脚 2。

8）按计算机键盘的“Tab”键，弹出引脚对话框，在引脚属性对话框，“Name”（引脚名称）设置为“3”，“Number”（引脚号）属性设置为“3”，“Orientation”（引脚方向）设置为“0°”，“Dot symbol”（是否在引脚上加一个圆点），即“非”符号的属性选择为“显示”。“Show Number”（是否显示引脚号）的属性选择为“显示”。

9）单击“OK”按钮，回到原理图元件编辑器。

10）移动鼠标，在坐标位置（35，－15）单击，确定引脚 3 的位置，绘制引脚 3。

11）按计算机键盘的“Tab”键，弹出引脚对话框，在引脚属性对话框，“Name”（引脚名称）设置为“VCC”，“Number”（引脚号）属性设置为“14”，“Orientation”（引脚方向）设置为“90°”，“Show Number”（是否显示引脚号）的属性选择为“显示”。

12）单击“OK”按钮，回到原理图元件编辑器。

13）移动鼠标，在坐标位置（0，0）单击，确定引脚 14 的位置，绘制引脚 14。

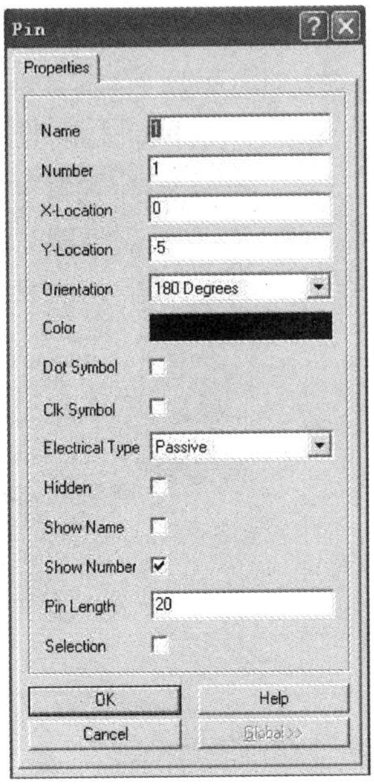

图 2-31 设置引脚 1 的属性

14）按计算机键盘的“Tab”键，弹出引脚对话框，在引脚属性对话框，“Name”（引脚名称）设置为“GND”，“Number”（引脚号）属性设置为“14”，“Orientation”（引脚方向）设置为“270°”，“Show Number”（是否显示引脚号）的属性选择为“显示”。

15）单击“OK”按钮，回到原理图元件编辑器。

16）移动鼠标，在坐标位置（0，－30）单击，确定引脚 7 位置，绘制引脚 7。

（3）隐藏电源引脚 14 和地线引脚 7。

1）如图 2-32 所示，双击元件管理器引脚区的“引脚 14”。

2）弹出引脚属性对话框，在对话框中，修改“Hidden”（是否隐藏引脚）属性，选中其复选框。

3）单击“OK”按钮，确认隐藏电源引脚 14，并返回原理图元件库编辑器。

4）双击元件管理器引脚区的“引脚 7”。

5）弹出引脚属性对话框，在对话框中，修改“Hidden”（是否隐藏引脚）属性，选中其复选框。

6）单击“OK”按钮，确认隐藏地线引脚 7，并返回原理图元件库编辑器。

7）隐藏电源、地线引脚的与非门元件图如 2-33 所示。

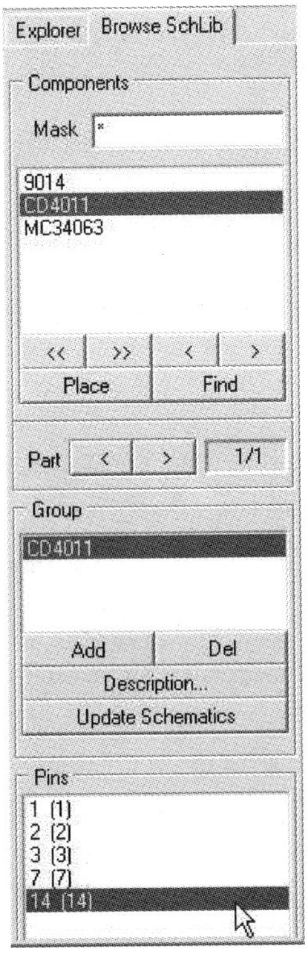

图 2-32 双击元件管理器引脚区的引脚 14

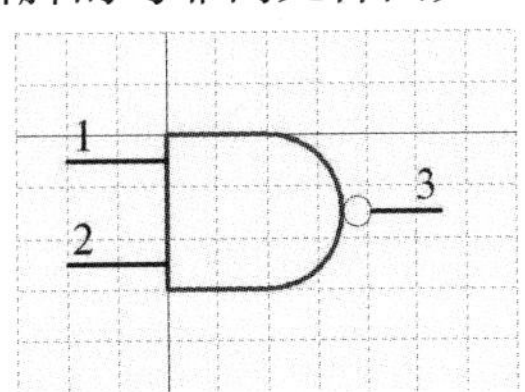

图 2-33 隐藏电源、地线引脚的与非门

(4) 制作与非门的其他部件。

1) 如图 2-34 所示，执行“Edit 编辑”菜单下的“Select 选择”子菜单下的“Inside Area 区域内”命令，选择与非门元件。

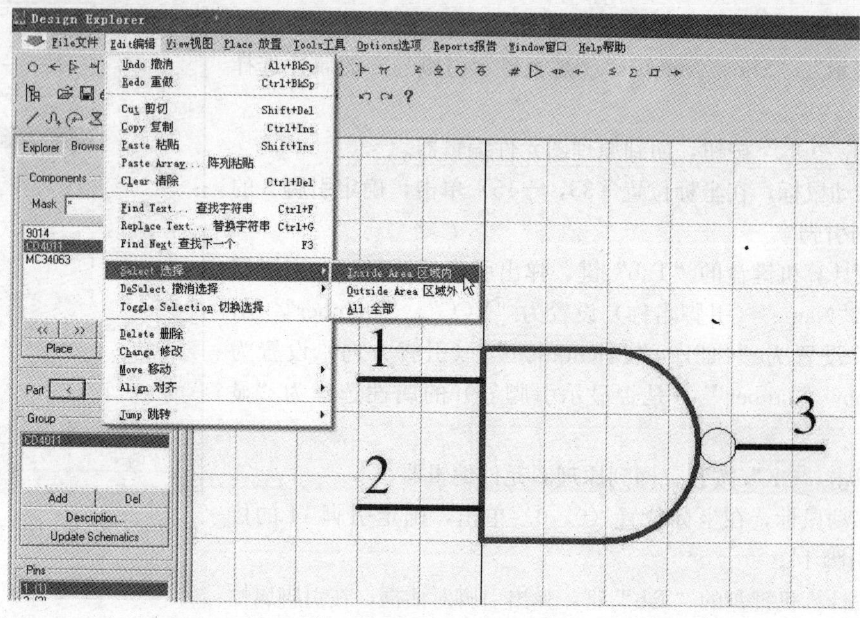

图 2-34　选择与非门元件

2) 移动鼠标画一个矩形框，选择与非门元件的全部。

3) 执行“Edit 编辑”菜单下的“Copy 复制”命令，移动鼠标，在位置（0，0）处单击，确定复制元件的定位点。

4) 如图 2-35 所示，执行“Tool 工具”菜单下的“New part 新建子件”命令，添加部件到此元件，进入与非门的部件 2 编辑器。

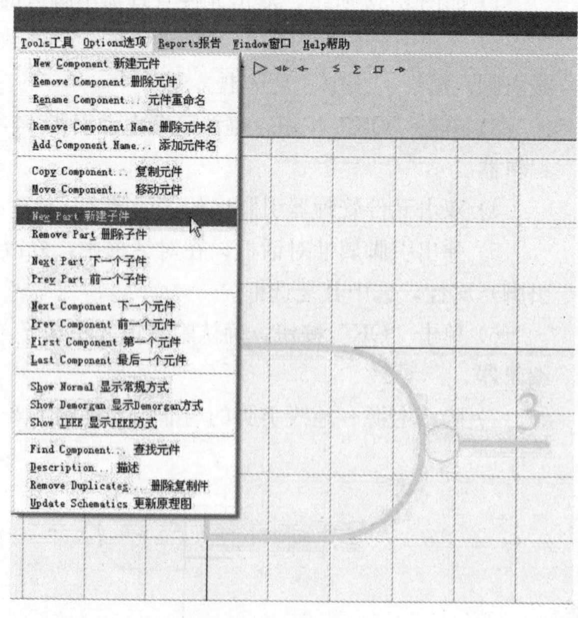

图 2-35　添加部件

5）执行“Edit 编辑”菜单下的“Past 粘贴”命令，移动鼠标，在位置（0，0）处单击，确定粘贴元件的定位点。

6）如图 2-36 所示，执行“Edit 编辑”菜单下的“Deselect 撤消选择”子菜单下的“All 全部”命令，撤消选择与非门元件的全部。

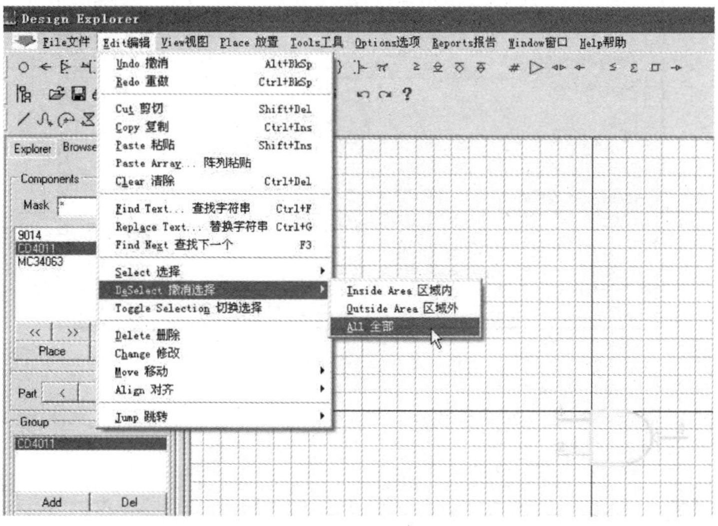

图 2-36　撤消选择

7）修改引脚属性，结果如图 2-37 所示。

8）由于部件 3、4 与部件 1 完全相同，可以应用制作部件 2 的方法制作部件 3、部件 4，修改部件 3、部件 4 的引脚名称和引脚号。

9）如图 2-38 所示，执行“Tool 工具”菜单下的“Description 描述”命令。

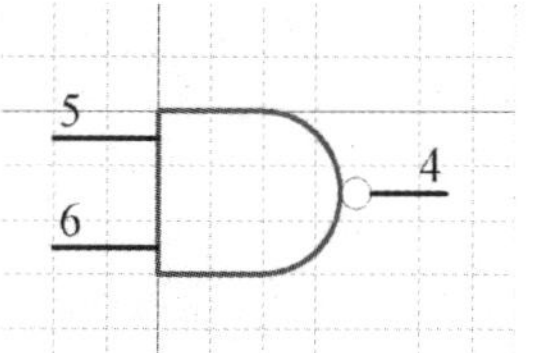

图 2-37　修改引脚属性后的图形

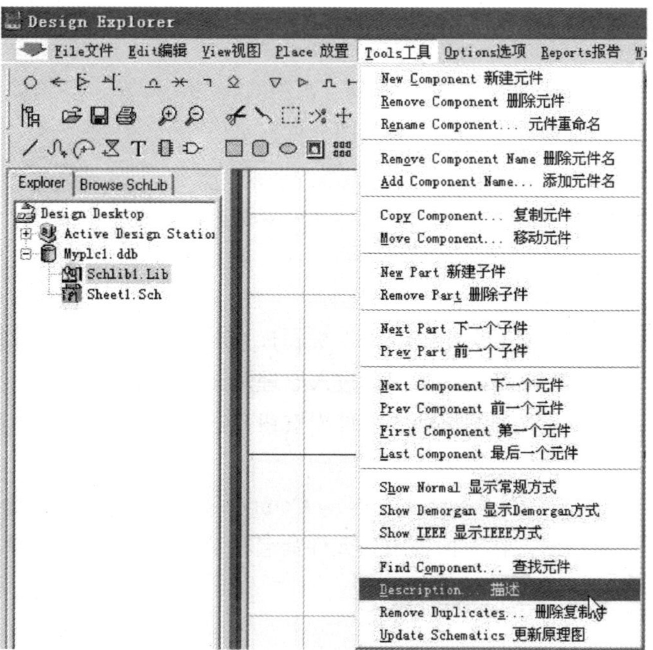

图 2-38　执行描述命令

10）弹出图 2-39 所示的元件属性描述对话框，在“Default Designator”栏中填写“U?”，“Description”栏填写“CD4011”，“Footprint”栏中填写“DIP14”。

11）将所有部件放在一起，结果如图 2-40 所示。

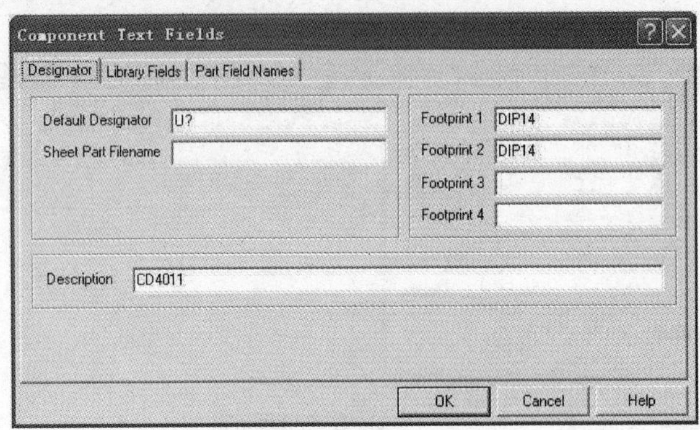

图 2-39　元件属性描述

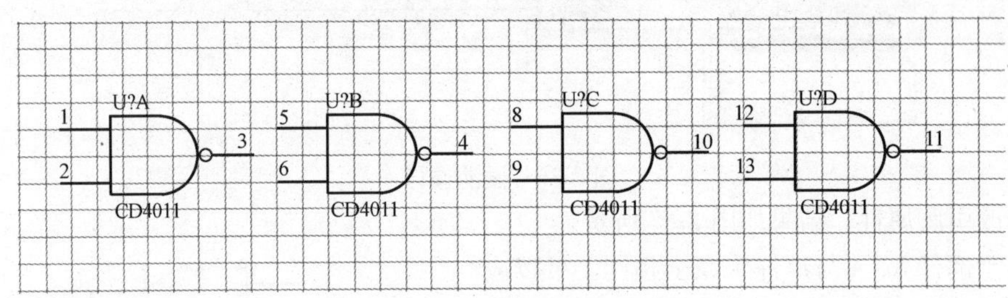

图 2-40　元件 CD4011

技能训练

一、训练目标

（1）能够正确添加原理图元件部件。

（2）学会制作数字集成电路 CD4011 原理图元件。

二、训练步骤与内容

1. 进入元件管理器

（1）启动 Protel 99SE 电路图设计软件。

（2）打开新建项目“MyDesign2. ddb”数据库。

（3）单击项目浏览器区“My Design2. ddb”数据库左侧的“+”，展开数据库文件。

（4）双击“Schlib1. Lib”电路图库文件，进入原理图元件库编辑器。

（5）单击“Browse Schlib”浏览原理图元件库按钮，进入元件管理器。

2. 新建一个 CD4011 元件

（1）单击执行“Tools 工具”菜单下的“New Component 新建元件”命令。

（2）弹出新建元件对话框，在对话框中新元件命名栏填写“CD4011”，单击“OK”按钮，完成新元件的命名。

3. 绘制与非门

（1）在编辑区十字线的右下角，绘制长度为 30、宽度为 35 的与门元件。

(2) 绘制 5 只引脚

1) 单击绘图工具栏的引脚按钮。

2) 按计算机键盘的 "Tab" 键，弹出引脚对话框，在引脚属性对话框，"Name"（引脚名称）设置为 "1"，"Number"（引脚号）属性设置为 "1"，"Orientation"（引脚方向）设置为 "180°"，"Show Number"（是否显示引脚号）的属性选择为 "显示"。

3) 单击 "OK" 按钮，回到原理图元件编辑器。

4) 移动鼠标，在坐标位置（0，－5）单击，确定引脚 1 的位置，绘制引脚 1。

5) 按计算机键盘的 "Tab" 键，弹出引脚对话框，在引脚属性对话框，"Name"（引脚名称）设置为 "2"，"Number"（引脚号）属性设置为 "2"，"Orientation"（引脚方向）设置为 "180°"，"Show Number"（是否显示引脚号）的属性选择为 "显示"。

6) 单击 "OK" 按钮，回到原理图元件编辑器。

7) 移动鼠标，在坐标位置（0，－25）单击，确定引脚 2 的位置，绘制引脚 2。

8) 按计算机键盘的 "Tab" 键，弹出引脚对话框，在引脚属性对话框，"Name"（引脚名称）设置为 "3"，"Number"（引脚号）属性设置为 "3"，"Orientation"（引脚方向）设置为 "0°"，"Dot symbol"（是否在引脚上加一个圆点），即 "非" 符号的属性选择为 "显示"。"Show Number"（是否显示引脚号）的属性选择为 "显示"。

9) 单击 "OK" 按钮，回到原理图元件编辑器。

10) 移动鼠标，在坐标位置（35，－15）单击，确定引脚 3 的位置，绘制引脚 3。

11) 按计算机键盘的 "Tab" 键，弹出引脚对话框，在引脚属性对话框，"Name"（引脚名称）设置为 "VCC"，"Number"（引脚号）属性设置为 "14"，"Orientation"（引脚方向）设置为 "90°"，"Show Number"（是否显示引脚号）的属性选择为 "显示"。

12) 单击 "OK" 按钮，回到原理图元件编辑器。

13) 移动鼠标，在坐标位置（0，0）单击，确定引脚 14 的位置，绘制引脚 14。

14) 按计算机键盘的 "Tab" 键，弹出引脚对话框，在引脚属性对话框，"Name"（引脚名称）设置为 "GND"，"Number"（引脚号）属性设置为 "14"，"Orientation"（引脚方向）设置为 "270°"，"Show Number"（是否显示引脚号）的属性选择为 "显示"。

15) 单击 "OK" 按钮，回到原理图元件编辑器。

16) 移动鼠标，在坐标位置（0，－30）单击，确定引脚 7 位置，绘制引脚 7。

(3) 隐藏电源引脚 14 和地线引脚 7。

1) 双击元件管理器引脚区的 "引脚 14"。

2) 弹出引脚属性对话框，在对话框中，修改 "Hidden"（是否隐藏引脚）属性，选中其复选框。

3) 单击 "OK" 按钮，确认隐藏电源引脚 14，并返回原理图元件库编辑器。

4) 双击元件管理器引脚区的 "引脚 7"。

5) 弹出引脚属性对话框，在对话框中，修改 "Hidden"（是否隐藏引脚）属性，选中其复选框。

6) 单击 "OK" 按钮，确认隐藏地线引脚 7，并返回原理图元件库编辑器。

(4) 制作与非门的其他部件

1) 单击执行 "Edit 编辑" 菜单下的 "Select 选择" 子菜单下的 "Inside Area 区域内" 命令，选择与非门元件。

2) 移动鼠标画一个矩形框，选择与非门元件的全部。

3）单击执行“Edit 编辑”菜单下的“Copy 复制”命令，移动鼠标在位置（0，0）处单击，确定复制元件的定位点。

4）单击执行“Tool 工具”菜单下的“New part 新建子件”命令，添加部件到此元件，进入与非门的部件 2 编辑器。

5）执行“Edit 编辑”菜单下的“Past 粘贴”命令，移动鼠标，在位置（0，0）处单击，确定粘贴元件的定位点。

6）单击执行“Edit 编辑”菜单下的“Deselect 撤消选择”子菜单下的“All 全部”命令，撤消选择与非门元件的全部。

7）由于部件 3、4 与部件 1 完全相同，可以应用制作部件 2 的方法制作部件 3、部件 4，修改部件 3、部件 4 的引脚名称和引脚号。

8）单击执行“Tool 工具”菜单下的“Description 描述”命令。

9）弹出元件属性描述对话框，在 Default Designator 栏中填写“U?”，Description 栏填写“CD4011”，在 Footprint 栏中填写“DIP14”。

（5）单击保存按钮，保存操作成果。

任务 5　利用已有的元件创建新元件

一、元件库的管理

1. 启动 Protel 99SE 电路图设计软件

2. 打开“Miscellaneous Devices. ddb”杂元件库

（1）如图 2-41 所示，执行“File 文件”菜单下的“Open 打开文件”命令。

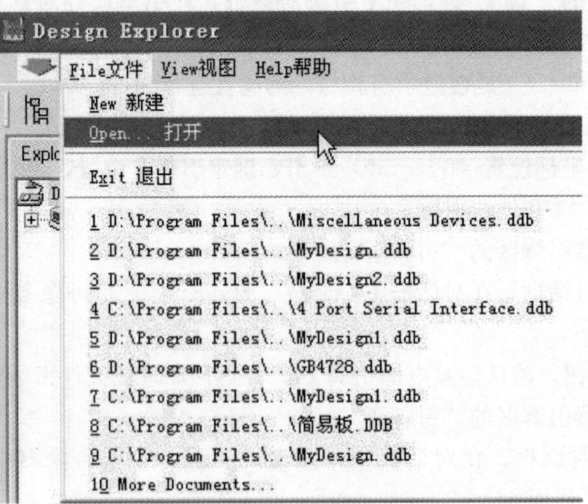

图 2-41　打开文件

（2）弹出图 2-42 所示的打开数据库文件对话框。

（3）如图 2-43 所示，查找选择安装目录下的原理图库子目录 Sch。

（4）如图 2-44 所示，在 Sch 目录中找到“Miscellaneous Devices. ddb”杂元件库，单击选中后，单击“打开”按钮，打开“Miscellaneous Devices. ddb”杂元件库。

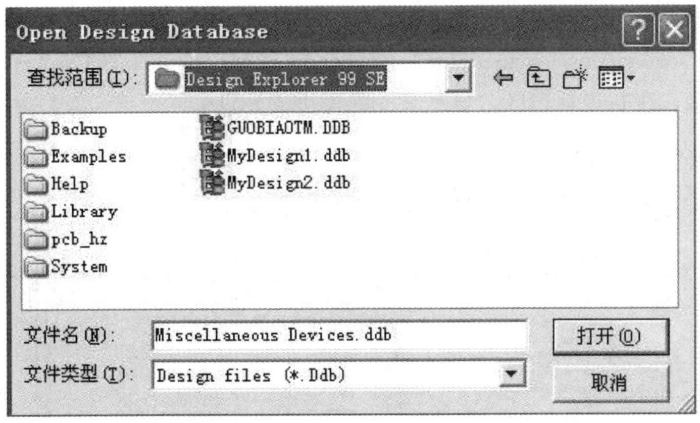

图 2-42　打开数据库文件对话框

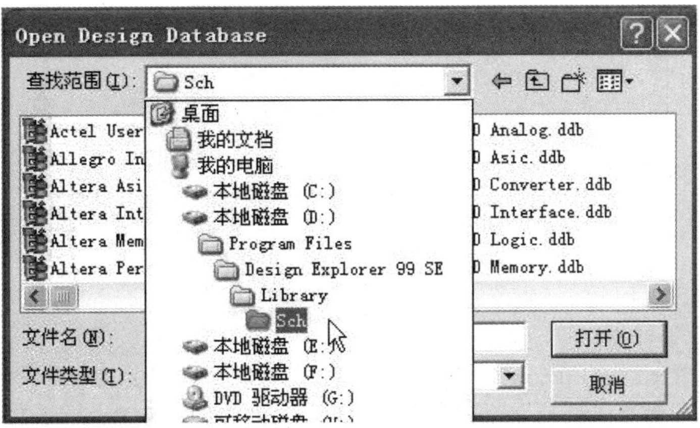

图 2-43　查找子目录 Sch

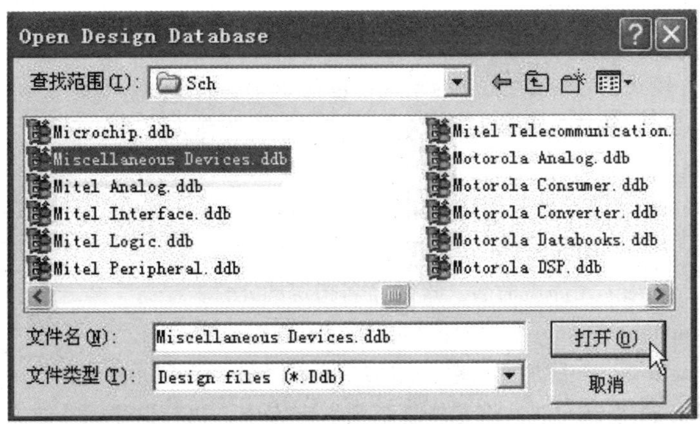

图 2-44　查找杂元件库

任务5

(5) 单击工程项目管理器窗口中的“Miscellaneous Devices. ddb”左边的“+”号，展开数据库“Miscellaneous Devices. ddb”文件。

(6) 单击“Miscellaneous Devices. ddb”文件下的“Miscellaneous Devices. lib”杂元件库文件，如图 2-45 所示，在右边编辑区，显示杂元件库里的元件。

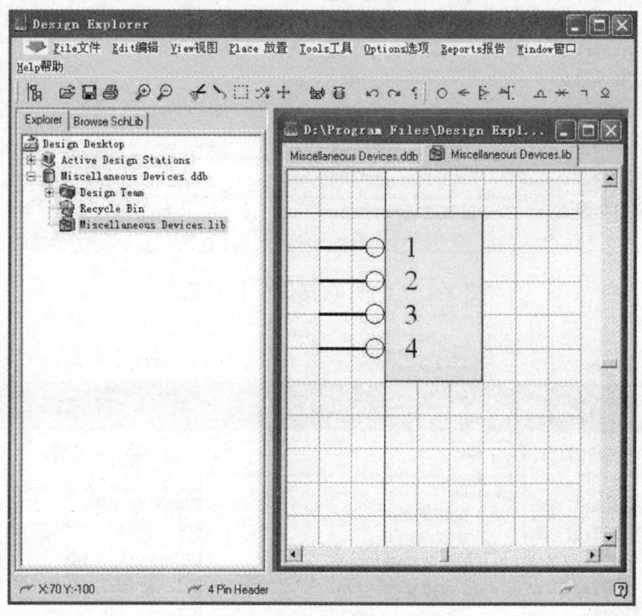

图 2-45 显示元件库元件

3. 元件库管理器的操作

(1) 单击工程管理器的“Browse Schlib”按钮，打开图 2-46 所示元件库管理器。

(2) 元件库管理器包括 Component（元件区）、Group（组区）、Pins（引脚区）和 Mode（元件模式区）。

1) Component（元件区）。主要功能是查找、选择及取用元件。

2) Group（组区）。主要功能是查找、选择、添加和删除元件集元件，即物理外形、引脚、逻辑功能相同，只是元件名称不同的一组元件。

3) Pins（引脚区）。主要功能是显示当前元件引脚名称及状态。

4) Mode（元件模式区）。指定元件的模式，包括 Normal、De-Morgan、IEEE 三种模式。

(3) 单击工具菜单，可查看和执行图 2-47 所示的与元件有关的菜单命令。

单击执行“Tool 工具”菜单下的与元件有关的菜单命令：

• New Component 新建元件：创建一个新元件。

• Remove Component 删除元件：删除指定的元件。

• Rename Component 元件重命名：重新命名指定的元件。

• Remove Component Name 删除元件名：删除元件组里指定的元件名称。

• Add Component Name 添加元件名：添加一个新元件名称到元件组。

• Copy Component 复制元件：将元件复制到指定库中，执行这个命令之前要将复制的库和目标库都放到一个工作区，否则会复制到当前库。

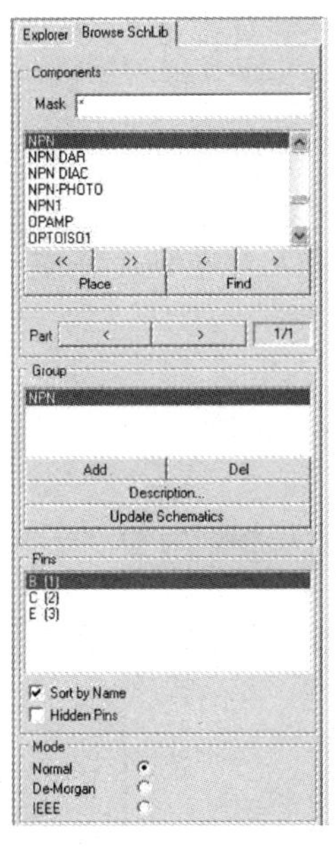

图 2-46 元件库管理器

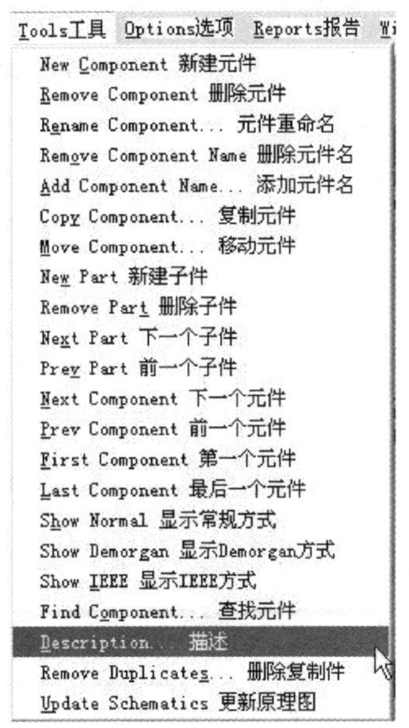

图 2-47 与元件有关的菜单命令

(4) 复制元件。

1) 新建一个元件库，命名为 Schlib1. lib。

2) 选择“Miscellaneous Devices. lib”库里的“NPN”元件。

3) 单击执行“Tool 工具”菜单下的“Copy Component 复制元件”命令。

4) 弹出图 2-48 所示的复制元件对话框。

5) 选择目标库“Schlib1. lib”，然后单击“OK”按钮，将“Miscellaneous Devices. lib”库里的“NPN”元件复制到目标库“Schlib1. lib”。

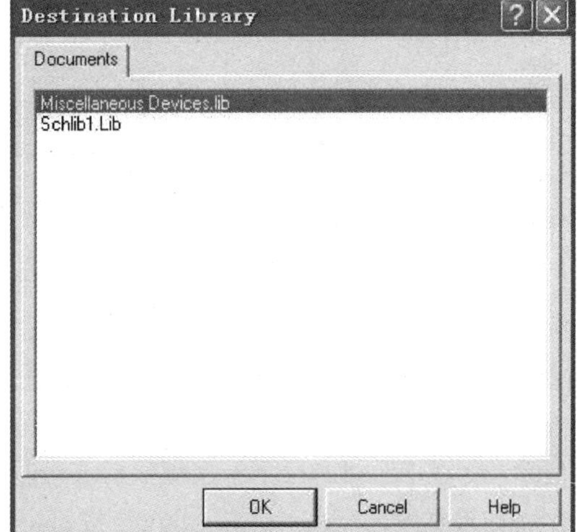

图 2-48 复制元件对话框

(5) 移动元件。“Tool 工具”菜单下的“Move Component 移动元件”命令是将指定元件移动到目标库。执行这个命令之前要将元件所在的库和目标库都放到一个工作区，执行方法与复制元件命令类似。

(6) 其他“Tool 工具”菜单命令：

- New Part 新建子件：在复合元件中添加一个部件。
- Remove Part 删除子件：在复合元件中删除一个部件。
- Next Part 下一个子件：切换到复合元件中的下一个部件。
- Prev Part 前一个子件：切换到复合元件中的前一个部件。
- Next Component 下一个元件：切换到库中的下一个元件。
- Prev Component 前一个元件：切换到库中的前一个元件。
- First Component 第一个元件：切换到库中的第一个元件。

• Last Component 最后一个元件：切换到库中的最后一个元件。

• Show Normal 显示常规方式：指定元件的模式为常规模式。

• Show Demorgan 显示 Demorgan 方式：指定元件的模式为 Demorgan 模式

• Show IEEE 显示 IEEE 方式：指定元件的模式为 IEEE 模式。

• Find Component 查找元件：在绘制电路图时，不知道元件在哪个库中，可以使用这个命令。

(7) 查找元件。

1) 单击执行“Tool 工具”菜单下的“Find Component 查找元件”命令。

2) 弹出图 2-49 所示的查找元件对话框。

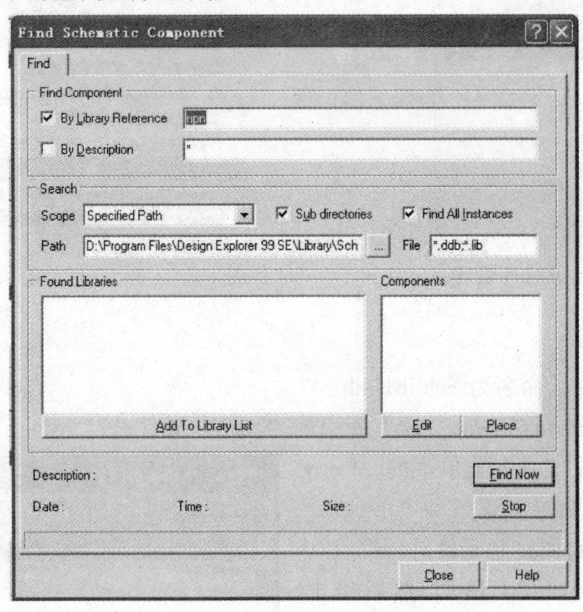

图 2-49　查找元件对话框

3) 在“Find Component”查找元件区域可以设置查找对象，如选择“By Library Referaence”借助库里参考名，在其后输入元件名“PNP”；如选择“By Description”借助元件描述，在其后进行元件的描述。在“Search 搜索”中设置输入查找的范围和路径。

4) 单击“Find Now”按钮，开始在指定范围和路径查找元件，如果找到指定元件，如图 2-50 所示，将在 Found Libraries 区域显示该元件所属的元件库，在 Components 区域显示元件名。

5) 如果要停止查找，单击“Stop”按钮，停止查找操作。

(8) 描述元件属性。

1) 选择“Miscellaneous Devices. lib”库里的“CAP”元件。

2) 单击执行“Tool 工具”菜单下的“Description 描述”命令。

3) 弹出图 2-51 所示的描述元件对话框。

4) 元件描述对话框中 Designator 选项卡用来设置 Default Designator（默认的流水号）、Sheet Part Filename（子图路径和文件名）、Footprint（元件封装）（可设置 4 个）、Description（描述），图中可以看到电容器 CAP 的默认的流水号为 C?，描述为 Capacitor。

(9) 删除复制元件。单击执行“Tool 工具”菜单下的“Remove Duplicates 删除复制件”命令，删除元件库里重复的元件名。

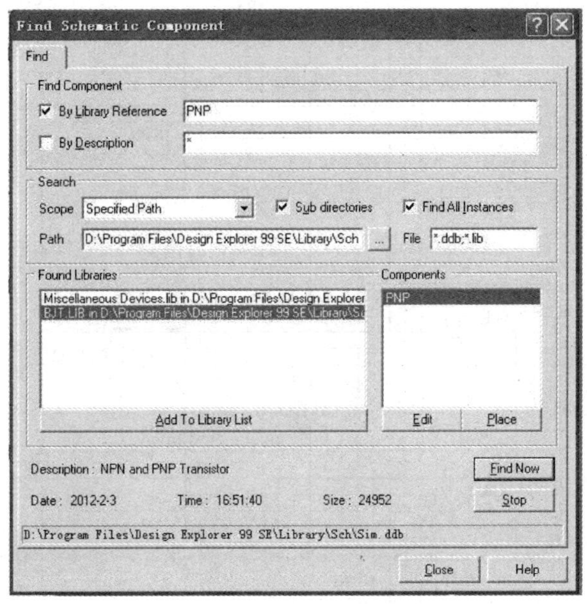

图 2-50　找到元件 PNP

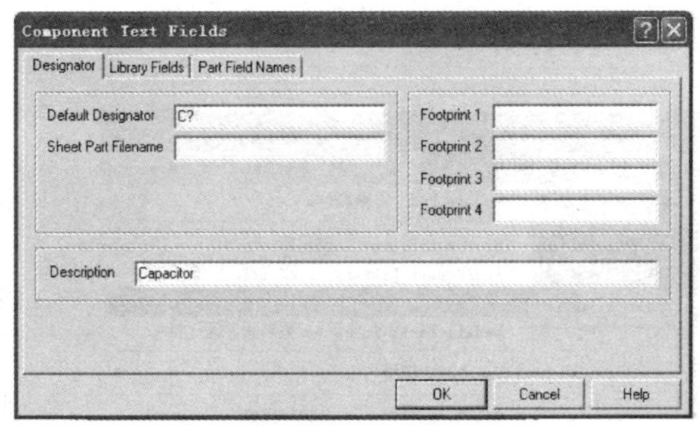

图 2-51　元件描述

(10) 更新原理图。单击执行“Tool 工具”菜单下的“Update Schematics 更新原理图”命令，将元件库里所做的修改更新到打开的原理图中。

二、从原理图生成元件库

(1) 启动 Protel 99SE 电路图设计软件。

(2) 打开 Design3. ddb 数据库设计文件。

(3) 选择打开图 2-52 所示的“myotl. sch”原理图。

(4) 如图 2-53 所示，单击执行“Design 设计”菜单下的“Make Project Library 生成方案库”命令。

(5) 系统自动生成名称为“myotl. lib”的元件库，如图 2-54 所示。

(6) 单击“Browse Schlib”选项卡，如图 2-55 所示，可看到这个库包含了 myotl. sch 原理图的所有元件，包括电容 CAP、二极管 DIODE、电解电容 ELECTRO1、NPN 三极管、PNP 三极管、电阻 RES2、可调电阻 VR 等。

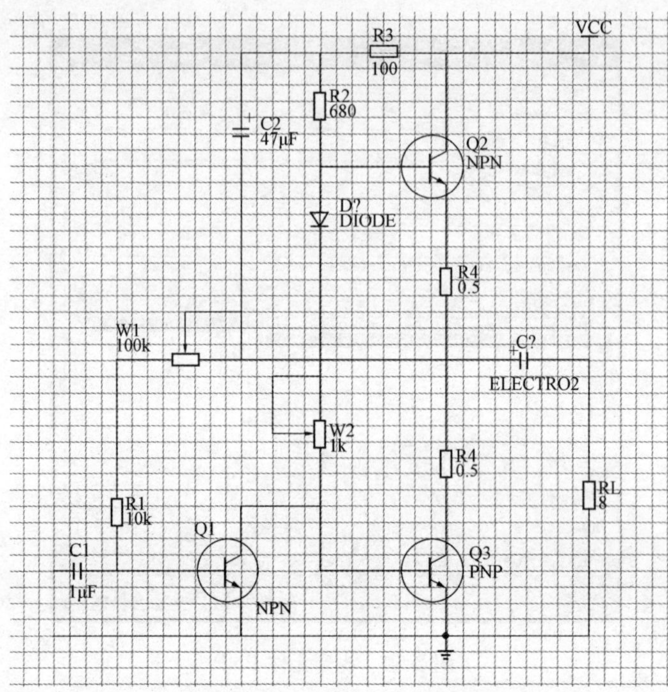

图 2-52 myotl. sch 原理图

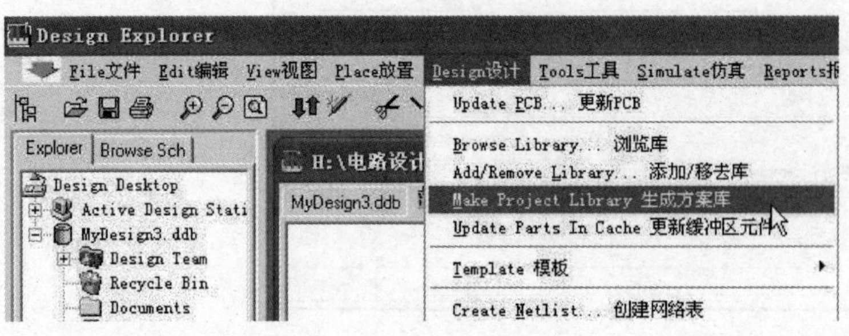

图 2-53 生成方案库

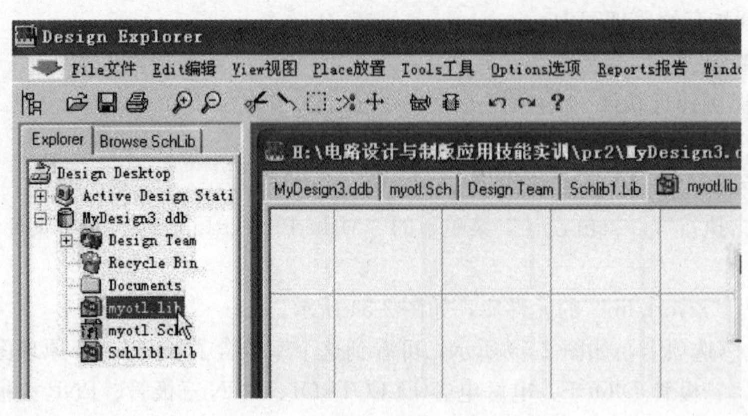

图 2-54 生成 myotl. lib 的元件库

图 2-55 查看 myotl. lib 的元件库

一、训练目标

(1) 学会打开原理图元件库。

(2) 学会原理图元件库的操作。

(3) 学会从原理图生成元件库。

二、训练步骤与内容

1. 原理图元件库管理操作

(1) 启动 Protel 99SE 电路图设计软件。

(2) 执行“File 文件”菜单下的“Open 打开文件”命令，弹出打开数据库文件对话框。

(3) 在打开数据库文件对话框，查找选择安装目录下的原理图库子目录 Sch，在“Sch”目录中找到“Miscellaneous Devices. ddb”杂器件库，单击选中后，单击“打开”按钮，打开“Miscellaneous Devices. ddb”杂器件库。

(4) 单击工程项目管理器窗口中的“Miscellaneous Devices. ddb”左边的“+”号，展开数据库“Miscellaneous Devices. ddb”文件。

(5) 单击“Miscellaneous Devices. ddb”文件下的“Miscellaneous Devices. lib”杂器件库文件，在右边编辑区，显示杂器件库里的元件。

(6) 单击工程管理器的“Browse Schlib”选项卡，打开元件库管理器。

(7) 选择 NPN 三极管元件，查看元件库管理器，包括 Component（元件区）、Group（组区）、Pins（引脚区）和 Mode（元件模式区）里显示的内容。

2. 原理图元件库的菜单操作

(1) 单击执行“文件”菜单下的“新建文件”命令。

(2) 选择创建“Schematic Library Document”电路图库文件，单击“OK”按钮，创建一个名称为“Schlib1. Lib”电路图库文件。

(3) 选择“Miscellaneous Devices. lib”库里的“PNP”元件。

(4) 单击执行“Tool 工具”菜单下的“Copy Component 复制元件”命令，弹出“复制元件”对话框。

(5) 选择目标库“Schlib1. lib”，然后单击“OK”按钮，将“Miscellaneous Devices. lib”库里的“PNP”元件复制到目标库“Schlib1. lib”。

(6) 单击“Schlib1. Lib”电路图库文件，单击工程管理器的“Browse Schlib”选项卡，查看“Schlib1. Lib”电路图元件库里的元件，可以看到 PNP 元件。

(7) 选择 PNP 元件。

(8) 单击执行“Tool 工具”菜单下的“Rename Component 元件重命名”命令，弹出元件重命名对话框，将元件名改为“PNP1”。

(9) 单击“OK”按钮，查看元件管理器里元件名称。

(10) 选择“Schlib1. Lib”电路图元件库里的 PNP1 元件。

(11) 单击执行“Tool 工具”菜单下的“Remove Component 删除元件”命令，弹出图 2-56 所示的是否确定删除元件 PNP1 对话框。

(12) 单击“yes”按钮，将元件“PNP1”删除，如图 2-56 所示。

3. 学会从原理图生成原理图元件库

(1) 启动 Protel 99SE 电路图设计软件。

(2) 打开一个数据库设计文件。

(3) 选择打开数据库设计文件的 Sheet1. sch 原理图。

(4) 单击执行"Design 设计"菜单下的"Make Project Library 生成方案库"命令。

(5) 查看工程浏览器窗口里是否有 Sheet1. lib 的原理图元件库文件。

(6) 单击"Browse Schlib"选项卡，查看这个库包含了 Sheet1. sch 原理图的所有元件。

图 2-56　删除 PNP1

项目三　复杂电原理图设计

（1）学会层次电路设计方法。
（2）学会设计触摸延时开关电路。
（3）学会设计单片机控制系统。

任务 6　触摸延时开关电路设计

一、电路设计方法

1. 放置网络标号

网络标号与导线一样，具有电气意义，具有相同网络标号的元件引脚、导线、电源、接地符号等在电气上是相互连接的，属于同一个网络。当电路连接线路较远、直接用导线连接困难时，可以使用网络标号完成电气连接。另外，在层次电路设计时，也可以使用网络标号表示各模块之间的电路连接。

操作方法：

（1）单击布线工具栏的放置网络标号 Net1 按钮，或者单击执行“Place 放置”菜单下的“Net Label 网络标号”命令，在十字光标处出现一个网路标号的虚线框。

（2）按键盘“Tab”键，弹出图 3-1 所示的网络标号对话框。

（3）设置“Net”属性为“N1”。

（4）单击“OK”按钮确认。

（5）移动十字光标到光电耦合器 G1 集电极引脚位置，此时光标出现一个小圆点，单击，即可将网络标号 N1 放到光电耦合器 G1 集电极上（见图 3-2）。

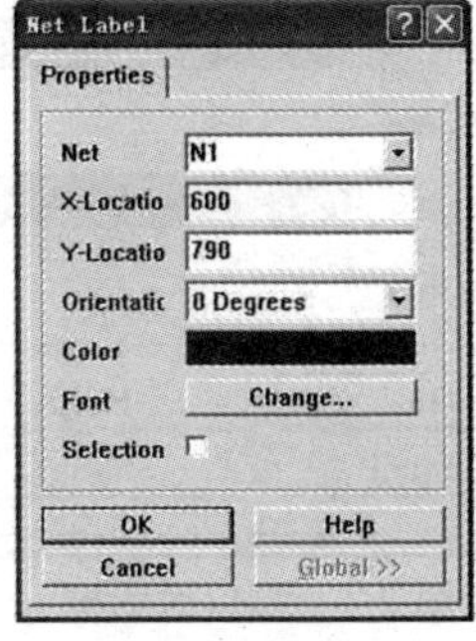

图3-1　网络标号对话框

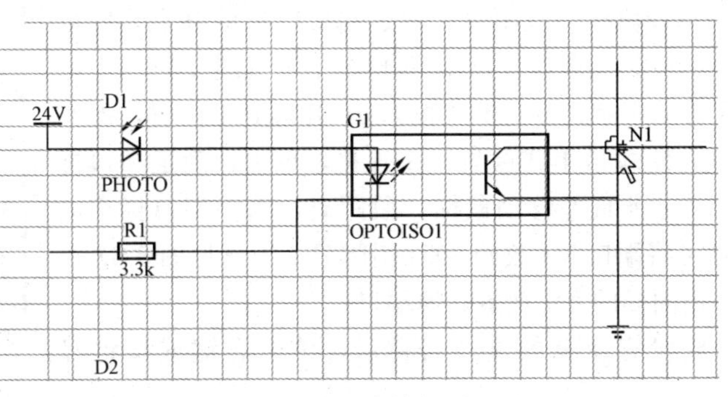

图 3-2　放置网络标号 N1

(6) 用同样的方法在单片机 8051 的 P10 引脚位置放置一个网络标号 N1（见图 3-3）。

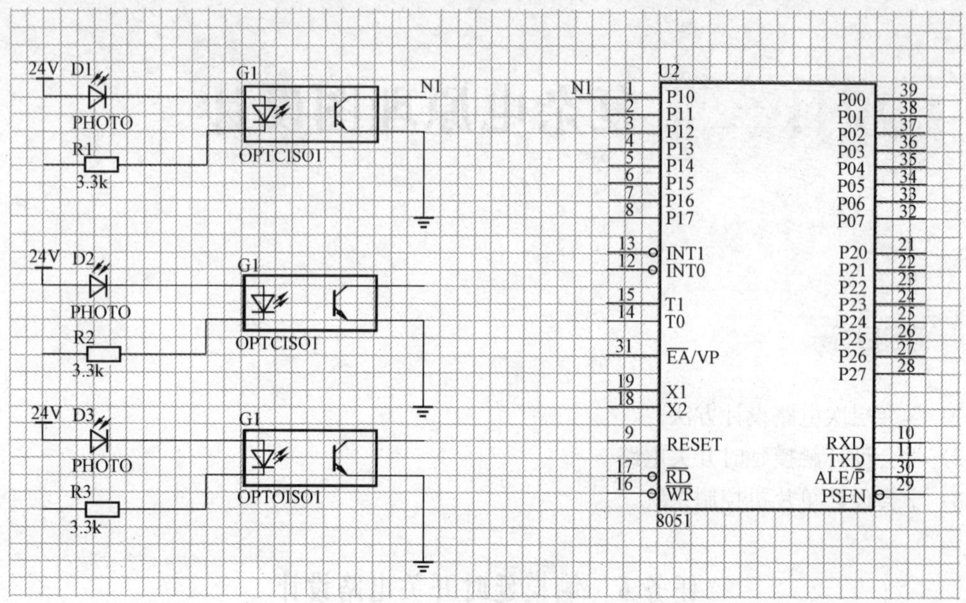

图 3-3　P10 引脚放置网络标号 N1

(7) 放置完所有的网络标号后，单击右键或按键盘“Esc”键，结束放置网络标号操作。

2. 放置端口

端口与导线一样，具有电气意义，具有相同端口名称的元件引脚、导线、电源、接地符号等在电气上是相互连接的，属于同一个网络。当电路连接线路较远、直接用导线连接困难时，可以使用端口名称完成电气连接。另外，在层次电路设计时，也可以使用端口名称表示各模块之间的电路连接。

操作方法：

(1) 单击布线工具栏的放置端口按钮，或者单击执行“Place 放置”菜单下的“Port 端口”命令，在十字光标处出现一个端口的虚线框。

(2) 按键盘“Tab”键，弹出图 3-4 所示的端口对话框。

(3) 设置“Name”属性为“M1”，单击“OK”按钮确认。

(4) 移动十字光标到光电耦合器 G2 集电极引脚位置，此时光标出现一个小圆点，单击，确定端口标记的起点，水平向右移动鼠标一段距离，确定端口标记的终点，即可将端口 M1 放到光电耦合器 G2 集电极上（见图 3-5）。

(5) 移动十字光标到单片机 8051 引脚 P11 位置，按空格键两次，使端口小圆点与 P11 连接，单击，确定端口标记的起点，水平向左移动鼠标一段距离，确定端口标记的终点，即可将端口 M1 放到 8051 引脚 P11 上（见图 3-6）。

(6) 用同样的方法放置其他端口。

(7) 放置完所有的端口名称后，单击右键或按键盘

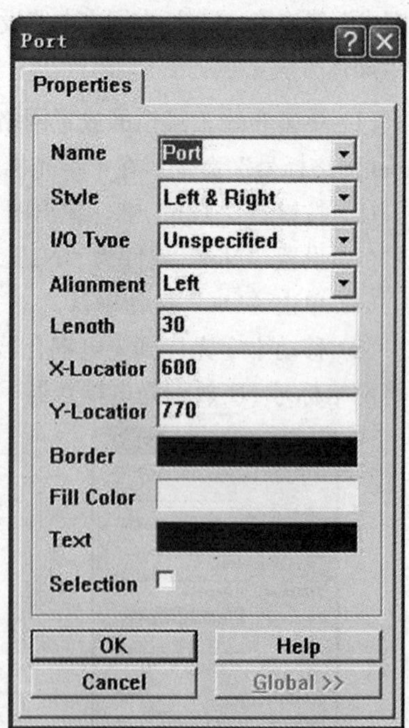

图 3-4　端口对话框

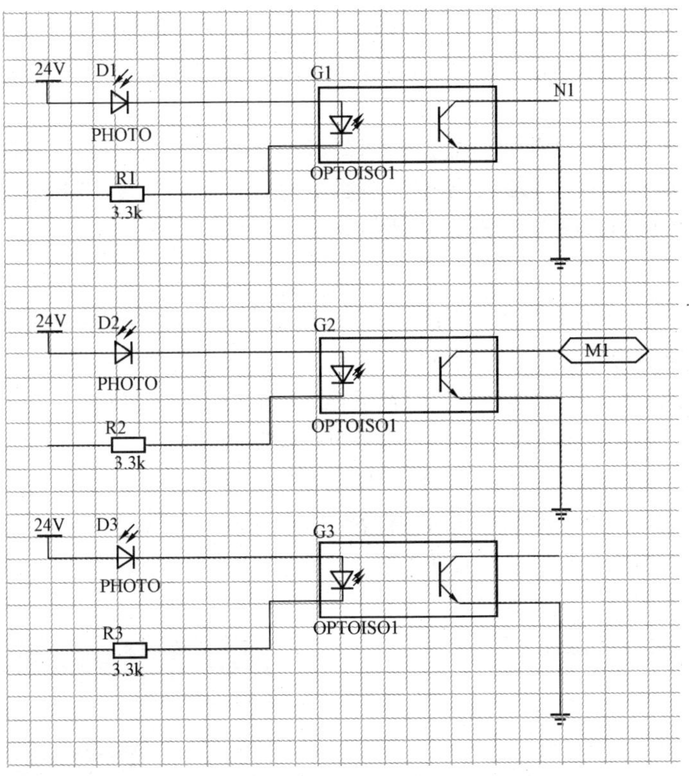

图 3-5 放置端口 M1

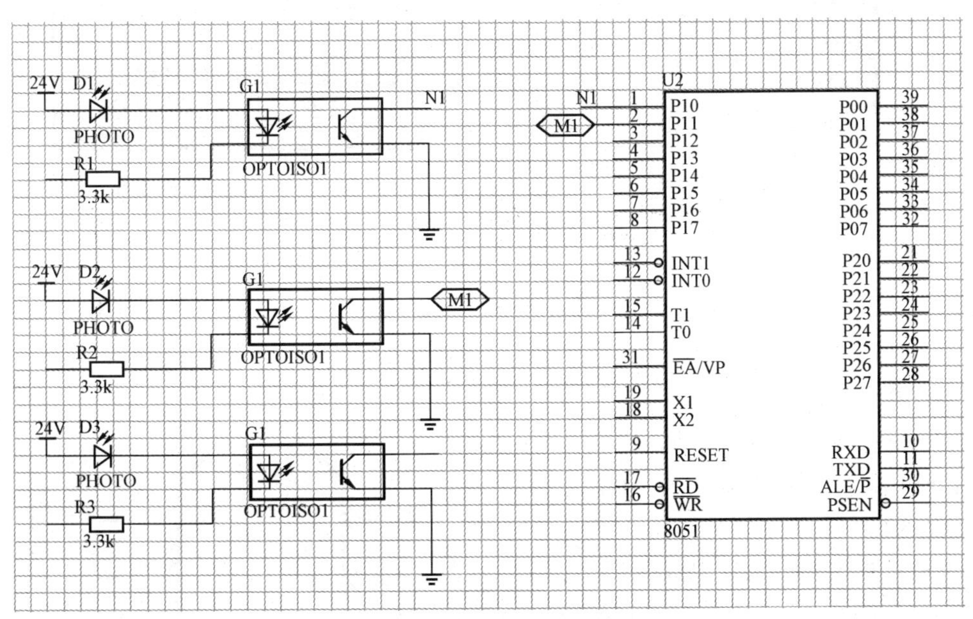

图 3-6 P11 引脚放置端口 M1

“Esc”键，结束放置端口操作。

3. 放置节点

在两条导线十字相交时，默认情况下两条十字交叉导线是没有节点连接的，即没有电气连接，丁字交叉的导线会自动连接。如果两条十字交叉导线需要连接，就需要放置一个电气节点。

单击执行“Place 放置”菜单下的“Junction 节点”命令，光标变为十字形，在光标的中心处出现一个节点，移动光标到目标位置单击，即可在两条十字交叉导线的交接处放置一个节点。

4. 放置总线

为了简化电路原理图，通常用一条总线代替数条并行的导线。这样可以减少导线数量，并使原理图清晰，还可避免错误。总线常用于绘制数据总线、地址总线、LED 数码管的连接线等。如图 3-7 所示，总线包括总线出入端口、网络标号、导线等。

操作方法：

(1) 单击执行“Place 放置”菜单下的“Bus 总线”命令，或单击总线按钮。

(2) 光标变成十字形，移动光标到目标起点位置，单击，开始绘制总线。

(3) 绘制总线的方法与绘制导线一样，在需要转折的位置单击左键。

(4) 单击右键，完成一条总线的绘制，接着可以绘制其他总线。

(5) 再次单击右键或按键盘“Esc”键，可以退出总线绘制。

双击绘制好的总线或者在绘制总线时按键盘“Tab”键，弹出图 3-8 所示的总线属性设置对话框，可以设置总线宽度、颜色、是否选中等。

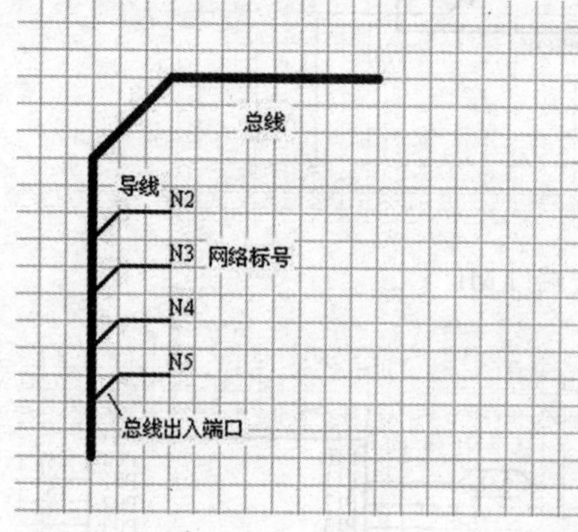

图 3-7 总线

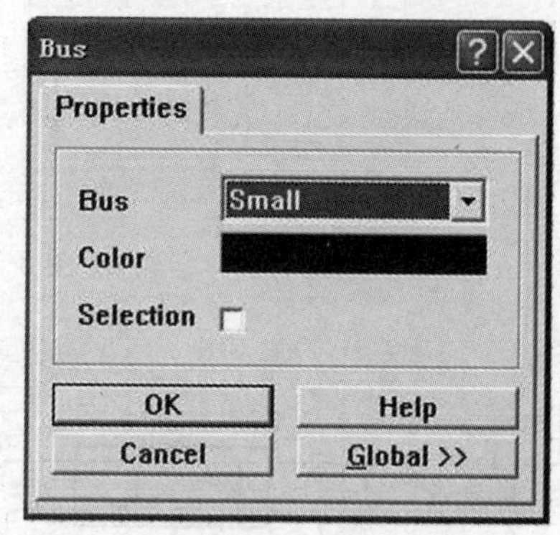

图 3-8 总线属性对话框

5. 放置总线入口

紧挨总线放置按钮有一个总线入口按钮，单击总线入口按钮，或单击执行“Place 放置”菜单下的“Bus Enter 总线入口”命令，可以放置总线的入口并与具体的引脚连接。

具体操作方法：

(1) 单击总线入口按钮，或单击执行“Place 放置”菜单下的“Bus Enter 总线入口”命令。

(2) 通过单击左键放置总线入口，按键盘的空格键或 X、Y 键可以调节入口方向。

(3) 如图 3-9 所示，放置总线入口使其一端与总线相连，另一端通过放置导线与对应的引脚（P00）相连。

(4) 依次对每个引脚进行上述操作。

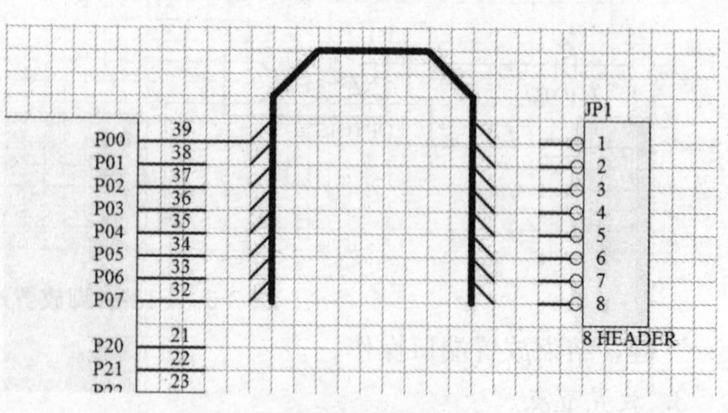

图 3-9 总线连接

(5) 双击任意的一条总线入口线，弹出图 3-10 所示的总线入口属性对话框，其属性可通过总线入口属性对话框设置。

(6) 放置网络标号。

通过绘制总线及其入口的放置简化了电路的连接，由于将一组功能类似的导线用一条总线来表示，也使电路的连接关系更加清晰。但此时绘制的仅仅是电路连接图形的表示，各引脚间还不具备电气连接关系。要使各引脚具备真正在电气上的连接关系，还需要放置网络标号。

放置网络标号后的效果如图 3-11 所示。

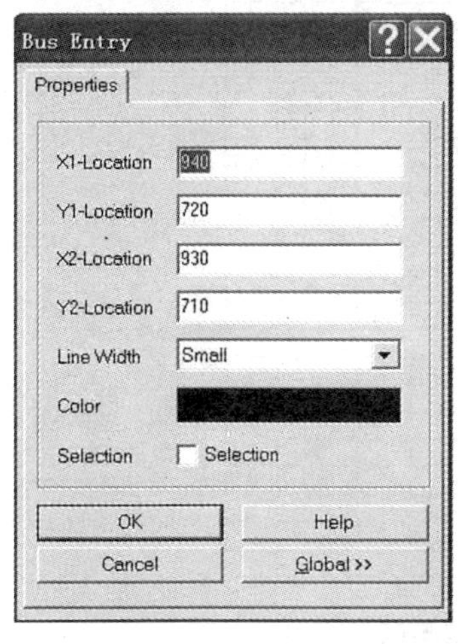

图 3-10 总线入口属性对话框

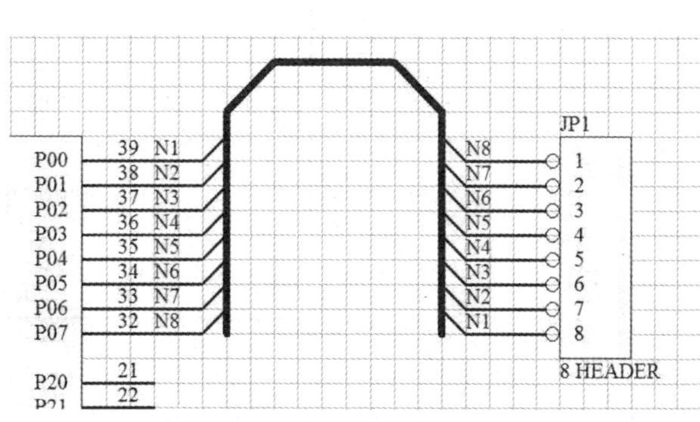

图 3-11 放置网络标号后效果

6. 设置忽略电路法则测试

一般绘制电路原理图时，有些元件的某些引脚没有任何连接，这时将这些引脚可以设置为忽略电路法则测试，以免在电路法则测试时报告错误。

操作方法：

(1) 如图 3-12 所示，单击执行 “Place 放置” 菜单下 “Directives 标志” 子菜单下的 “No ERC 不做 ERC” 命令，光标变为十字形，在光标中心处出现一个插号，代表忽略电路法则测试。

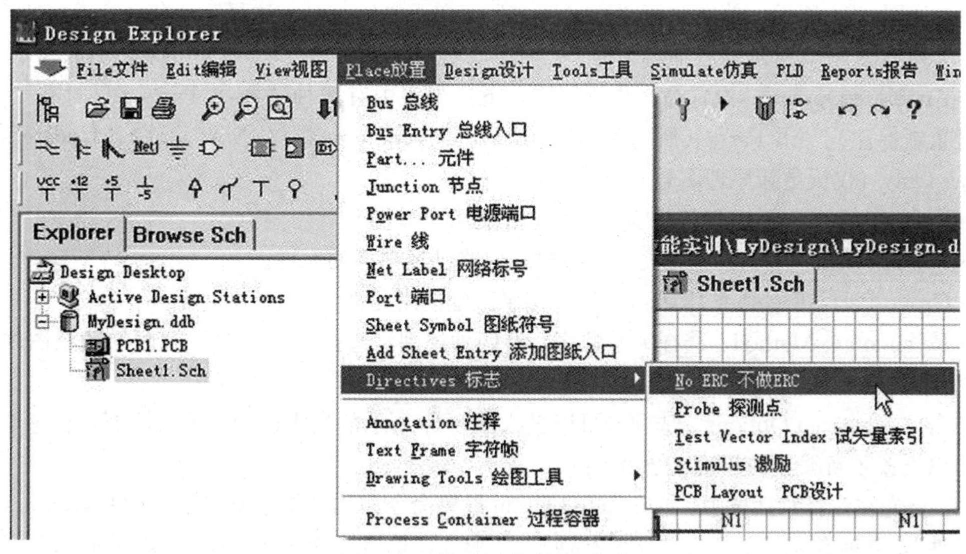

图 3-12 执行不做 ERC 命令

(2) 移动光标到 U1 的 P16 引脚上，如图 3-13 所示，出现一个小黑点时单击，设置 P16 引脚忽略电路法则测试。

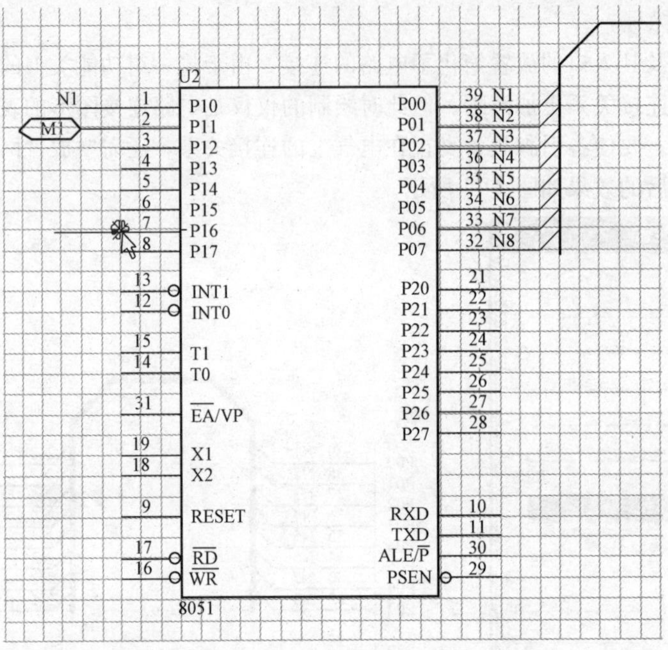

图 3-13　设置 P16 引脚忽略电路法则测试

(3) 移动光标到其他需要忽略电路法则测试的引脚，继续设置。

(4) 单击右键，退出设置忽略电路法则测试状态。

如果不对原理图进行电路法则测试，可以不进行忽略电路法则测试设置。

7. 元件的自动编号

绘制电路原理图完成后，有时需要对原理图中的元件进行重新编号，或者放置元件时没有编号，这时需要用元件的自动编号功能。

操作方法：

(1) 如图 3-14 所示，单击执行“Tool 工具”菜单下“Annotate 注释”命令。

(2) 弹出图 3-15 所示的注释对话框。

• Annotate Options：设置命令作用范围，下拉列表中有四种选择：? Parts（只对有“?”号的元件重新标注）、All Parts（所有元件）、Reset Designators（复位所有元件）、Update sheets Number Only（仅仅更新原理图号）。

• Current sheet only：仅仅更新当前原理图的元件序号。

• Ignore selected part：更新元件序号时，忽略已经选择的元件。

• Group Parts Together If Match By：用于匹配成组元件。

• Re-annotate Method：选择编号顺序，有四种规则，选择一种，会在右侧的示意图中显示编号的规则。

单击“Advanced Options”选项卡可以进入图 3-16 所示的高级设置选项对话框，在这个对话框中可以设置重新编号的起始、结束范围。

(3) 首先在注释对话框中，Annotate Option 设置命令作用范围选择“Reset Designators 复位所有元件”，将所有元件复位为“元件类别+?”形式，单击“OK”按钮，结果如图 3-17 所示。

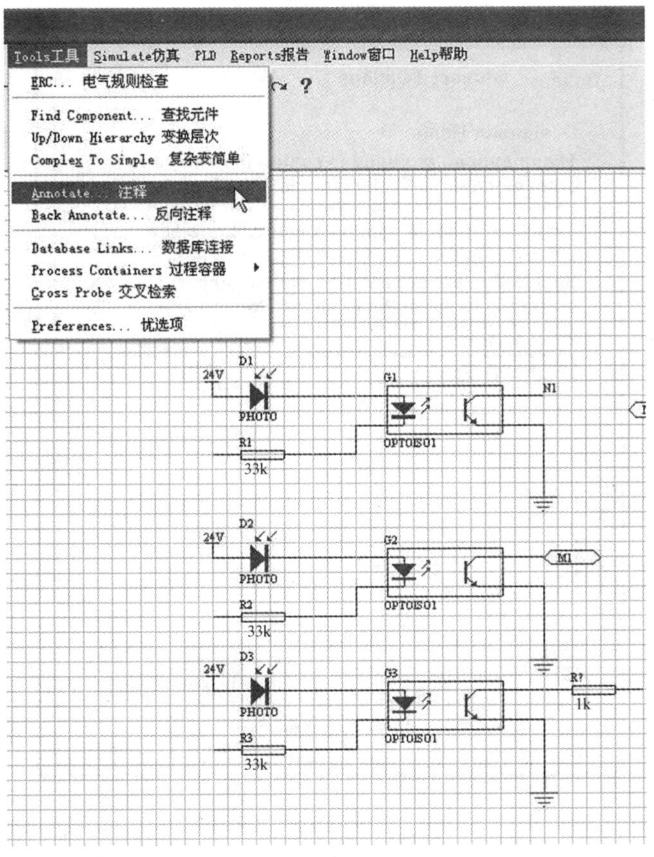

图 3-14　执行注释命令

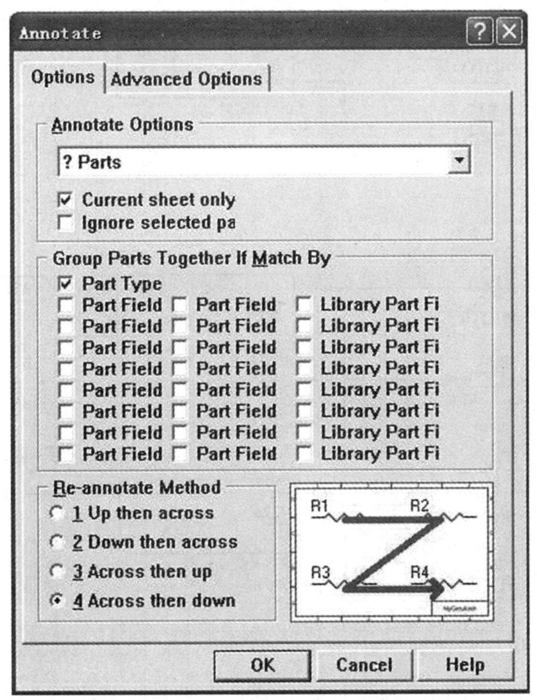

图 3-15　注释属性对话框

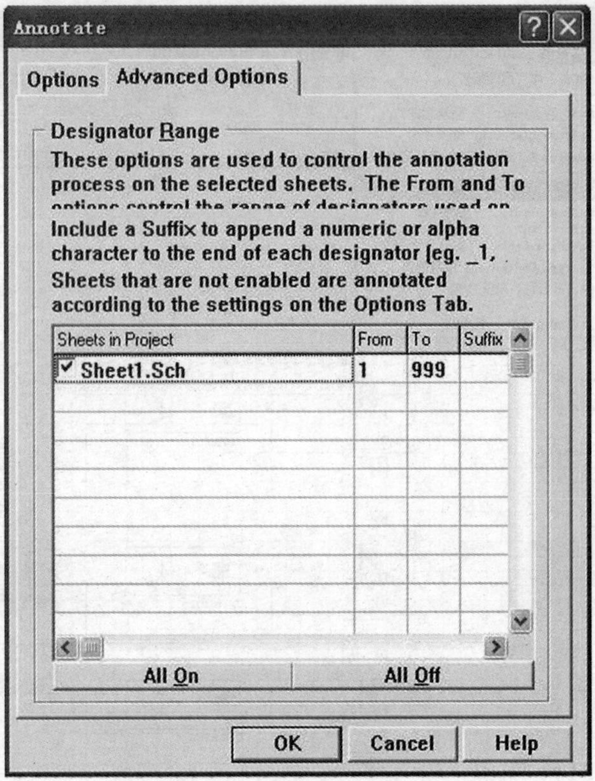

图 3-16　高级注释对话框

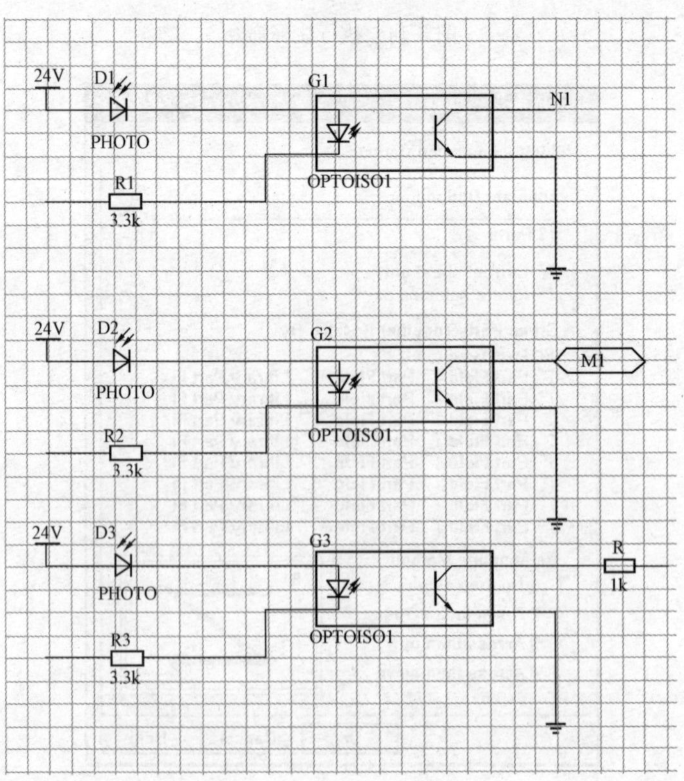

图 3-17　复位所有元件

(4) 再次单击执行“Tool 工具”菜单下“Annotate 注释”命令，弹出注释对话框。

(5) Annotate Option 设置命令作用范围：选择“? Part”只对有“?”号的元件重新标注；选中“Current sheet only”复选框，仅仅更新当前原理图的元件序号；Group Parts Together If Match By 用于匹配成组元件栏选择“Part Type”元件类型；Re-annotate Method 选择编号顺序（“Down then across”：从上到下，从左到右）。

(6) 单击“OK”按钮，结果如图 3-18 所示。

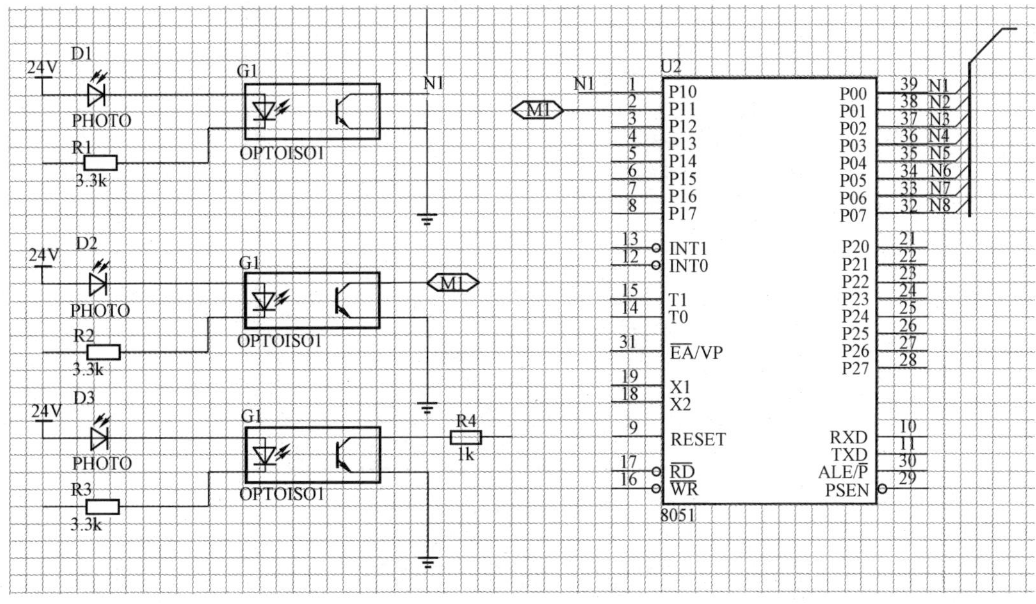

图 3-18 更新元件编号

二、检查电气连接

电气规则检查（Electrical Rule Check，ERC），用来检查电路原理图中电气连接的完整性。电气规则检查可以按照用户指定的逻辑特性进行，可以输出相关的物理逻辑冲突报告，例如引脚悬空、没有连接的网络标号以及没有连接电源等。在生成检测报告的同时，程序还会将 ERC 的检测结果以符合的形式标注在电路原理图上。对于一个复杂的电路原理图，电气规则检查代替了繁重的手工检查劳动，有着手工检查无法达到的精确性和快速性，是设计电路原理图的好帮手。

1. 设置 ERC 规则

(1) 如图 3-19 所示，单击执行“Tools 工具”菜单下“ERC 电气规则检查”命令。

(2) 弹出图 3-20 所示的设置 ERC 检查对话框。

(3) Setup 选项卡。

1) ERC Options 选项组：

- Multiple net names on net：设置是否对当前原理图中的重复网络名称进行检查。
- Unconnected net labels：设置是否对当前原理图中的没有实际电气连接的网络标号进行检查。
- Unconnected power objects：设置是否对当前原理图中的没有实际电气连接的电源进行检查。

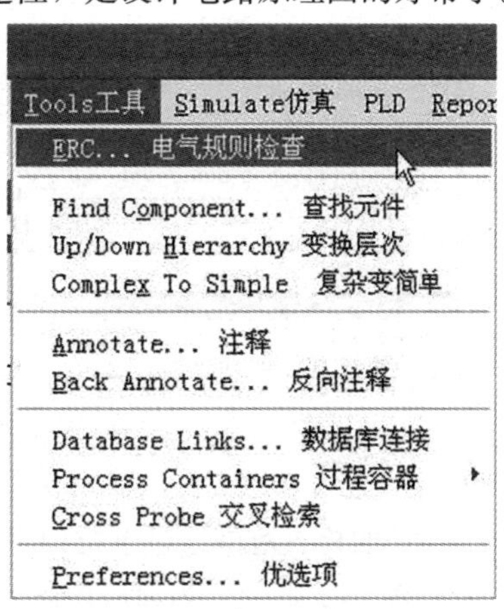

图 3-19 执行 ERC 检测命令

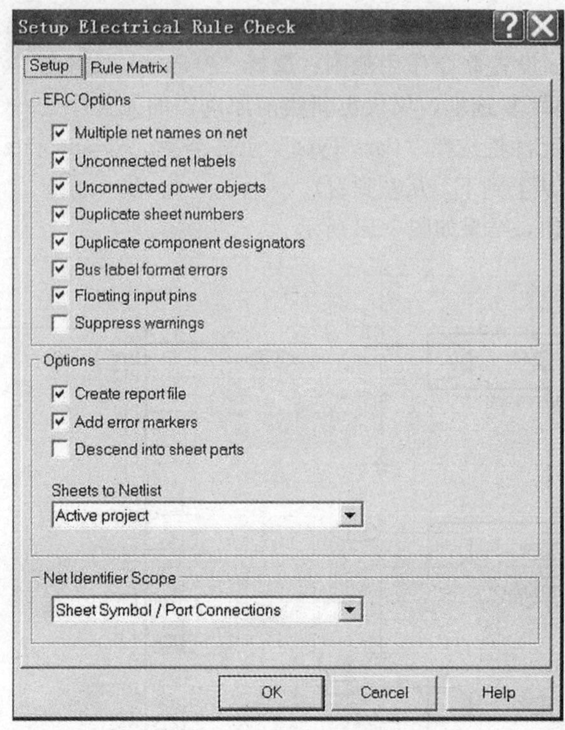

图 3-20　设置 ERC 检查对话框

- Duplicate sheet numbers：设置是否对当前项目中的重复的电路原理图序号进行检查。
- Duplicate component designators：设置是否对当前原理图中重复的元件编号错误进行检查。
- Bus label format errors：设置是否对当前原理图中出现的总线编号错误进行检查。
- Floating input pins：设置是否对当前原理图中出现的没有实际电气连接的输入引脚进行检查。
- Suppress warnings：设置是否忽略当前原理图中的警告错误而只对错误的情况进行标识。

2）Options 选项组。对 ERC 一般选项进行设置，具体内容如下：

- Create report file：设置是否创建 ERC 检测报告，用于指示出现的错误状态。
- Add error markers：设置在进行 ERC 检测后是否在出现错误的地方给出标记，以便用户发现问题进行修改。
- Descend into sheet parts：设置是否将子模块电路中内部所匹配的端口与原理图中的端口完成电气连接，并一起同时进行 ERC 检查。
- Sheet to Netlist：通过下拉列表设置 ERC 检查范围，如图 3-21 所示。

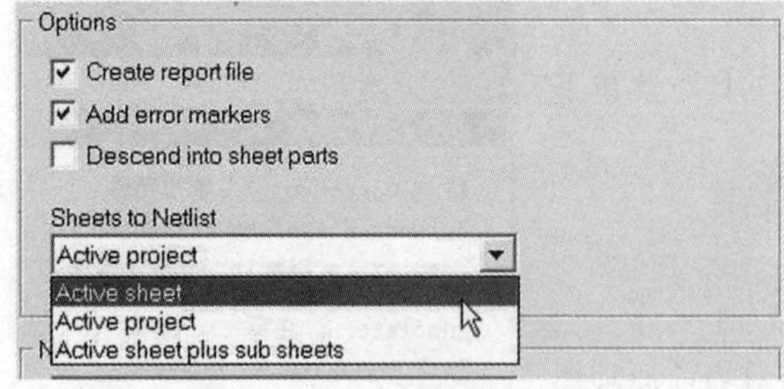

图 3-21　设置 ERC 检查范围

ERC 的检查范围通过下拉列表选项设置：

- Active sheet：当前原理图。
- Active project：当前项目中的所有原理图。

- Active sheet plus sub sheets：当前原理图和子原理图。

3）Net Identifier Scope 选项组。用于设定网络识别的范围，通过图 3-22 所示的下拉列表选项设置：

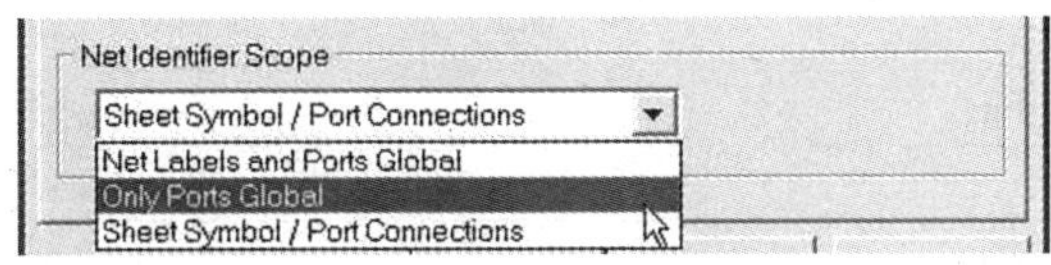

图 3-22 设置网络识别的范围

- Net Labels and Ports Global：网络标号和端口。
- Only Ports Global：只有端口全局有效。
- Sheet Symbol/Port Connections：方块电路和连接端口。

（4）Rule Matrix 选项卡。设置完“Setup”选项卡，单击“Rule Matrix”选项卡标签，弹出图 3-23 所示的“Rule Matrix”选项设置界面。

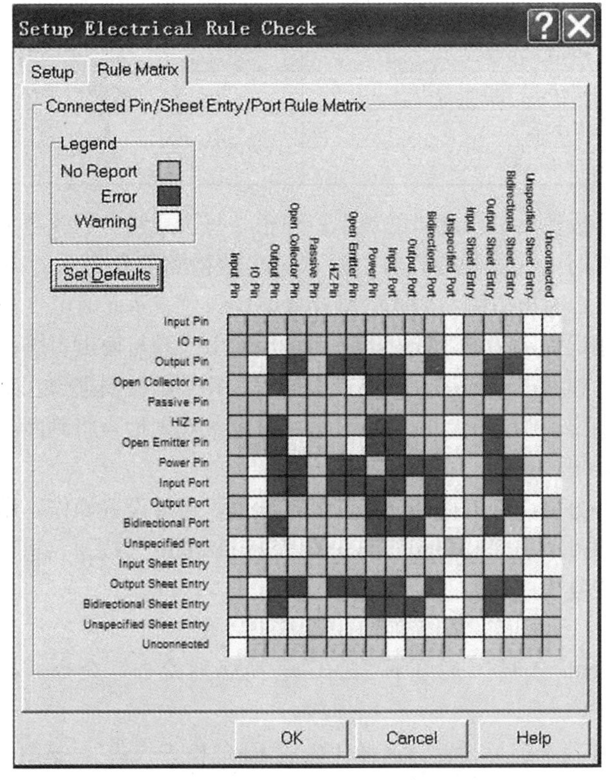

图 3-23 Rule Matrix 选项设置界面

“Rule Matrix”选项设置界面由 Connected Pin/Sheet Entry/Port Rule Matrix 区域构成，用于显示引脚、原理图子模块入口及端口等在电气规则检查中出现的各种信息。

1）图例。图例给出各种显示信息类别标志，Not Report（不报告）用绿色标识，表示电路正常；Error（错误）用红色标识，表示电路出现了错误；Warning（警告）用黄色标识，表示警告信息。

2）规则矩阵。电气规则检查矩阵区域主体部分是由红、绿、黄三种颜色构成的方格图，其对称分布的行、列分别表示一定的接口类型，接口类型见表 3-1。

表 3-1　　　　　　　　　　　　规则矩阵接口类型

名　称	含　义
Input Pin	输入引脚
IO Pin	IO 引脚
Output Pin	输出引脚
Open Collector Pin	开路集电极引脚
Passive Pin	无源引脚
HiZ Pin	高阻引脚
Open Emitter Pin	开路发射极引脚
Power Pin	电源引脚
Input Port	输入端口
Output Port	输出端口
Bidirectional Port	双向端口
Unspecified Port	无方向端口
Input sheet Entry	子模块入口
Output sheet Entry	子模块出口
Bidirectional sheet Entry	双向子模块接口
Unspecified sheet Entry	无方向子模块接口
Unconnected	未连接

在引脚、原理图子模块入口及端口的规则矩阵中，每个方格中的颜色表示其所在行、列对应的网络标识类型在连接时电气规则检查将会对其做出的检测信息提示的内容。例如在默认状态下，第 3 行、第 1 列表示输出引脚与输入引脚连接，用绿色表示此时电气规则检查将判断为电路连接正常，不会产生错误提示。第 3 行、第 3 列表示输出引脚与输出引脚连接，用红色表示此时电气规则检查将判断为连接电路错误，产生错误提示，并给出错误报告。第 3 行、第 4 列表示输出引脚与开路集电极输出引脚连接，用红色表示此时电气规则检查将判断为连接电路错误，产生错误提示，并给出错误报告。

单击矩阵中的某一方格，可以循环改变其显示颜色，通过设置操作，用户可以根据需要自行设定电气检查规则，通过单击“Legend”下方的“Set Defaults”按钮，将引脚、原理图子模块入口及端口的规则矩阵恢复为默认值。

2. 运行 REC

(1) 单击执行“Tools 工具”菜单下“ERC 电气规则检查”命令，打开 ERC 检查设置对话框。

(2) 对“Setup”选项卡进行设置，选择“生成 ERC 检查报告”，选择电气检查范围为“Active sheet 当前原理图”，网络识别范围为“Sheet Symbol/Port Connections 方块电路和连接端口”。

(3) 打开“Rule Matrix”选项卡，设置为默认参数。

(4) 单击“OK”按钮，运行 ERC 检查。

三、生成报表

在绘制原理图时，除了要完成原理图的绘制外，产生各种报表也十分重要。为了方便 PCB 的设计，往往要生成电路的网络表文件；为了便于采购元件和预算，需要生成元件清单报表文件；此外为了对电路结构有更清晰的了解，同时方便验证电路的正确性，还可以生成电路元件交叉参考表、层次表。

1. 生成网络表

Protel 99SE 支持从原理图直接将元件编号、连接关系、封装形式等信息传到 PCB 编辑器中生成 PCB 文件。此外还支持先生成网络表文件、再加载到 PCB 文件中进行设计。网络表文件是一种文本文件，记录了原理图中的元件类型、序号、封装形式以及网络连接关系等信息。网络表文件是原理图与 PCB 之间联系的桥梁，借助网络表文件可以验证原理图连接的正确性。

操作方法：

(1) 如图 3-24 所示，单击执行 "Design 设计" 菜单下 "Create Netlist 创建网络表" 命令。

(2) 打开图 3-25 创建网络表对话框。

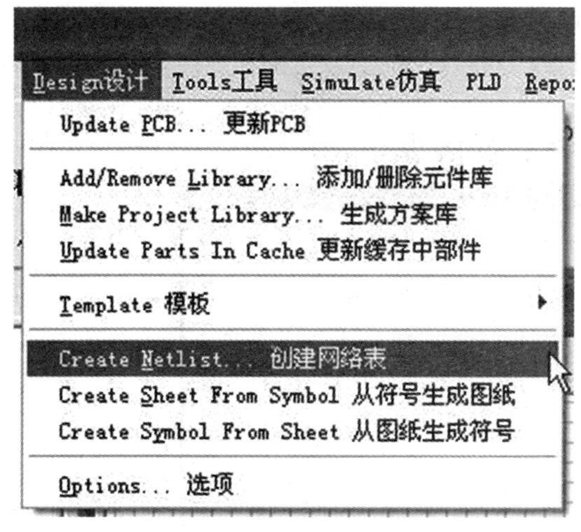

图 3-24 执行创建网络表命令

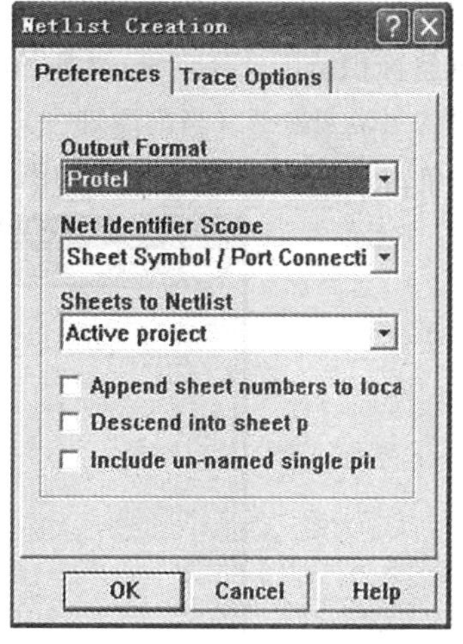

图 3-25 创建网络表对话框

1) Preferences 选项卡：

• Output Format：选择网络表的输出格式，常选择默认的 Protel 格式。

• Net Identifier Scope：设置网络标识范围，包括 Net Labels and Ports Global（网络标号和端口）、Only Ports Global（只有端口全局有效）、Sheet Symbol/Port Connections（方块电路和连接端口）三种。

• Sheets to Netlist：设置生成网络表的图纸，包括 Active sheet（当前原理图）、Active project（当前项目中的所有原理图）、Active sheet plus sub sheets（当前原理图和子原理图）三个选项，一般选 Active sheet（当前原理图）。

• Append sheet number to local nets：设置在创建网络表时，将原理图编号添加到网络标号上，以免不同原理图中有相同的网络编号而产生混淆。

• Descend into sheet parts：深入到绘图页的元件中，对层次电路图有效。

• Include un-named single pin nets：包括未命名的单个引脚网络，即一端连接到电气对象，另一端为浮空的网络。

2) Trace Options 选项卡（见图 3-26）。

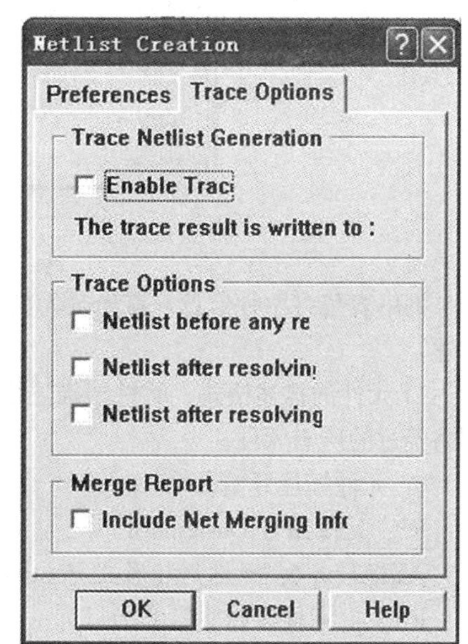

图 3-26 跟踪选项对话框

任务6

• Enable Trace：设置将产生网络表的过程记录下来，并存入跟踪记录中。

• Netlist before any resolving：任何动作都加以跟踪，并形成跟踪文件写入跟踪记录文件中。

• Netlist after any resolving sheets：只有当电路中的内部网络结合到项目网络时，才进行跟踪并形成跟踪文件。

• Netlist after any resolving project：只有当电路中的项目文件的内部网络进行结合时，才进行跟踪并形成跟踪文件。

• Include Net Merging information：设置跟踪文件是否包括网络信息。

(3) 在创建网络表对话框的 Preferences 选项卡中选择见图 3-25，输出文件格式选“Protel”格式，网络标识范围选择“Sheet Symbol/Port Connections 方块电路和连接端口”，生成网络表的图纸为“Active sheet”(当前原理图)。

(4) 单击“OK”按钮后生成的图 3-27 所示的网络表。

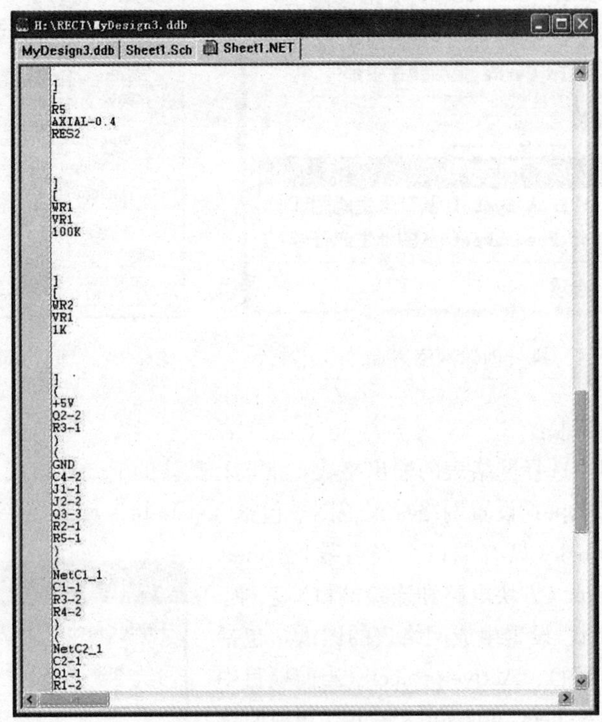

图 3-27　网络表

网络表包含两种信息，首先是元件定义，然后是网络定义，分别用元件、网络连接两种格式描述。

1) 元件的描述格式。元件的描述格式以“［”左方括号开始，以“］”右方括号结束，包括网络经过的所有元件。

［：元件描述开始。

R5：元件编号 Designator。

AXIAL-0.4：元件封装形式 Footprint。

RES2：元件注释文字 Part Type。

空行 1：保留。

空行 2：保留。

空行 3：保留。

]：元件描述结束。

2）网络连接描述格式。网络连接的描述格式以“（”左半圆括号开始，以“）”右半圆括号结束，每个网络定义都包括连接到该网络的所有元件及端口。

（：　网络连接描述开始。

+5V：　+5V 电源网络，网络名称，系统自动产生。

Q2－2：　网络连接的第 1 个点，三极管 Q2 的集电极引脚 2。

R3－1：　网络连接的第 2 个点，电阻 R3 的引脚 1。

）：　网络连接描述结束。

网络表是原理图联系 PCB 的桥梁，网络表不仅可以从原理图获得，还可以由用户自己按照网络表的规则编写，用户编辑的网络表也可以用来建立 PCB。

2. 生成元件表

物料清单（Bill of Materials，简称 BOM）是描述产品结构的技术文件，通过原理图可以产生元件清单，用于采购元件和预算。

操作方法如下：

（1）如图 3-28 所示，单击执行“Report 报告”菜单下“Bill of Materials 材料清单”命令。

（2）弹出图 3-29 所示的 BOM 向导对话框。

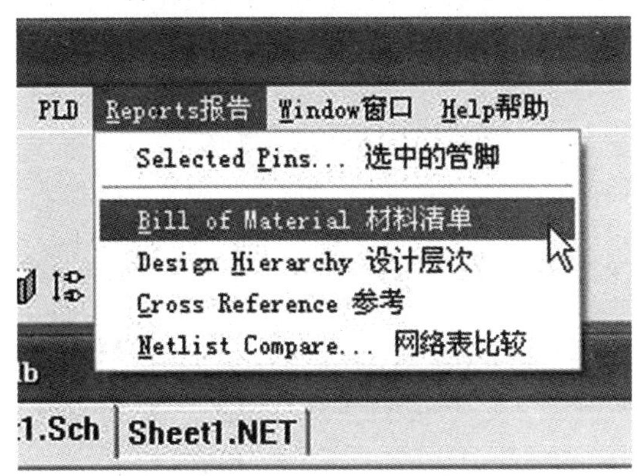

图 3-28　材料清单命令

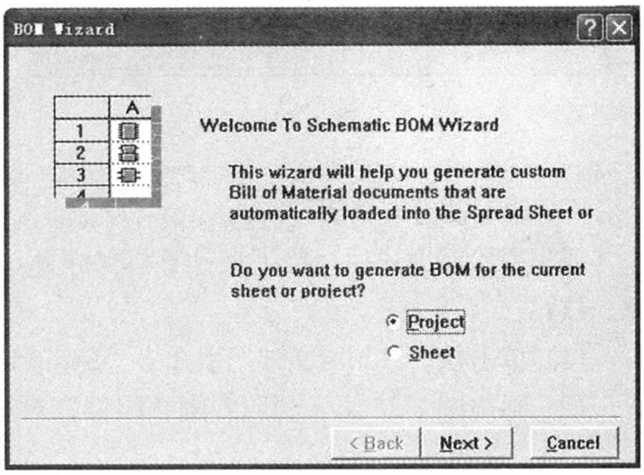

图 3-29　BOM 向导对话框

（3）选择是产生整个项目 Project 的元件列表，还是当前电路图 Sheet 的元件列表。这里选“Sheet”，单击“Next”下一步按钮，进入图 3-30 所示的设置元件列表内容对话框。

（4）保持默认值，单击“Next”下一步按钮，进入图 3-31 所示的设置元件列表各列名称对话框。

（5）保持默认值，单击“Next”下一步按钮，进入图 3-32 所示的设置元件列表输出文件类型对话框。

（6）保持默认值，即选择电子表格输出格式“Client Spreadsheet”。单击“Next”下一步按钮，进入图 3-33 所示的结束元件列表设置对话框。

（7）单击“Finish”按钮，完成设置，生成文件名为“Sheet1. XLS”的元件列表，如图 3-34 所示。

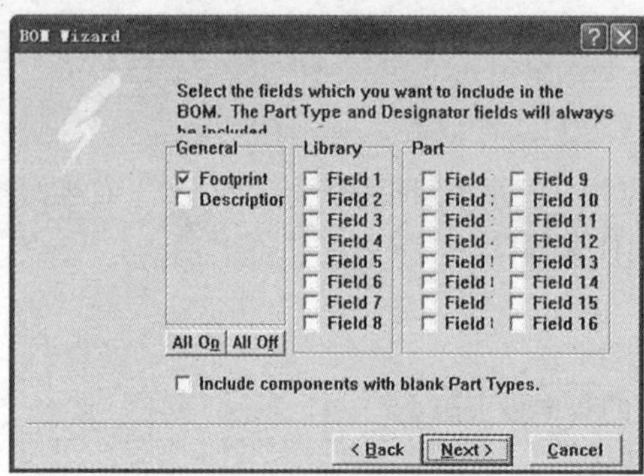

图 3-30　列表内容对话框

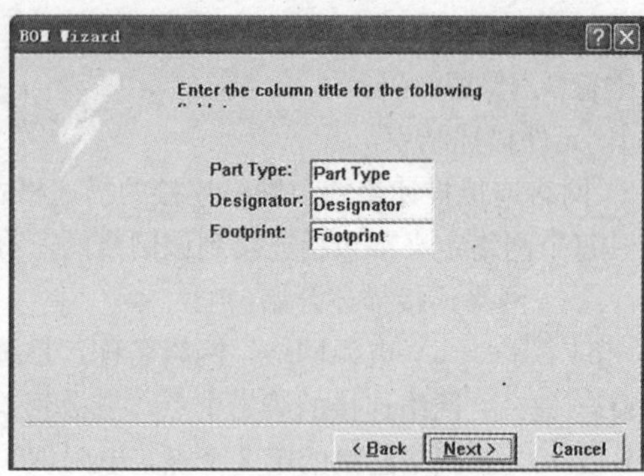

图 3-31　元件各列名称对话框

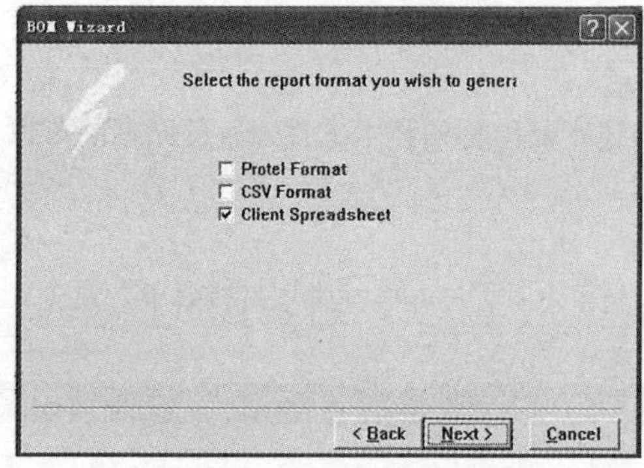

图 3-32　输出文件类型对话框

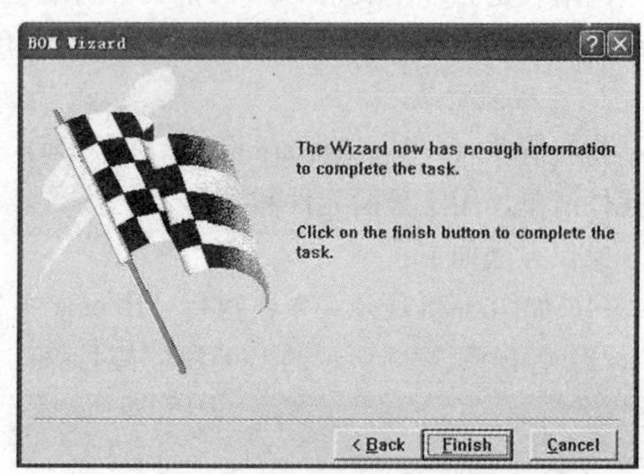

图 3-33　结束设置对话框

四、原理图打印输出

原理图绘制完成后，除了在计算机保存外，通常还要使用打印机打印输出，以便设计人员检测、核对。

（1）单击执行“File 文件”菜单下“Setup Printer 设置打印机”命令。

（2）弹出图 3-35 所示的原理图打印设置对话框。

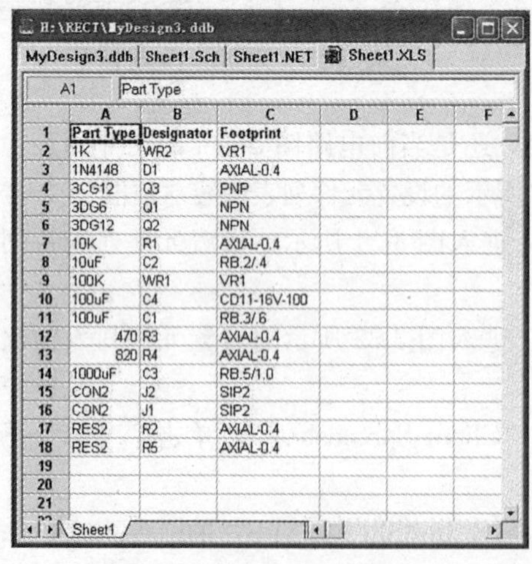

	A	B	C
1	Part Type	Designator	Footprint
2	1K	WR2	VR1
3	1N4148	D1	AXIAL-0.4
4	3CG12	Q3	PNP
5	3DG6	Q1	NPN
6	3DG12	Q2	NPN
7	10K	R1	AXIAL-0.4
8	10uF	C2	RB.2/.4
9	100K	WR1	VR1
10	100uF	C4	CD11-16V-100
11	100uF	C1	RB.3/.6
12	470	R3	AXIAL-0.4
13	820	R4	AXIAL-0.4
14	1000uF	C3	RB.5/1.0
15	CON2	J2	SIP2
16	CON2	J1	SIP2
17	RES2	R2	AXIAL-0.4
18	RES2	R5	AXIAL-0.4

图 3-34　Sheet1 元件列表

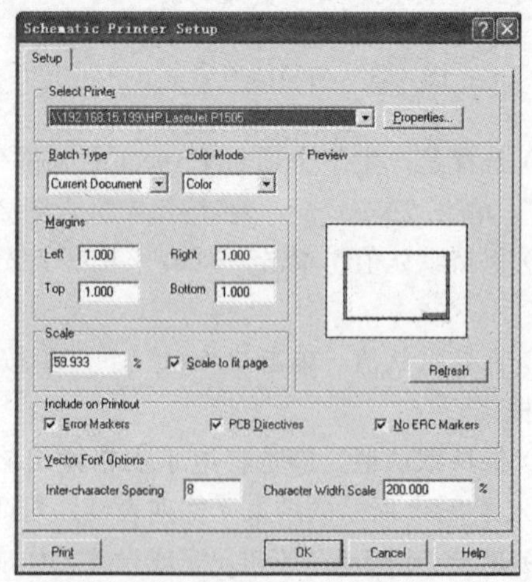

图 3-35　原理图打印设置对话框

• Select Printer：选择打印机，根据实际的打印机状况进行选择。

• Batch Type：选择输出的目标文件，在下拉列表中有两种选择，即 Current Document（当前文件）和 All Document（所有文件），一般选择当前文件。

• Color Mode：设置输出颜色模式，包括 Color（彩色输出）和 Monochrome（单色输出），一般选择 Color（彩色输出）。

• Margins：设置页边距，单位为英寸。

• Scale：设置缩放比例，如果选中 Scale to fit page，则会自动根据打印纸的尺寸输出合适的比例。

• Preview：预览。

(3) 单击图 3-35 中的“Properties”按钮，弹出图 3-36 所示的“打印设置”对话框，在其中可以设置打印机的纸张、方向，单击“属性”按钮，可进一步设置打印机的其他属性。

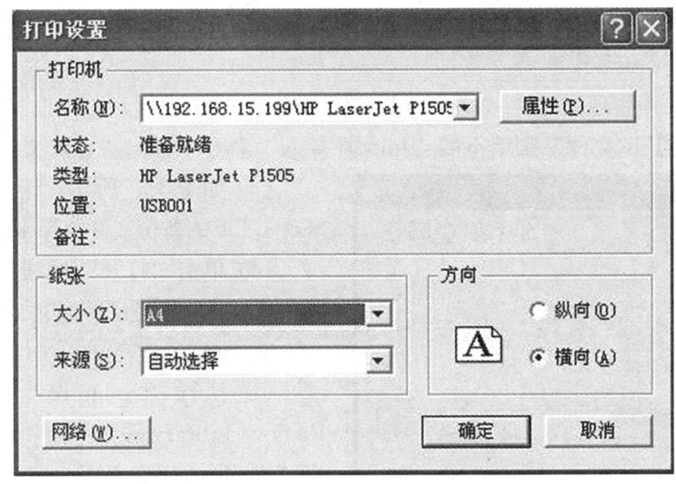

图 3-36 打印机属性设置对话框

(4) 设置完成，单击执行“File 文件”菜单下“Print 打印”命令，系统按设置执行打印操作。

技能训练

一、训练目标

(1) 学会使用原理图元件库。

(2) 学会设计触摸延时开关电路的原理图。

二、训练步骤与内容

1. 创建一个项目

(1) 启动 Protel 99SE 电路设计软件。

(2) 单击执行“File 文件”菜单下的“New 新建”命令，弹出新建设计数据库对话框。

(3) 在“Design Storage Type”栏中选择设计数据库保存类型“Windows File System”，在“Database File Name”栏中设定数据库的文件名，默认的数据库文件名为“MyDesign. ddb”。

(4) 单击“Browse”按钮，可以设定数据库文件保存的路径。

(5) 单击“OK”按钮，生成一个“MyDesign1. ddb”数据库项目文件。

2. 新建一个文件

(1) 单击执行“File 文件”菜单下的“New 新建文档”命令，弹出“新建文件”对话框，选择原理图的文件，单击“OK”按钮，新建一个原理图文件。

（2）选择新建的原理图文件，执行“Edit 编辑”菜单下的“Rename 重命名”命令，将选中的文件重新命名为“YanShi. sch”原理图文件。

3. 设置图纸属性

（1）设置图纸大小为 A4。

（2）选择图纸方向为 Landscape 横向。

（3）设置图纸颜色。通常情况下默认的边框为黑色，图纸为淡黄色。

（4）设置图纸栅格。可在“Grids”栏中“SnapOn”（栅格锁定）和“Visible”（可视栅格）中设定栅格的大小，通常保持默认值 10。

（5）设置自动寻找电气节点。在“Electrical Grid”栏中选中，并在“Grid Range”中输入设置需要的值，默认值为 8，单位是 mil，这样在绘制导线时，光标会以 8 为半径，向周围寻找电气节点，同时自动移动到该节点上并显示一个圆点。

4. 导入 Sheet1. Lib 元件库

（1）鼠标单击工程管理区的“MyDesign1. ddb”图标。

（2）单击执行“File 文件”菜单下的“Import 导入”命令，弹出“导入文件”对话框。

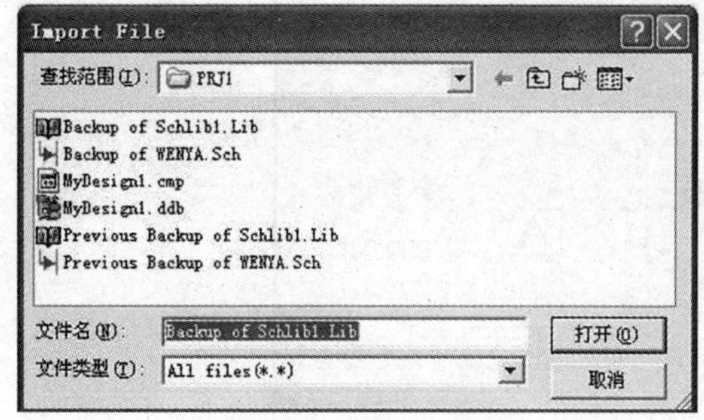

图 3-37 导入文件

（3）如图 3-37 所示，选择任务 3 中创建的 Sheet1. Lib 的备份文件“Backup of Sheet1. Lib”。

（4）单击“打开”按钮，导入“Backup of Sheet1. Lib”原理图元件库文件。

5. 加载元件库

（1）执行“Design 设计”菜单下的“Add/Remove Library 添加/删除元件库”命令，弹出“更改元件库”对话框。

（2）在弹出的更改元件库对话框中选择添加“Miscellaneous Devices. ddb”元件库。

（3）单击“Add”添加按钮，被选中的元件库就出现在“Selected Files”列表框中。

（4）单击“OK”按钮，完成“Miscellaneous Devices. ddb”元件库的添加。

6. 放置元件

（1）放置电气连接器 1 个。

1）执行“Place 放置”菜单下的“Part 元件”命令，弹出放置元件对话框。

2）单击“Browse”浏览按钮，弹出浏览库对话框，选择元件库“Miscellaneous Devices. ddb”，在对话框的元件选择区选择元件“CON2”。

3）单击“Close”按钮，关闭浏览库对话框，返回放置元件对话框。

4）单击“Place”放置按钮，十字光标上附着一个 CON2 电气连接器图标。

5）按键盘空格键两次，旋转图标方向，使 CON2 电气连接器连接端向左，移动鼠标到一个合适位置，按左键，放置 1 个 CON2 电气连接器。

（2）放置 NE555 时基电路。

1）单击设计管理器的“Backup of Sheet1. Lib”文件。

2）单击设计管理器的“Browse Sch”标签，选择“NE555”时基电路元件。

3）单击“Place”放置元件按钮。

4）移动鼠标到合适位置，按左键，放置 1 个“NE555”时基电路元件。

(3) 放置 ELECTRO1 电解电容 1 个。

1) 单击设计管理器的“Explorer”浏览器标签，返回工程管理器。

2) 单击设计管理器的“YanShi. sch”原理图文件。

3) 单击设计管理器的“Browse Sch”标签，选择“Miscellaneous Devices. ddb”杂元件库。

4) 在元件选择区选择“ELECTRO1”电解电容元件。

5) 单击“Place”放置元件按钮。

6) 移动鼠标到合适位置，按左键，放置 1 个“ELECTRO1”电解电容元件。

7) 移动鼠标到另一个合适位置，按左键，放置 1 个“ELECTRO1”电解电容元件。

(4) 放置 CAP 无极性电容 1 个。

1) 在元件选择区选择“CAP”无极性电容元件。

2) 单击“Place”放置元件按钮。

3) 移动鼠标到合适位置，按左键，放置 1 个“CAP”无极性电容元件。

(5) 放置 RES2 电阻元件 1 个。

1) 在元件选择区选择“RES2”电阻元件。

2) 单击“Place”放置元件按钮。

3) 移动鼠标到合适位置，按左键，放置 1 个“RES2”电阻元件。

(6) 放置 RELAY-SPST 继电器元件 1 个。

1) 在元件选择区选择“RELAY-SPST”继电器元件。

2) 单击“Place”放置元件按钮。

3) 移动鼠标到合适位置，按左键，放置 1 个“RELAY-SPST”继电器元件。

(7) 放置 DIODE 二极管元件 1 个。

1) 在元件选择区选择“DIODE”二极管元件。

2) 单击“Place”放置元件按钮。

3) 移动鼠标到合适位置，按左键，放置 1 个“DIODE”二极管元件。

(8) 放置 CON1 电气连接端 1 个。

1) 在元件选择区选择“CON1”电气连接端元件。

2) 单击“Place”放置元件按钮。

3) 移动鼠标到合适位置，按左键，放置 1 个“CON1”电气连接端元件。

(9) 放置电源符号 1 个。

(10) 放置接地符号 2 个。放置元件后触发延时开关原理图界面如图 3-38 所示。

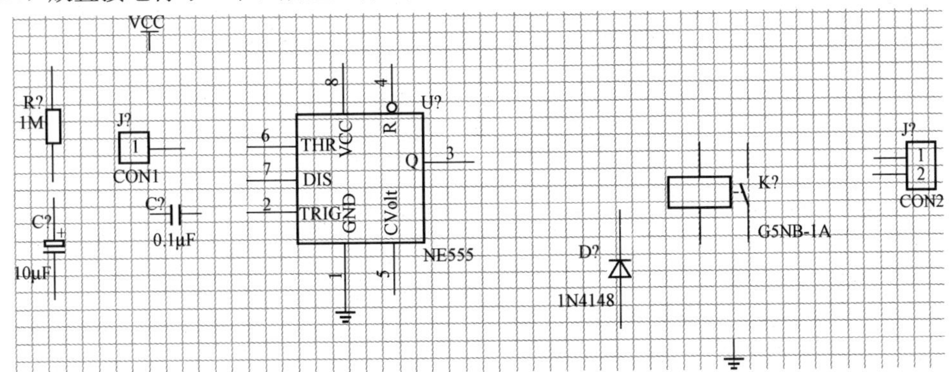

图 3-38 放置触发延时开关电路元件

任务6

7. 修改元件属性

按表 3-2 修改元件属性

表 3-2 元件属性表

流 水 序 号	元 件 型 号
J1	CON2
J2	CON1
D1	1N4148
C1	10uF
C2	0.1uF
U1	NE555
K1	G5NB—1A

8. 调整元件位置

选择元件，参考图 3-39，调整元件位置。

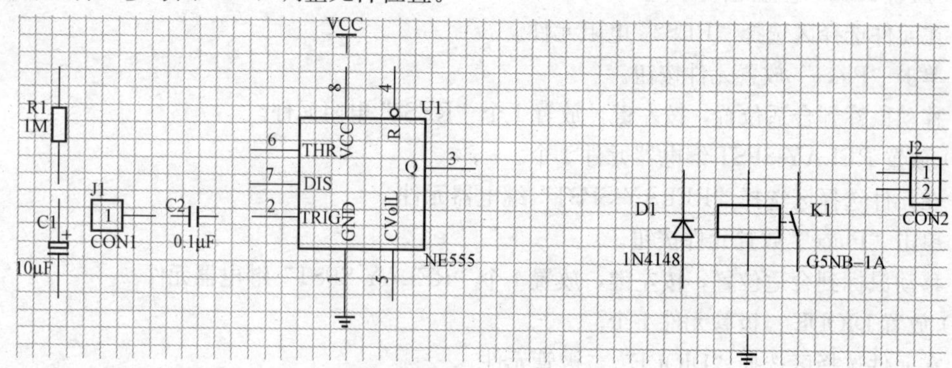

图 3-39 调整元件位置

9. 连接电路

参考图 3-40，连接电路。

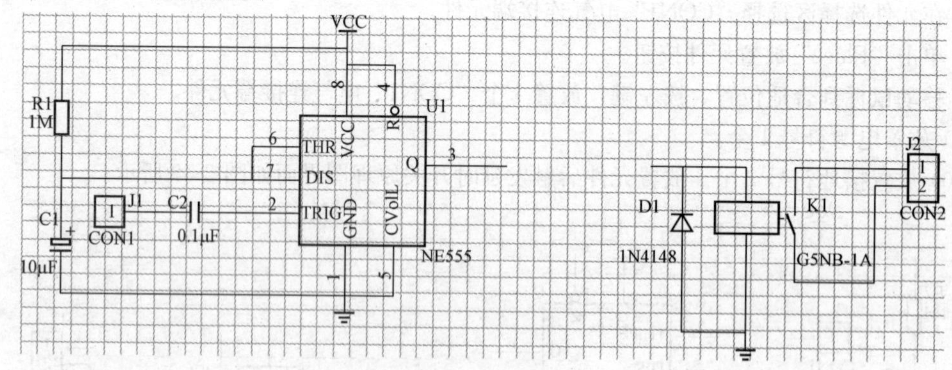

图 3-40 连接电路

10. 添加标签

(1) 单击连线工具栏的标签按钮。

(2) 按键盘“Tab”键，弹出标签对话框。

(3) 如图 3-41 所示，在“Net”标签名中输入“Switch1”。

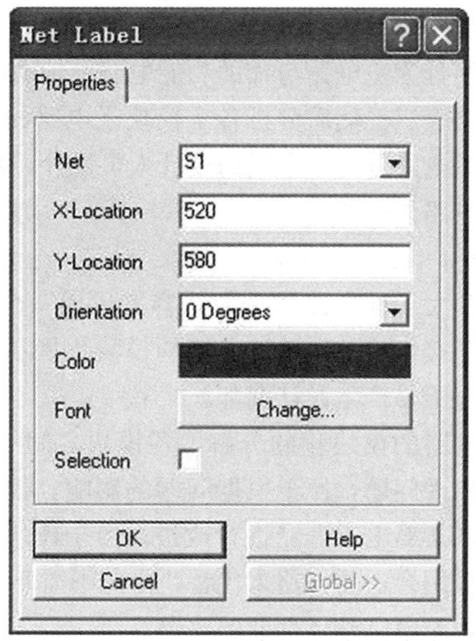

图 3-41 标签对话框

（4）单击“OK”按钮，十字鼠标上附着标签符号。

（5）移动鼠标到 U1 时基电路的 3 脚引线末端，按左键，放置 1 个标签 Switch1。

（6）移动鼠标到 D1 二极管的负极引线端，按左键，放置另 1 个标签 Switch2。

（7）双击“Switch2”标签，修改标签名为“Switch1”，单击“OK”按钮，确认标签名的修改，修改完成后的电路如图 3-42 所示。

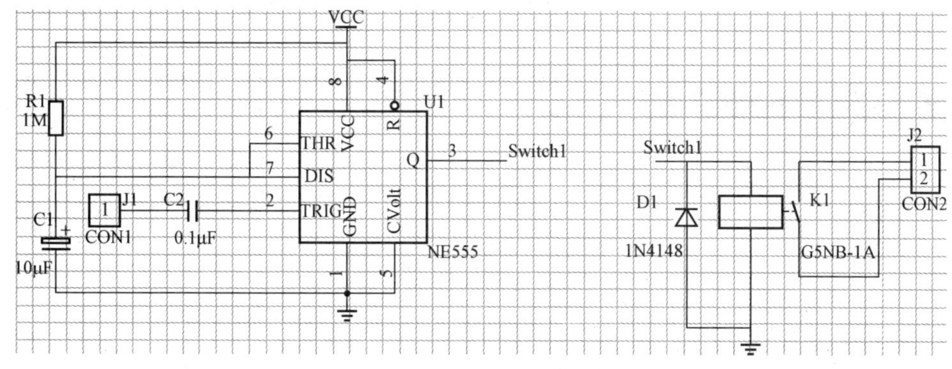

图 3-42 标签修改

任务 7 设计复杂的原理图

一、电路分层设计

Protel 支持层次化的电路设计，特别是在设计大规模的原理图时，将其分层次、模块化，由不同的设计人员分别进行模块化子图和总图的设计，设计的电路结构清晰，便于检查和修改完善。

给电路分层的过程是一个电路模块化的过程。在电路设计之前，可以分析所设计的电路的主要功能和辅助功能。从而将电路分为主电路与辅助功能电路，辅助电路用子图表示，辅助电路也可以进一步细化，用二级子电路表示。然后分析各个模块子电路的连接关系，确定它们的输入、输出接口，以便将不同功能的子电路分配给不同的设计人员设计，从而达到分层次、模块化设计电路的目的，大大提高大规模电路设计的效率。

1. 电路分层设计的优点

(1) 电路结构清晰。通过对大规模电路的分解，容易形成一个个以某一功能为核心的子模块，而整体电路是各个子模块连接组成的。通过电路的模块化展示，便于理解电路的工作原理，便于把握电路的整体设计思路，不易产生设计混乱。

(2) 便于对项目的管理。电路的模块化的分解，各模块之间结构清晰，层次分明，接口规范，要求明确，一旦某一部分出现问题，便于根据问题的影响，很快找到出现问题的具体电路，容易查找错误和修改设计，有利于对电子产品进行改进。由于模块间是独立的，对于一个模块，只要满足接口要求，完全可以采用合适的电路来代替，由此不需要改动其他模块电路，仅需要对某些子模块进行改进，就能实现对电路整体性能的改善。

(3) 利于分工合作。对于大规模电路，电路分解为各个子模块后，各个子模块可以由不同的设计人员同时设计，只要保证各模块接口设计符合要求，最后可以得到正确、完整、规范的电路设计。

(4) 能提高效率。通过分工、合作。整个电路各部分同时进行设计，缩短了设计时间，提高了整个电路的设计效率。各子模块设计为通用电路，其他项目如需要相同的模块电路，只要将该模块整合到其他项目的相应位置即可，从而减少重复绘制相同模块电路的时间，提高整体设计效率。

2. 绘制方块图

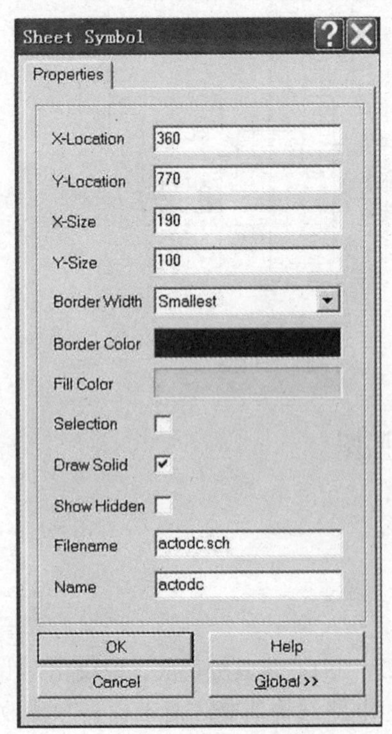

图 3-43 方块图属性设置对话框

电路分层设计涉及模块、接口的概念通过 Protel 中的方块图、方块图接口及 I/O 端口等来实现。

层次电路中的上层电路，功能子模块通过方块图来表示，各个模块间通过端口及连线表示其连接关系，从而构建电路的整体结构。

方块图的绘制步骤：

(1) 单击工具栏的“ ”方块图按钮，进入放置方块图状态，可以看到光标变为十字形，并带有一个尚未确定的方块。

(2) 通过单击确定方块图的左上角。

(3) 确定左上角后，光标会跳到默认方块图的右下角位置，移动光标确定方块图的合适大小，通过单击确定方块图的右下角。

(4) 重复上述操作，可以绘制多个方块图。

(5) 在放置方块图过程中，按键盘“TAB”键或双击绘制好的方块图，可以弹出图 3-43 的方块图属性设置对话框，用于设置方块图的属性。

各选项的含义：

• X-Location：参考点（左上角）在原理图中的 X 坐

标位置。

- Y-Location：参考点（左上角）在原理图中的 Y 坐标位置。
- X-Size：方块图 X 轴方向的长度。
- Y-Size：方块图 Y 轴方向的长度。
- Border Size：设置边线宽度。
- Border Color：设置边线的填充颜色。
- Fill Color：设置填充颜色。
- Selection：设置是否被选择。
- Draw Solid：选择方块区域是否填充颜色。
- Show Hidden：选择是否显示被隐藏的内容。
- File Name：设置方块图文件名，即具体实现该方块图模块的电路图的文件名。
- Name：设置方块图的名称，一般以其功能命名，通常与方块图模块的电路图的文件名相同。

3. 绘制方块图接口

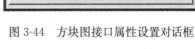

（1）单击工具栏的“ ”方块图接口按钮，进入放置方块图接口状态，此时光标变为十字形。

（2）在需要放置方块图接口的方块图区域内单击，选定一个方块图，光标带有一个未确定的接口图标，并自动与方块图的边界相接，开始放置方块图接口，接口只可以在方块图内移动和放置。

（3）选择合适位置，单击放置一个方块图接口。

（4）此时仍处于放置方块图接口状态，通过单击继续放置方块图接口，按键盘“ESC”键，退出方块图接口状态。

（5）在放置方块图接口过程中，按键盘“TAB”键或双击绘制好的方块图接口，可以弹出图 3-44 所示的方块图接口属性设置对话框，用于设置方块图接口的属性。

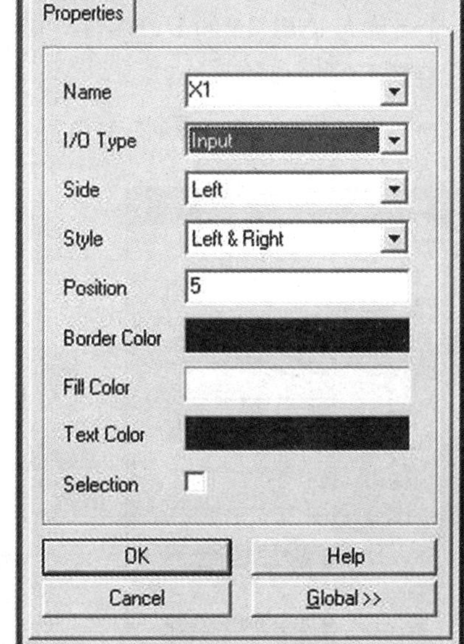

图 3-44 方块图接口属性设置对话框

各选项的含义：

- Name：设置方块图接口的名称。
- I/O Type：设置方块图接口的输入输出类型，有四种类型可选，分别是 Unspecified（未指定）、Input（输入）、Output（输出）、Bidirectional（双向）。
- Side：设置方块图接口的位置，有四种，分别是 Top（顶部）、Bottom（底部）、Left（左）、Right（右）。
- Style：设置方块图接口的显示风格，有四种，分别是 None（无箭头）、

Left（左箭头）、Right（右箭头）、Left& Right（左右箭头）。

- Position：设置方块图接口的上下、左右四边上的顺序位置。顺序号的编排从左到右、从上到下，从 1 开始递增排列。
- Border Color：设置边线的填充颜色。

- Fill Color：设置填充颜色。
- Text Color：设置文本颜色。
- Selection：设置是否被选择。

4. 方块图的接线

绘制好方块图接口后，可以将各个对应接口按功能要求进行连接，来组成整体框架，连线的过程与原理图的连线过程相同，对于方块图边线的方块图接口端具有电气节点特性，能够进行电气捕捉。

5. 绘制方块图的电路图

设计好顶层电路图后就可以进行各个方块图的具体电路设计了，此时可以在文件夹界面直接创建与方块图名称一致的原理图文件，然后进行设计。也可以直接从顶层原理图中生成下层模块文件。

单击执行“Design”设计菜单下的“Creat Sheet From Symbol”从符号生成图纸命令。

此时光标变为十字形，在需要创建文件的方块图区域内单击，弹出一个提示用户是否反转接口输入输出特性的对话框，单击“Yes”按钮，即可生成一方块图设置名称为文件名的原理图文件。

在生成的原理图文件中自动绘制了与顶层原理图相对应的I/O端口，在这个原理图中进行该模块的具体电路设计，最后将需要与其他模块电路进行交互的输入输出点连接到这些I/O端口上，即可实现与其他模块电路对应接口的电气连接。

通过上述方法可以逐个生成各个功能模块的原理图文件，由于I/O端口已经由系统自动生成了，不需要用户单独设计，从而方便了用户的设计。

6. 由下层模块电路设计上层电路

(1) 绘制下层模块电路。

(2) 绘制下层电路的I/O端口。在层次电路设计中，上下层之间是通过对应的接口相连的，上层电路中使用方块图接口，下层电路中要使用到I/O端口连接。在使用时要注意的是，相对应的接口的名称要相同，例如在上层电路图中有方块图接口 INPUT1，那么在对应的方块图的下层电路中必须设置一个名称为 INPUT1 的I/O端口与其对应，这样才能使上下层之间实现电气上的连接。

绘制 I/O 端口的方法：

1) 单击工具栏的“ ”I/O端口按钮，进入放置I/O端口状态，此时光标变为十字形。

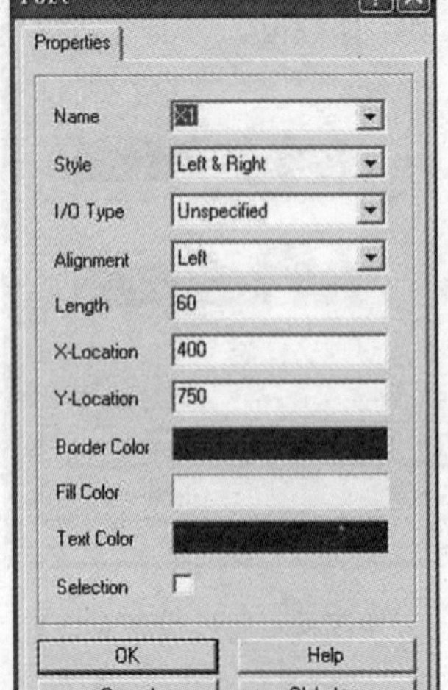

图 3-45　I/O端口的属性设置对话框

2) 在需要放置I/O端口的电路位置单击，放置I/O端口的一端。

3) 移动鼠标使I/O端口的大小合适，单击确定另一端。

4) 此时仍处于放置I/O端口状态，通过单击继续放置I/O端口，按键盘“ESC”键，退出方块图接口状态。

5) 在放置I/O端口过程中，按键盘“TAB”键或双击绘制好的I/O端口，可以弹出图3-45所示的I/O端口属性设置对话框，用于设置I/O端口的属性。

主要选项的含义如下。

- Name：设置I/O端口的名称。
- I/O Type：设置方块图接口的输入输出类型，有四种类型可选，分别是 Unspecified（未指定）、Input（输入）、Output（输出）、Bidirectional（双向）。
- Style：设置I/O端口的类型，通过下拉列表选择，有Horizontal（水平）、Vertical（垂直）两类。
- Alignment：指定端口名称文字的对齐方式。

- Length：指定端口符号的长度。
- X-Location：指定端口连接点在原理图中的 X 坐标位置。
- Y-Location：指定端口连接点在原理图中的 Y 坐标位置。
- Border Color：设置端口符号边线的填充颜色。
- Fill Color：设置端口符号填充颜色。
- Text Color：设置端口文本的显示颜色。
- Selection：设置是否被选择。

(3) 创建上层电路图文件，将其扩展名改为“.prj”，表示该文件为项目文件，例如 sheet4.prj。

(4) 打开该文件。

(5) 单击执行“Design”设计菜单下的“Create Symbol From Sheet”，从图纸生成符号命令。

(6) 弹出图 3-46 所示的创建方块图文件对话框。

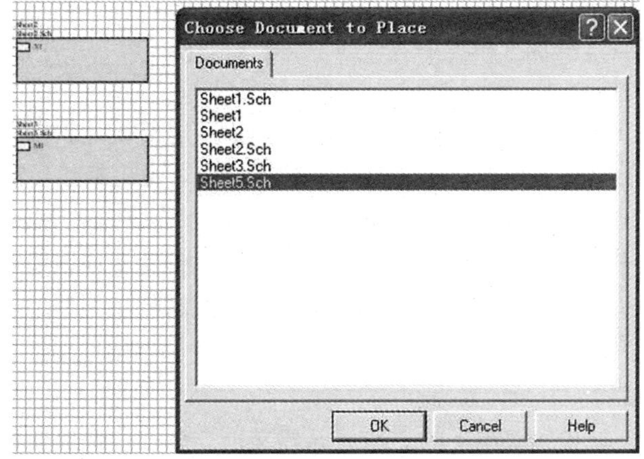

图 3-46 创建方块图文件

(7) 选择一个功能模块原理图文件，例如选择“sheet5.sch”。

(8) 用鼠标单击“OK”按钮，弹出一个提示用户是否反转接口输入输出特性的对话框。

(9) 单击“Yes”按钮，弹出放置方块图的状态，通过鼠标确定方块图的位置，就可以由模块电路原理图生成一个与其文件名一致的方块图。

(10) 模块电路图中的 I/O 端口自动转换为方块图接口。

二、电路分层设计方法

1. 自上而下的设计方法

自上而下的设计方法是先绘制顶层原理图，确定整个电路由哪些模块组成，各模块的功能，并尽可能确定接口规范，从上到下逐级进行模块设计，绘制电路方块图、方块图接口及连线，绘制底层电原理图，最后完成整个电路设计。

2. 自下而上的设计方法

自下而上的设计方法是根据功能要求绘制各个功能模块的电路原理图，每个模块引出相应的端口，然后自下而上地通过底层功能模块生成上一级功能方块图关系，每个方块图引出相应的方块图接口，并与功能模块对应的 I/O 端口在名称上保持一致，确定各模块间的连接关系，最终汇总成系统的整体设计。

自下而上的设计方法实现过程尽管与自上而下的设计不同，设计结果应该是相同的，自下而上的设计方法在设计之初，也要考虑电路的整体结构，也要对整个电路进行规划，避免设计的盲目性，保证设计的正确性。

3. 不同层次电路图的切换

层次电路图含有多张电路图，在编辑不同层次的电路时，不同层次电路的切换是必需的。用户可以直接通过文档管理选择不同的文件进行切换，也可以通过 Protel 软件的切换功能进行切换。

技能训练

一、训练目标

(1) 学会绘制层次电路图。

(2) 学会管理层次电路图。

二、训练步骤与内容

1. 启动 Protel 99SE 电路设计软件

2. 创建一个项目

(1) 双击桌面上的 Protel 99SE 图标，启动 Protel 99SE 电路设计软件。

(2) 单击执行“File 文件”菜单下的“New 新建”命令，弹出新建设计数据库对话框。

(3) 在“Design Storage Type”栏中选择设计数据库保存类型“MS Access Database”，在“Database File Name”栏中设定数据库的文件名，默认的数据库文件名为“MyDesign2. ddb”。

(4) 单击“Browse”按钮，可以设定数据库文件保存的路径。

(5) 单击“OK”按钮，生成一个“MyDesign2. ddb”数据库项目文件。

3. 新建一个文件

(1) 单击执行“File 文件”菜单下的“New 新建文档”命令，弹出新建文件对话框，选择原理图的文件，单击“OK”按钮，新建一个原理图文件。

(2) 选择新建的原理图文件，执行“Edit 编辑”菜单下的“Rename 重命名”命令，将选中的文件重新命名为“WENYA. sch”原理图文件。

4. 设置图纸属性

(1) 设置图纸大小为 A4。

(2) 选择图纸方向为 Landscape（横向）。

(3) 设置图纸颜色。通常情况下默认的边框为黑色，图纸为淡黄色。

(4) 设置图纸栅格。可在“Grids”栏中“SnapOn”（栅格锁定）和“Visible”（可视栅格）中设定栅格的大小，通常保持默认值 10。

(5) 设置自动寻找电气节点。在“Electrical Grid”栏中选中，并在“Grid Range”中输入设置需要的值，默认值为 8，单位是 mil，这样在绘制导线时，光标会以 8 为半径，向周围寻找电气节点，同时自动移动到该节点上并显示一个圆点。

5. 加载元件库

选择添加“Miscellaneous Devices. ddb”、“Protel DOS Schematic Libraries. ddb”元件库。

6. 放置元件块图

(1) 执行“Place 放置”菜单下的“Sheet Symbol 图纸符号”命令。

(2) 按键盘“TAB”键，弹出方块图属性设置对话框。

(3) 设置方块图的文件名为“actodc. sch”，方块图的名称为“actodc”。

(4) 移动鼠标到图纸的合适位置，单击，确定方块图左上角的位置。

(5) 移动鼠标到方块图右下角的合适位置，单击，确定方块图右下角的位置。

(6) 按键盘“TAB”键，弹出方块图属性设置对话框。

(7) 设置方块图的文件名为“mc7805. sch”，方块图的名称为“mc7805”。

(8) 移动鼠标到图纸的合适位置，单击，确定方块图左上角的位置。

(9) 移动鼠标到方块图右下角的合适位置，单击，确定方块图右下角的位置。

(10) 单击右键，结束方块图的绘制。

7. 放置元件块图接口

(1) 执行“Place 放置”菜单下的“Add Sheet Entry 添加图纸入口”命令。

(2) 移动鼠标到方块图“actodc”左边单击。

(3) 按键盘“TAB”键，弹出方块图接口属性设置对话框。

(4) 设置第 1 个方块图接口的名称为“AC1”，位置属性为“3”，接口类别为“Input”，接口形式为“Right”箭头向右。

(5) 移动鼠标到方块图“actodc”左边位置 3 处，单击，绘制方块图接口 AC1。

(6) 按键盘“TAB”键，弹出方块图接口属性设置对话框。

(7) 设置第 2 个方块图接口的名称为“AC2”，位置属性为“12”，接口类别为“Input”，接口形式为“Right”箭头向右。

(8) 移动鼠标到方块图“actodc”左边位置 12 处，单击，绘制方块图接口 AC2。

(9) 按键盘“TAB”键，弹出方块图接口属性设置对话框。

(10) 设置第 3 个方块图接口的名称为“U1”，位置属性为“3”，接口类别为“Output”输出，接口形式为“Right”箭头向右。

(11) 移动鼠标到方块图“actodc”右边位置 3 处，单击，绘制方块图接口 U1。

(12) 按键盘“TAB”键，弹出方块图接口属性设置对话框。

(13) 设置第 4 个方块图接口的名称为“GND1”，位置属性为“12”，接口类别为“Bidirectional”(双向)，接口形式为“Left&Right”(双向箭头)。

(14) 移动鼠标到方块图“actodc”右边位置 12 处，单击，绘制方块图接口 GND1。

(15) 按键盘“TAB”键，弹出方块图接口属性设置对话框。

(16) 设置第 5 个方块图接口的名称为“UIN2”，位置属性为“3”，接口类别为“Input”。

(17) 移动鼠标到方块图“mc7805”左边位置 3 处，单击，绘制方块图接口 UIN2，接口形式为“Right”箭头向右。

(18) 按键盘“TAB”键，弹出方块图接口属性设置对话框。

(19) 设置第 6 个方块图接口的名称为“GND2”，位置属性为“12”，接口类别为“Bidirectional”(双向)，接口形式为“Left&Right”(双向箭头)。

(20) 移动鼠标到方块图“mc7805”左边位置 12 处，单击，绘制方块图接口 GND2。

(21) 按键盘“TAB”键，弹出方块图接口属性设置对话框。

(22) 设置第 7 个方块图接口的名称为“U0”，位置属性为“3”，接口类别为“Output”(输出)，接口形式为“Right”(箭头向右)。

(23) 移动鼠标到方块图“mc7805”右边位置 3 处，单击，绘制方块图接口 U0。

(24) 按键盘“TAB”键，弹出方块图接口属性设置对话框。

(25) 设置第 7 个方块图接口的名称为“GND”，位置属性为“12”，接口类别为“Bidirectional”(双向)，接口形式为“Left&Right”(双向箭头)。

(26) 移动鼠标到方块图“mc7805”右边位置 12 处，单击，绘制方块图接口 GND。

(27) 单击右键，结束方块图接口的绘制。

8. 绘制方块图连线

(1) 单击工具栏的“⌁”绘制导线命令，移动鼠标在方块图“actodc”的接口 U1 处单击。

(2) 移动鼠标，在方块图“mc7805”接口 UIN2 处单击，画一条电气连线。

(3) 单击右键，结束第 1 条连线。

(4) 移动鼠标，在方块图“actodc”的接口 U1 处单击。

(5) 移动鼠标，在方块图“mc7805”接口 UIN2 处单击，画一条电气连线。

(6) 单击右键，结束第 2 条连线。完成连线的电路图如图 3-47 所示。

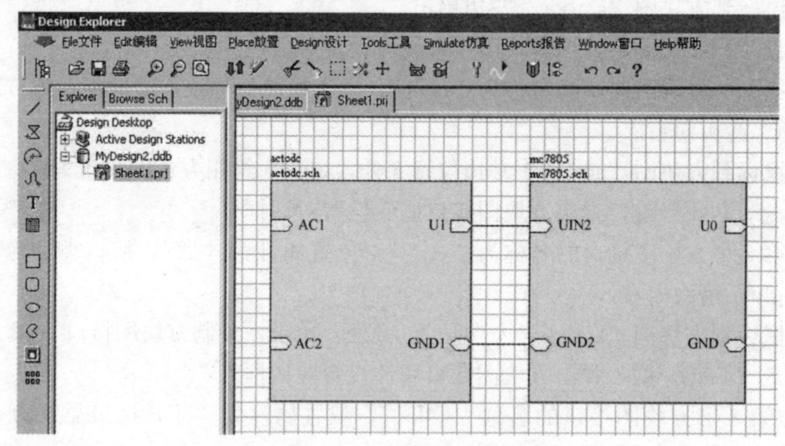

图 3-47　上层方块图电路

(7) 单击右键，结束导线绘制。

9. 创建下层电原理图文件

(1) 单击执行“Design”设计菜单下的“Create Sheet From Symbol”从符号生成图纸命令。

(2) 鼠标的光标变为十字形，在需要创建文件的方块图“actodc”区域内单击。

(3) 弹出一个提示用户是否反转接口输入输出特性的对话框，单击“Yes”按钮，即可生成方块图“actodc”为文件名的原理图文件“actodc. sch”。

(4) 单击设计工作区上面的“sheet1. prj”标签，返回项目文件编辑区。

(5) 单击执行“Design”设计菜单下的“Create Sheet From Symbol”从符号生成图纸命令。

(6) 鼠标的光标变为十字形，在需要创建文件的方块图“mc7805”区域内单击。

(7) 弹出一个提示用户是否反转接口输入输出特性的对话框，单击“Yes”按钮，即可生成方块图“mc7805”为文件名的原理图文件“mc7805. sch”。

10. 绘制下层电原理图

(1) 打开“actodc. sch”电路图文件。

(2) 在其中绘制图 3-48 所示的整流、滤波原理图。

(3) 打开“mc7805. sch”电路图文件。

(4) 在其中绘制图 3-49 所示的稳压电路原理图

11. 上下层电路图之间切换

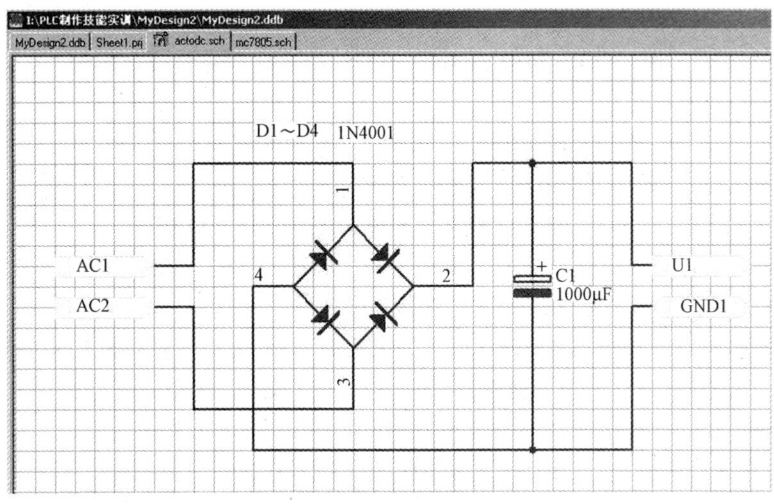

图 3-48　整流、滤波原理图

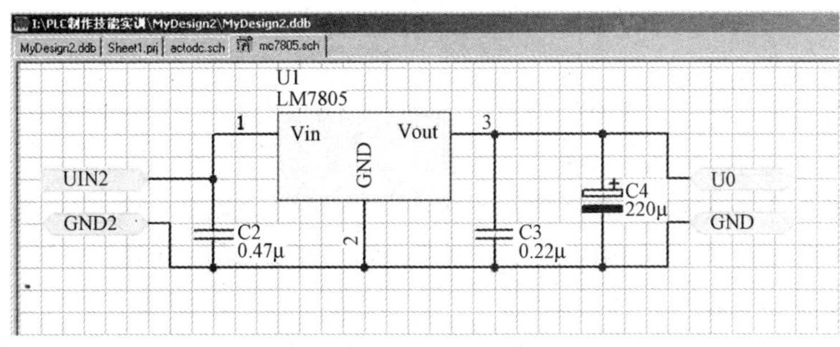

图 3-49　稳压电路原理图

(1) 单击主工具栏栏上的电路图切换“ ”按钮，或者执行“Tool 工具”菜单下“Up/Down Hierarchy 变换层次”命令，进入电路图选择切换状态。

(2) 鼠标光标变为十字形，在需要切换的方块图上单击，即可进入到该方块图所对应的文件中，例如在方块图“actodc”上单击，进入“actodc. sch”文件，显示整流、滤波原理图。

(3) 若要从下层电路图切换到上层电路图，需要将光标移到一个 I/O 端口上，再单击，即可跳转到上层电路图，例如，单击整流、滤波原理图中的 AC1 端口，可以直接跳转到上层方块图电路。

任务 8　单片机控制系统设计

一、STC12C5A60 S2 单片机简介

STC12C5A60S2/AD/PWM 系列单片机是宏晶科技生产的单时钟/机器周期（1T）的单片机，是高速、低功耗、超强抗干扰的新一代 8051 单片机，指令代码完全兼容传统 8051，但速度快 8～12 倍。内部集成 MAX810 专用复位电路，2 路 PWM，8 路高速 10 位 A/D 转换（250K/s，即 25 万次/秒），针对电机控制，强干扰场合。

STC12C5A60S2 具有如下特点：

(1) 增强型 8051 CPU，1T，单时钟/机器周期，指令代码完全兼容传统 8051。

(2) 工作电压。

STC12C5A60S2　系列工作电压：5.5～ 3.5V（5V 单片机）。

STC12LE5A60S2　系列工作电压：3.6～ 2.2V（3V 单片机）。

(3) 工作频率范围：0～35 MHz，相当于普通 8051 的 0～420 MHz

(4) 用户应用程序空间 8K /16K / 20K / 32K / 40K / 48K / 52K / 60K / 62K 字节。

(5) 片上集成 1280 字节 RAM。

(6) 通用 I/O 口（36/40/44 个），复位后为准双向口/弱上拉（普通 8051 传统 I/O 口），可设置成四种模式：准双向口/弱上拉，强推挽/强上拉，仅为输入/高阻，开漏输出。每个 I/O 口驱动能力均可达到 20 mA，但整个芯片最大不要超过 120mA。

(7) ISP（在系统可编程）/ IAP（在应用可编程），无需专用编程器，无需专用仿真器。可通过串口（P3.0/P3.1）直接下载用户程序，数秒即可完成一片单片机的下载。

(8) 有 EEPROM 功能（STC12C5A62S2/AD/PWM 无内部 EEPROM）。

(9) 看门狗，内部集成 MAX810 专用复位电路（外部晶体 12M 以下时，复位脚可直接 1K 电阻到地）。

(10) 外部掉电检测电路，在 P4.6 口有一个低压门槛比较器。5V 单片机为 1.33 V，误差为±5%；3.3 V 单片机为 1.31 V，误差为±3% 。

(11) 时钟源。外部高精度晶体/时钟，内部 R/C 振荡器（温漂为±5% 到±10% 以内）用户在下载用户程序时，可选择是使用内部 R/C 振荡器还是外部晶体/ 时钟，常温下内部 R/C 振荡器频率为：5.0V 单片机为 11 ～ 17 MHz，3.3V 单片机为：8～12 MHz。精度要求不高时，可选择使用内部时钟，但因为有制造误差和温漂，以实际测试为准。

(12) 共 4 个 16 位定时器。两个与传统 8051 兼容的定时器/计数器，16 位定时器 T0 和 T1，没有定时器 2，但有独立波特率发生器做串行通信的波特率发生器，再加上 2 路 PCA 模块可再实现 2 个 16 位定时器。

(13) 3 个时钟输出口，可由 T0 的溢出在 P3.4/T0 输出时钟，可由 T1 的溢出在 P3.5/T1 输出时钟，独立波特率发生器可以在 P1.0 口输出时钟。

(14) 外部中断 I/O 7 路，传统的下降沿中断或低电平触发中断，并新增支持上升沿中断的 PCA 模块，Power Down 模式可由外部中断唤醒，INT0/P3.2，INT1/P3.3，T0/P3.4，T1/P3.5，RxD/P3.0，CCP0/P1.3（也可通过寄存器设置到 P4.2），CCP1/P1.4（也可通过寄存器设置到 P4.3）。

(15) PWM（2 路）/ PCA（可编程计数器阵列，2 路）。可用来当 2 路 D/A 使用，也可用来再实现 2 个定时器，还可用来再实现 2 个外部中断（上升沿中断/下降沿中断均可分别或同时支持）。

(16) A/D 转换，10 位精度 ADC，共 8 路，转换速度可达 250 K/s（25 万次/s）

(17) 通用全双工异步串行口（UART），由于 STC12 系列是高速的 8051，可再用定时器或 PCA 软件实现多串口。

(18) STC12C5A60S2 系列有双串口，后缀有 S2 标志的才有双串口，RxD2/P1.2 可通过寄存器设置到 P4.2，TxD2/P1.3 可通过寄存器设置到 P4.3。

(19) 工作温度范围：－40～ 85℃（工业级）/ 0～ 75℃（商业级）。

(20) 封装。具有 LQFP－48、LQFP－44、PDIP－40、单片机控制系统 C－44、QFN－40 等封装形式，I/O 口不够时，可用 2～3 根普通 I/O 口线外接 74HC164/165/595（均可级联）来扩

展 I/O 口，还可用 A/D 做按键扫描来节省 I/O 口。

二、STC 单片机控制系统

1. 以 STC 单片机为核心的 CPU 电路

图 3-50 为以 STC 单片机为核心的 CPU 电路，CPU 使用宏晶的 51 系列增强型单片机 STC12C5A60S2。

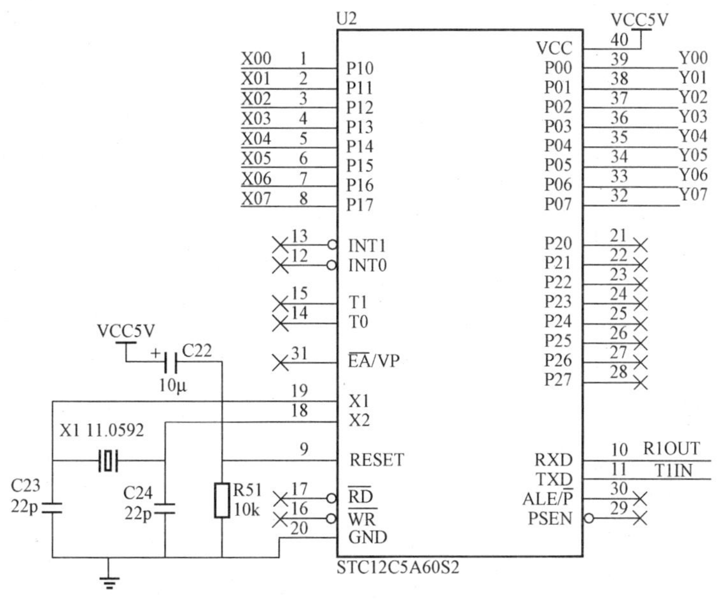

图 3-50 CPU 电路

X1、C23、C24 组成 CPU 的时钟电路，晶振频率 22.1184 MHz。C22、R51 组成 CPU 的上电复位电路。P1 口为简单的单片机控制系统的输入接口，连接来自光电耦合器隔离电路的 8 路输入信号。P2 为简单的单片机控制系统的输出接口，单片机控制系统的运行结果通过该端口驱动继电器带动负载工作。引脚 10 的 RXD 端与 RS-232C 通信集成电路芯片的 R1OUT 连接，接收来自 RS-232C 通信集成电路 R1OUT 送过来的读信号。引脚 11 的 TXD 端与 RS-232C 通信集成电路芯片的 T1IN 连接，送出单片机控制系统的 CPU 发出的数据信号。

2. 输入电路

图 3-51 为单片机控制系统的输入电路，以单发光二极管光电耦合器 PC817 为核心组成带光电隔离的输入电路。输入发光二极管部分的供电电压采用工业自动控制通用的直流 24 V 电压，光电耦合器 OP1 采用 PC817，光电耦合器 OP1 的发光二极管串联的 LED1 作 X0 输入状态指示，连接在 X0 端的输入开关闭合时，LED1 点亮发光，指示输入状态为“ON”，连接在 X0 端的输入开关关断时，LED1 熄灭，指示输入状态为“OFF”。R1 与 R9 组成分压电路，保证光电耦合器 OP1 的发光二极管在输入开关闭合时正常工作。其他光电耦合器的工作原理与 OP1 类似，分别将 X0～X7 的输入信号送单片机控制系统的 CPU。

图 3-51 的单片机控制系统的输入电路适合 NPN 型传感器和通用触点开关信号的输入。

若要制作适合 NPN 和 PNP 型传感器和通用触点开关信号的输入，可以采用双发光二极管光电耦合器（见图 3-52）。

3. 输出电路

图 3-53 为单片机控制系统的输出电路，单片机控制系统的 CPU 的输出信号（低电平有效）送到光电耦合器 OP9，驱动光电耦合器 OP9 的二极管导通发光，光电耦合器 OP9 的光敏三极管

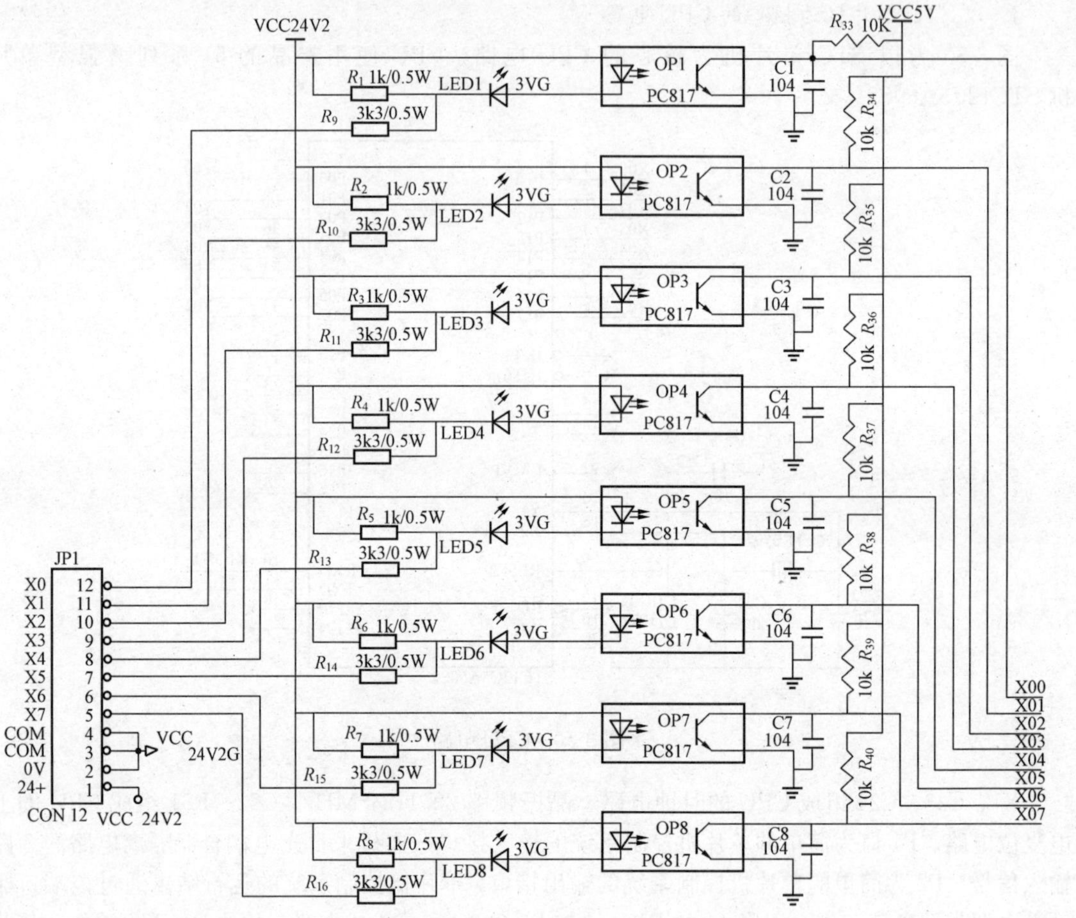

图 3-51　PLC 的输入电路

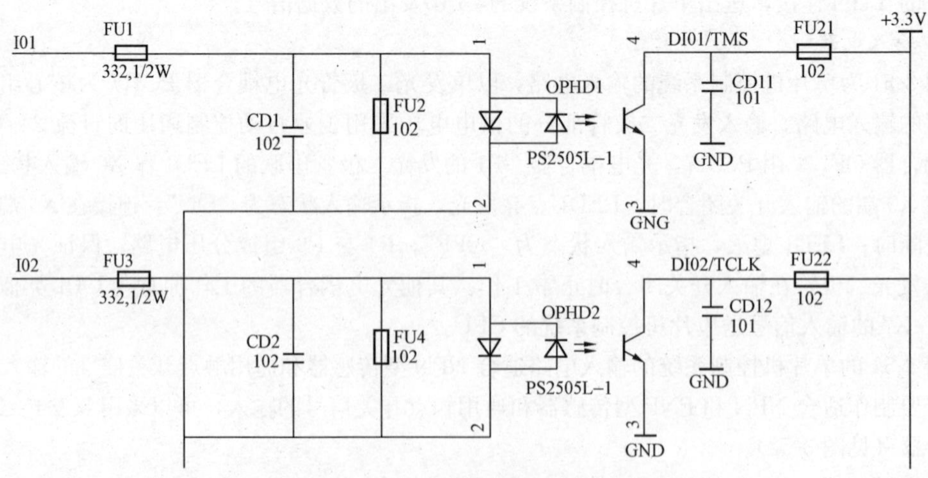

图 3-52　双发光二极管光电耦合器输入电路

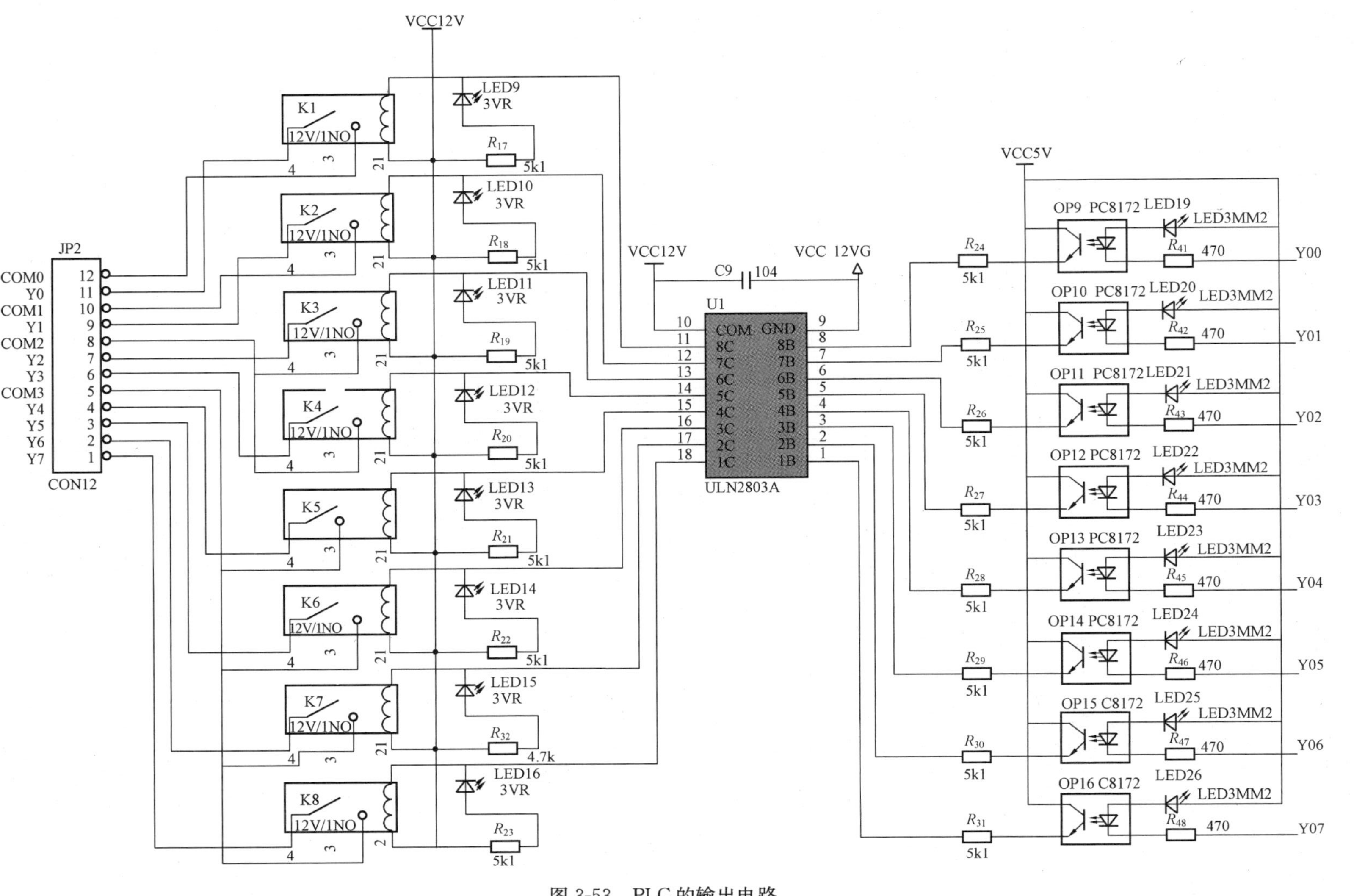

图 3-53 PLC的输出电路

导通，通过电阻 R24，输出高电平，送 ULN2803A 达林顿输出集成电路 8B 端，ULN2803A 达林顿输出集成电路 8C 端为开路集电极输出端，达林顿输出管导通，输出指示二极管 LED9 导通，指示 Y0 输出状态为“ON”，继电器 K1 得电导通，K1 输出端开关导通。当单片机控制系统的 CPU 的输出信号为“OFF”时，输出高电平信号，光电耦合器 OP9 的二极管不导通，光电耦合器 OP9 的光敏三极管截止，达林顿输出管截止，输出指示二极管 LED9 截止，指示 Y0 输出状态为“OFF”，继电器 K1 失电，K1 输出端开关断开。

4. 通信电路

图 3-54 为单片机控制系统的通信电路。以 MAX232 串口通信集成电路为核心，组成 RS-232 串口通信电路，MAX232 串口通信集成电路的 R1OUT 输出读信号给单片机控制系统的 CPU 的 RXD，MAX232 串口通信集成电路的 T1IN 输入端接收来自单片机控制系统的 CPU 发送端 TXD 的发送信号。MAX232 串口通信集成电路连接 DB9 端口，通过它与计算机或其他的串口设备进行通信。

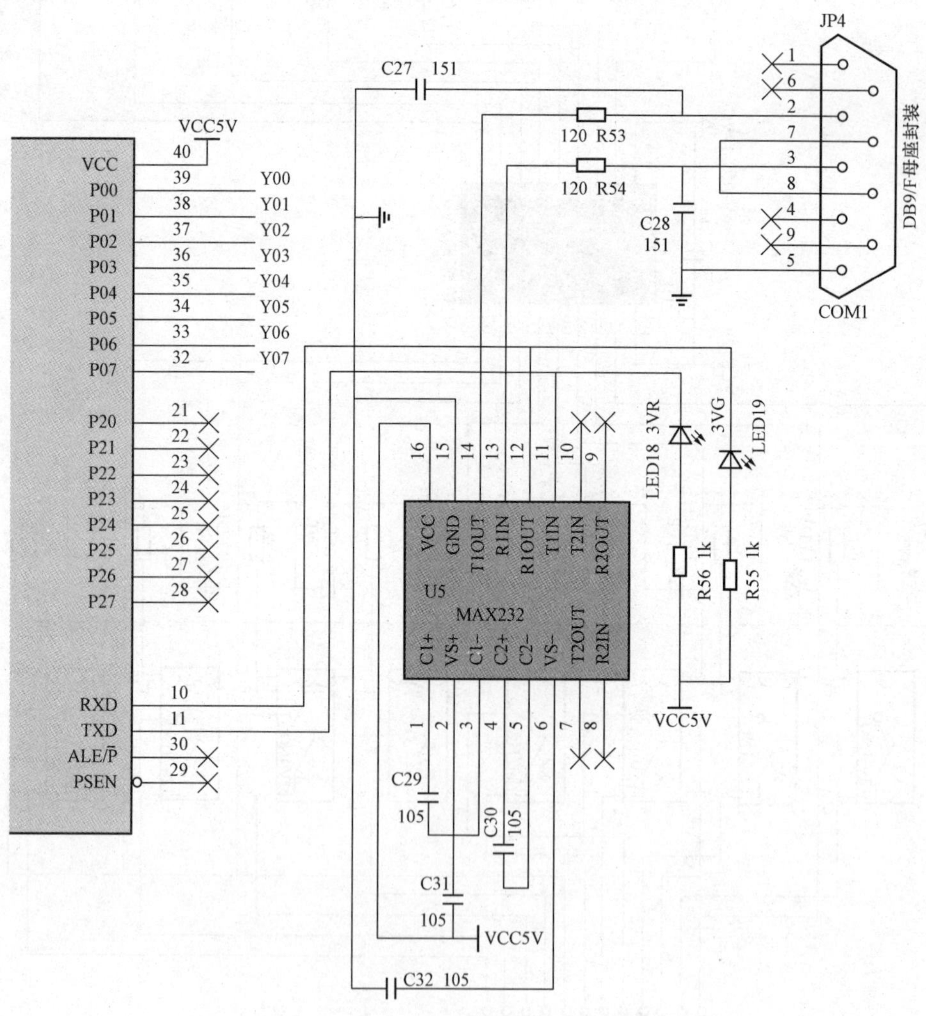

图 3-54　PLC 的通信电路

发光二极管 LED18、LED19 指示通信状态，通信电路正常通信时，发光二极管 LED18、LED19 闪烁。

5. 电源电路

图 3-55 为单片机控制系统的电源电路。外接电源通过 JP3 接入电源电路，熔断器 F1 保证系统电源的安全。外接电源可以是交流 20 V 电源或直流 24 V 电源。当输入为 24 V 直流电源时，为了保证不至于因为用户接错直流电源导致单片机控制系统不工作，熔断器 F1 后连接整流桥堆 DP1 以保证输出电源极性的正确，同时与单片机控制系统使用其他电源相隔离。VCC24V2、VCC24V2G 为单片机控制系统的输入、输出电路的直流 24 V 电源，通过滤波电容 C10、C17 滤除交流干扰，保证直流 24V2 电源的恒定。熔断器 F1 后连接的整流桥堆 DP2 用来保证 24V1 输出电源极性的正确。整流桥堆 DP2 连接直流一直流（DC TO DC）变换集成电路 LM2576-12，将 24V 直流电变换为 12V 直流电，再由直流稳压电源集成电路 LM7805 稳压输出直流 5V 电源。

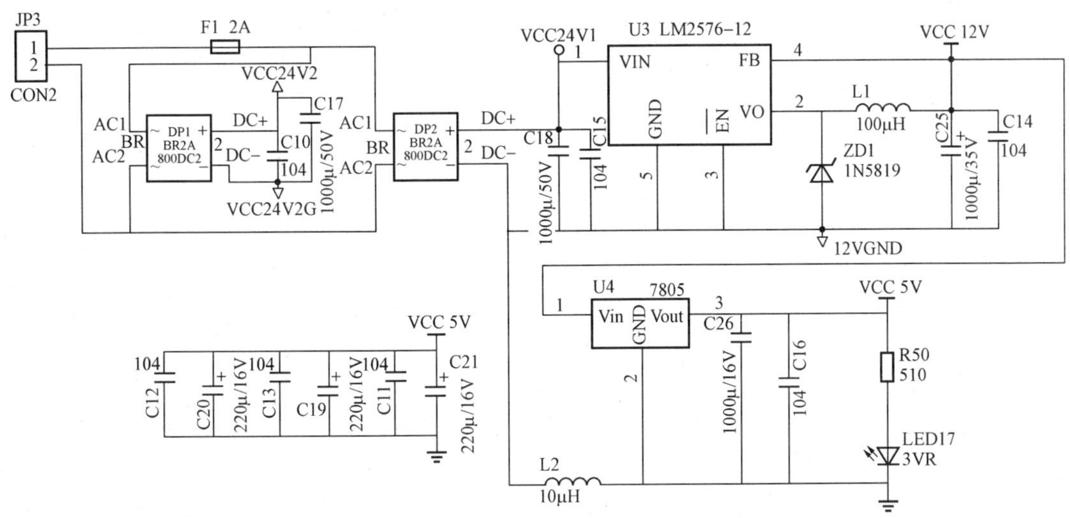

图 3-55 PLC 的电源电路

LM2576-12 是单片集成稳压电路，能提供降压开关稳压电源的各种功能，能驱动 3A 的负载，具有优异的线性和负载调整能力。LM2576 系列稳压器的固定输出电压有 3.3、5、12、15V 多种。LM2576 系列稳压器内部包含一个固定频率振荡器和频率补偿器，使开关稳压器外部元件数量减到最少，使用方便。

电容 C18、C15 为直流 24V1 的滤波电容，电感 L1 为降压型开关电源的储能电感，ZD1 为肖特基二极管，在开关调整管截止时提供续流作用，保证 12 V 输出电源电压稳定。电容 C25、C14 为直流 12 V 的滤波电容。直流 12 V 电源与直流 5 V 电源地线间连接有电感 L2，使直流 12 V 开关电源对直流 5 V 电源影响降低。C26、C16 为直流 5 V 的滤波电容。R50 与 LED17 用于直流 5V 电源指示。

电容 C12、C20、C13、C19、C21、C11 为单片机控制系统的通信电路、CPU 电路、输入和输出电路的直流 5V 电源的滤波电容。

三、设计单片机控制系统原理图

1. 创建单片机控制系统的电原理图元件符号库

(1) 创建继电器 G5NB-12 元件符号（见图 3-56）。

(2) 创建整流桥堆 DP 元件符号（见图 3-57）。

(3) 创建 CPU 元件符号（见图 3-58）。

(4) 创建 LM2576-12 元件符号（见图 3-59）。

(5) 创建 MAX232 通信集成电路元件符号（见图 3-60）。

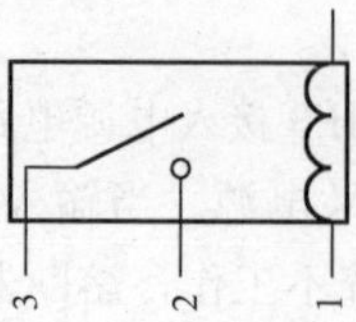

图 3-56　继电器元件符号

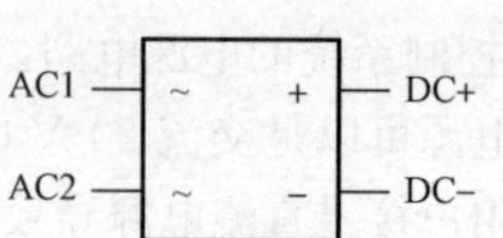

图 3-57　整流桥堆元件符号

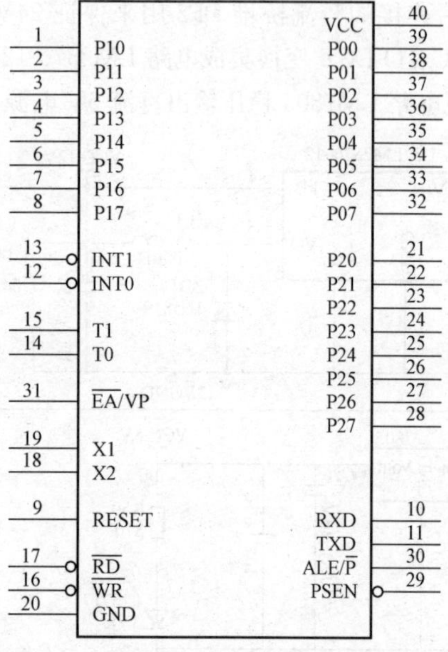

图 3-58　CPU 元件符号

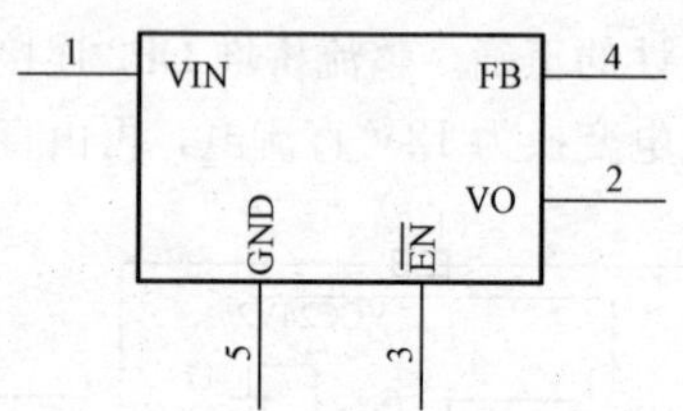

图 3-59　LM2576-12 元件符号

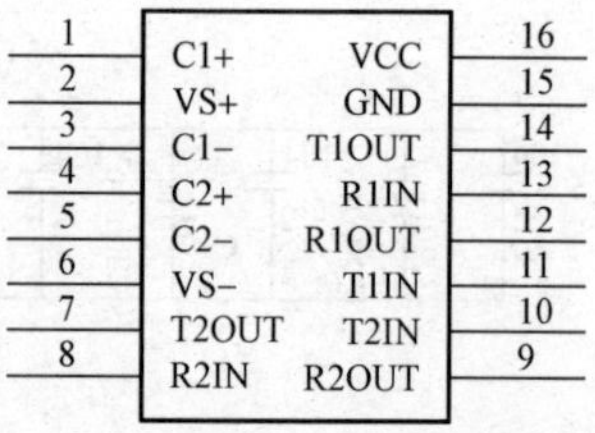

图 3-60　MAX232 元件符号

(6) 创建 PC817 光电耦合器元件符号（见图 3-61）。

(7) 创建 ULN2803A 达林顿输出集成电路元件符号（见图 3-62）。

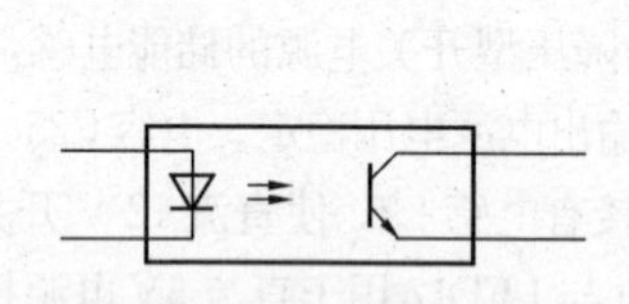

图 3-61　PC817 光电耦合器元件符号

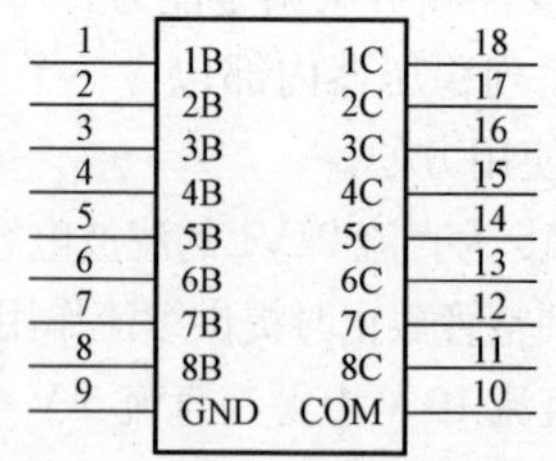

图 3-62　ULN2803A 元件符号

2. 设计单片机控制系统的输入接口电路

在设计单片机控制系统的输入接口电路中，需要考虑现场输入信号对电源的要求，一般现场输入开关信号采用工业自动控制标准的 24 V 直流电压电源，传感器也使用工业自动控制标准的 24 V 直流电压电源，所以一般用于隔离的光电耦合器输入部分的电源采用 24 V 直流电压电源。定制的不使用传感器的单片机控制系统，用于隔离的光电耦合器输入部分的电源可采用其他的直流电压电源。例如制作单片机控制系统学习机的用于隔离的光电耦合器输入部分的电源可以用 5 V 直流电压电源，与单片机控制系统的 CPU 使用相同的电源电压。

其次要考虑的是连接的输入接口电路连接的传感器类型，当只需要连接 NPN 开路输出、

PNP开路输出中的一种传感器时，可以使用单发光二极管光电耦合器，并根据使用传感器类型设计相应的光电耦合器电路。如果不知道未来要连接的传感器类型，或者为满足可连接所有类型的传感器，可以使用双二极管光电耦合器输入电路，也可以使用二极管桥式定向电路与单二极管光电耦合器组合的输入电路。

3. 设计单片机控制系统的输出接口电路

在设计单片机控制系统的输出接口电路中，需要考虑输出电路与输出信号电平之间的关系，高电平有效输出、低电平有效输出电路连接输出接口电路是不同的。其次要考虑输出接口电路是否需要与负载电路隔离。如果需要隔离，还要考虑采用的隔离方式，是电磁隔离，还是光电隔离。最后要考虑输出接口电路的保护问题，继电器输出、晶体管输出的保护电路是不同的。

不同有效电平输出、不同的隔离方式，导致输出接口电路的不同。

4. 设计单片机控制系统的通信电路

在设计单片机控制系统的通信电路中，需要考虑单片机控制系统与计算机或其他串口设备的通信协议问题，一般单通信端口使用RS－232协议比较方便，既可以与计算机通信，也便于和其他串口设备通信。如果是多通信端口，可以一个采用RS-232，另一个采用RS-485，第三个采用USB，其他的用CAN、TCP/IP等协议，便于连接各种不同协议的串口设备。

配置不同的通信协议端口，需要设计不同的通信协议的串口通信接口电路。

5. 设计单片机控制系统的电源电路

在设计单片机控制系统的电源电路中，首先需要考虑单片机控制系统使用的电源是交流还是直流。其次是单片机控制系统的各部分电路使用的电源电压的种类。根据需要采用简单的直流开关电源集成电路、直流稳压集成电路或采用DC TO DC直流一直流变换集成电路制作各种电源电压的电路，以满足各部分电路对电源电压的要求。最后要考虑各部分电路的接地与电源滤波问题，按接地与电源滤波的要求，设计好单片机控制系统的电源电路。

6. 按模块设计单片机控制系统的原理图

将单片机控制系统分为主电路、输入电路、输出电路三个模块，主电路模块包括CPU电路、电源电路、通信电路。

技能训练

一、训练目标

(1) 学会设计层次、模块电路。

(2) 学会设计单片机控制系统的原理图。

二、训练步骤与内容

1. 新建一个文件

(1) 启动Protel 99SE电路设计软件。

(2) 新建一个项目文件。

1) 单击执行“File文件”菜单下的“New新建”命令，弹出新建设计数据库对话框。

2) 在“Design Storage Type”栏中选择设计数据库保存类型“MS Access Database”，在“Database File Name”栏中设定数据库的文件名，默认的数据库文件名为“MyDesign3. ddb”。

3) 单击“Browse”按钮，可以设定数据库文件保存的路径。

4) 单击“OK”按钮，生成一个“MyDesign3. ddb”数据库项目文件。

(3) 单击执行“File文件”菜单下的“New新建”命令，弹出新建文件对话框，选择原理图文件类型，创建一个原理图的文件“Sheet1. sch”。

(4) 选择新建的原理图文件“Sheet1. sch”，执行“Edit 编辑”菜单下的“Rename 重命名”命令，将选中的文件重新命名为“DPJ1. sch”。

(5) 设置图纸属性。

1) 单击执行“Design 设计”菜单下的“Option 选项命令，选择使用定制类型“User Custom Style”，设置图纸宽度为“1600”，图纸高度为“1200”。

2) 选择图纸方向为 Landscape 横向。

3) 设置图纸颜色。通常情况下默认的边框为黑色，图纸为淡黄色。

4) 设置图纸栅格。可在“Grids”栏中设置“SnapOn”（栅格锁定）为“5”，“Visible”（可视栅格）大小保持默认值“10”。

5) 设置自动寻找电气节点。在“Electrical Grid”栏中选中，并在“Grid Range”中输入设置需要的值，默认值为 8，单位是 mil，这样在绘制导线时，光标会以 8 为半径，向周围寻找电气节点，同时自动移动到该节点上并显示一个圆点。

2. 加载元件库

选择添加“Miscellaneous Devices. ddb”“Protel DOS Schematic Libraries. ddb”元件库。

3. 创建电原理图元件符号库

(1) 新建一个原理图元件库文件，并更名为 PLC1. lib。

(2) 创建 LM7805 元件符号。

(3) 创建继电器 G5NB-12 元件符号。

(4) 创建 DP 整流桥堆的元件符号。

(5) 创建 LM2576-12 元件符号。

(6) 创建 MAX232 通信集成电路元件符号。

(7) 创建 ULN2803A 达林顿输出集成电路元件符号。

4. 绘制电路框图

(1) 单击执行“Place 放置”菜单下的“Sheet Symbol 图纸符号”命令。

(2) 按键盘“Tab”键，弹出方块电路对话框。

(3) 方块电路对话框中的“File Name”文件名设置为“Main1”，“Name”方块图名设置为“Main1”。

(4) 单击左键，设置方块电路的左上角，拖动鼠标，绘制一个高为 280mil、宽度为 160mil 的矩形，单击确定右下角的位置。

(5) 按键盘“Tab”键，弹出方块电路对话框。

(6) 方块电路对话框中的“File Name”文件名设置为“Input1”，“Input1”方块图名设置为“Main1”。

(7) 单击左键，设置方块电路的左上角，拖动鼠标，绘制一个高为 280mil、宽度为 80mil 的矩形，单击确定右下角的位置。

(8) 按键盘“Tab”键，弹出方块电路对话框。

(9) 方块电路对话框中的“File Name”文件名设置为“Output1”，“Name”方块图名设置为“Output1”。

(10) 单击左键，设置方块电路的左上角，拖动鼠标，绘制一个高为 280mil、宽度为 80mil 的矩形，单击确定右下角的位置。

5. 绘制方块电路的输入端、输出端

(1) 单击执行“Place 放置”菜单下的“Add Sheet Entry 添加图纸入口”命令。

（2）在方块电路 Input1 右边单击，按键盘“Tab”键，弹出方块电路入口设置对话框。

（3）将“Name”端口名设置为“DX1”，端口的其他属性保留，单击“OK”按钮确认。

（4）移动鼠标在合适位置单击，设定一个方块图端口。继续依序单击 7 次，分别设置 DX2～DX8 等 7 个方块图端口。

（5）按图 3-63 设置其他方块电路图端口。

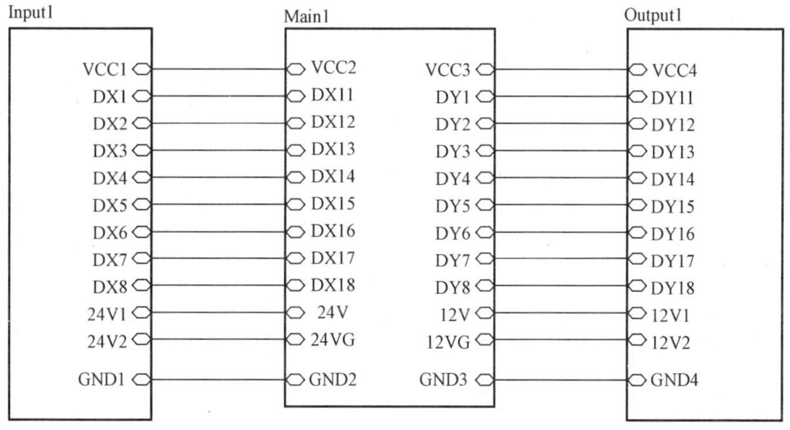

图 3-63　方块电路图

6. 用电气连接线

参考图 3-63，连接三个方块电路。

7. 生成电路子图

（1）如图 3-64 所示，单击执行“Design 设计”菜单下的“Create Sheet From Symbol 从符号生成添加图纸”命令。

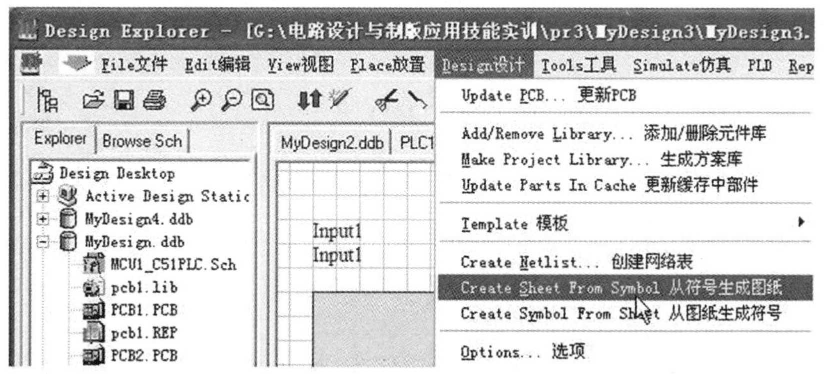

图 3-64　从符号生成添加图纸

（2）移动鼠标在方块电路 Input1 上单击，弹出如图 3-65 所示的是否反转输入/输出方向的对话框。单击“Yes”按钮，反转输入/输出方向，单击“N0”按钮，不反转输入/输出方向。

（3）由于没有特别设置方块电路端口的输入、输出特性，可以任意单击。

（4）单击“N0”按钮，生成子电路 Input1。

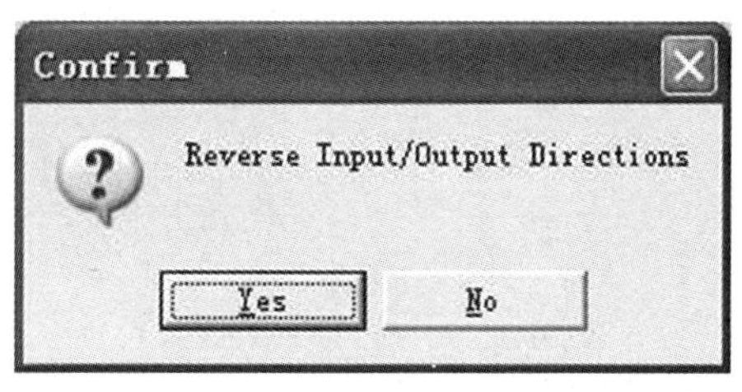

图 3-65　是否反转输入/输出方向

(5) 单击执行“Design 设计”菜单下的“Create Sheet From Symbol 从符号生成添加图纸”命令。

(6) 移动鼠标，在方块电路 Main1 上单击，弹出是否反转输入/输出方向的对话框。

(7) 单击“N0”按钮，生成子电路 Main1。

(8) 单击“DPJ1. sch”文件，返回方块电路主图。

(9) 单击执行“Design 设计”菜单下的“Create Sheet From Symbol 从符号生成添加图纸”命令。

(10) 移动鼠标，在方块电路 Output1 上单击，弹出是否反转输入/输出方向的对话框。

(11) 单击“N0”按钮，生成子电路 Output1。

8. 参考图 3-66 绘制 Main1 子电路

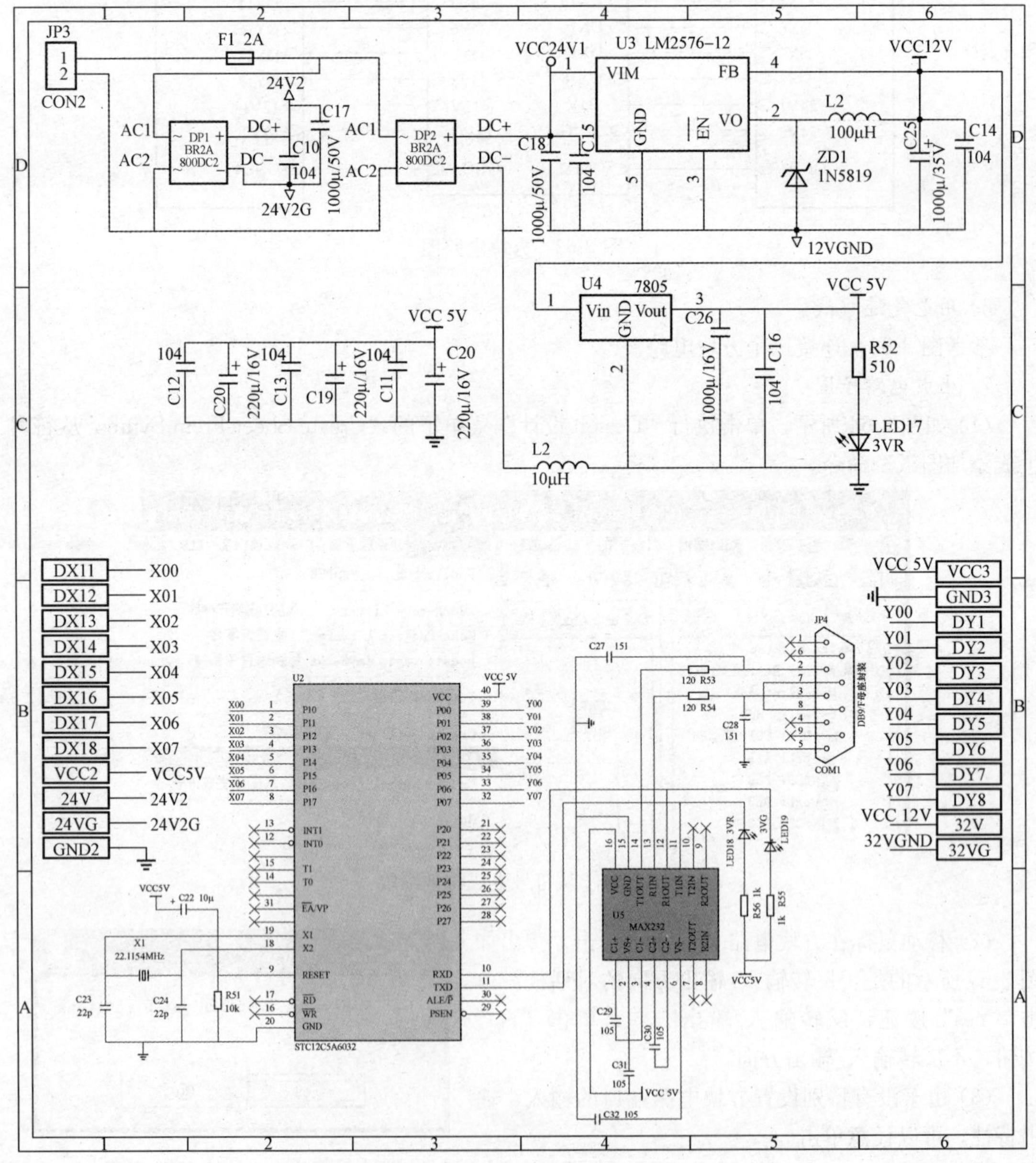

图 3-66 Main1 子电路

9. 参考图 3-67 绘制 Input1 子电路

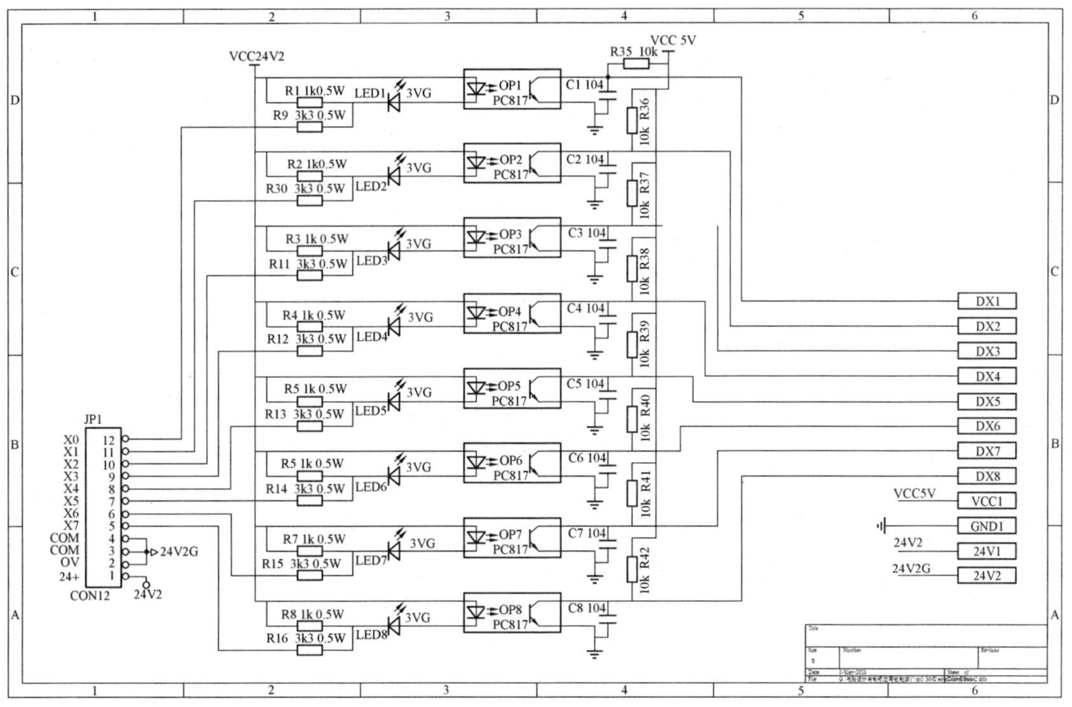

图 3-67 Input1 子电路

10. 参考图 3-68 绘制 Output1 子电路

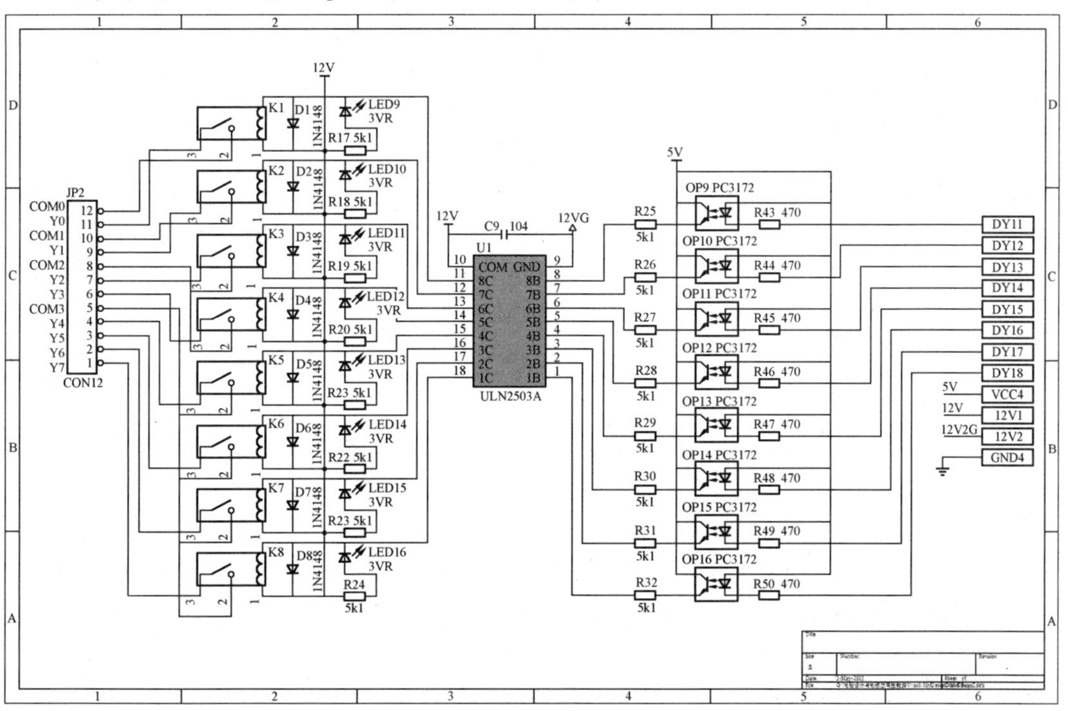

图 3-68 Output1 子电路

11. 在主电路、子电路中切换

(1) 如图 3-69 所示，单击执行“Tool 工具”菜单下的“Up/Down Hierarchy 变换层次”命令。

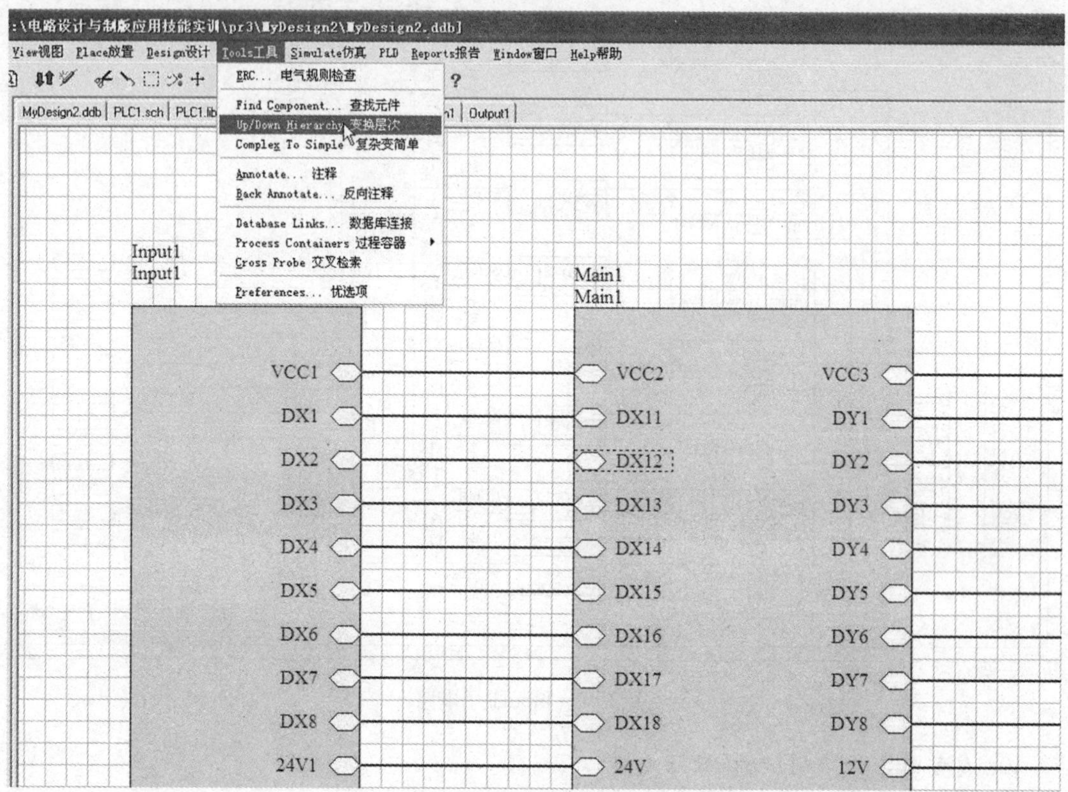

图 3-69　执行变换层次命令

(2) 移动鼠标，在方块电路 Main1 的“DX12”上单击，切换到图 3-70 子电路 Main1。

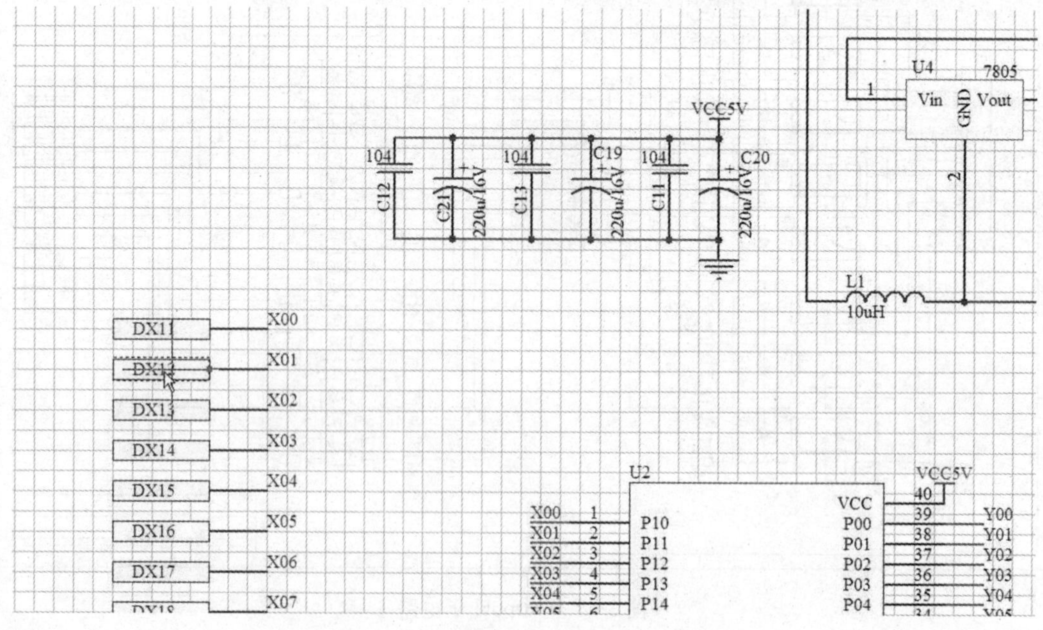

图 3-70　由主方块电路切换到子电路

(3) 移动鼠标，在子电路 Main1 的“DX13”上单击，如图 3-71 所示，返回主电路。

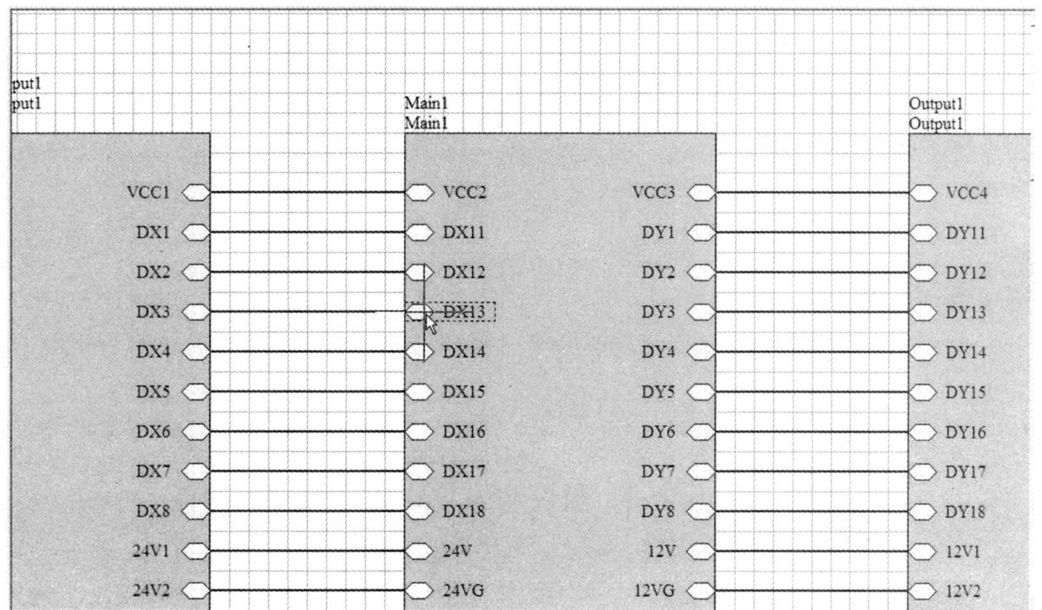

图 3-71　由子电路切换到主方块电路

项目四　简单印刷电路板 PCB 设计

学习目标

（1）学会配置 PCB 设计环境。

（2）学会设计直流稳压电源电路的 PCB 图。

任务 9　配置 PCB 设计环境

基础知识

一、印刷电路板的基础知识

1. PCB 板的结构

印刷电路板（简称 PCB）的制作材料主要是绝缘材料、金属铜箔及其焊锡等，覆铜主要用于电路板上的走线，焊锡一般用于过孔和焊盘表面，以便固定电子元件。

根据印刷电路板层数的多少，一般将印刷电路板分为单面板、双面板和多层板 3 类。

（1）单面板。单面板是单面印刷电路板，一般指所有元件、走线及其文字等都在一个面上，另一面不放置任何对象的电路板。或者是覆铜只在一个面上，可以有过孔的印刷电路板。单面印刷电路板容易加工，但布线受到很大限制，经常会出现无法布置不同走线的问题，所以，单面印刷电路板仅适合于非常简单的电路设计。

（2）双面板。双面印刷电路板，简称双面板，其特点是双面覆铜，双面走线，有过孔，对于表面贴装元件，既可以放置在顶层，也可以放置在底层。双面印刷电路板制作工艺比单面印刷电路板复杂，成本也稍高一些，但由于双面布线适合较复杂的电路，用途相对广泛。

（3）多层板。多层印刷电路板包含有多个工作面，一般指 3 层以上的印刷电路板，除了顶层、底层外，还有若干个中间信号层、电源层、地线层，由于工作面多，布线的选择性更大，布线更容易，但制作成本更高。随着电子技术的高速发展，芯片的集成度高、芯片的引脚更多，电子产品的精度也高，电路板设计趋于复杂，使得多层印刷电路板的应用更普遍。

2. 元件封装

元件封装是指实际元件焊接到印刷电路板时所显示的外观和焊点的位置，是一个纯空间概念，不同元件可以共用同一个封装，同种元件也可以有多种不同的元件封装。

元件封装一般分为两类，针插式封装、表面贴装式封装。针插式封装的元件体积大，电路板必须钻孔，针插式元件插入孔中，才可以焊接。表面贴装式元件，体积小，不需要过孔，可以直接贴装在覆铜线路上，元件与走线可以在一个面上。

常用元件的封装见表 4-1。

（1）电阻。电阻在原理图库中的名称有 RES1、RES2、RES3、RES4 等，针插式元件的封装是AXIAL系列，即AXIAL0.3～AXIAL0.7，其中0.3～0.7指的是电阻的长度。

对于表面贴装的电阻封装，常用的有0201、0402、0603、0805、1206等。他们与电阻的阻值无关，表示的是电阻的尺寸。尺寸大小与功率有关，见表4-2。

表4-1 常用元件的封装

元 件	封 装	元 件	封 装
电阻	AXIAL	整流桥	D
无极性电容	RAD	晶振	XTAL1
电解电容	RB	单排多针插座	CON SIP
电位器	VR	双排多针插座	IDC
二极管	DIODE	双列直插元件	DIP
三极管	TO	场效应管	TO（与三极管相同）
三端稳压电源	TO126		

表4-2 表面贴装电阻尺寸大小与功率

封 装	尺寸（mm）	功率（W）	封 装	尺寸（mm）	功率（W）
0201	0.5×0.5	1/20	0805	2.0×1.2	1/8
0402	1.0×0.5	1/16	1206	3.2×1.6	1/4
0603	1.6×0.8	1/10			

（2）无极性电容。无极性电容在电原理图库中的名称是CAP，针插式封装的属性是RAD0.1～RAD0.4，其中0.1～0.4是指电容焊盘间距，一般用RAD0.1。表面封装的电容与表面封装电阻属性相同。

（3）电解电容。电解电容在电原理图库中的符号是ELECTRO1、ELECTRO2，针插式封装的属性为RB.1/.2至RB.4/.8，其中“/”前的“.4”表示焊盘间距，后面的“.8”表示电解电容的外径。一般容量小于100μF的用RB.1/.2，100～470μF的用RB.2/.4，大于470μF的用RB.3/.6，2200μF及以上的用RB.4/.8。

表面贴装的电解电容封装分为A、B、C、D四类，见表4-3。

表4-3 表面贴装的电解电容封装

封 装	类 型	耐压（V）	封 装	类 型	耐压（V）
3216	A	10	6032	C	25
3528	B	16	7343	D	35

（4）电位器。电位器在电原理图库中的名称是POT1、POT2，封装属性为VR1～VR5。

（5）二极管。二极管在电原理图库中的名称是DIODE，常用的封装是DIODE0.4、DIODE0.7，其中0.4、0.7是二极管的长度。小功率用DIODE0.4，大功率用DIODE0.7。

（6）发光二极管。发光二极管在电原理图库中的名称是LED，针插式的用RB.1/.2，表面贴装的发光二极管封装一般用0805、1206、1210等。

（7）三极管（场效应管）。三极管在电原理图库中的名称有NPN、PNP两种，三极管产品系列多，封装也复杂，一般大功率的用TO-3，中功率扁平封装用TO-220，中功率金属壳的用TO-66，小功率的一般用TO-5、TO-46、TO-92A等。

（8）三端稳压电源。三端稳压集成电路有78、79两个系列，常用的封装有T0—126H、TO-126V。

（9）整流桥。整流桥在电原理图库中的名称有BRIDGE1、BRIDGE2等，常用的封装一般为

D系列，D-37、D-44、D-46等。

(10) 石英晶体。石英晶体在电原理图库中的名称是CRYSTAL，封装为XTAL1。

(11) 单排多针插座。单排多针插座的封装有SIP2～SIP20等，其中数字表示针脚数量。

(12) 双排多针插座。双排多针插座的封装有IDC10～IDC50等，其中数字表示针脚数量。

(13) 双列直插元件。双列直插元件使用的封装为DIP4～DIP64，其中数字表示针脚数量。

3. PCB设计的基本流程

PCB设计一般分为原理图设计、配置PCB环境、规划电路板、引入网络表、对元件进行布局、PCB布线、规则检查、导出PCB文件及打印输出等。

4. 配置PCB环境

在进行PCB设计之前，需要对编辑环境做一些设置，包括设置电路类型、光标样式、设置电路板层数等。环境参数用户可以根据个人的习惯进行设置，选择采用默认参数基本适合一般设计要求。

5. 规划电路板

规划电路板主要是大致确定电路板的尺寸，一般出于成本考虑，电路板尺寸应尽可能小，但尺寸太小，会导致布线困难，尺寸大小需要综合考虑。

6. 由原理图生成PCB

通过原理图，引入网络表，通过网络表将原理图中的元件封装引入到PCB编辑器，同时根据原理图定义各元件引脚之间的逻辑连接关系。

7. 元件布局

通过网络表引入的元件封装，代表实际元件的定位，调整其相互之间的位置关系就是元件布局要解决的问题。要综合考虑走线和功能等因素，保证电路功能的正常实现、避免元件间的相互干扰，同时要有利于走线。合理的布局是保证电路板工作的基础，对后续工作影响较大，设计时要全盘考虑。Protel99SE提供自动布局功能，但不够精细、理想，还需要手工布局、调整。如果设计电路复杂，可以先用自动功能进行整体布局，然后对局部进行调整。

8. PCB布线

PCB布线是PCB设计的关键工作，布线成功与否直接决定电路板功能的实现。Protel99 SE具有强大的自动布线功能，用户可以通过设置布线规则对导线宽度、平行间距、过孔大小等个参数进行设置，从而布置出既符合制作工艺要求，又满足客户需求的导线。自动布线结束，系统会给出布线成功率、导线总数等提示，对于不符合要求的布线，用户可以手工调整，以满足工艺、功能的要求。

9. 设计规则检查

通过用设计规则检查PCB设计是否符合规则，防止出现疏忽的原因导致的错误。

10. 电路版图输出

完成PCB设计后，可以将PCB文件导出，提供给加工厂进行电路板加工制作，也可以通过打印机打印输出。

二、配置PCB设计环境

1. 启动PCB编辑器

(1) 单击执行“File文件”菜单下的“New新建”命令，弹出新建文件对话框，选择PCB类型文件。

(2) 单击“OK”按钮，创建一个新的PCB文件。

(3) 双击该文件，即可启动PCB编辑器。

(4) 对于已经存在PCB文件的设计项目，直接双击设计项目中的PCB文件，就可以启动PCB编辑器。

2. 认识 PCB 编辑器

PCB 编辑器主要由标题栏、菜单栏、主工具栏、浏览区、工具栏、工作区和状态栏等组成，如图 4-1 所示。

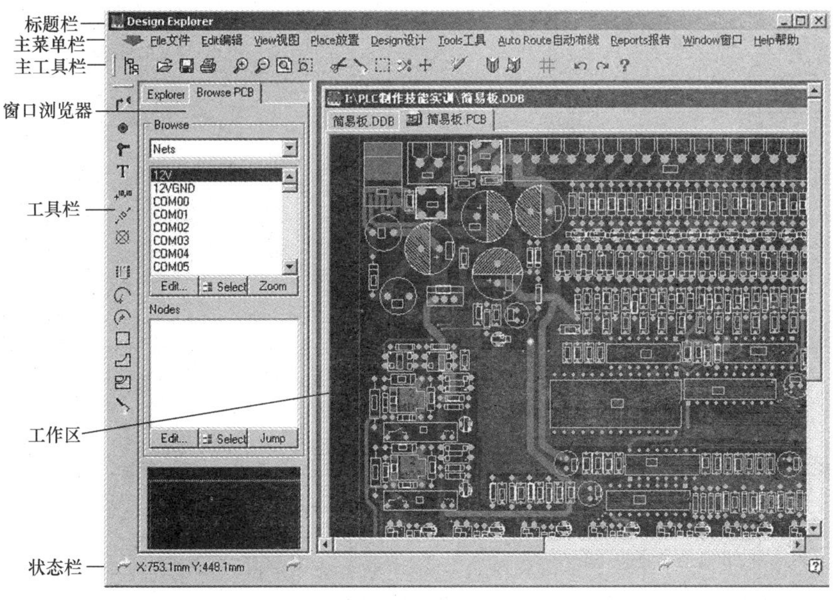

图 4-1 PCB 编辑器

（1）菜单栏。PCB 编辑器的菜单栏与原理图的菜单栏类似，包括文件、编辑、视图、放置、设计、工具、自动布线、报告、窗口、帮助等主菜单项。

（2）主工具栏。PCB 编辑器的主工具栏将一些 PCB 设计中常用的命令制作成按钮形式放在了主工具栏上。包括打开、保存、打印、放大、缩小、选择窗口适合整个图纸、选择要显示的区域、剪切、粘贴、框选、取消所有对象选择、移动所选对象、交叉定位、加载元件库、浏览元件库、设置网格大小、撤销上一步操作、重复撤销的操作、显示帮助等。

主工具栏的按钮功能及对应的菜单命令见表 4-4。

表 4-4　　主工具栏的各命令按钮功能及对应的菜单命令

图　标	功　能	对应的菜单命令
	显示或隐藏文件管理器	View→Design Manager
	打开	File→Open
	保存	File→Save
	打印	File→Print
	放大	View→Zoom In
	缩小	View→Zoom Out
	选择窗口适合整个图纸	View→Fit Document
	选择要显示的区域	View→Area

续表

图 标	功 能	对应的菜单命令
	剪切	Edit→Cut
	粘贴	Edit→Paste
	框选	Edit→Select→Inside Area
	取消所有对象选择	Edit→Deselect→All
	移动所选对象	Edit→Move →Move Select
	交叉定位	Tool→Cross Probe
	加载元件库	Design→Add/Remove Library
	浏览元件库	Design→Browse Library
	设置网格大小	Design→Options
	撤销上一步操作	Edit→Undo
	重复撤销的操作	Edit→Redo
	显示帮助	Help→Content

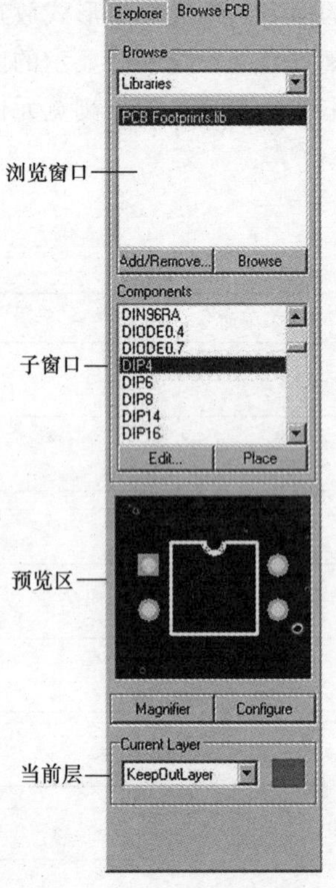

图 4-2 PCB 窗口浏览器

(3) PCB 窗口浏览器（见图 4-2）。PCB 窗口浏览器主要由浏览器窗口、子窗口、预览区和当前层设置窗口组成。

通过 PCB 窗口浏览器的下拉列表选择要浏览的对象类，有 Nets（网络）、Compents（元件）、Net（网络类）、Library（元件库）、Classes（元件类）、Rules（设计规则）等。

选择完类别后，在其下面的窗口会显示该类的细分子类，在子窗口会显示当前 PCB 包括的具体对象。

PCB 预览区会显示当前对象的缩略图。

当前层设置区可以设置 PCB 浏览的当前层。

(4) 放置工具栏。放置工具栏主要用于放置焊盘、过孔等对象，也可用于放置一些说明性的符号（字符串、文本、坐标等）。

(5) 工作区。工作区用于元件布局、布线等。

工作区的下部设置不同板层的切换标签，选择不同的板层，工作区显示的内容不同，以便在不同层进行 PCB 设计。这些标签也对应 PCB 浏览器当前层的设置，即改变当前层的设置或选择不同标签具有相同功能。例如当前层设置为“TopLayer”与单击工作区下部的标签“TopLayer”，均用于显示顶层 PCB。

(6) 状态栏。状态栏显示鼠标的位置、PCB 操作的内容。移动鼠标、当前的操作不同，状态栏显示的内容就不同。

3. PCB 属性配置

单击执行“Tools 工具”菜单下的“Preferences 优选项”命令，弹出如图 4-3 所示的 Preferences 优选项对话框，有 6 个选项卡，分别是“Options”、“Display”、“Colors”、“Show/Hide”、“Defaults”、“Signal Integrity”选项卡。

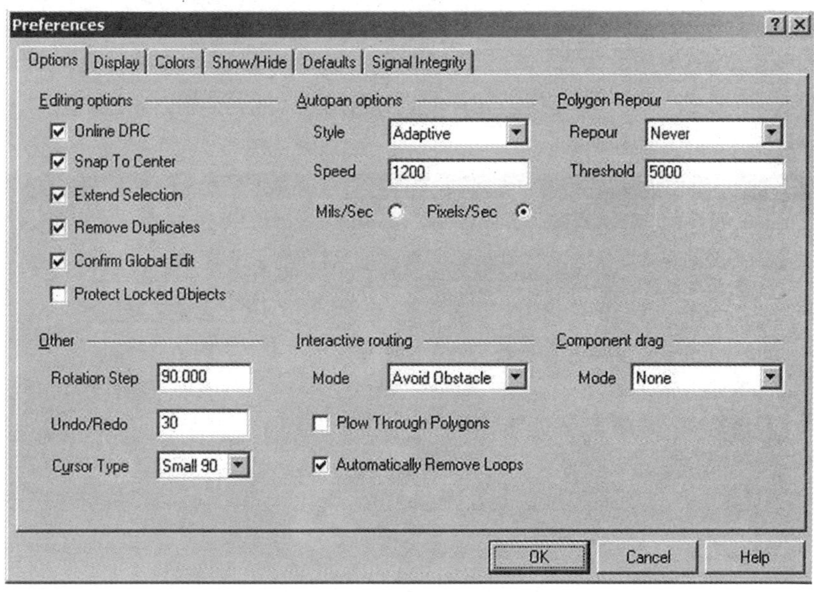

图 4-3 PCB 属性配置

（1）Options 选项卡。Options 选项卡包括下面几个设置区：

1）Editing Options 区域。

- Online DRC：设置是否在线 DRC，如果选中此项，系统在自动布局、布线时进行 DRC 检查。
- Snap To Center：设置当前移动元件封装或字符串时，光标是否自动跳转到元件封装或字符串的参考点。
- Extend Selection：设置当选取组件时，是否取消原来选中的组件，如果选中此项，系统不会自动取消原来选中的组件。
- Remove Duplications：设置是否自动删除重复的元件。
- Confirm Global Edit：设置在进行整体修改时，是否出现确认修改对话框。
- Protel Locked Objects：设置是否保护锁定对象。

2）Autopan Options 区域：用于设置自动移动选项，包括 Style 移动模式和 Speed 移动速度的设置。

3）Polygon Options 区域：用于设置是否让覆铜绕过导线焊盘，包括 Never（覆盖）、Threshold（按阈值绕过）、Always（总是绕过）三种方式，如果选“Always（总是绕过）”，则在 PCB 布线中修改导线，覆铜会自动重铺。Threshold 用来设置绕过的阈值。

4）Other 区域。

- Rotation Step：用于设置旋转角度，按 1 次空格键，系统默认旋转 90°。
- Undo/Redo：用于设置撤销操作/重复操作的步数。
- Cursor Type：设置光标类型。包括 Small90、Small45、Large90，一般选 Large90（大型 90°），便于使用。

5）Interactive routing 区域。

● Mode：设置交互式布线时的布线模式。包括 Ignore Obstacle（忽略障碍）、Adviod Obstacle（避开障碍）、Push Obstacle（移开障碍）三种。

● Plow Through Polygons：设置导线是否穿过多边形填充，即多边形填充是否绕过导线。

● Automatically Remove Loops：设置是否自动删除回路。

6）Component drag 区域。设置拖动元件的模式。选择 None，则在拖动元件时，只拖动元件本身；选择 Connected Tracks，则在拖动元件时，连接在元件的导线也随之移动。

（2）Display 选项卡（见图 4-4）。

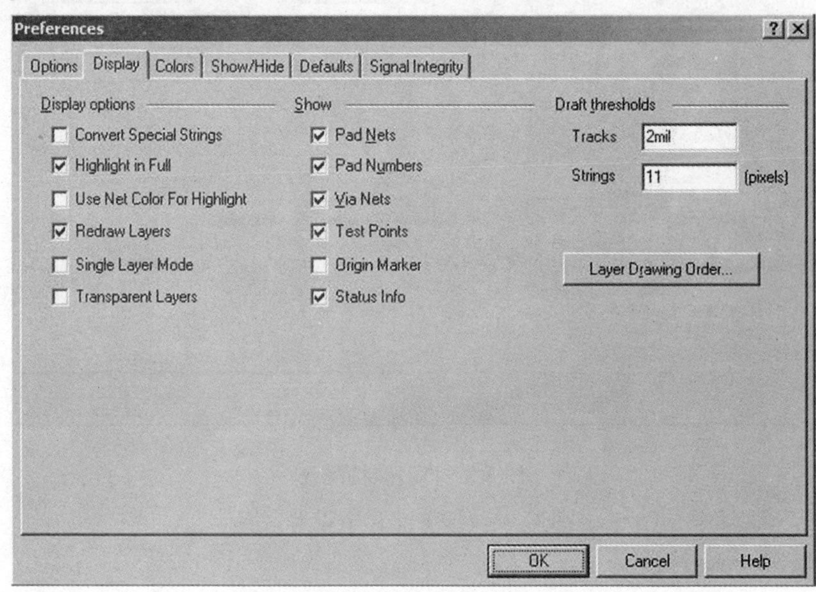

图 4-4　Display 选项卡

Display 选项卡包括 Display Option、Show、Draft thresholds 三个区域。

1）Display Option 区域。Display Option 区域用于设置屏幕显示选项，包括：

● Convert Special Strings：设置是否将特殊字符串转换成它所代表的文字。

● Highlight in Full：设置是否将所选的网络高亮显示。

● Use Net Color For Highlight：设置高亮显示时是否仍然使用网络的颜色，还是一律使用黄色。

● Redraw Layer：设置是否刷新层面。

● Single Layer Mode：设置是否单层面显示模式，即只显示当前编辑的层，别的层不显示。

● Transparent Layer：设置是否层面透明，选中此项，所有导线、焊盘都变成透明色。

2）Show 区域。Show 区域用于设置 PCB 的显示选项，包括：

● Pad Nets：设置是否显示焊盘的网络名称。

● Pad Numbers：设置是否显示焊盘的序号。

● Via Nets：设置是否显示过孔的网络名称。

● Test Points：设置是否显示测试点。

● Origin Marker：设置是否显示原点。

● Status Info：设置是否显示状态信息。

3）Draft thresholds 区域。Draft thresholds 区域用于设置图形显示的界限。

● Track：设置走线宽度阈值，大于此值的导线以实际轮廓显示，小于它的以直线表示，默认值是 2 mil。

● Strings：设置字符串的显示阈值，像素大于该值的字符以文本形式显示，否则以框显示，默认值是 11 pixels（像素）。

单击“Layer Drawing Other”按钮，弹出绘制顺序设置对话框，单击“Promote”按钮，可以提升工作层面的绘制顺序，单击“Demote”按钮，可以降低工作层面的绘制顺序。

（3）Colors 选项卡（见图 4-5）。Colors 选项卡用于设置各层的颜色。

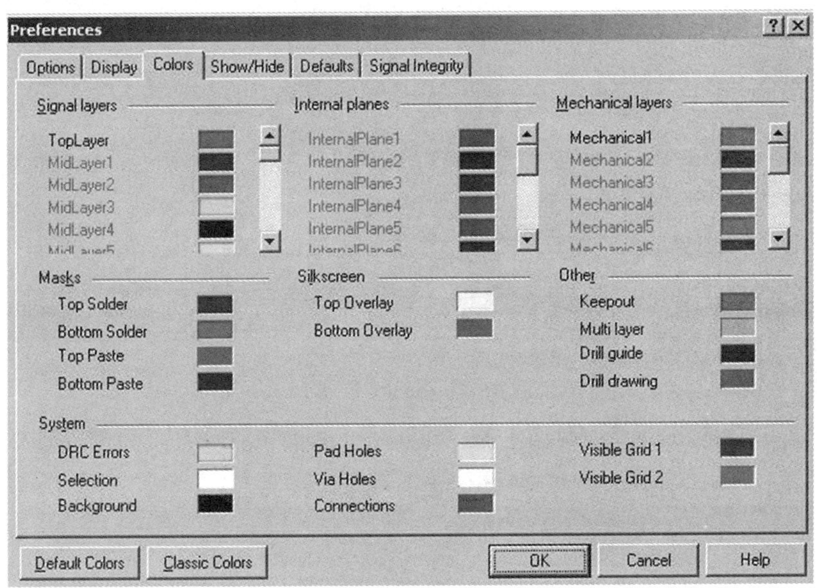

图 4-5　Colors 选项卡

（4）Show/Hide 选项卡（见图 4-6）。Show/Hide 选项卡用于设置各种对象的显示模式，包括 Final（精细）、Draft（简易）、Hidden（隐藏）三种模式。

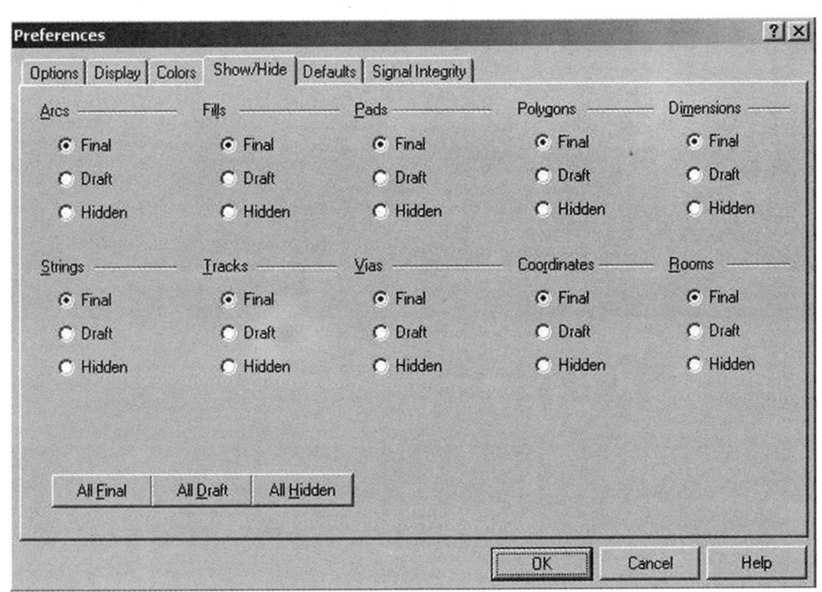

图 4-6　Show/Hide 选项卡

（5）Defaults 选项卡（见图 4-7）。Defaults 选项卡用于设置各个对象的系统默认值。

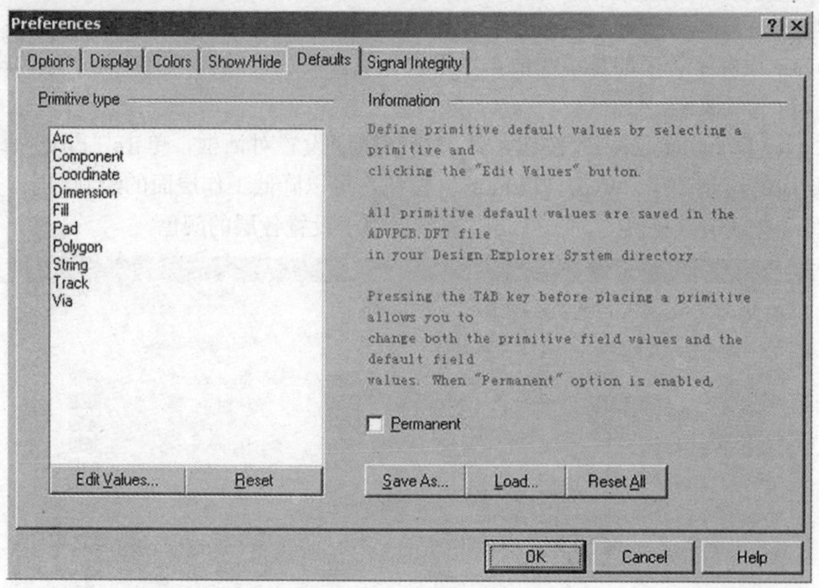

图 4-7　Defaults 选项卡

（6）Signal Integrity 选项卡（见图 4-8）。Signal Integrity 选项卡用于设置元件标号和元件类型之间对应关系，为信号完整性分析提供信息。

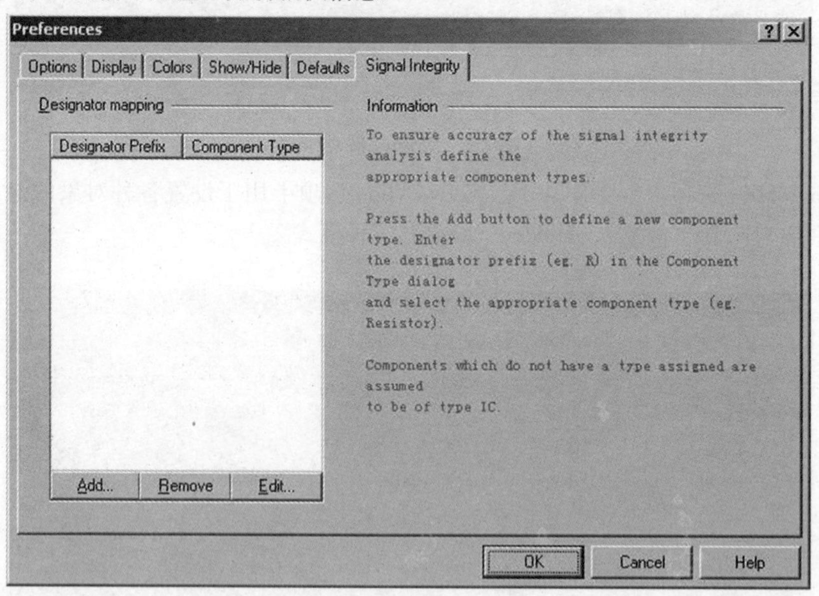

图 4-8　Signal Integrity 选项卡

4. PCB 显示设置

在绘制 PCB 过程中，经常会对 PCB 进行放大、缩小等显示操作，以便用户查看整张图纸或图纸局部的某个元件，View 菜单下的许多命令可以实现上述功能。

最方便也是最常用的放大、缩小操作是按键盘的“PageUp”、“PageDown”键，绘图会以当前光标为中心进行放大、缩小。

5. PCB的工作层

PCB的工作层细分为物理层和系统层两大类。

在PCB编辑中，执行“Design设计”菜单下的“Options选项”命令，系统会弹出图4-9所示的“Document Options”对话框，“Layers”选项卡中显示用到了信号层、机械层、电源层等。

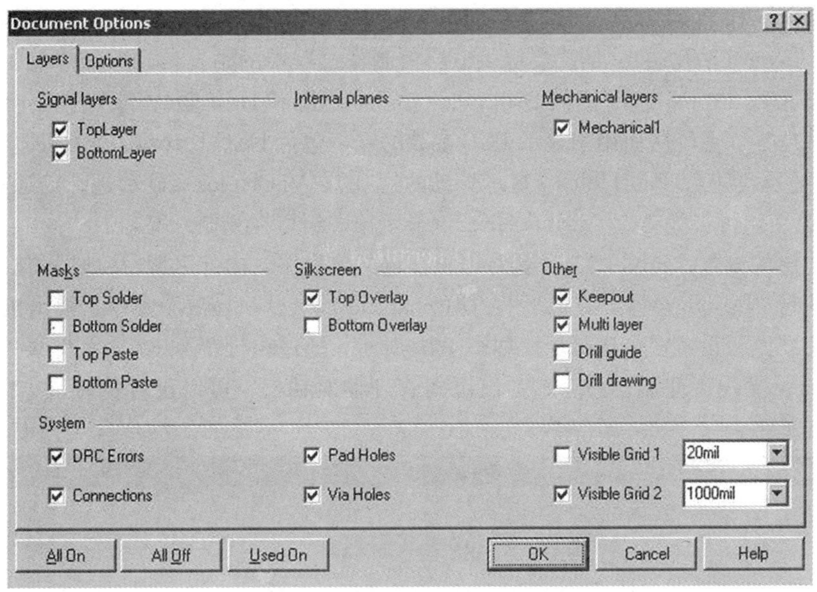

图4-9 “Document Options”对话框

(1) 物理层。物理层是实际可见的，包括信号层、内部电源/接地层、机械层、阻焊层、锡膏防护层、禁止布线层、丝印层、复合层、钻孔层等。

1) Signal Layer（信号层）。信号层主要用于布置导线。Protel 99SE提供了32个信号层，包括TopLayer（顶层）、BottomLayer（底层）和30个MidLayer（中间层）。

2) Interal Plane Layers（内部电源/接地层）。内部电源/接地层主要用于布置电源线和地线。Protel 99SE提供了16个内部电源/接地层。

3) Mechanical Layer（机械层）。Protel 99SE提供了16个机械层，一般用于设置电路板的外形数据标记、对齐标志、装配说明及其他机械信息。

通过执行“Design设计”菜单下的“Mechanical Layers机械层”命令，弹出机械层设计对话框，可以为电路板设置多个机械层。

4) Solider mask Layer（阻焊层）。在焊盘以外的各部分涂覆一层涂料，如防焊漆，用于阻止这些部位上锡。

阻焊层用于在设计中匹配焊盘，是自动产生的。Protel 99SE提供了2个阻焊层，即顶层阻焊层、底层阻焊层。

5) Paste mask Layer（锡膏防护层）。锡膏防护层与阻焊层作用相似，与焊盘匹配，不同的是在机械焊接时对应于表面贴装元件的焊盘。

锡膏防护层在设计中匹配焊盘，是自动产生的。Protel 99SE提供了2个锡膏防护层，即顶层锡膏防护层、底层锡膏防护层。

6) Keep out Layer（禁止布线层）。禁止布线层是定义在电路板上有效放置元件和布线的区域。在禁止布线层可以设定一个封闭的区域作为有效的布局、布线区，在区外是不能自动布局、布线的。

7）Silkscreen Layer（丝印层）。丝印层用于放置印制信息，如元件的轮廓、标注及各种注释信息。Protel 99SE 提供了 2 个丝印层，即顶层丝印层、底层丝印层。

8）Multi Layer 多层（复合层）。电路板上焊盘和过孔均要穿过整个电路板，与不同的导电图形层建立电气连接关系，由此系统设置一个抽象的层——多层（复合层）。一般焊盘和过孔都要设置在多层上，如果关闭此层，焊盘和过孔就无法显示出来。

9）Drill Layer（钻孔层）。钻孔层提供电路板制作过程中的钻孔信息（如焊盘、过孔、定位安装孔需要钻孔）。Protel 99SE 提供 Drill guide 钻孔指示图和 Drill Drawing 钻孔图两个钻孔层。

（2）系统层面。系统层面用于显示 PCB 参数的层，包括 DRC Errors（显示 DRC 错误信息）、Connection（显示飞线）、Pad Holes（显示焊盘的通孔）、Via Holes（显示过孔的通孔）、Visible Grid1（显示第 1 组可视光栅）、Visible Grid2（显示第 2 组可视光栅）等。

（3）工作层的设置。Protel 99SE 允许用户自定义信号层、内部电源/接地层和机械层的显示数量。通过执行“Design 设计”菜单下的“Mechanical Layers 机械层”命令，弹出机械层设计对话框，可以为电路板设置多个机械层。如图 4-10 所示，通过执行“Design 设计”菜单下的“Layer Stack Manage 层栈管理器”命令，弹出层栈管理器对话框，可以设置信号层、内部电源层、接地层。

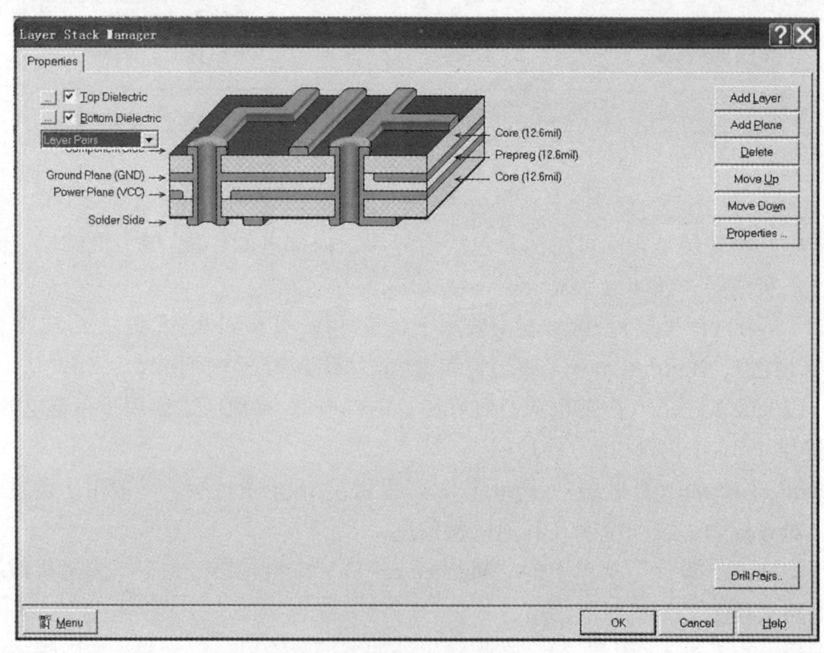

图 4-10　层栈管理器对话框

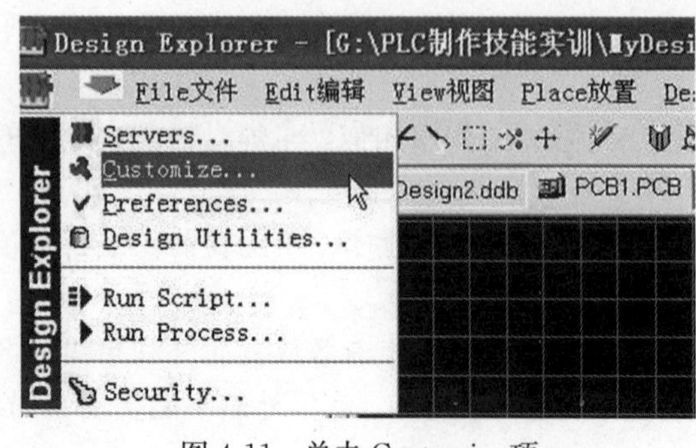

图 4-11　单击 Customize 项

如果用户的 Protel99SE 中没有层栈管理器菜单命令，可以通过下述方法添加：

1）如图 4-11 所示，单击 Protel 99SE 菜单左侧的箭头，选择“Customize”项单击。

2）弹出图 4-12 所示“Customize Resources”用户资源设置对话框。

3）单击“Menu”，选 Edit 单击，弹出图 4-13 所示的“Menu Properties”菜单属性设置对话框。

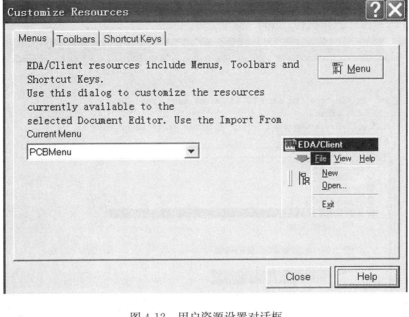

图 4-12 用户资源设置对话框

图 4-13 菜单属性设置对话框

4）双击“Desilgn”项，在“Design”项下拉菜单“Netlist 网络列表”处按右键，弹出右键菜单，如图 4-14 所示，选择执行“Add”命令。

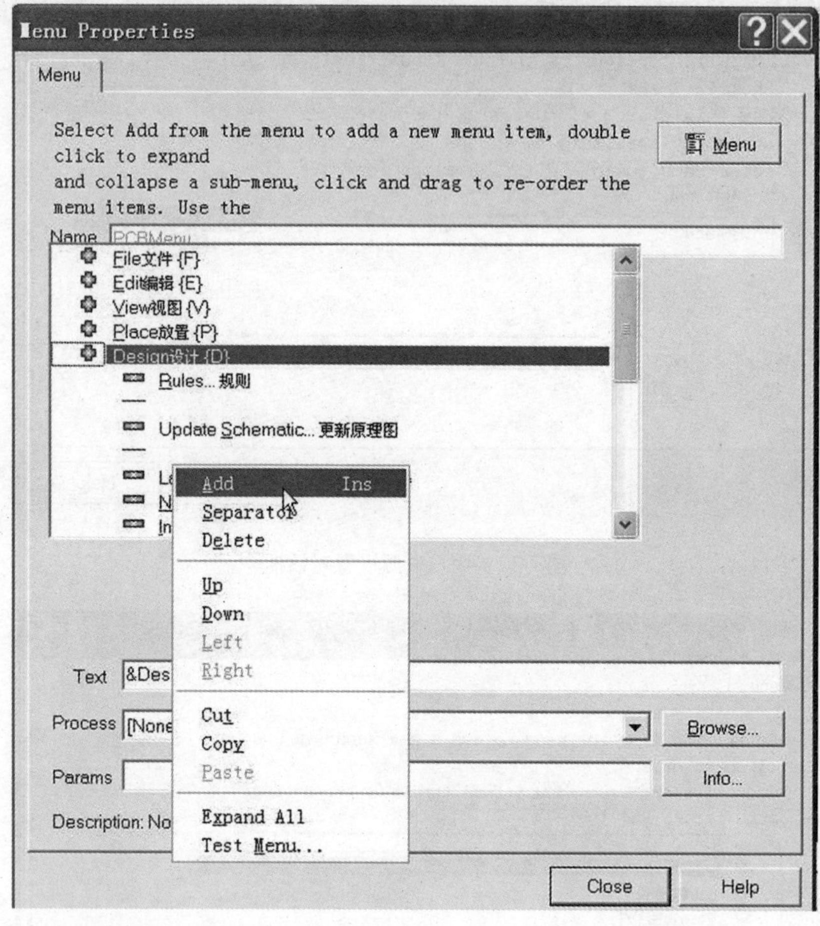

图 4-14　执行 Add 命令

5）如图 4-15 所示，在下面的“Text”处输入“Layer Stack& Manager 层栈管理器”，在“Proces”处的下拉列表中选“PCB：EditlnternalPlanes”，在 Params 处输入“LayerStack=True”单击“Close”按钮，结束层栈管理器菜单设置，返回“Customize Resources”用户资源设置对话框。

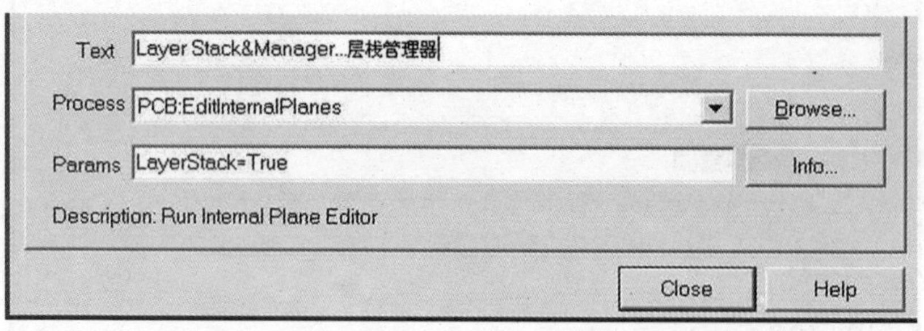

图 4-15　输入菜单设置信息

6）单击“Close”按钮，退出“Customize Resources”用户资源设置对话框，返回 PCB 设计界面。

在层栈管理器对话框：

单击“AddLayer”按钮，可以添加一个信号层。

单击“AddPlane”按钮，可以添加一个内部电源/接地层。

单击“Delete”按钮，可以删除一个工作层，在执行之前，要先单击选取要删除的中间层或内部电源/接地层。

单击“MoveUp”、“MoveDown”按钮，可以调整各工作层间的上下关系。

单击“Properties”按钮，可以进行属性设置，在执行之前，要先单击选取要删除的中间层或内部电源/接地层，系统弹出图 4-16 所示的层编辑对话框，可以设置层名称和覆铜厚度。

选中“Top Dielectric”复选框，则在顶层加一个绝缘层。

选中“Bottom Dielectric”复选框，则在底层加一个绝缘层。要设置绝缘层的厚度，可以选中绝缘层 CORE，再单击“Properties”按钮，弹出如图 4-17 所示的绝缘层属性对话框，可以设置绝缘材料、厚度及其介电常数。

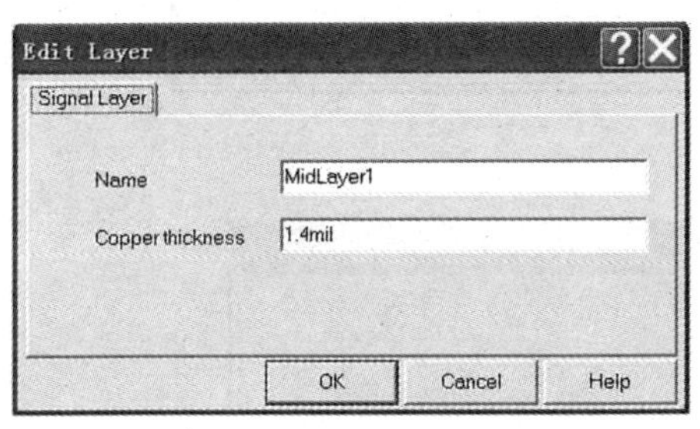

图 4-16 层编辑对话框

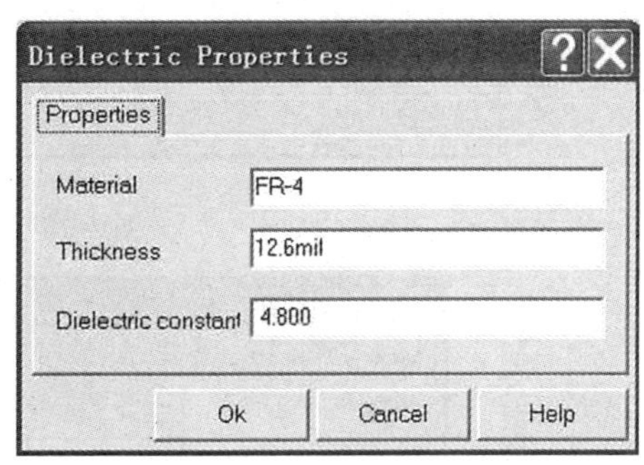

图 4-17 绝缘层属性对话框

(4) 工作层的打开与关闭。在绘制 PCB 时，并不需要打开所有添加好的工作层，在图 4-18 所示的“Document Options”对话框的“Layer”选项卡中，给要显示的相应的工作层前的复选框打“√”，则表明该层被打开；否则，处于关闭状态。

(5) 工作层的栅格和度量单位设置。单击选择“Document Options”对话框的“Options”选项卡，弹出如图 4-19 所示的工作层的栅格设置属性对话框，可以设置工作层的栅格和度量单位。

- SnapX：设置光标在 X 轴的移动捕捉间距。
- SnapY：设置光标在 Y 轴的移动捕捉间距。
- ComponentX：设置元件在 X 轴的移动间距。
- ComponentY：设置元件在 Y 轴的移动间距。

选中“Electrical Grid”复选框，表示启动电气栅格的功能，Range 设置电气栅格的捕捉半径。电气栅格主要为了支持 PCB 布线功能而设置特殊功能。当任何导电对象（元件、过孔、导线）没有定位在捕获半径上时，就要启动电气栅格功能。只要将某个导电对象移动到另一个导电对象的电气栅格范围内，它们就会自动连接在一起。

- Visible Kind：用于设置栅格的显示属性，包括 Dots（点状）、Line（线状）两种显示类型。

- Measurement Unit：用于设置系统的测量单位，包括英制和公制两种。系统默认为英制，英制的单位是 mil，公制的单位是 mm。1 mil=0.025 4 mm。

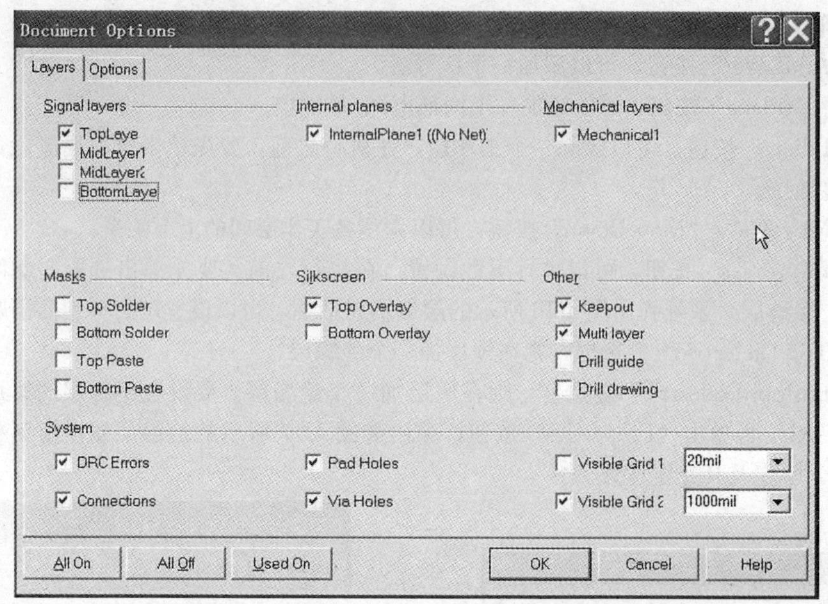

图 4-18　工作层的打开与关闭

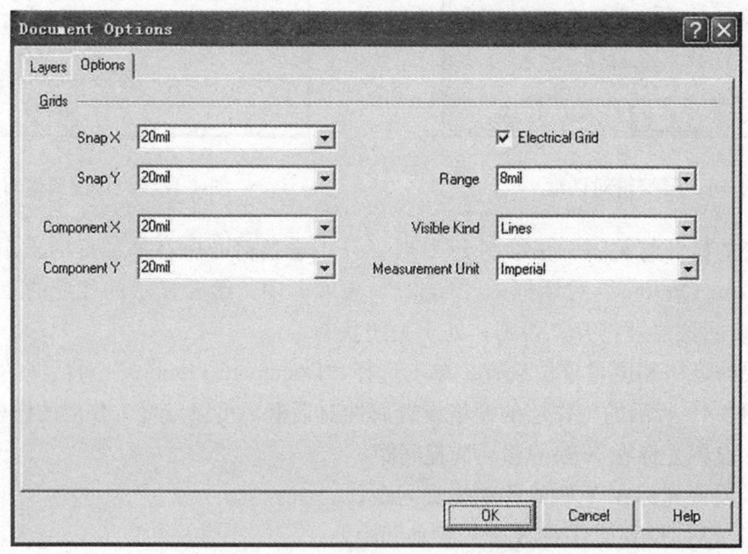

图 4-19　工作层栅格和度量单位设置

技能训练

一、训练目标

（1）学会创建 PCB 文件。

（2）学会配置 PCB 工作环境。

二、训练步骤与内容

1. 新建一个 PCB 类型文件

（1）启动 Protel99SE 电路设计软件。

（2）单击执行“File 文件”菜单下的“New 新建”命令，弹出新建项目设计文件对话框，选择“Windows File System”设计文件保存形式，目标文件名设置为“Mydesign. ddb”，单击“OK”按钮，创建一个项目设计文件。

（3）单击执行“File 文件”菜单下的“New 新建”命令，弹出新建文件对话框，弹出新建文件对话框，选择“PCB Document”印刷电路图的文件，选择 PCB 类型文件，创建一个新的 PCB 文件。

（4）单击“OK”按钮，新建一个名称为“PCB1. PCB”印刷电路图文件。

2. 配置 PCB 设计环境

（1）单击新建的“PCB1. PCB”印刷电路图文件，打开“PCB1. PCB”印刷电路图文件，启动 PCB 编辑器。

（2）单击执行“Tools 工具”菜单下的“Preferences 优选项”命令，弹出“Preferences”优选项对话框，有 6 个选项卡，分别是 Options、Display、Colors、Show/Hide、Defaults、Signal Integrity 选项卡。

（3）设置 Options 选项卡。

1）在“Editing Options”区域，选中“Online DRC”复选框，系统在自动布局、布线时进行 DRC 检查；选中“Snap To Center”复选框，设置当前移动元件封装或字符串时，光标是否自动跳转到元件封装或字符串的参考点。

2）同时选中“Extend Selection”、“Remove Duplications”、“Confirm Global Edit”三个复选项。

3）在“Other”区域，选中“Rotation Step”复选项，设置旋转角度，按 1 次空格键，系统默认旋转 90°。

4）其他的保持默认设置。

（4）单击“Display”选项卡，在“show”增加“Origin Marker”复选项，设置显示原点。

（5）其他选项卡保持默认选择。

（6）单击“OK”按钮，完成 PCB 优选项设置。

3. 设置文档属性

（1）执行“Design 设计”菜单下的“Options 选项”命令，系统会弹出“Document Options”对话框，“Layers”选项卡中显示用到了信号层、机械层、电源层等。

（2）在系统选项区，增加“Visible Grid1”复选项选择，显示第 1 组可视光栅、第 2 组可视光栅。

（3）单击“Options”选项卡，设置 SnapX、SnapY，光标在 X 轴、Y 轴的移动捕捉间距为“10 mil”，设置 ComponentX、ComponentY，元件在 X 轴、Y 轴的移动间距为“10 mil”。

（4）单击“OK”按钮，完成 PCB 文档属性的设置。

任务 10　直流稳压电源电路 PCB 设计

1. PCB 的绘图、布线工具及其应用

Protel99SE 提供了丰富的 PCB 的绘图、布线工具，常用的 PCB 的绘图、布线工具放置在工具栏上，或者设置在 Place 放置菜单下。PCB 的绘图、布线工具功能说明见表 4-5。

表 4-5 PCB 的绘图、布线工具功能说明

工具按钮	功 能	工具按钮	功 能
	绘制铜导线		放置元件封装
	放置焊盘		边缘法绘制圆弧
	放置过孔		中心法绘制圆弧
T	放置字符串		放置矩形填充
+10,10	放置坐标		放置多边形平面
	放置尺寸标注		放置切分多边形平面
	放置坐标原点		

（1）绘制导线。

1）单击工具栏“ ”绘制铜导线按钮，或者执行“Place 放置”菜单下的“Track 线”命令，光标变为十字形，就可以执行绘制导线操作。

2）将光标移动到导线的起点单击，移动到导线的终点，单击确认，可以绘制一条导线。完成一条导线后，可以以此为起点继续绘制导线，单击右键或者按键盘“Esc”键，可以结束本导线绘制操作，然后开始另一条导线的绘制。

3）在绘制导线过程中，如果导线要转折，可以在导线转折处单击确定导线位置，然后继续绘制导线，单击右键或者按键盘“Esc”键，可以结束本导线绘制操作。

4）再次单击右键或者按键盘“Esc”键，可以结束导线绘制操作。

5）在绘制导线过程中，按键盘“Tab”键，弹出如图 4-20 所示的交互式导线属性对话框。

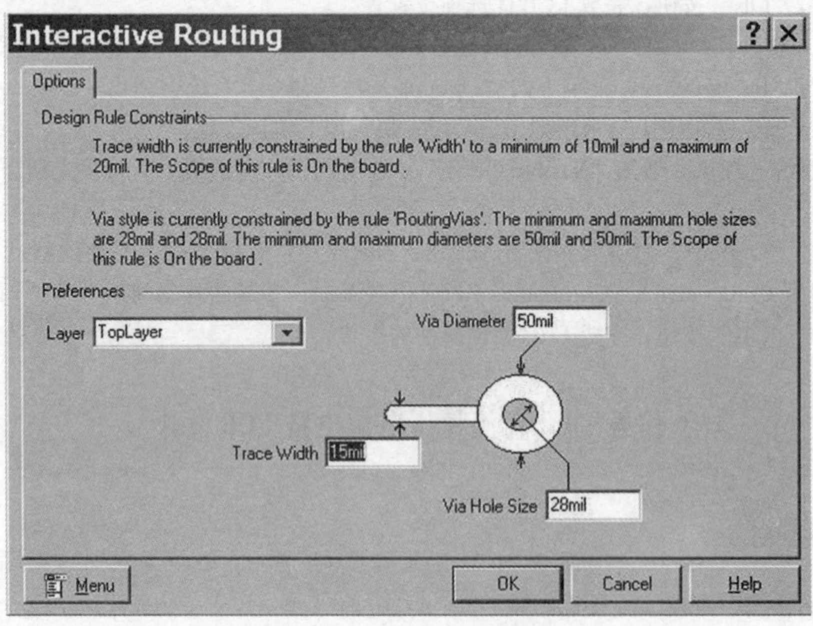

图 4-20 交互式导线属性对话框

6）单击“Trace Width”栏，在其中输入导线的宽度，例如15 mil，单击“OK”按钮，所绘导线的宽度为15 mil，直到下次修改，一直保持以此宽度绘制导线。

7）单击左下角的“Menu”按钮，弹出图4-21所示的导线编辑菜单命令，出现“Edit Width Rule”（编辑导线宽度规则）、“Edit Via Rule”（编辑过孔规则）、“Add Width Rule”（添加导线宽度规则）、“Add Via Rule”（添加过孔规则）等四个命令，可以对整个PCB的导线规则、过孔规则进行设置。

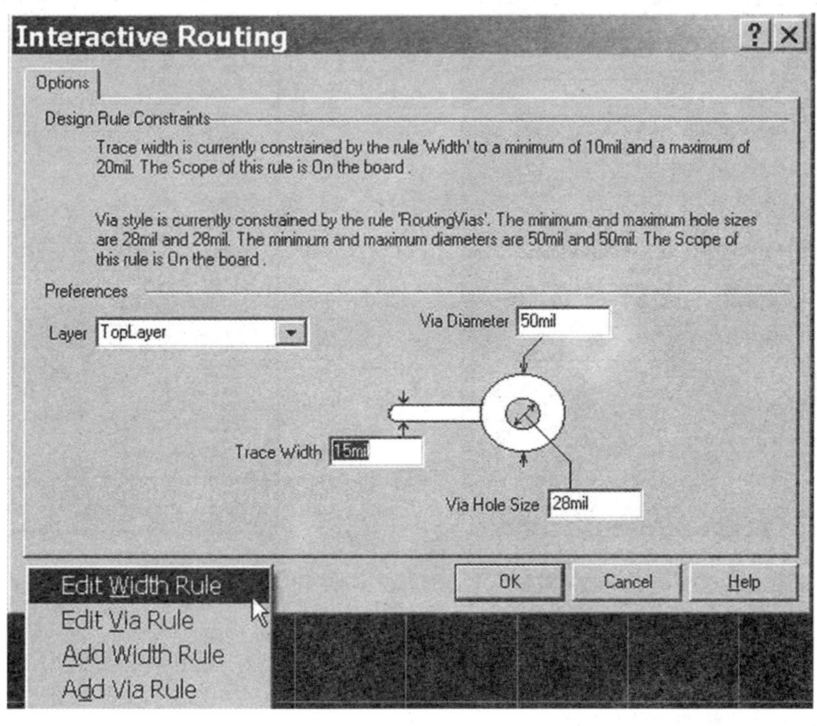

图4-21 导线规则编辑菜单

8）对已经绘制好的导线，通过双击此导线，弹出图4-22所示的导线属性设置对话框，修改导线宽度属性Width。

- Width：导线宽度。
- Layer：导线所在的层。
- Net：设置导线所在的网络。
- Locked：设置导线是否锁定。
- Selection：设置导线是否被选择。
- Start-X：设置导线起点的X轴坐标。
- Start-Y：设置导线起点的Y轴坐标。
- End-X：设置导线结束点的X轴坐标。
- End-Y：设置导线结束点的Y轴坐标。
- Keepout：设置导线具有电气边界特性。

9）单击“OK”按钮，这条指定导线宽度就变为设置值。

（2）放置焊盘。

1）单击放置工具栏“●”放置焊盘按钮，或者执行“Place放置”菜单下的“Pad焊盘”命令，光标变成为十字形，就可以执行放置焊盘操作。

任务10

2）将光标移动到需要放置焊盘的目标位置，单击，即可将一个焊盘放置在该位置。

3）光标移动到新的位置，继续放置焊盘，单击右键或者按键盘“Esc”键，可以结束放置焊盘操作。

4）在放置焊盘过程中按键盘“Tab”键，或者双击已经放置好的焊盘，弹出图 4-23 所示的焊盘属性对话框，可以对焊盘属性进行设置。

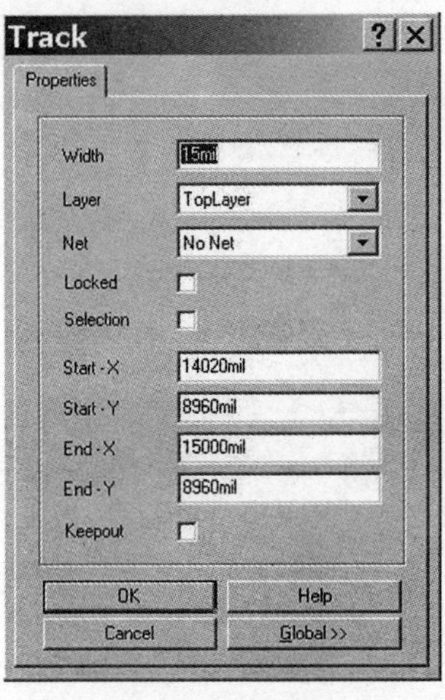

图 4-22 修改导线宽度

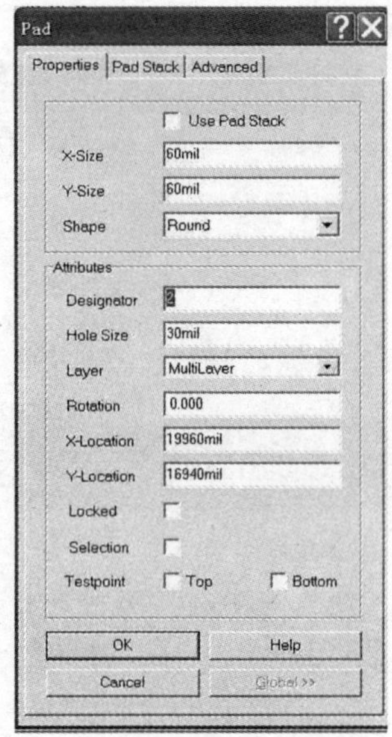

图 4-23 焊盘属性

Properties 属性选项卡：

- Use Pad Stack：设置采用特殊焊盘。
- X-Size：设置焊盘 X 轴尺寸。
- Y-Size：设置焊盘 Y 轴尺寸。
- Shape：设置焊盘形状，包括 Round（圆形）、Rectangle（矩形）。
- Designator：设置焊盘流水号。
- Hole Size：设置焊盘孔径。
- Layer：设置焊盘所在的层。
- Rotation：设置焊盘旋转角度。
- X-Location：设置焊盘 X 轴位置。
- Y-Location：设置焊盘 Y 轴位置。
- Locked：设置焊盘是否锁定。
- Selection：设置焊盘是否被选择。
- Testpoint：设置焊盘是否为测试点。

Pad Stack 选项卡：

Pad Stack 选项卡有三个区域，如图 4-24 所示，分别设置顶层、中间层、底层的大小和形状。

Advanced 选项卡：

- Net：设置焊盘所在的网络。
- Electrical type：设置焊盘在网络中的电气特性，包括 Source（起点）、Load（中点）、

Terminator（终点）。

- Plated：设置电镀焊盘的通孔孔壁。
- Paste Mask：设置焊盘助焊膜的属性。
- Solider Mask：设置焊盘阻焊膜的属性。

（3）放置过孔。

1）单击放置工具栏“ ”放置过孔按钮，或者执行“Place 放置”菜单下的“Via 过孔”命令，光标变为十字形，就可以执行放置过孔操作。

2）将光标移动到需要放置过孔的目标位置，单击，即可将一个过孔放置在该位置。

3）光标移动到新的位置，继续放置过孔，单击右键或者按键盘“Esc”键，可以结束放置过孔操作。

4）在放置过孔的过程中按键盘“Tab”键，或者双击已经放置好的过孔，弹出图 4-25 所示的过孔属性对话框，可以对过孔属性进行设置。

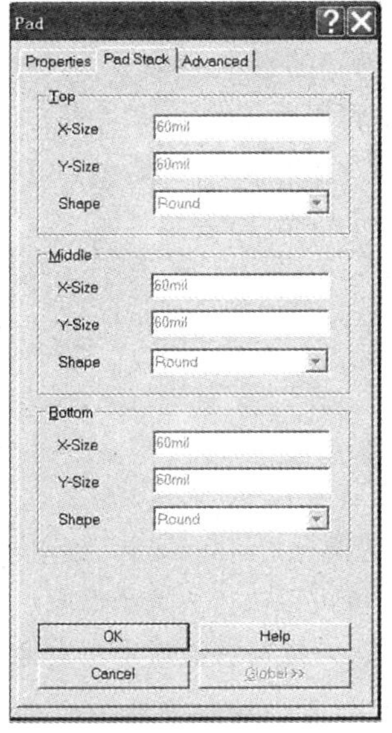

图 4-24 Pad Stack 选项设置

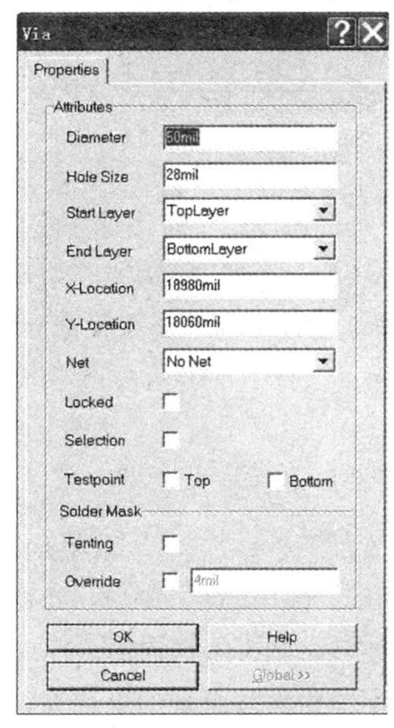

图 4-25 过孔属性

- Diameter：设置过孔直径。
- Hole Size：设置过孔孔径。
- Start Layer：设置过孔的开始层。
- End Layer：设置过孔的结束层。
- X-Location：设置过孔 X 轴位置。
- Y-Location：设置过孔 Y 轴位置。
- Net：设置过孔的所在网络。
- Locked：设置过孔是否锁定。
- Selection：设置过孔是否被选择。
- Testpoint：设置过孔是否为测试点。
- Solider Mask：设置过孔阻焊膜属性。

（4）放置字符串。

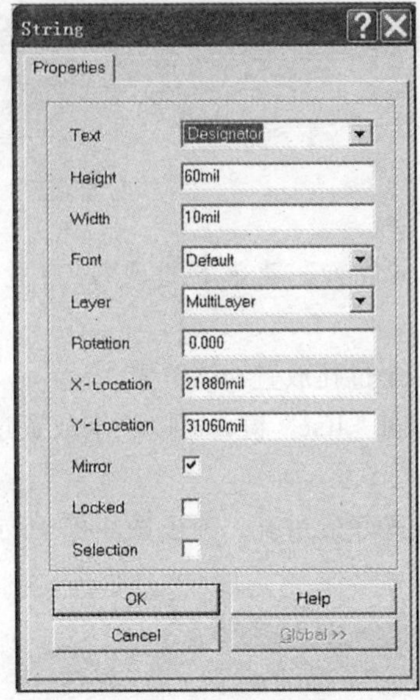

图 4-26　字符串属性

1）单击放置工具栏“T”放置字符串按钮，或者执行“Place 放置”菜单下的“String 字符串”命令，光标变成为十字形，就可以执行放置字符串操作。

2）将光标移动到需要放置字符串的目标位置，单击，即可将一个字符串放置在该位置。

3）光标移动到新的位置，继续放置字符串，单击右键或者按键盘“Esc”键，可以结束放置字符串操作。

4）在放置字符串的过程中按键盘“Tab”键，或者双击已经放置好的字符串，弹出图 4-26 所示的字符串属性对话框，可以对字符串属性进行设置。

- Text：设置字符串内容。
- Height：设置字符串高度。
- Width：设置字符串宽度。
- Font：设置字符串的字体。
- Layer：设置字符串所在的层。
- Rotation：设置字符串旋转角度。
- X-Location：设置字符串 X 轴位置。
- Y-Location：设置字符串 Y 轴位置。
- Mirror：设置字符串是否镜像显示。
- Locked：设置字符串是否锁定。
- Selection：设置字符串是否被选择。

（5）放置坐标原点。

1）单击放置工具栏“⊠”放置坐标原点按钮，或者执行“Edit 编辑”菜单下的“Origin 原点”子菜单下的“Set 设置”命令，光标变成为十字形，就可以执行放置坐标原点操作。

2）将光标移动到需要放置坐标原点的目标位置，单击，即可将该点定义为坐标原点位置。

3）如果用户想恢复原来的坐标系，执行“Edit 编辑”菜单下的“Origin 原点”子菜单下的“Reset 复位”命令即可。

（6）放置坐标。

1）单击放置工具栏“+10,10”放置坐标按钮，或者执行“Place 放置”菜单下的“Coordinate 坐标”命令，光标变成为十字形，就可以执行放置坐标操作。

2）将光标移动到需要放置字符串的目标位置，单击，即可将该位置的坐标放置在该处。

3）光标移动到新的位置，继续放置坐标，单击右键或者按键盘“Esc”键，可以结束放置坐标操作。

4）在放置坐标的过程中按键盘“Tab”键，弹出图 4-27 所示的字符串属性对话框，可以对坐标属性进行设置。

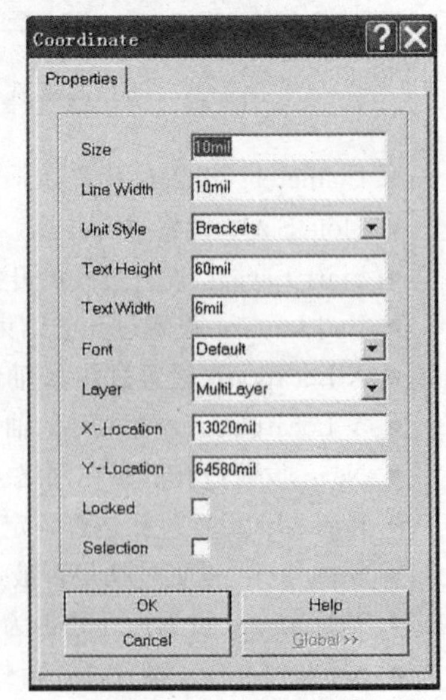

图 4-27　坐标属性

- Size：设置坐标大小。
- Line Width：设置坐标线宽度。
- Unit Style：设置坐标单位类型，包括 Brackets（括

号)、Normal（普通式）和 None（无单位）三种。

- Text Height：设置坐标文字高度。
- Text Width：设置坐标文字宽度。
- Font：设置坐标的字体。
- Layer：设置坐标所在的层。
- X-Location：设置坐标 X 轴位置。
- Y-Location：设置坐标 Y 轴位置。
- Locked：设置坐标是否锁定。
- Selection：设置坐标是否被选择。

（7）放置尺寸标注。

1）单击放置工具栏“ ”放置尺寸标注按钮，或者执行“Place 放置”菜单下的“Dimension 尺寸标注”命令，光标变成为十字形，就可以执行放置尺寸标注操作。

2）将光标移动到需要放置尺寸标注的起点，单击，移动到终点，尺寸随之变化，单击确定即可将两点之间的距离显示在尺寸标注上。

3）光标移动到新的位置，继续放置尺寸标注，单击或者按键盘“Esc”键，可以结束放置尺寸标注操作。

4）在放置尺寸标注的过程中按键盘“Tab”键，弹出图 4-28 所示的尺寸标注属性对话框，可以对尺寸标注属性进行设置。

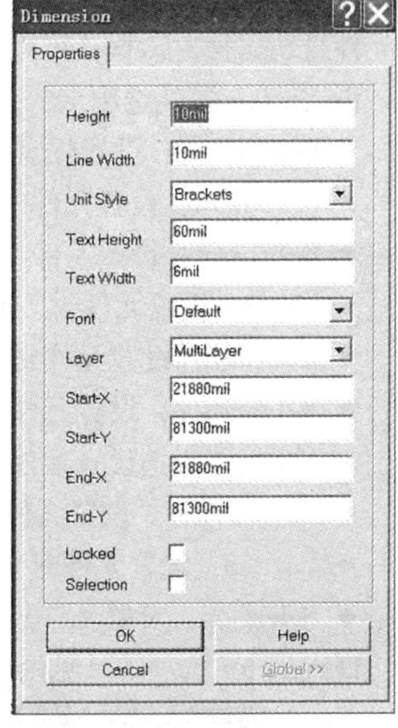

图 4-28　尺寸标注属性设置

- Height：设置尺寸标注的高度。
- Line Width：设置尺寸标注线宽度。
- Unit Style：设置尺寸标注单位类型，包括 Brackets（括号)、Normal（普通式）和 None（无单位）三种。
- Text Height：设置尺寸标注文字高度。
- Text Width：设置尺寸标注文字宽度。
- Font：设置尺寸标注的字体。
- Layer：设置尺寸标注所在的层。
- Start-X：设置尺寸标注起点的 X 轴坐标。
- Start-Y：设置尺寸标注起点的 Y 轴坐标。
- End-X：设置尺寸标注结束点的 X 轴坐标。
- End-Y：设置尺寸标注结束点的 Y 轴坐标。
- Locked：设置尺寸标注是否锁定。
- Selection：设置尺寸标注是否被选择。

（8）放置元件封装。

1）单击放置工具栏“ ”放置元件封装按钮，或者执行“Place 放置”菜单下的“Component 元件”命令，弹出图 4-29 所示的放置元件对话框。

2）用户在对话框中设置 Footprint（元件的封装)、Designator（流水号)、Comment（注释）等参数。

3）用户也可以单击“Browse”浏览按钮，在弹出的元件浏览库中选择要放置的元件封装，

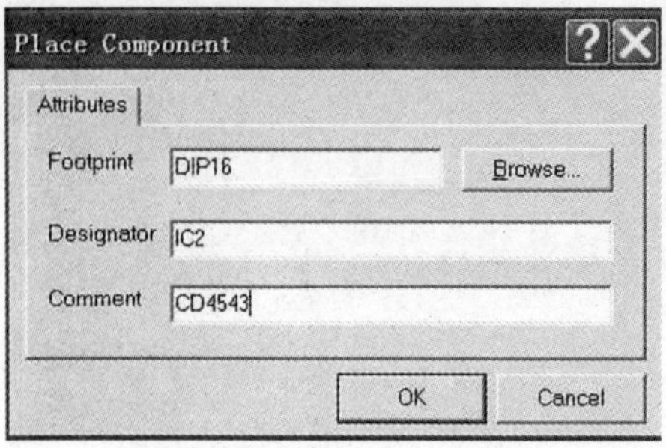

图 4-29　放置元件对话框

例如选择 DIP16，单击“Close”按钮，返回放置元件对话框。

4）单击“OK”按钮，十字光标中心出现 DIP16 的封装，将光标移动到需要放置元件封装的目标位置，单击，放置该 DIP16 封装。

5）光标移动到新的位置，继续弹出元件封装对话框，选择元件封装，继续进行放置。单击右键或者按键盘“Esc”键，可以结束放置元件封装操作。

6）在放置元件封装的过程中按键盘“Tab”键，或者双击已经放置好的元件封装，弹出图 4-30 所示的元件封装属性对话框，可以对元件封装属性进行设置。

Properties 属性选项卡：

- Designator：设置焊盘元件封装流水号。
- Comment：设置元件的注释。
- Footprint：设置元件封装类型。
- Layer：设置元件封装所在的层。
- Rotation：设置元件封装旋转角度。
- X-Location：设置元件封装 X 轴位置。
- Y-Location：设置元件封装 Y 轴位置。
- Lock Prims：设置元件封装结构是否锁定。
- Locked：设置元件封装位置是否锁定。
- Selection：设置元件封装是否被选择。

Designator 选项卡（见图 4-31）：

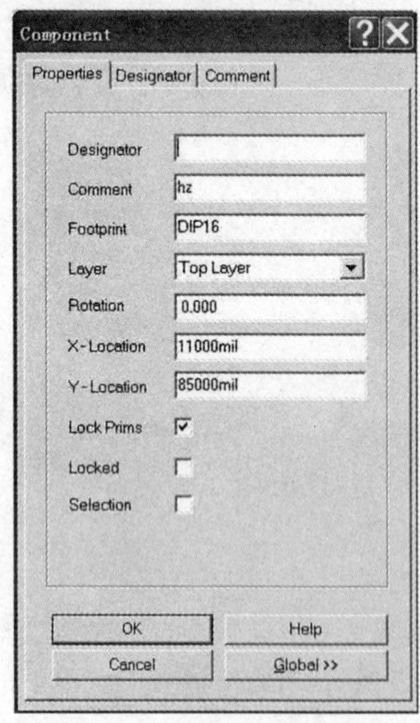

图 4-30　元件封装属性设置

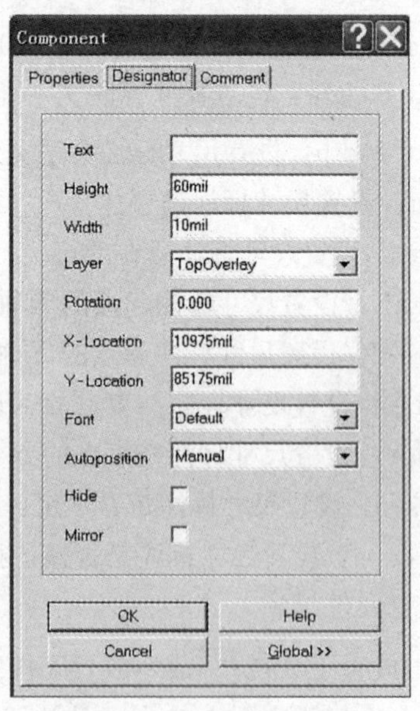

图 4-31　Designator 选项卡

- Text：设置元件封装序号。
- Height：设置元件封装序号高度。

- Width：设置元件封装序号文字宽度。
- Layer：设置元件封装序号文字所在的层。
- Rotation：设置元件封装序号文字旋转角度。
- X-Location：设置元件封装序号文字 X 轴位置。
- Y-Location：设置元件封装序号文字 Y 轴位置。
- Font：设置元件封装序号文字的字体。
- Autoposition：设置元件封装序号文字的位置。
- Hide：设置元件封装序号是否隐藏。
- Mirror：设置元件封装序号文字是否镜像显示。

Comment 选项卡（见图 4-32）：

- Text：设置元件注释序号。
- Height：设置元件封装序号高度。
- Width：设置元件注释文字宽度。
- Layer：设置元件注释文字所在的层。
- Rotation：设置元件注释文字旋转角度。
- X-Location：设置元件注释文字 X 轴位置。
- Y-Location：设置元件注释文字 Y 轴位置。
- Font：设置元件注释文字的字体。
- Autoposition：设置元件注释文字的位置。
- Hide：设置元件封装序号是否隐藏。
- Mirror：设置元件注释文字是否镜像显示。

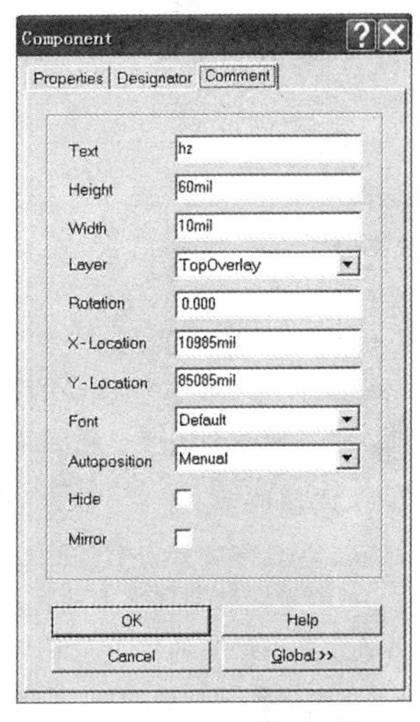

图 4-32 Comment 选项卡

（9）边缘法绘制圆弧。边缘法绘制圆弧就是通过圆上的两点，即起点和终点的方法确定圆弧的绘制方法。边缘法绘制圆弧步骤如下：

1）单击放置工具栏“ ”边缘法绘制圆弧按钮，或者执行“Place 放置”菜单下的“Arc（Edge）边缘弧”命令，光标变成为十字形，就可以执行边缘法绘制圆弧操作。

2）将光标移动到需要边缘法绘制圆弧的起点，单击，移动到圆弧的终点，单击确定即可绘制一段圆弧。

3）光标移动到新的位置，继续边缘法绘制圆弧。单击右键或者按键盘“Esc”键，可以结束边缘法绘制圆弧操作。

4）在边缘法绘制圆弧的过程中按键盘“Tab”键，或者双击已经绘制好的圆弧，弹出图4-33所示的圆弧属性对话框，可以对圆弧属性进行设置。

- Width：设置圆弧宽度。
- Layer：设置圆弧所在的层。
- Net：设置圆弧所在的网络。
- X-Center：设置圆弧中心的 X 轴坐标。
- Y-Center：设置圆弧中心的 Y 轴坐标。
- Radius：设置圆弧半径。
- Start Angle：设置圆弧的起始角。

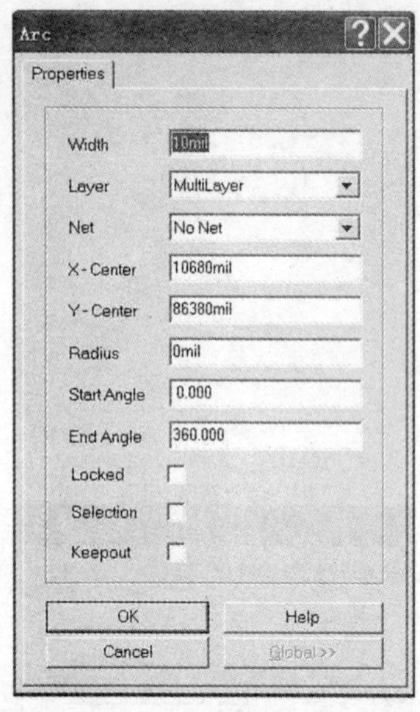

图 4-33　圆弧属性

- End Angle：设置圆弧的结束角。
- Locked：设置圆弧位置是否锁定。
- Selection：设置圆弧是否被选择。
- Keepout：设置圆弧是否具有电气边界特性。

（10）中心法绘制圆弧。

1）单击放置工具栏“”中心法绘制圆弧按钮，或者执行“Place 放置”菜单下的“Arc（Center）圆心弧”命令，光标变为十字形，就可以执行中心法绘制圆弧操作。

2）将光标移动到需要中心法绘制圆弧的中心点，单击中心点，再移动光标单击确定圆弧的半径，接着分别确定圆弧的起点和终点，绘制一段圆弧。

3）光标移动到新的位置，继续中心法绘制圆弧。单击右键或者按键盘“Esc”键，可以结束中心法绘制圆弧操作。

4）在中心法绘制圆弧的过程中按键盘“Tab”键，或者双击已经绘制好的圆弧，弹出图 4-33 所示的圆弧属性对话框，可以对圆弧属性进行设置。

（11）放置矩形填充。

矩形填充一般作为 PCB 的接触面，或者用于增强系统的抗干扰能力而设置的大面积电源或接地，通常放置在顶层、底层或内部电源/接地层。放置矩形填充的操作如下：

1）单击放置工具栏“”放置矩形填充按钮，或者执行“Place 放置”菜单下的“Fill 填充”命令，光标变成为十字形，就可以执行放置矩形填充操作。

2）将光标移动到需要放置矩形填充位置，单击确定矩形填充的一个左上角点，再移动光标单击确定矩形填充的一个右下角点，就可以确定一个矩形填充。

3）光标移动到新的位置，继续放置矩形填充。单击右键或者按键盘“Esc”键，可以结束放置矩形填充操作。

4）在放置矩形填充的过程中按键盘“Tab”键，或者双击已经放置好的矩形填充，弹出图 4-34 所示的填充属性对话框，可以对填充属性进行设置。

- Layer：设置填充所在的层。
- Net：设置填充所在的网络。
- Rotation：设置填充旋转角度。
- Corner1-X：设置填充第 1 个角的 X 轴坐标。
- Corner1-Y：设置填充第 1 个角的 Y 轴坐标。
- Corner2-X：设置填充第 2 个角的 X 轴坐标。
- Corner2-Y：设置填充第 2 个角的 Y 轴坐标。
- Locked：设置填充位置是否锁定。
- Selection：设置填充是否被选择。
- Keepout：设置填充是否具有电气边界特性。

（12）放置多边形。放置多边形作用与放置矩形填充作用类似，方法也类似，只是放置的填充为多边形。

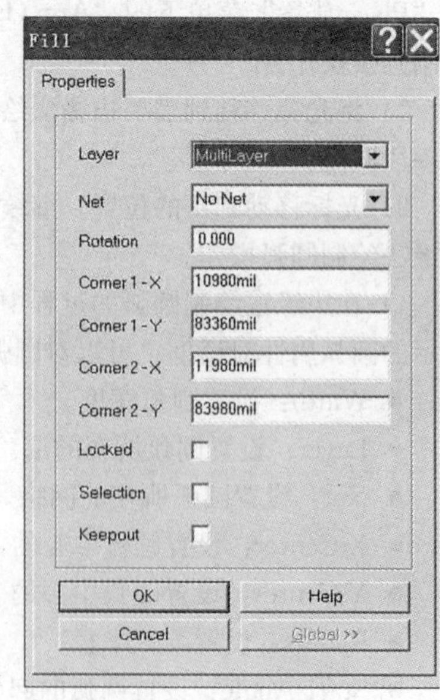

图 4-34　填充属性

2. 规划电路板

绘制 PCB 时，在调入元件封装之前，要规划电路板，即确定电路板的电气边界。规定好电路板的电气边界，所有的布局、布线都要在这个边界之内进行。规划电路板的方法主要有手工规划和用向导生成两种。

（1）手动规划电路板。手动规划电路就是使用放置导线的方式在“Keepout”禁止布线层绘制电路板的边界形状，操作步骤如下：

1）用鼠标单击 PCB 工作区下面的“KeepOutLayer”标签，将禁止布线层设置为当前层。

2）单击执行“Place 放置”菜单下的“Track 线”命令，光标变成十字形，绘制 2360 mil×1580 mil 的矩形框。

3）绘制时，可以借助编辑区左下角的坐标或者尺寸标注来控制尺寸，在拐角处单击并按空格键拐角 90°，绘制结果是一个紫红色的矩形。

（2）使用向导生成电路板。

1）单击执行“File 文件”菜单下的“New 新建”命令。

2）在弹出的新建文件对话框中，如图 4-35 所示，选择“Wizards”向导标签，选择“Printed Circuit Board Wizards”印刷电路板向导。

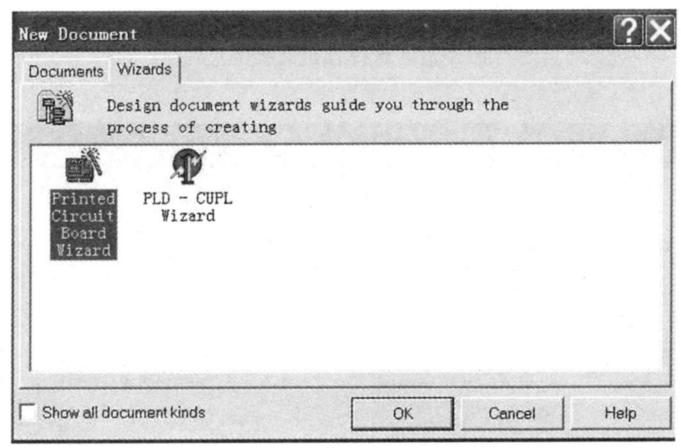

图 4-35 印刷电路板向导

3）单击“OK”按钮，进入图 4-36 所示的欢迎使用 PCB 板向导界面。

4）单击“Next”下一步按钮，弹出图 4-37所示的选择预定义的标准板对话框。

5）选择单位为“Metric”（公制单位），在下拉列表中选择“Custom Made Board”（客户定制板），即自定义板子尺寸、形状、边界等信息。

6）如图 4-38 所示，自定义板子尺寸为宽度为 60 mm、高度为 40 mm，形状为矩形，过孔层为一层机械层，边线位于禁止布局布线层等信息。

7）单击“Next”下一步按钮，弹出图 4-39所示的显示预定义板的外观对话框。

图 4-36 欢迎使用印刷电路板向导

任务10

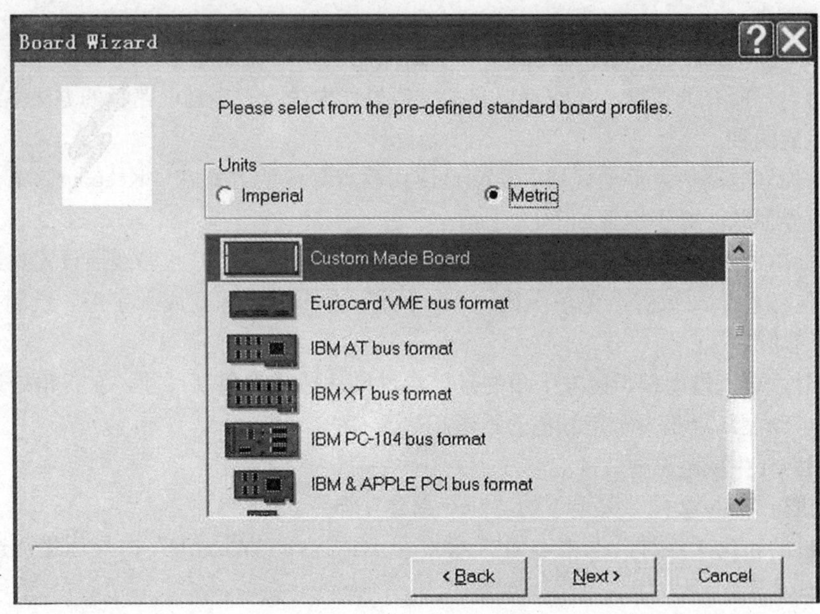

图 4-37　选择预定义板类型

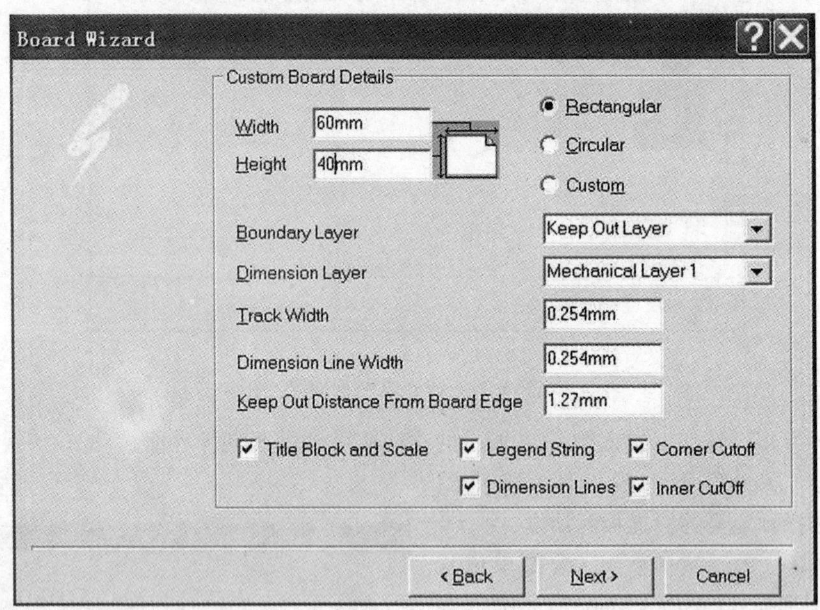

图 4-38　设置电路板参数

8）单击“Next”下一步按钮，弹出图4-40所示的四角切除定义对话框，修改需要切除的尺寸。

9）单击“Next”下一步按钮，弹出图4-41所示的设置电路板信息对话框，在其中可以输入Design Title（设计名称）、Company Name（公司名称）、PCB Part Number（PCB编号）、Contact Phone（联系电话）等。

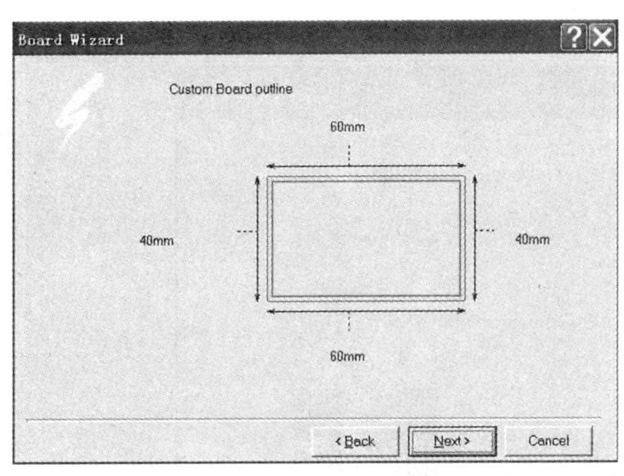

图 4-39 显示预定义板的外观

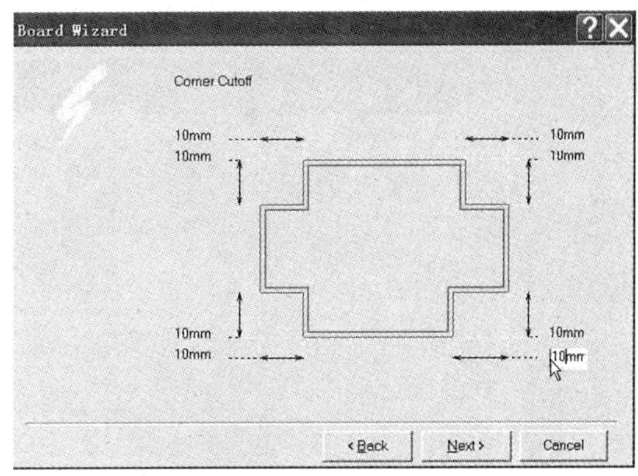

图 4-40 四角切除定义

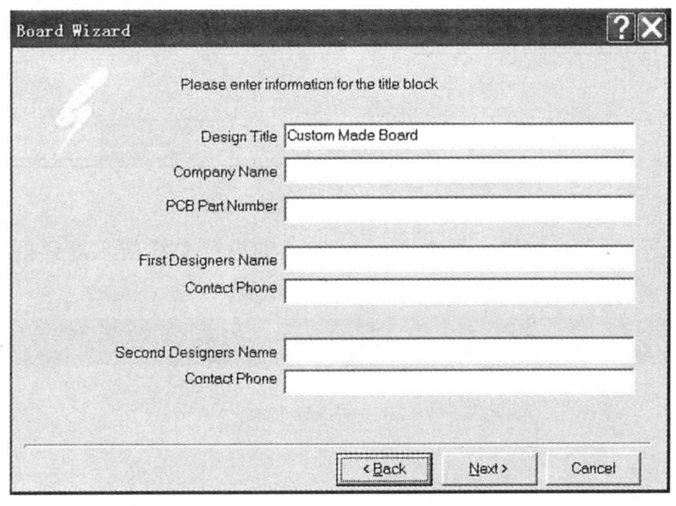

图 4-41 设置电路板信息

10）单击“Next”下一步按钮，弹出图 4-42 所示的设置信号层对话框，可选择信号层的数量，这里选择双层板。

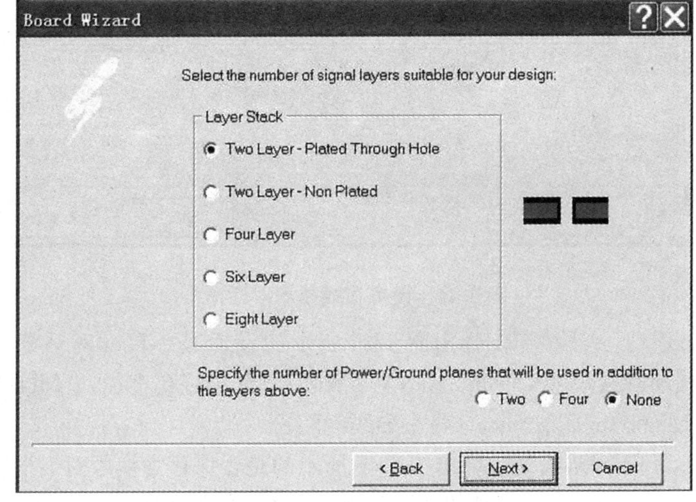

图 4-42 设置信号层对话框

11）单击“Next”下一步按钮，弹出图 4-43 所示的设置过孔类型对话框，这里选择通孔。

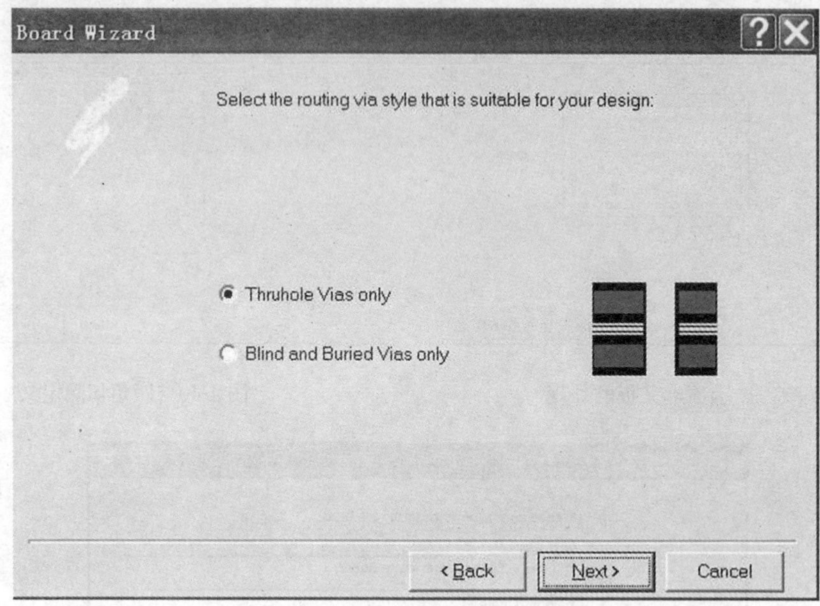

图 4-43　设置过孔类型对话框

12）单击“Next”下一步按钮，弹出图 4-44 所示的设置布线技术对话框，用户可以选择插孔式元件多还是表面贴装元件多，这里选择插孔式元件多。

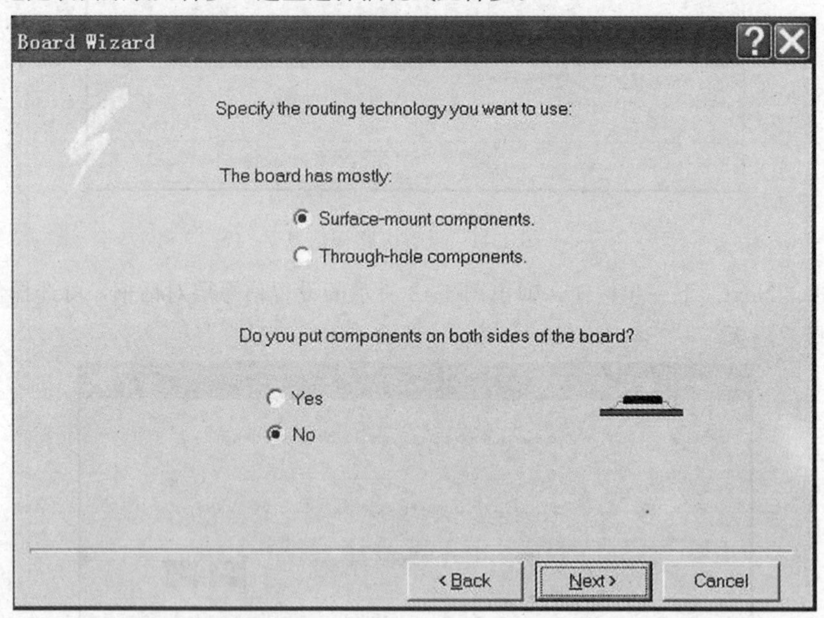

图 4-44　设置布线技术对话框

13）单击“Next”下一步按钮，弹出图 4-45 所示的设置最小尺寸对话框，可以设置 Minimum Track Size（最小导线尺寸）、Minimum Via Width（最小过孔直径）、Minimum Via HoleSize（最小通孔直径）、Minimum Clearance（最小导线间距）。

14）单击“Next”下一步按钮，弹出图 4-46 所示的是否保存为模版对话框。

15）单击“Next”下一步按钮，弹出图 4-47 所示的向导完成对话框。

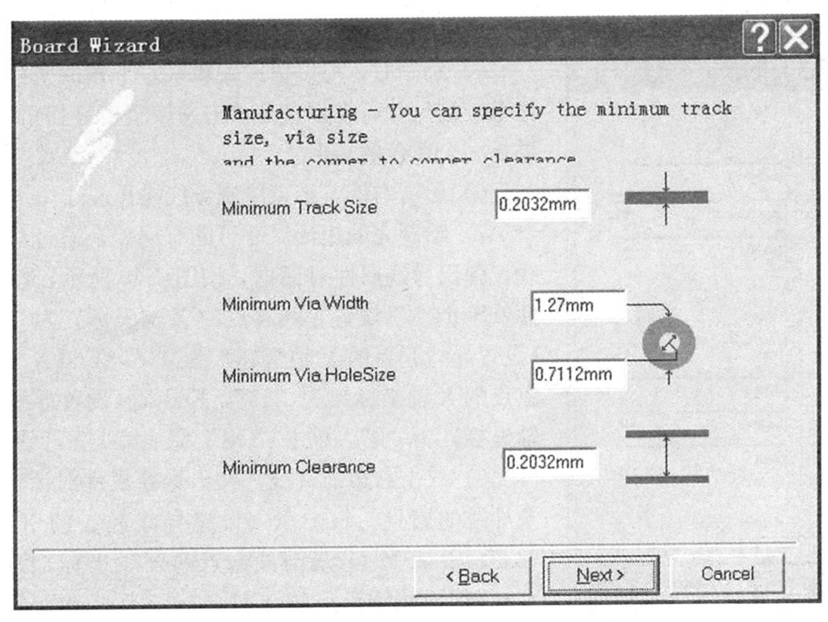

图 4-45 设置最小尺寸对话框

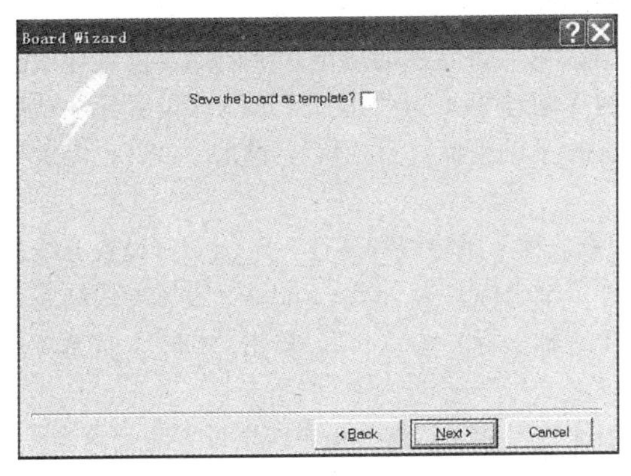

图 4-46 是否保存为模版

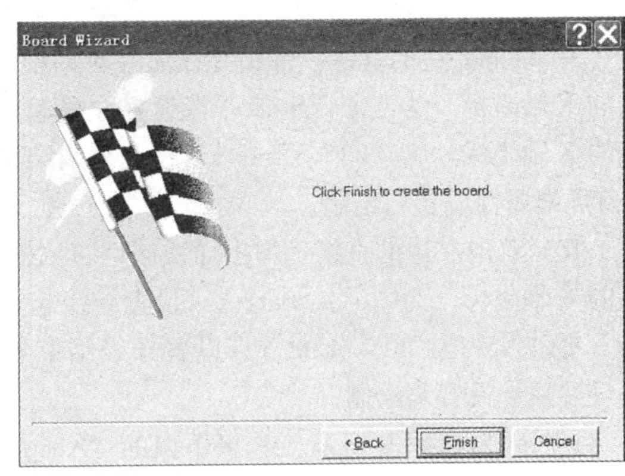

图 4-47 向导完成对话框

16）单击“Finish”完成按钮，弹出图4-48所示的使用的向导生成的 PCB 板图。

3. 添加安装孔

（1）手动设置电路板参数。操作步骤如下：

1）单击 PCB 工作区下面的“Mechnical1”标签，将机械层 1 设置为当前层。

2）单击执行“View 视图”菜单下的“Toggle Units 公/英制转换”命令，使用公制单位。

3）单击执行“Edit 编辑”菜单下的“Origin 原点”子菜单下的“Set”设置命令，移动鼠标在 PCB 板设置一个原点。

4）单击执行“Place 放置”菜单下的“Track 线”命令，光标变为十字形，绘制 63

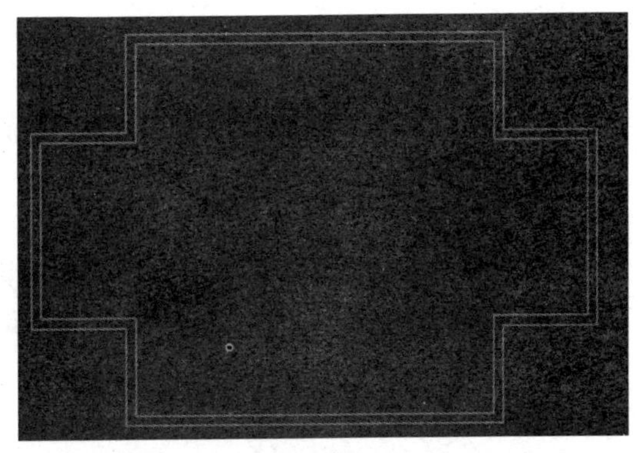

图 4-48 使用向导生成的 PCB 板

任务10

mm×43 mm 的矩形框。

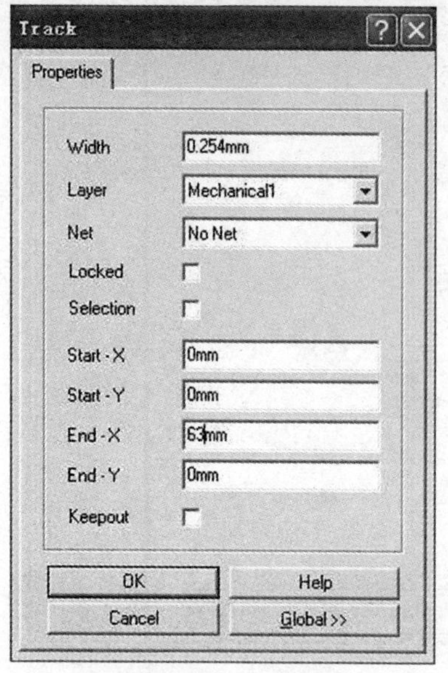

图 4-49　修改导线的属性

5）绘制时，可以借助编辑区左下角的坐标或者尺寸标注来控制尺寸，在拐角处单击并按空格键拐角 90°，绘制结果是一个黄色的矩形。

6）单击右键，结束绘制导线操作。

7）绘制完的矩形尺寸可能有误差，通过双击底边的直线，弹出导线属性对话框，按图 4-49 所示，修改导线的属性，Start-X（设置导线起点的 X 轴坐标）为“0”，Start-Y（设置导线起点的 Y 轴坐标）为“0”，End-X（设置导线结束点的 X 轴坐标）为“63”，End-Y（设置导线结束点的 Y 轴坐标）为“0”，单击“OK”完成第 1 条导线属性设置。

8）双击右边的直线，弹出导线属性对话框，修改第 2 条导线的属性，Start-X（设置导线起点的 X 轴坐标）为“63”，Start-Y（设置导线起点的 Y 轴坐标）为“0”，End-X（设置导线结束点的 X 轴坐标）为“63”，End-Y（设置导线结束点的 Y 轴坐标）为“43”，单击“OK”，完成第 2 条导线属性设置与绘制。

9）双击上边的直线，弹出导线属性对话框，修改第 3 条导线的属性，Start-X（设置导线起点的 X 轴坐标）为“0”，Start-Y（设置导线起点的 Y 轴坐标）为“43”，End-X（设置导线结束点的 X 轴坐标）为“63”，End-Y（设置导线结束点的 Y 轴坐标）为“43”，单击“OK”，完成第 3 条导线属性设置与绘制。

10）双击左边的直线，弹出导线属性对话框，修改第 4 条导线的属性，Start-X（设置导线起点的 X 轴坐标）为“0”，Start-Y（设置导线起点的 Y 轴坐标）为“0”，End-X（设置导线结束点的 X 轴坐标）为“0”，End-Y（设置导线结束点的 Y 轴坐标）为“43”，单击“OK”，完成第 4 条导线属性设置与绘制。

11）用鼠标单击 PCB 工作区下面的“KeepOutLayer”标签，将禁止布线层设置为当前层。

12）单击执行“Place 放置”菜单下的“Track 线”命令，光标变为十字形，绘制 60 mm×40 mm 的矩形框。

13）绘制时，可以借助编辑区左下角的坐标或者尺寸标注来控制尺寸，在拐角处单击并按空格键拐角 90°，绘制结果是一个紫红色的矩形。

14）单击右键，结束绘制导线操作。

15）修改各条直线的属性，使禁止布线区边框大小为 60 mm×40 mm 的矩形，矩形各边距离边线1.5 mm。

16）单击执行“View 视图”菜单下的“Toggle Units 公/英制转换”命令，恢复使用英制单位。

（2）添加四角定位安装孔。

1）单击 PCB 工作区下面的“TopLayer”标签，将顶层设置为当前层。

2）单击执行“View 视图”菜单下的“Toggle Units 公/英制转换”命令，使用公制单位。

3）单击放置工具栏“●”放置焊盘按钮，或者执行“Place 放置”菜单下的“Pad 焊盘”命令。

4）按键盘“Tab”键，弹出图 4-50 所示的焊盘属性对话框，设置焊盘的 X-Size（设置焊盘

X 轴尺寸）为 3 mm，Y-Size（设置焊盘 Y 轴尺寸）为 3 mm，Shape（设置焊盘形状）为 Round 圆形，设置 Hole Size（焊盘孔径）为 3 mm。

5）单击“Advanced”选项卡，修改图 4-51 所示的“Advanced”选项卡的 Plated 孔壁是否电镀属性为“不电镀”。单击“OK”按钮，关闭对话框，回到放置焊盘状态。

6）移动鼠标在四角分别放置一个焊盘。

7）双击左下角的焊盘，弹出焊盘属性对话框，修改焊盘属性，如图 4-52 所示，设置 X-Location（焊盘 X 轴位置）为 5 mm，设置 Y-Location（焊盘 Y 轴位置）为 5 mm，单击“OK”按钮，关闭对话框，设定左下角焊盘定位在（5，5）位置。

8）双击右下角的焊盘，弹出焊盘属性对话框，修改焊盘属性，X-Location（设置焊盘 X 轴位置）为 55 mm，Y-Location（设置焊盘 Y 轴位置）为 5 mm，单击“OK”按钮，关闭对话框，设定右下角焊盘定位在（58，5）位置。

9）双击右上角的焊盘，弹出焊盘属性对话框，修改焊盘属性，X-Location（设置焊盘 X 轴位置）为 55 mm，Y-Location（设置焊盘 Y 轴位置）为 35 mm，单击“OK”按钮，关闭对话框，设定右上角焊盘定位在（58，35）位置。

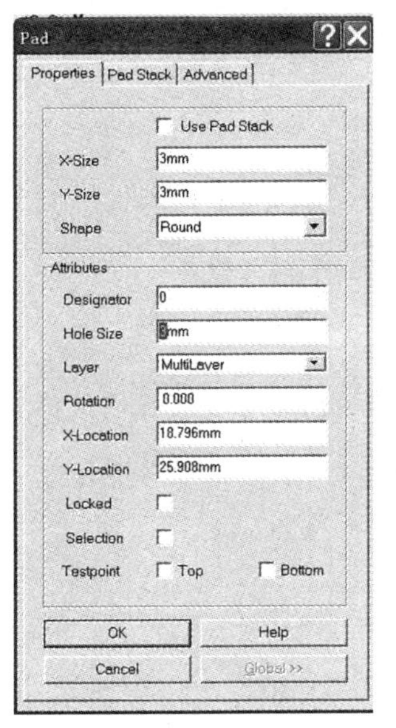

图 4-50 修改焊盘的属性

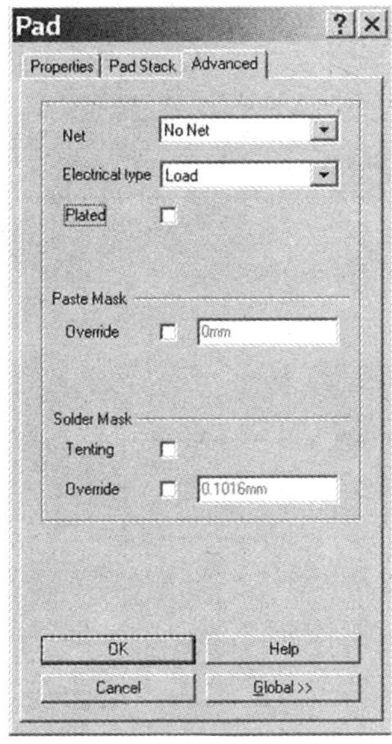

图 4-51 修改孔壁的属性

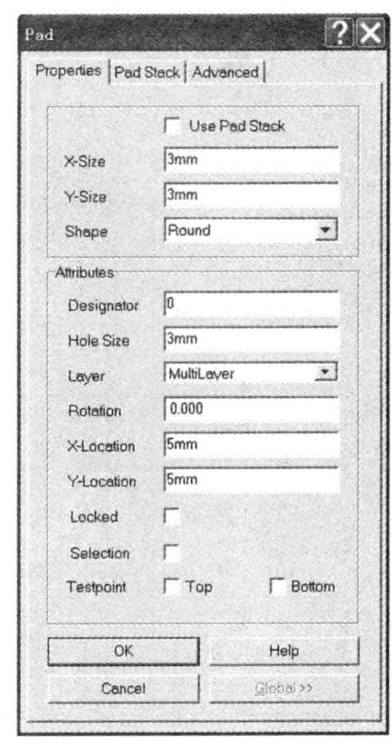

图 4-52 修改焊盘定位属性

10）双击左上角的焊盘，弹出焊盘属性对话框，修改焊盘属性，X-Location（设置焊盘 X 轴位置）为 5mm，Y-Location（设置焊盘 Y 轴位置）为 35mm，单击“OK”按钮，关闭对话框，设定左上角焊盘定位在（5，35）位置。

11）单击右键，结束放置焊盘操作。

12）添加的四角的安装孔见图 4-53。

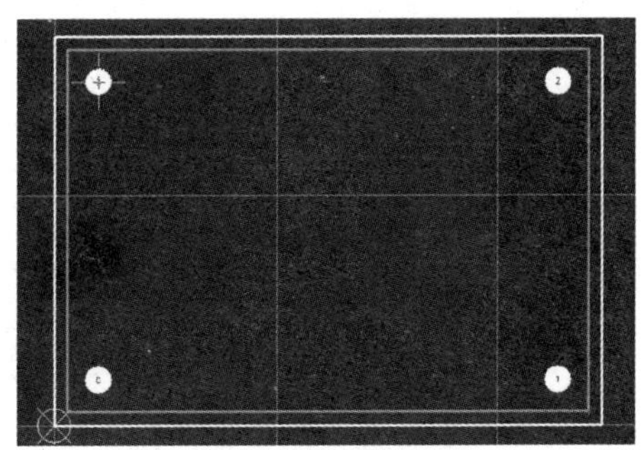

图 4-53 带安装孔的电路板

4. 传递封装信息到 PCB

PCB 规划好后，就要把原理图的封装信息和元件间的电气连接关系传递到 PCB，封装信息和元件间的电气连接关系信息都存在于网络表中。

（1）加载 PCB 元件封装库。

图 4-54　添加删除元件库对话框

1）单击执行“Design 设计”菜单下的“Add/Remove Library 添加删除元件库”命令。

2）弹出图 4-54 所示的添加删除元件库对话框。

3）分别选择“Advpcb. ddb”、“General IC. ddb”和“Miscellaneous. ddb”三个元件封装库，单击“Add”添加按钮，被选中的元件封装库就会出现在 Selected File 列表框中。

4）单击“OK”按钮，完成加载元件封装库操作。

（2）创建网络表。

1）绘制图 4-55 所示电路原理图。

2）元件封装信息见表 4-6。

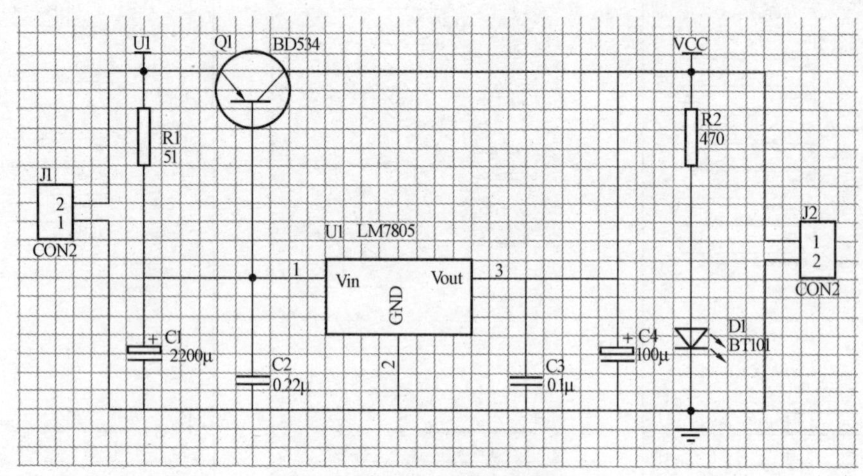

图 4-55　5V 稳压电源电路

表 4-6　　**元件封装信息**

流水序号	元件参数	元件封装	流水序号	元件参数	元件封装
J1	CON2	SIP2	C3	0. 1u	RAD0. 2
J2	CON2	SIP2	C4	100	RB. 2/. 4
R1	51	AXIAL0. 4	Q1	BD234	TO-220
R2	470	AXIAL0. 4	U1	LM7805	T0－126
C1	2200u	RB. 3/. 6	D1	BT101	DIODE0. 4
C2	0. 22u	RAD0. 2			

3）生成网络表。单击执行“Design 设计”菜单下的“Create Netlist 创建网络表”命令，打开网络表生成对话框，单击“OK”按钮，创建一个名为“Sheet1. NET”的网络表文件。

网络表的内容如下：

```
[
C1
RB.3/.6
2200u
]
[
C2
RAD0.2
0.22u
]
[
C3
RAD0.2
0.1u
]
[
C4
RB.2/.4
100u
]
[
D1
DIODE0.4
BT101
]
[
J1
SIP2
CON2
]
[
J2
SIP2
CON2
]
[
Q1
TO-220
BD534
]
[
```

```
R1
AXIAL0.4
51
]
[
R2
AXIAL0.4
470
]
[
U1
TO-126
LM7805
]
(
GND
C1-2
C2-2
C3-2
C4-2
D1-K
J1-1
J2-2
U1-2
)
(
NetC1_1
C1-1
C2-1
Q1-1
R1-1
U1-1
)
(
NetD1_A
D1-A
R2-1
)
(
U1
J1-2
```

Q1-2
R1-2
)
(
VCC
C3-1
C4-1
J2-1
Q1-3
R2-2
U1-3
)

网络表中的元件描述以“[”开始，以“]”结束，然后给出元件编号、元件封装形式、元件注释文字（元件参数）。以 C1 为例，说明如下：

[：元件描述开始。

C1：元件编号。

RB.3/.6：元件封装形式。

2200u：元件注释文字（元件参数）。

]：元件描述结束。

网络表中的网络连接描述“(”开始，以“)”结束，每个网络连接都要包括连接到该网络的所有端口，以 C1 的上端为例，说明如下：

(：网络描述开始。

NetC1 _ 1：网络名称。

C1-1：C1 的 1 端。

C2-1：C2 的 1 端。

Q1-1：Q1 的 1 端。

R1-1：R1 的 1 端。

U1-1：U1 的 1 端。

)：网络描述结束。

(3) 加载 Sheet1.NET 网络表。

1) 单击执行“Design 设计”菜单下的“Net list 网络表”命令，弹出如图 4-56 所示的加载网络表对话框。

2) 单击“Browse”浏览按钮，弹出如图 4-57 所示的网络表文件选择对话框，选择网络表文件 Sheet1.NET。

3) 单击“OK”按钮，返回加载网络表对话框，如图 4-58 所示，新的对话框中显示了加载内容，“NO.”列显示网络表加载的序号，“Action”列显示加载网络表时的每一步操作内容，“Error”列显示加载网络表时错误，如果没有错误，列表下的状态栏显示“All macros validated”（所有宏操作有效）。

4) 单击“Execute”执行按钮，所有的元件封装及以飞线形式表示元件间电气连接的关系自动生成在 PCB 上，加载网络表后的 PCB 见图 4-59。

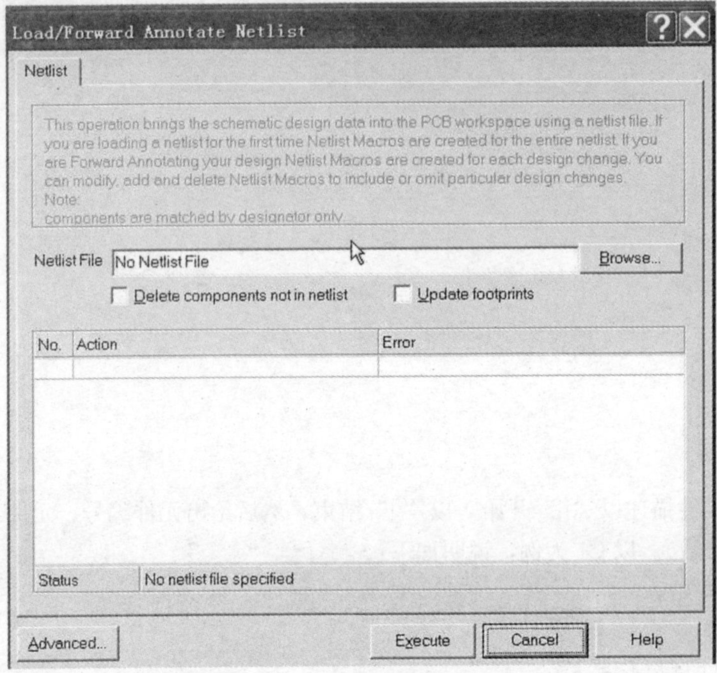

图 4-56　加载网络表对话框

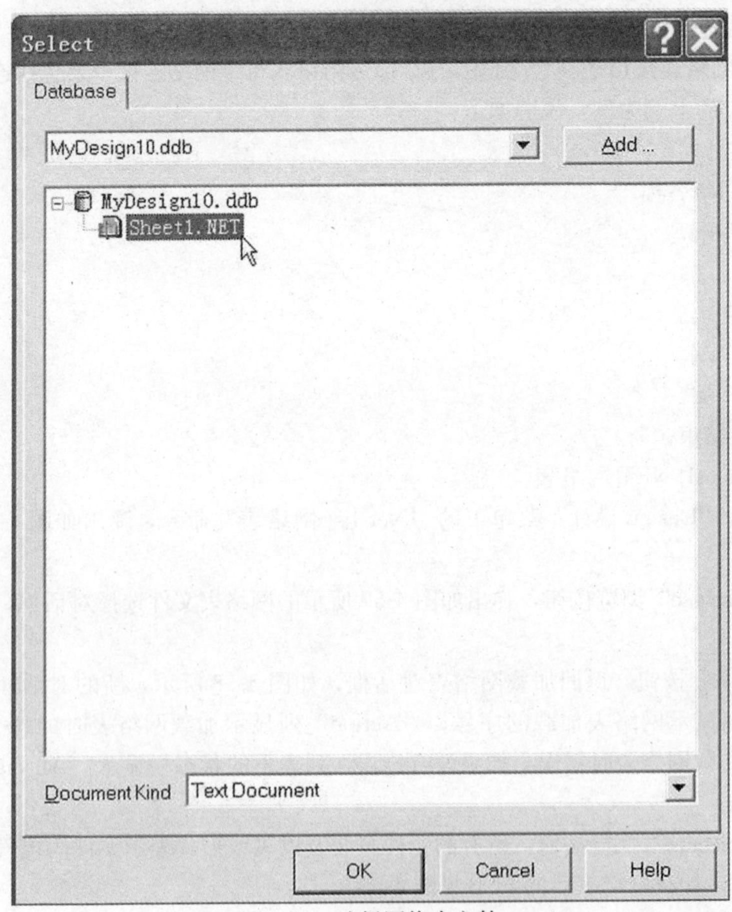

图 4-57　选择网络表文件

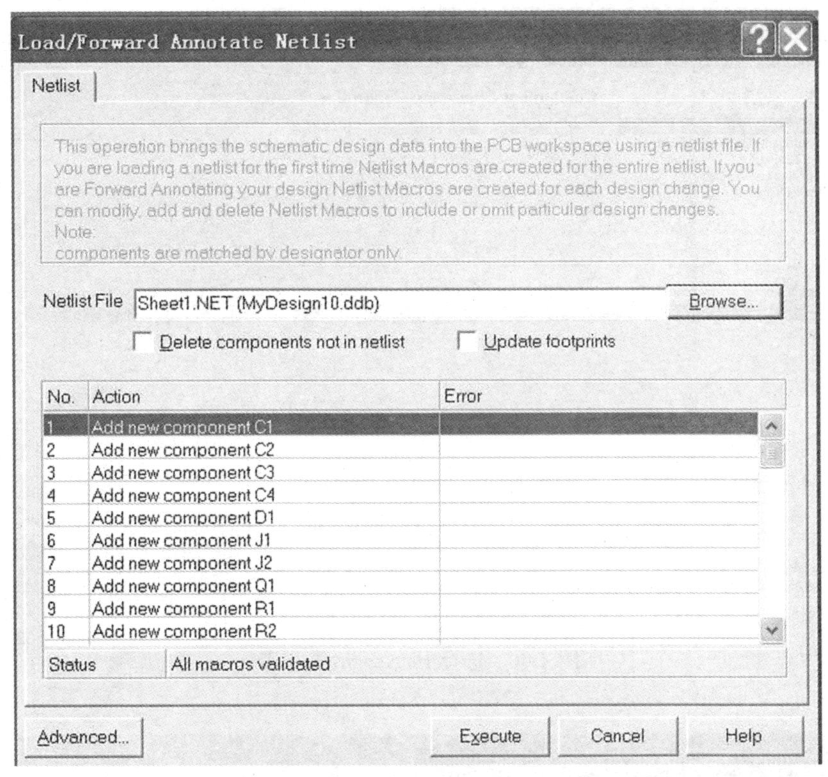

图 4-58 查看网络表加载内容

5. 元件的自动布局

(1) 设置布局规则。

1) 单击执行“Design 设计”菜单下的“Rule 规则”命令，弹出设计规则对话框，如图 4-60 所示，选择“Placement”选项卡。

- Clearance Constraint：元件间距，设置元件间最小距离。
- Clearance Orientations Rule：元件角度，设置元件放置的角度。
- Net to Ignore：忽略网络，设置在群集式自动布局时，应该忽略的网络走线，一般选择忽略电源网络、地线网络走线对布局的影响。

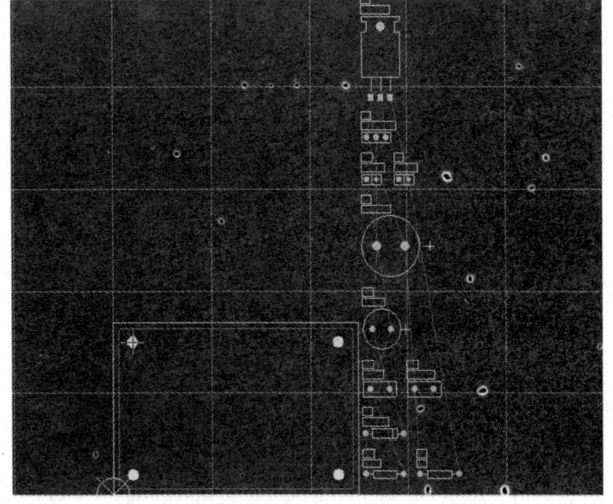

图 4-59 加载网络表后的 PCB

- Permitted Layer Rules：允许元件放置层，设置允许元件放置的电路板层。
- Room Definition：定义房间，设置定义房间规则。

单击“Add”(添加) 按钮，添加新规则。

单击“Delete”(删除) 按钮，删除规则。

单击“Properties”(属性) 按钮，修改已有的规则。

2) 设置元件间距 (见图 4-61)。

3) 设置忽略电源网络。选择对话框的 Net to Ignore (忽略网络项)，单击“Add”(添加) 按

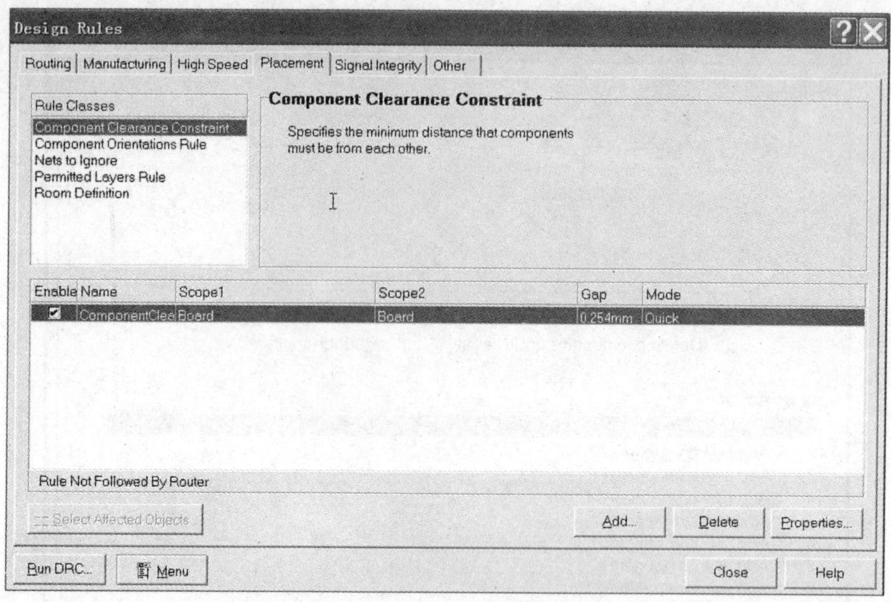

图 4-60　选择 Placement 选项卡

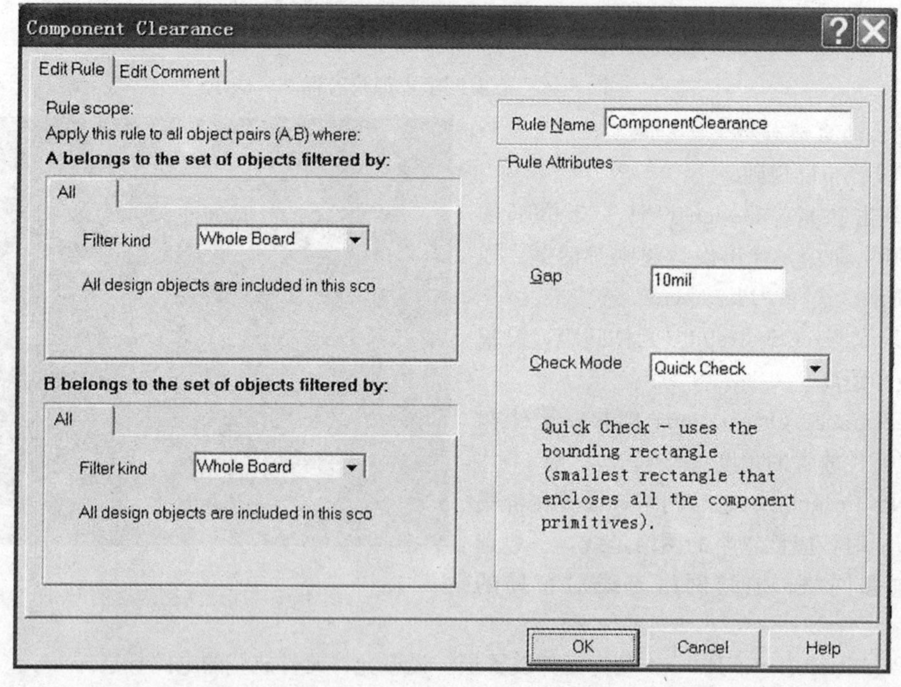

图 4-61　设置元件间间距

钮，打开图 4-62 所示的“Net to Ignore”（忽略网络）对话框。

单击左下角“EditClasses”（编辑类）按钮，弹出如图 4-63 所示的编辑对象类别对话框。

单击“Add”（添加）按钮，弹出如图 4-64 所示的添加网络对象对话框，添加新的网络类别“VCC”、“GND”，单击“OK”按钮，关闭添加网络对象对话框，返回编辑对象类别对话框。

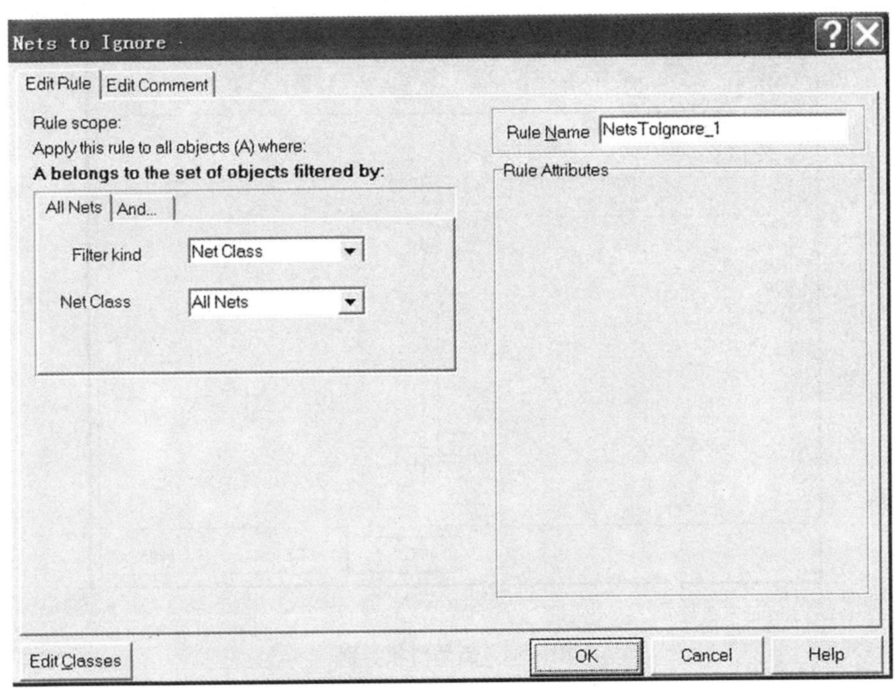

图 4-62 忽略网络对话框

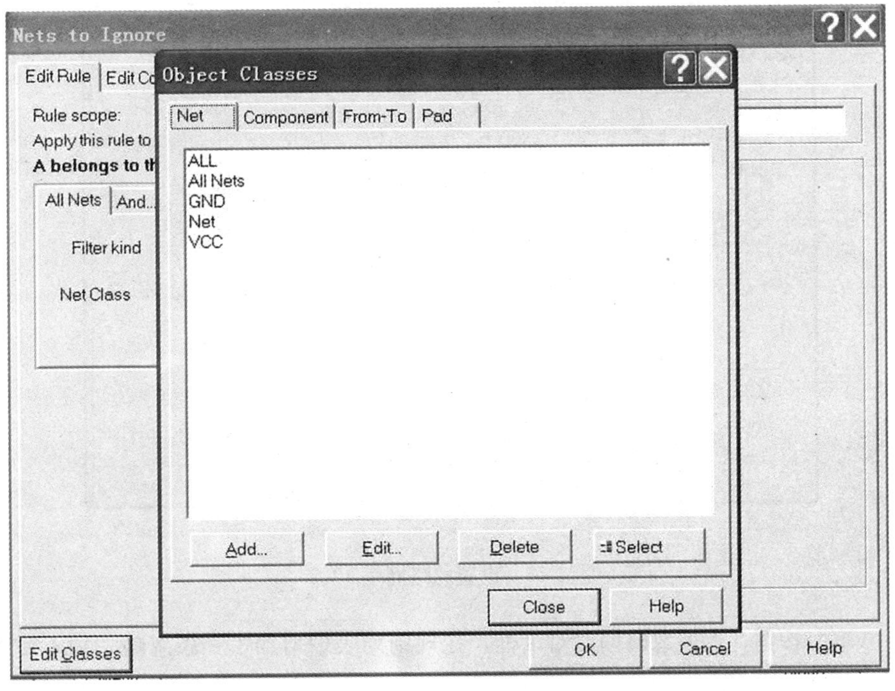

图 4-63 编辑对象类别对话框

单击“Close”(关闭)按钮，关闭编辑对象类别对话框，返回忽略网络对话框。

如图 4-65 所示，在“Filter kind”过滤关键词栏的下拉列表中选“Net”，在“Net”网络类别的下拉列表中选“VCC”。

任务10

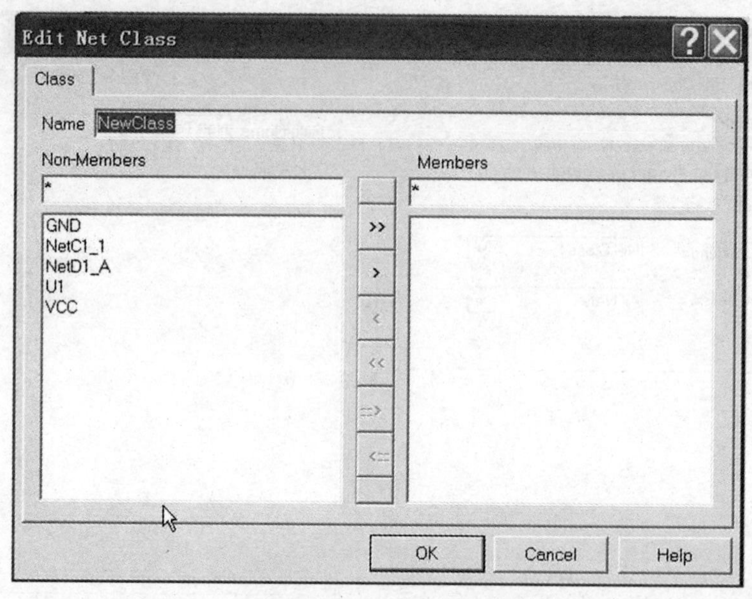

图 4-64　新增对象类别

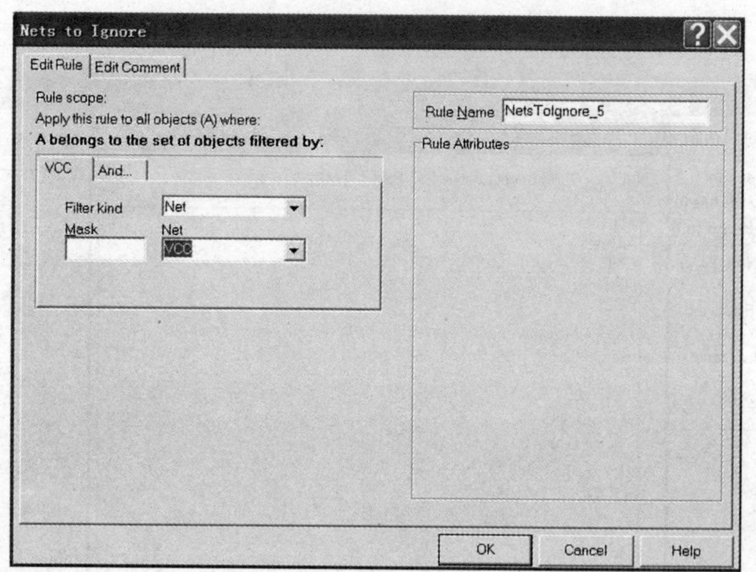

图 4-65　设置忽略网络 VCC

单击“OK”按钮，返回忽略网络对话框，在规则列表中增加了一条忽略“VCC”网络的新规则。

4）设置忽略地线网络（见图 4-66）。用设置忽略电源网络类似的方法设置忽略地线网络。

如图 4-66 所示，在“Filter kind”过滤关键词栏的下拉列表中选“Net”，“Net”网络类别的下拉列表中选“GND”。

单击“OK”按钮，返回忽略网络对话框，在规则列表中增加了一条忽略“GND”网络的新规则。

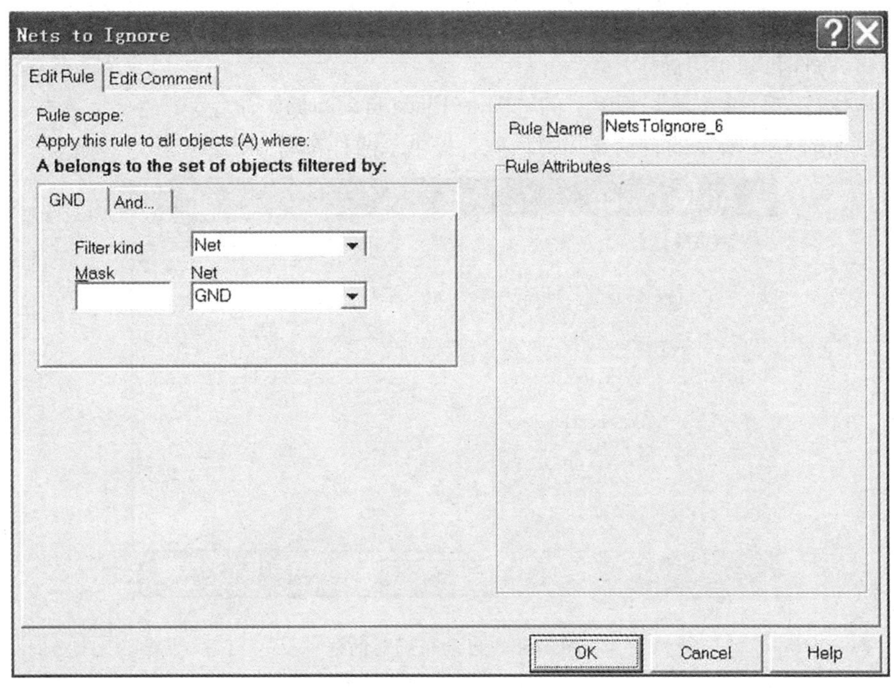

图 4-66 设置忽略网络 GND

5）设置只在顶层放置元件封装（见图 4-67）。

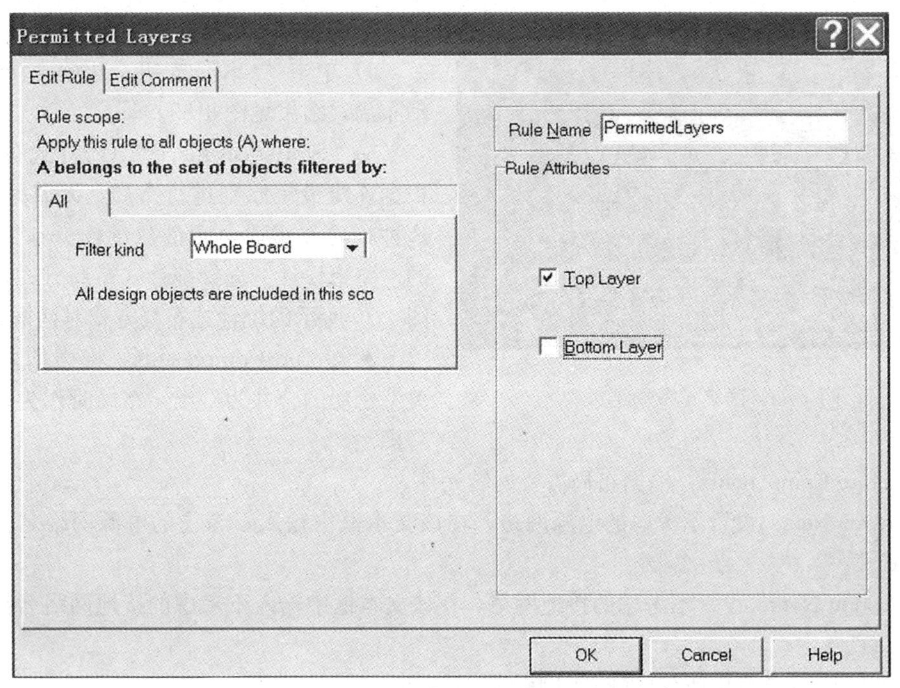

图 4-67 只在顶层放置元件封装

选择“Permitted Layer Rules”允许元件放置层选项，单击“Add”（添加）按钮，打开元件放置层选项对话框，单击选择“TopLayer”（顶层）复选框，去掉“Bottom Layer”（底层）复选框。

单击“OK”按钮，完成只在顶层放置元件封装的规则设计。

(2) 执行元件自动布局操作。

1) 单击执行“Tool 工具”菜单下的“Auto Place 自动布局”命令。

2) 弹出如图 4-68 所示的自动布局对话框，提供了两种布局方式。

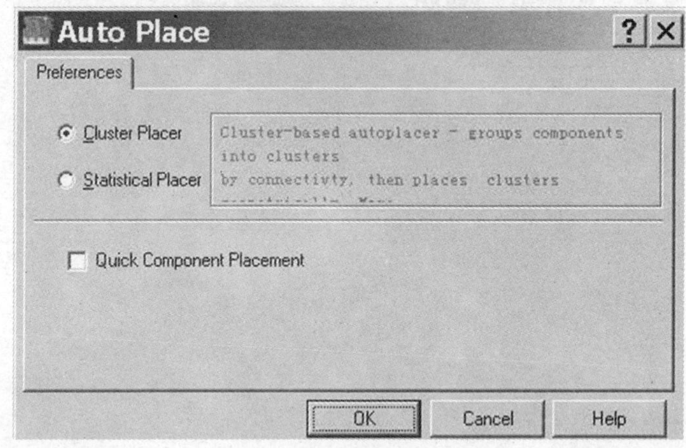

图 4-68　自动布局对话框

3) 选择“Cluster Placer”(群集式布局方式)，根据元件的连通性将元件分组，使其按照一定的几何位置自动布局。这种布局方式适合元件数量较少(少于 100)的电路板设计。如果加选“Quick Component Placement”(快速布局)，能加快布局速度，但不能得到最佳的自动布局结果，通常不选此项。

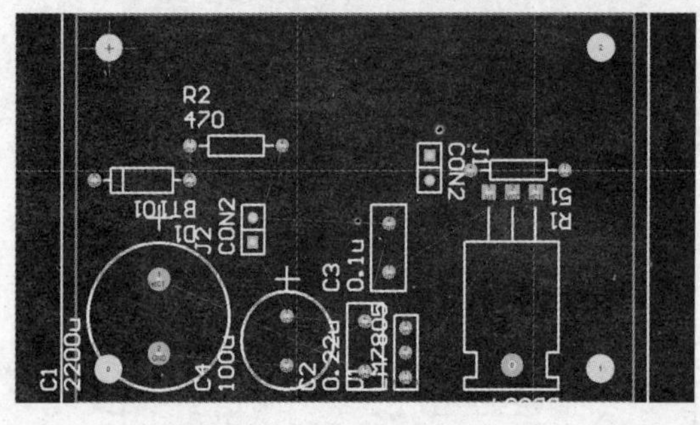

图 4-69　群集式布局结果

4) 单击“OK”按钮，开始在 PCB 上自动布局，结果见图 4-69。

5)“Statistical Placer”(统计式布局方式)根据连线最短原则进行布局，无需另外设计，这种布局方式适合元件数量较少(少于 100)的电路板设计。选择统计式布局方式，弹出如图 4-70 所示的统计式布局方式对话框。

- Group Components：将当前网络连接关系密切的合并为一组，布局时作为一个整体考虑。
- Rotate Components：根据布局需要旋转元件。
- Power Nets：设置不考虑的电源网络，在该文本框中输入不考虑的电源网络名称，本例输入“VCC”。
- Ground Nets：设置不考虑的接地网络，在该文本框中输入不考虑的接地网络名称，本例输入“GND”。
- Grid Size：设置自动布局栅格间距，默认为 20 mil。

6) 单击“OK”按钮，开始自动布局，布局完成，弹出如图 4-71 所示的自动布局已经完成的提示。

7) 单击“OK”按钮，系统弹出如图 4-72 所示的是否将自动布局结果更新到已经存在的 PCB 文件中提示。

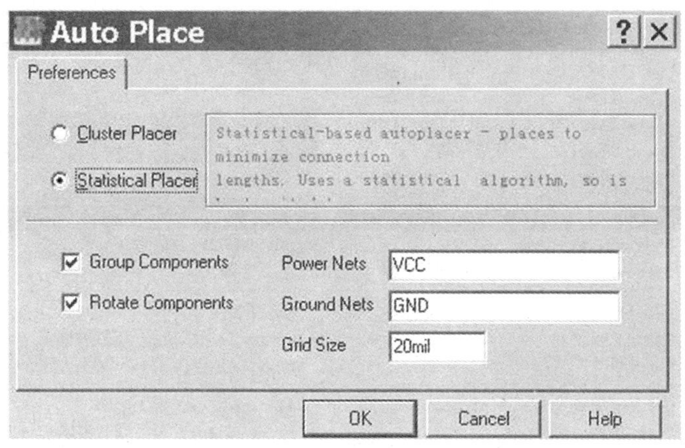

图 4-70 统计式布局

8）单击“Yes”按钮，直接更新已经存在的 PCB，打开 PCB1.PCB 文件，结果如图 4-73 所示。

图 4-71 自动布局已经完成的提示

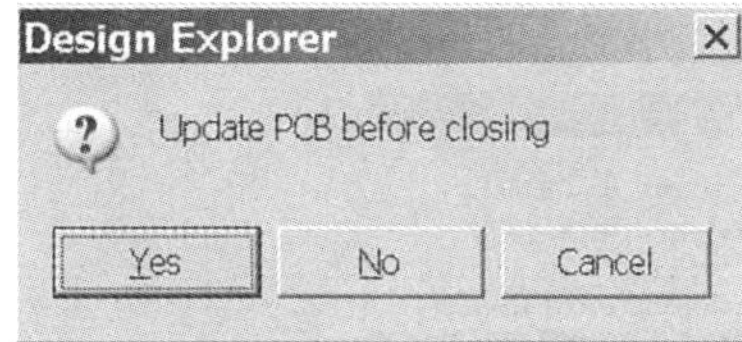

图 4-72 是否更新 PCB 提示

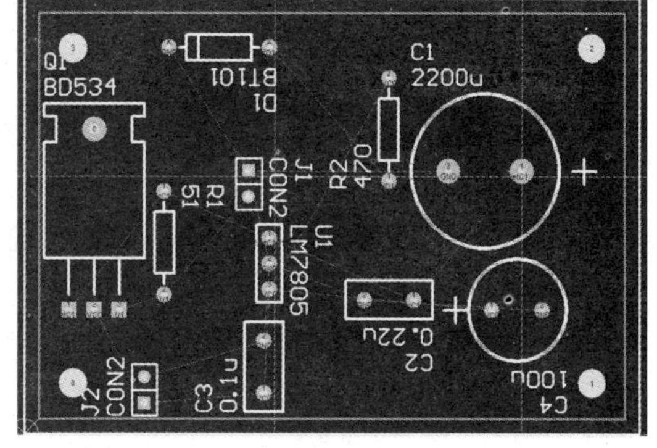

图 4-73 统计式自动布局结果

9）如果要停止自动布局，可执行“Tool 工具”菜单下的“Stop Auto Place 停止自动布局”命令，停止自动布局操作。

6. 手工调节元件布局

元件封装经过自动布局后，虽都落在了 PCB 的电气边界之内，但每个元件位置不一定理想，要根据布线、安全和美观等要求进行手工调整。

（1）元件的选取与取消选取。通过主工具栏的框选工具，将多个要选取的元件放置在矩形框内以选取元件，单个元件直接使用单击选取。取消选取元件通过单击主工具栏的取消选取按钮实现。

执行如图 4-74 所示的“Edit 编辑”菜单下的“Select 选择”子菜单的与选取有关的命令，可以实现元件的选取。

执行如图 4-75 所示的“Edit 编辑”菜单下的“DeSelect 取消选择”子菜单的与取消选取有关的命令，可以实现取消元件的选取。

（2）元件的移动。鼠标拖动被选中的元件可以实现元件的移动。通过图 4-76 所示的菜单命

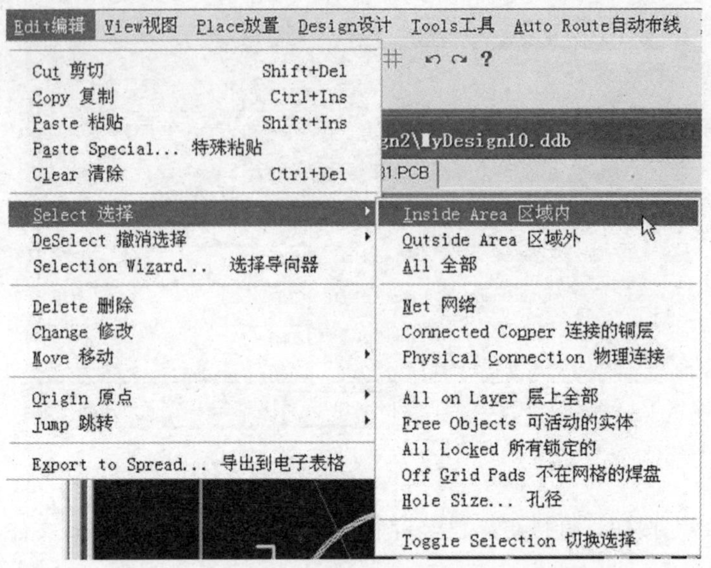

图 4-74 选取元件命令

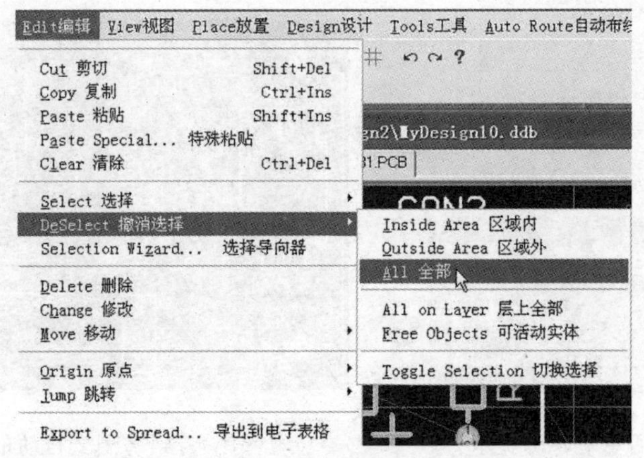

图 4-75 取消选取元件命令

令也可以实现元件的移动。

(3) 元件的旋转。单击要旋转的元件并按住左键，每次按空格键可以旋转元件 90°。

双击要旋转的元件，弹出如图 4-77 所示的元件属性对话框，编辑元件的旋转属性，即修改“Rotation”旋转栏的参数，指定旋转的角度，单击“OK”按钮，即可使选中的元件旋转用户指定角度。

执行“Edit 编辑”菜单下“MOVE 移动”子菜单下的“Rotate Selection 旋转选择”命令，弹出如图 4-78 所示的旋转属性对话框，输入角度后，单击“OK”按钮，然后移动鼠标选取要旋转的元件，将被选中的元件旋转指定的角度。

(4) 元件的复制、剪切、粘贴。

1) 复制元件：首先选取元件，然后执行“Edit 编辑”菜单下的“Copy 复制”命令，光标变为十字形，移动光标到要复制元件的基准点上，单击完成复制操作。

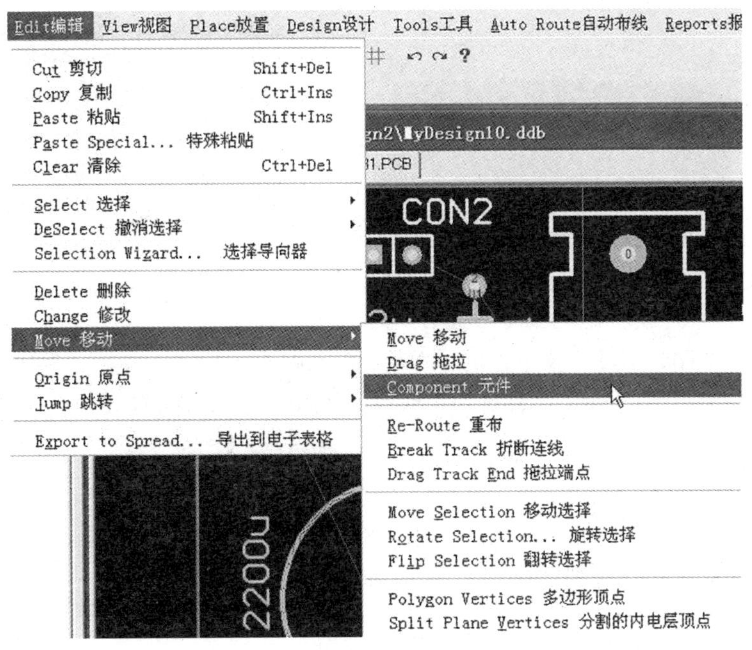

图 4-76 移动元件命令

2）剪切元件：首先选取元件，单击工具栏“”剪切按钮，或者执行“Edit 编辑”菜单下的“Cut 剪切”命令，光标变为十字形，移动光标到要剪切元件的基准点上，单击完成剪切操作。

3）粘贴元件：单击工具栏“”粘贴按钮，或者执行“Edit 编辑”菜单下的“Paste 粘贴”命令，剪切板中元件就出现在十字光标上，移动光标到要粘贴的位置上，单击完成粘贴操作。

（5）元件的删除。

1）删除普通元件。执行“Edit 编辑”菜单下的“Delete 删除”命令，光标变为十字形，移动光标到要删除元件上，单击完成删除元件操作。

2）通过键盘删除导线。单击选中要删除的导线，按键盘“Delete”键即可删除导线。

3）通过菜单命令删除导线。执行“Edit 编辑”菜单下的“Delete 删除”命令，光标变为十字形，移动光标到要删除导线上，单击完成删除导线操作。

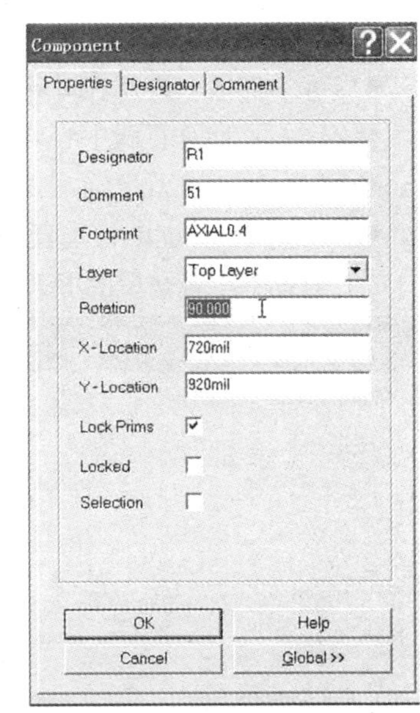

图 4-77 指定旋转的角度

4）删除网络导线。要删除网络导线或者两个焊盘间的导线，执行“Edit 编辑”菜单下的“Select 选择”子菜单下的“Connected Copper 连接的铜层”命令，光标变为十字形，移动光标到要删除网络导线上，将导线全部选中，单击右键结束选择，然后同时按键盘“Ctrl”键和“Delete”键，就可以将选择的导线全部删除。

（6）元件的排列。

1）元件的排列可以通过如图 4-79 所示的工具栏上的工具命令按钮实现。

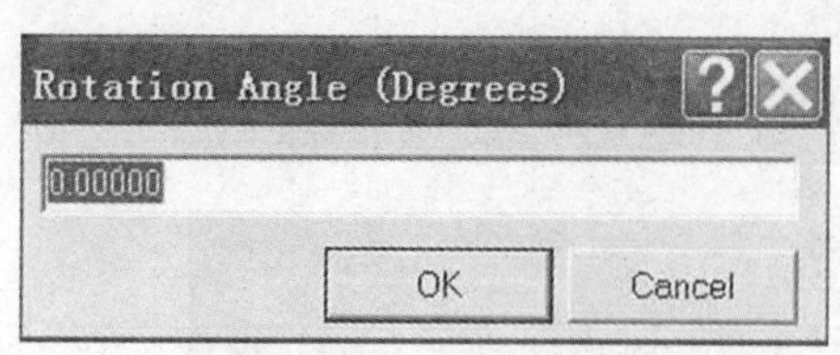

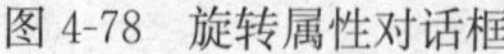
图 4-78 旋转属性对话框

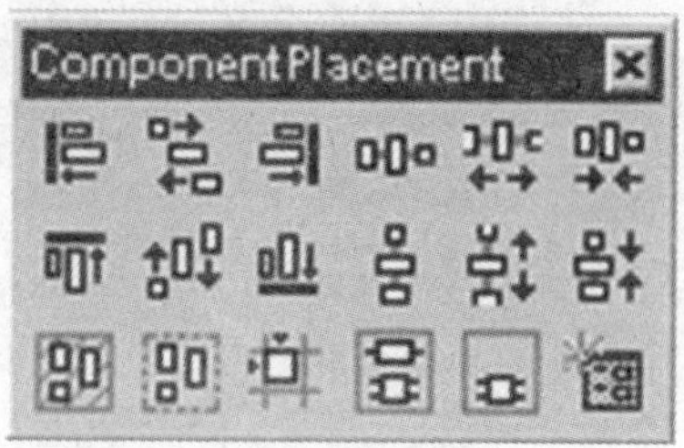

图 4-79 元件排列工具

2）或者执行“Tool 工具”菜单下的“Align Components 排列元件”子菜单下的“Align 排齐”命令，弹出如图 4-80 所示的元件排列对话框，可同时实现两个方向的排列对齐操作。

Horizontal 水平方向：

- No Change：无变化。
- Left：向最左边元件对齐。
- Center：向水平线中心对齐。
- Right：向最右边元件对齐。
- Distribute equally：水平均布。

Vertical 垂直方向：

- No Change：无变化。
- Top：向最上边元件对齐。
- Center：向垂直线中心对齐。
- Bottom：向最下边元件对齐。
- Distribute equally：垂直均布。

（7）通过手工调整后的 PCB（见图 4-81）。

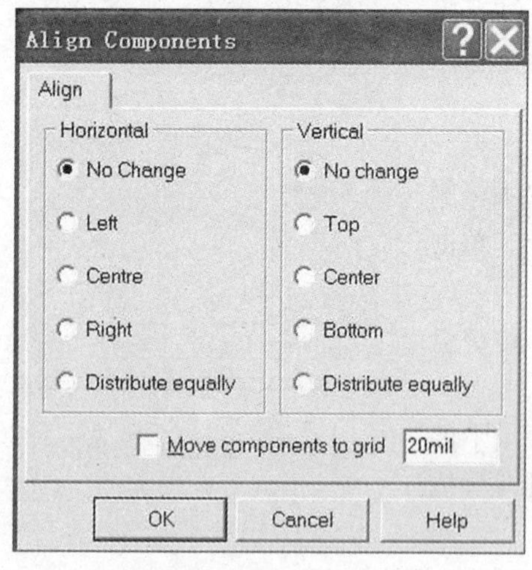

图 4-80 元件排列对话框

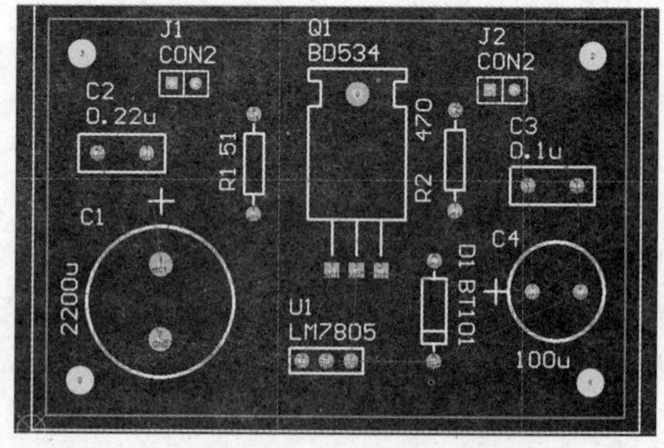

图 4-81 手工调整后的 PCB

7. 设置布线规则

（1）单击执行“Design 设计”菜单下的“Rule 规则”命令，弹出设计规则对话框，如图4-82所示，选择 Routing 选项卡设置布线规则。

（2）单击“Clearance Constraint”设置安全间距选项，设置同一工作层上的焊盘、导线、过

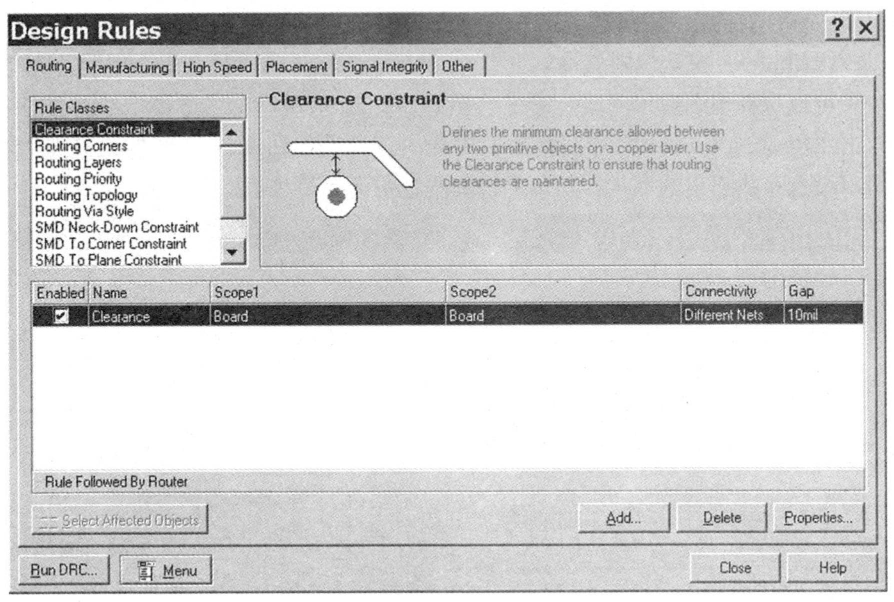

图 4-82 Routing 选项卡

孔等电气对象间的最小间距。

在“Clearance Constraint”处单击右键，弹出快捷菜单，选择“Add”（添加），添加新规则。选择“Delete”（删除），删除规则。选择“Properties”（属性按钮），修改已有的规则。

双击“Clearance Constraint”（设置安全间距选项），弹出如图 4-83 所示的设置安全间距对话框。

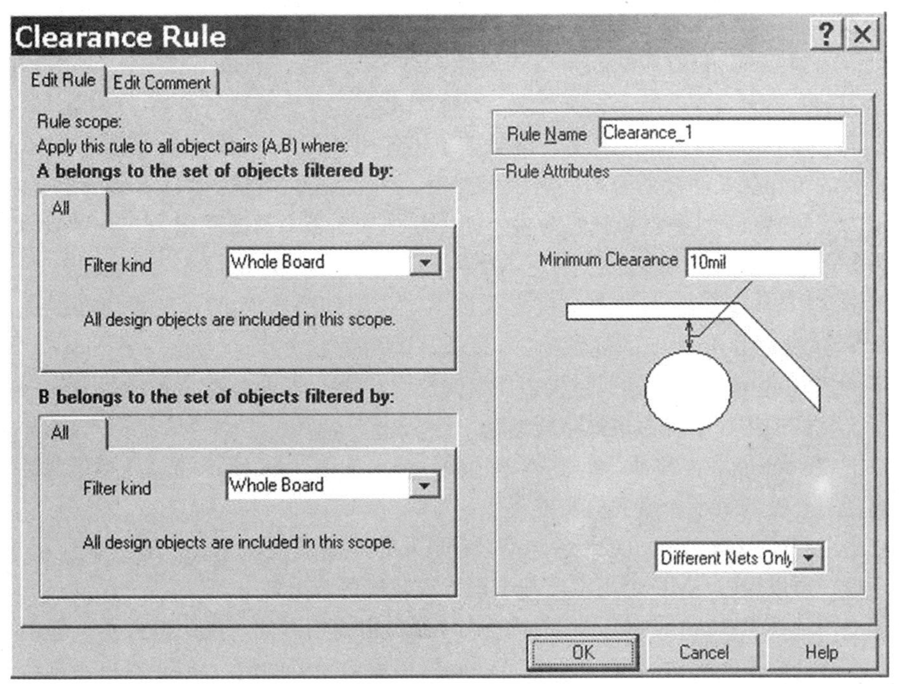

图 4-83 设置安全间距

● Rule Scope：设计规则适用范围，一般选择“Whole Board”（设置为适用于整个电路板）。

● Rule Attributes：安全规则属性，设置 minimum Clearance（最小安全间距）为“10 mil”，在下拉列表中可以选择规则适用网络，这里选择 Different Nets Only（适用于不同的网络）。

(3) 双击“Routing Corners”布线拐角模式选项，弹出如图 4-84 所示的设置布线拐角模式对话框，可以设置布线拐角的形状和拐角走线的垂直距离的最小值、最大值。

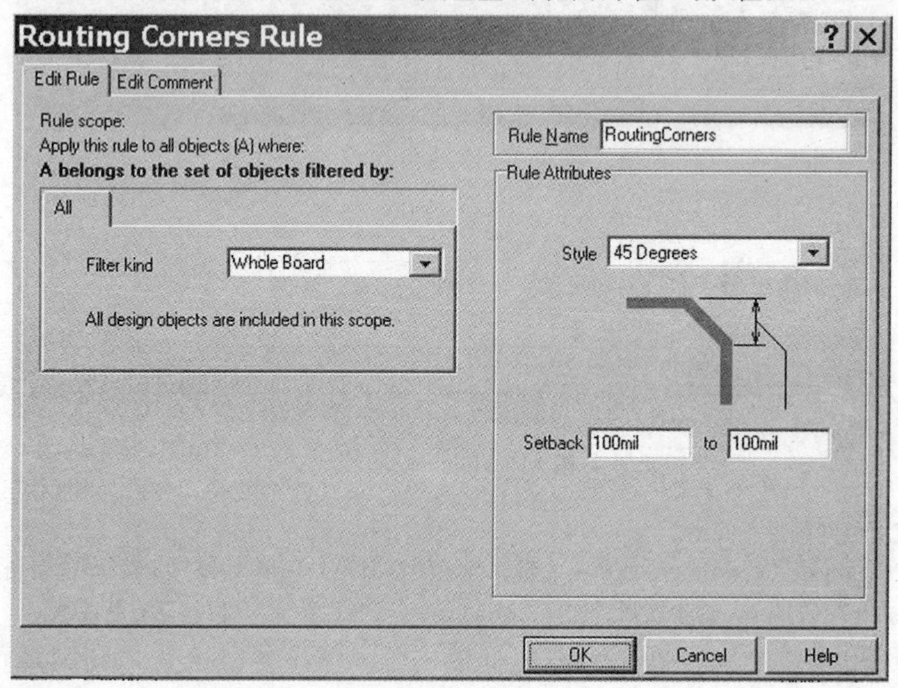

图 4-84　设置布线拐角模式

● Rule Scope：设计规则适用范围，一般选择“Whole Board”（设置为适用于整个电路板）。

● Rule Attributes：设置布线拐角模式属性，有 45°、90°、圆角三种模式，一般选择 45°默认值，即 45°拐角。

(4) 双击“Routing Layers”布线工作层选项，弹出如图 4-85 所示的设置布线工作层对话框。设置布线的工作层及布线的方向，对于双层板，一般设置顶层为“Horizontal”（水平布线）为主，底层为“Vertical”（垂直布线）为主。如果使用单面板，顶层设置为 Not Used（未使用），底层设置为“Any”（任意布线）。

(5) 双击“Routing Priority”布线优先级选项，弹出如图 4-86 所示的设置布线优先级对话框。Protel 99SE 设置了 0～100 的优先级，0 最低，100 最高。

(6) 双击“Routing Topology”布线拓扑结构选项，弹出如图 4-87 所示的设置布线拓扑结构对话框。系统默认的拓扑结构为最短布线结构。

(7) 双击“Routing Via Style”过孔类型选项，弹出如图 4-88 所示的过孔类型对话框。可以设置过孔内径、外径的最小、最大值及推荐值。

(8) 双击“SMD Neek-Down Constraint”SMD 瓶颈限制选项，弹出如图 4-89 所示的 SMD 瓶颈限制对话框。可以设置 SMD 焊盘宽度与引出导线宽度的百分比。

(9) 双击“SMD To Corner Constraint”SMD 焊盘走线拐弯处约束距离选项，弹出如图 4-90 所示的走线拐弯处约束距离对话框。在“Distance”中输入需要的值，单击“OK”确认。

(10) 双击“SMD To Plane Constraint”（ SMD 到电源层的距离限制）选项，弹出如图 4-91

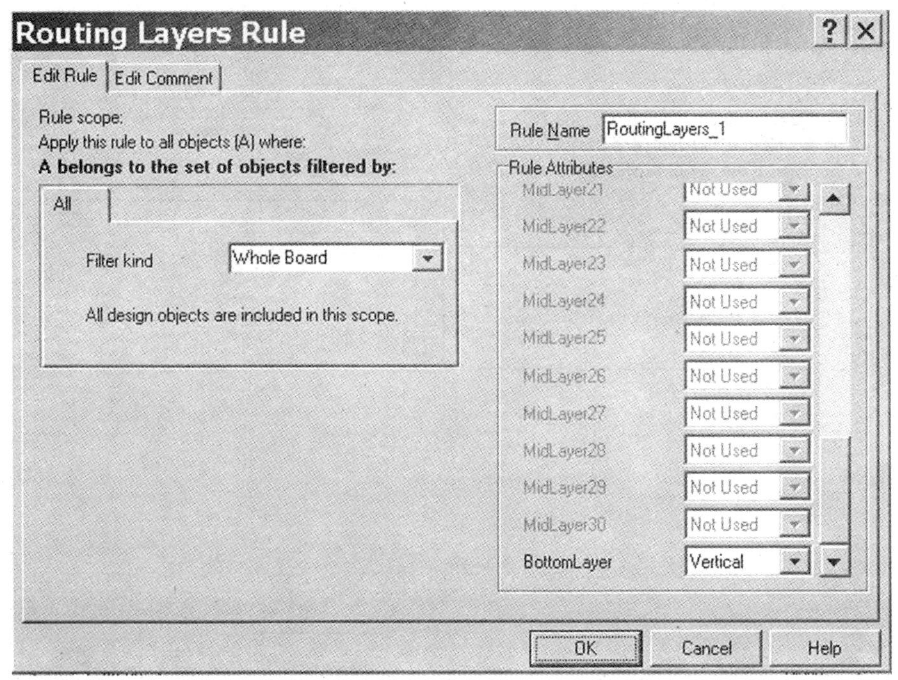

图 4-85 设置布线工作层

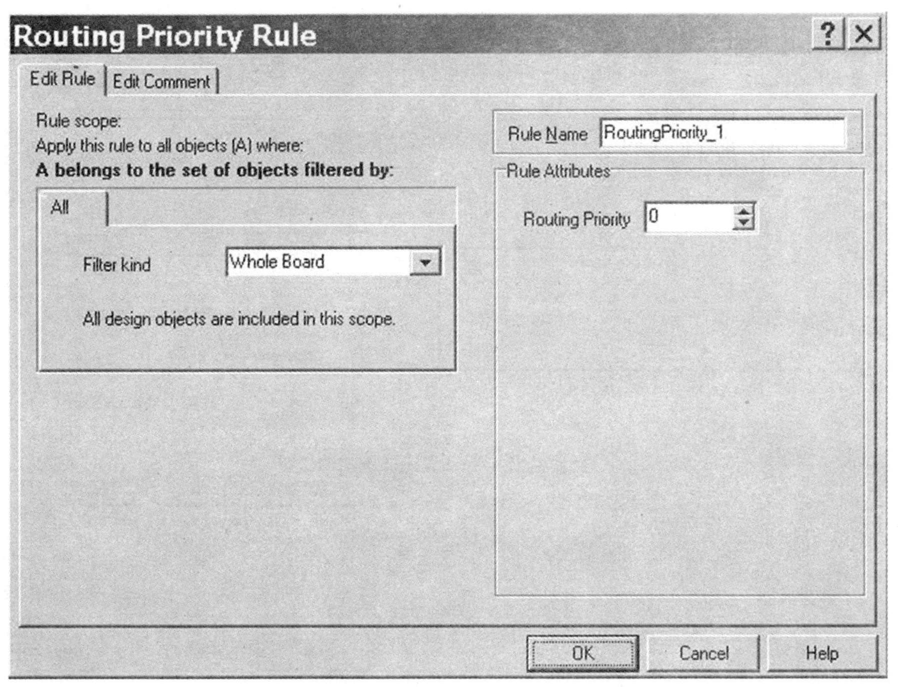

图 4-86 设置布线优先级

所示的 SMD 到电源层的距离限制对话框。在“Distance”中输入需要的值，单击“OK”确认。

（11）双击“Width Constraint”（走线宽度）选项，弹出如图 4-92 所示的走线宽度对话框。可以设置走线的最小、最大值及推荐值。这里设置最小为 15 mil，最大为 25 mil，推荐值为 15 mil。

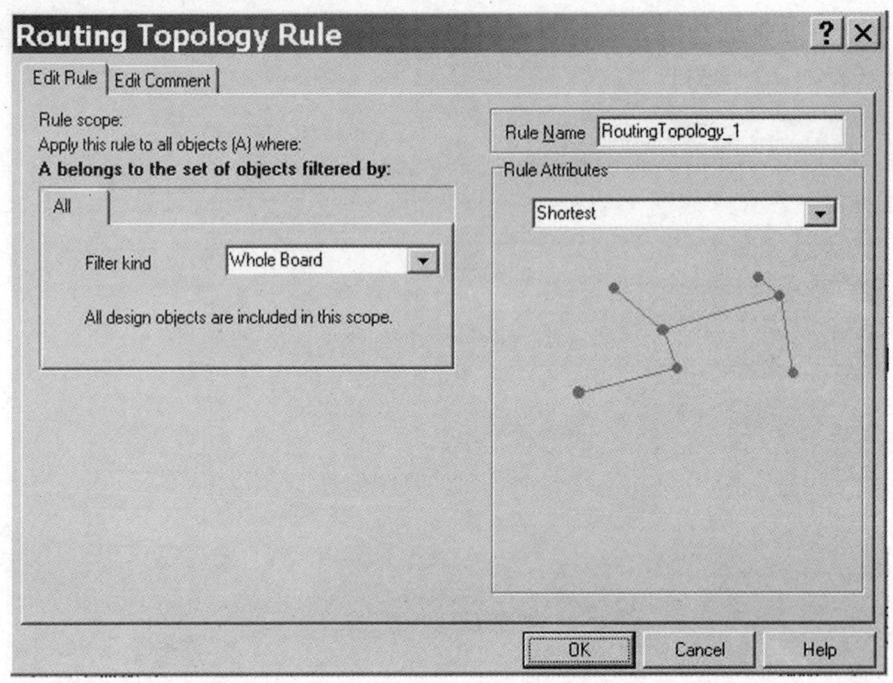

图 4-87　设置布线拓扑结构

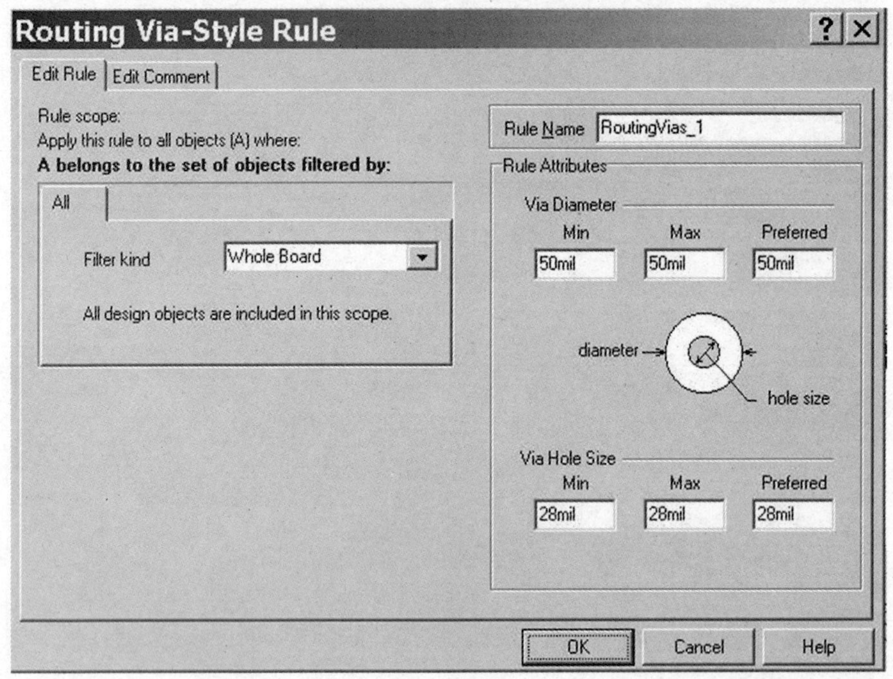

图 4-88　设置过孔类型

（12）设置 VCC 电源走线宽度如图 4-93 所示。VCC 电源走线宽度最小为 30 mil，最大为 50 mil，推荐值为40 mil 。双击“Width Constraint”走线宽度选项，弹出走线宽度对话框，选择 Filter Kind 过滤关键词为“Net”网络，Net 文本栏输入“VCC”，单击“OK”确认。

（13）设置 GND 地线走线宽度如图 4-94 所示。GND 地线走线宽度最小为 10 mil，最大为

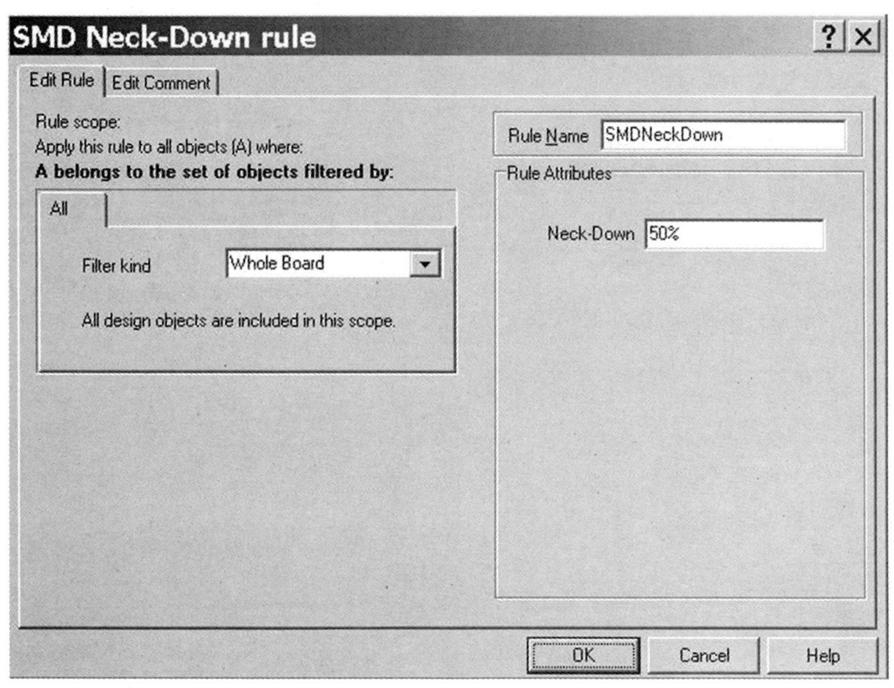

图 4-89 设置瓶颈限制

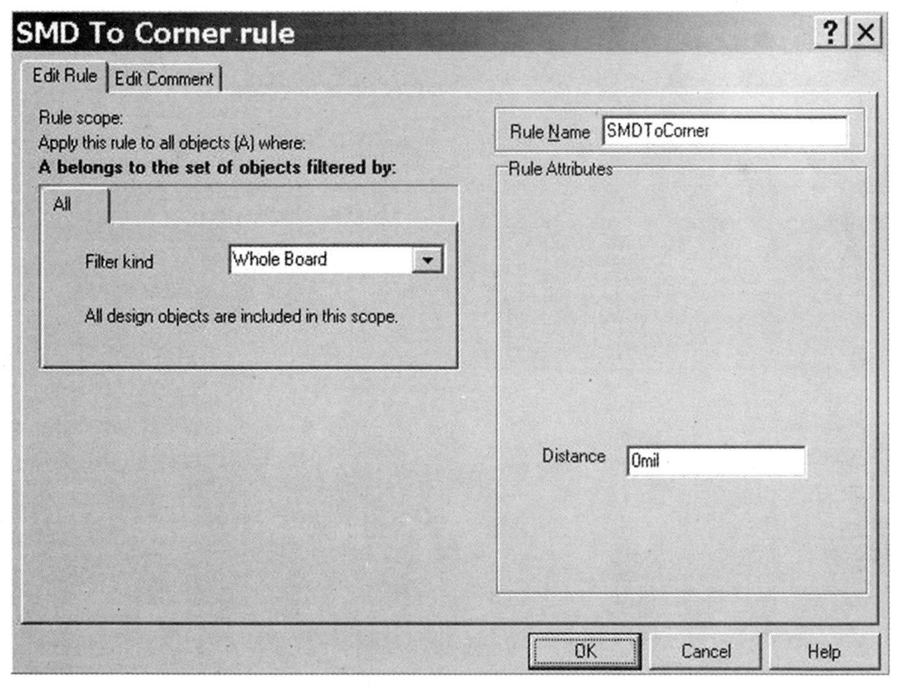

图 4-90 设置布线拐角走线参数

50 mil，推荐值为30 mil。右键单击“Width Constraint”走线宽度选项，弹出快捷菜单，单击“Add”添加，弹出走线宽度对话框，选择 Filter Kind 过滤关键词为“Net”网络，在 Net 文本栏下拉列表中选择“GND”，单击“OK”确认。

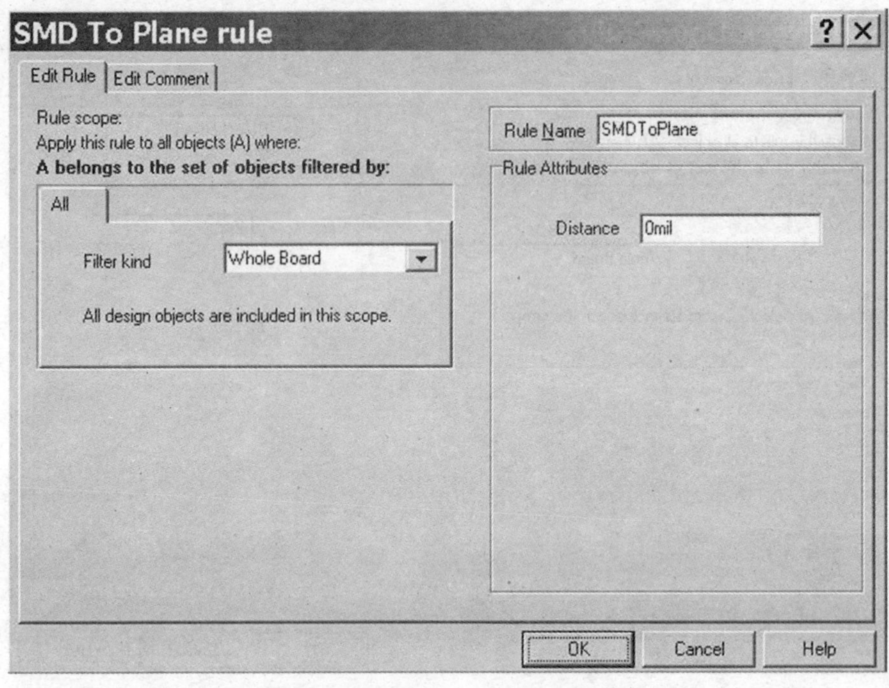

图 4-91　SMD 到电源层的距离限制

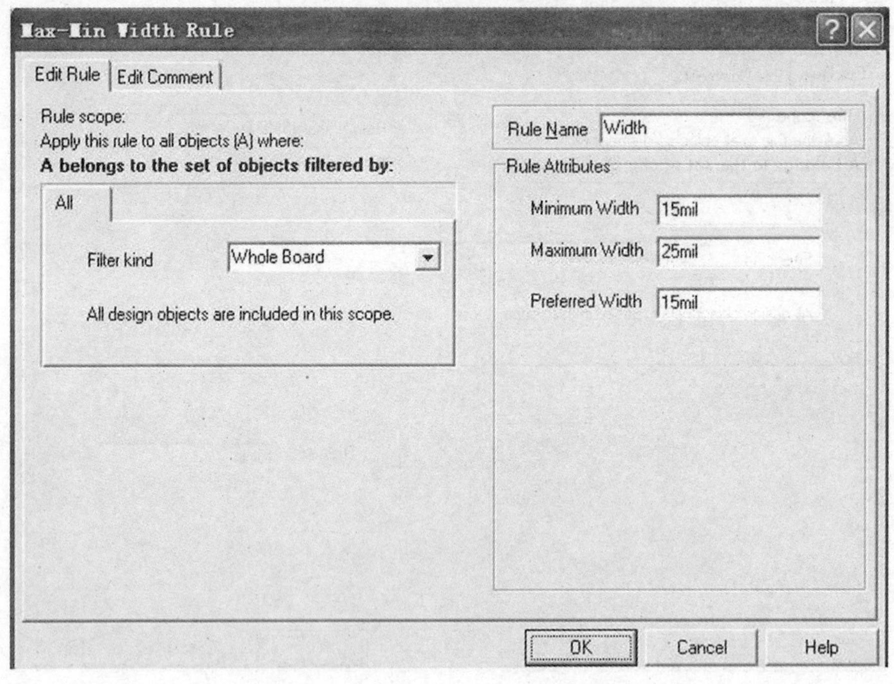

图 4-92　设置走线宽度

8. 自动布线

设置好布线参数后，就可以利用 Protel99SE 提供的布线工具进行自动布线。一般先进行局部布线，给放置整齐的区域、网络、元件先布好线，再进行全局布线。

(1) 对选定的区域进行局部布线。单击执行“Auto Route 自动布线”菜单下的“Area 区域”

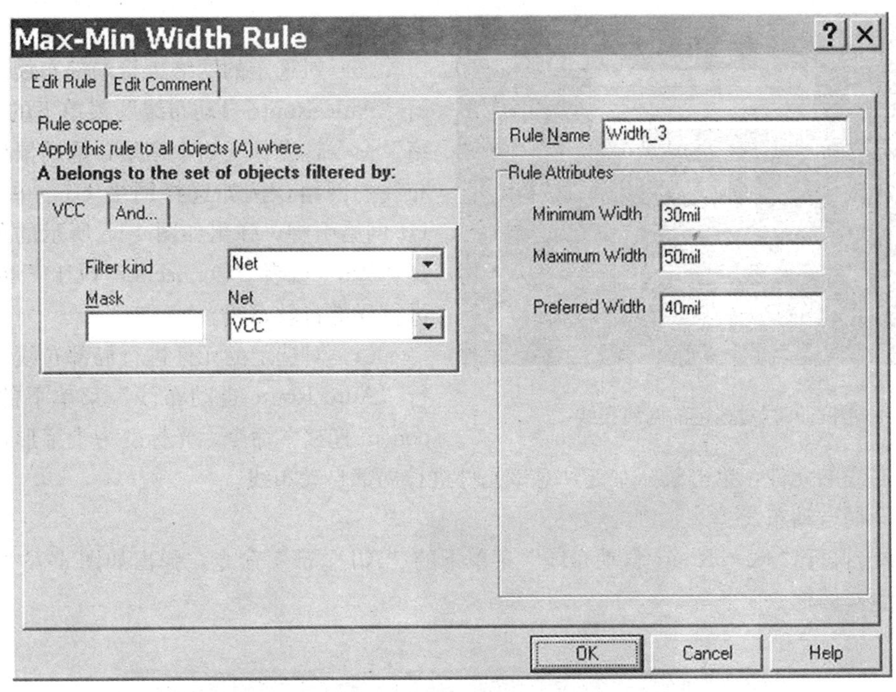

图 4-93 设置 VCC 走线宽度

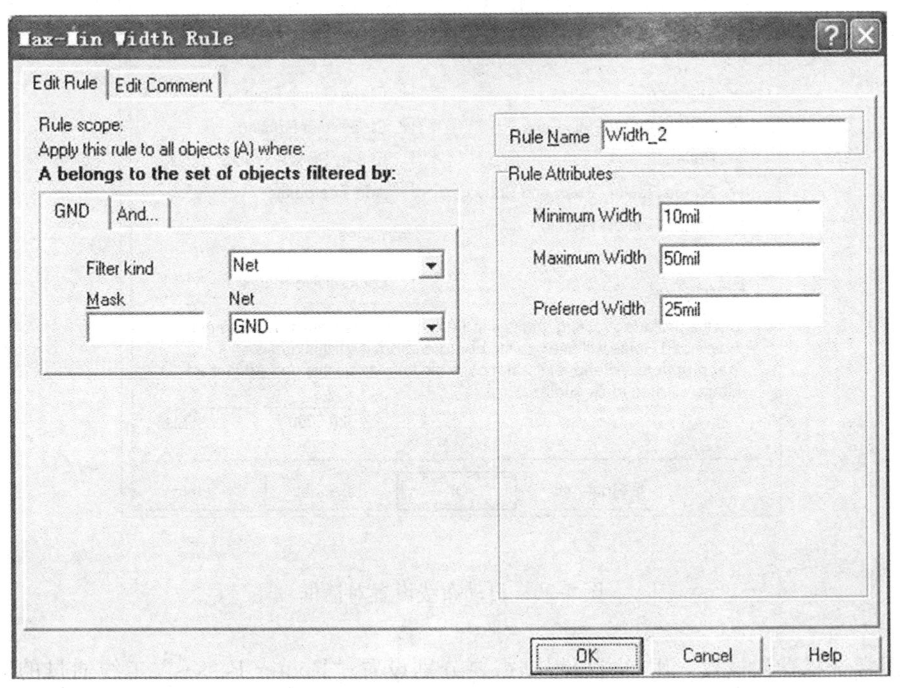

图 4-94 设置 GND 走线宽度

命令，光标变为十字形，拖动鼠标选取要局部布线的区域，系统对选定的区域进行局部自动布线。

（2）对选定的飞线进行局部布线。单击执行“Auto Route 自动布线”菜单下的“Connection 连接”命令，光标变为十字形，拖动鼠标选取要布线的飞线，单击，对该飞线进行局部自动

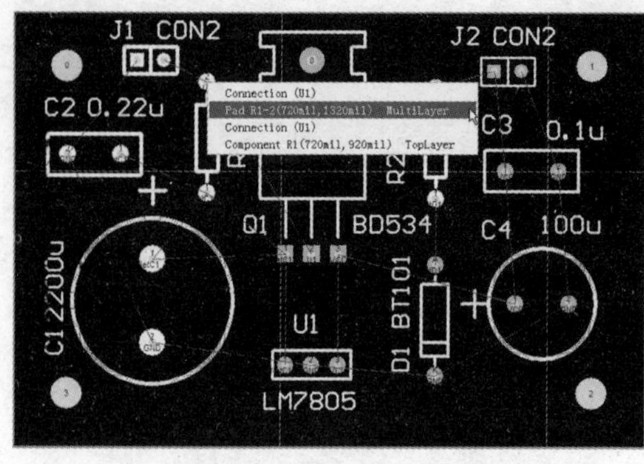

图 4-95 对选定的网络布线

布线。

（3）对选定的网络进行局部布线。单击执行“Auto Route 自动布线”菜单下的“Net 网络”命令，光标变为十字形，拖动鼠标选取要布线的网络，例如选择网络 U1，单击 R1 的 U1 网络引脚，弹出如图 4-95 所示的菜单，选择“Pad”或者“Connection（U1）”对该网络进行局部自动布线。

（4）对选定的元件进行局部布线。单击执行“Auto Route 自动布线”菜单下的“Component 连接”命令，光标变为十字形，拖动鼠标选取要布线的元件，单击鼠标左键，对该元件进行局部自动布线。

（5）全局自动布线。

1）单击执行“Auto Route 自动布线”菜单下的“All 全部”命令，弹出如图 4-96 所示的自动布线设置对话框。

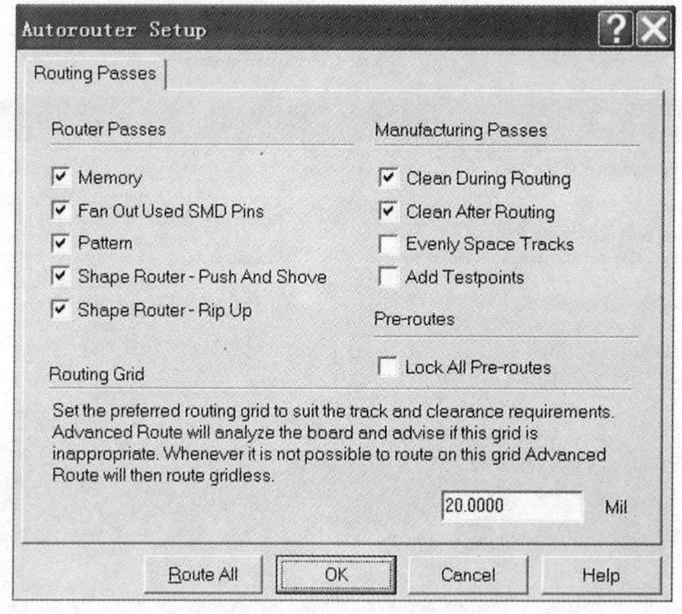

图 4-96 自动布线设置对话框

2）通常选择默认设置，用户可以根据需要分别设置“Router Passes”走线通过的区域的各选项，以及“Manufacturing Passes”制造通过区域的各选项。选择“Add Testpoints”复选项可设置测试点，选择“Lock All Pre-routes”则可以锁定已经布好的导线，在“Routing Grid”编辑框中可设置走线间距。

3）单击“Route All”按钮，系统开始为 PCB 自动布线，完成的结果如图 4-97 所示。

（6）布线中常用的菜单命令。

1）终止自动布线。执行“Auto Route 自动布线”菜单下的“Stop 停止”命令，终止自动布线。

2）暂停自动布线。执行“Auto Route 自动布线”菜单下的“Pause 暂停”命令，暂停自动布线。

3）重新开始自动布线。执行“Auto Route 自动布线”菜单下的“Restart 重开始”命令，重新开始自动布线。

4）弹出自动布线对话框。执行“Auto Route 自动布线”菜单下的“Setup 设置”命令，弹出自动布线对话框，用户可以根据需要分别设置 Router Passes（走线通过的区域）的各选项，以及 Manufacturing Passes（制造通过区域）的各选项。选择“Add Testpoints”复选项可设置测试点，选择“Lock All Pre-routes”则可以锁定已经布好的导线，在“Routing Grid”编辑框中可设置走线间距。

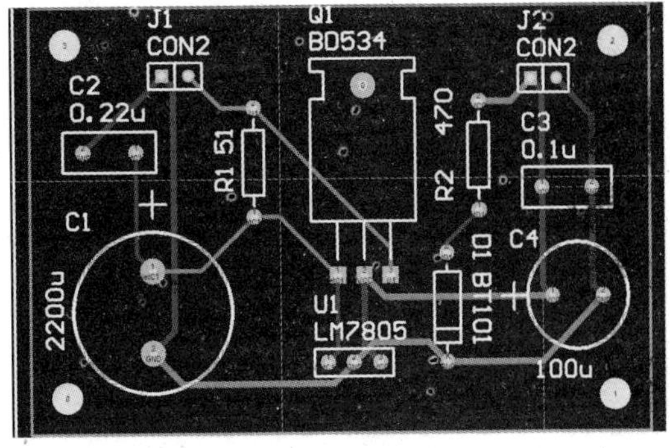

图 4-97 自动布线结果

9. 手工调整布线

通过 Protel99SE 提供的自动布线功能，基本可以布通各网络的走线，但仍然会有一些线不能令人满意，如此就需要通过设计人员进行手工调整布线。

电源线和接地线一般对线宽有一定的要求，在自动布线前，可以提前布置电源线和接地线，由此提高电源线和接地线的电流承载能力，增强系统的可靠性。

手工调整布线后的结果如图 4-98 所示。

10. 补泪滴

补泪滴能够使焊盘更坚固，防止机械制板时焊盘与导线之间断开。

(1) 执行“Tool 工具”菜单下的“Teardrops 泪滴焊盘”子菜单下“Add 添加”命令，弹出如图 4-99 所示的泪滴设置对话框，选择为所有的焊盘和过孔添加弧状泪滴。

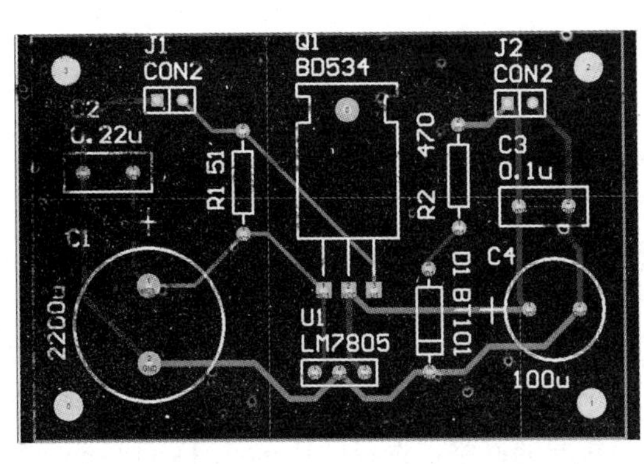

图 4-98 手工调整布线后的结果

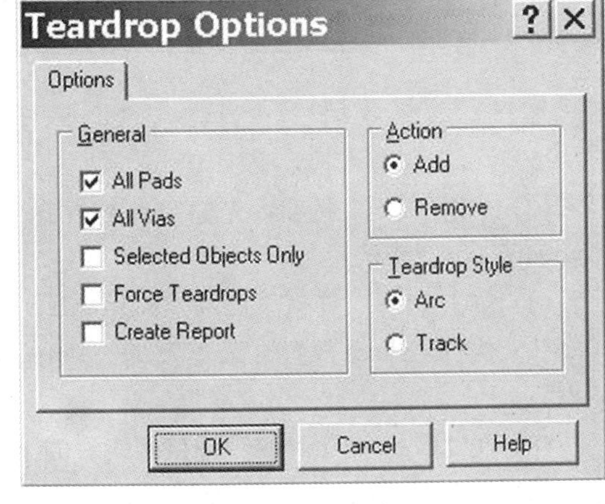

图 4-99 泪滴设置对话框

(2) 单击“OK”按钮，执行补泪滴操作，结果如图 4-100 所示。

11. 覆铜

覆铜能增强电路板的抗干扰能力。

(1) 执行“Place 放置”菜单下的“Polygon Plane 多边形覆铜”命令，弹出如图 4-101 所示

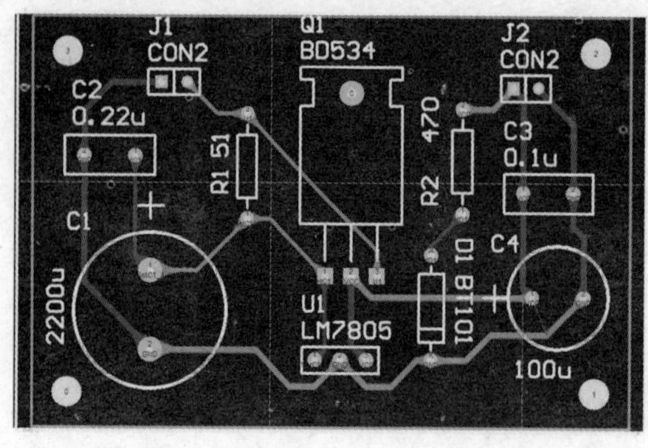

图 4-100　补泪滴操作结果

的设置多边形对话框。

（2）在“Connect to Net”连接网络后的下拉列表中选择“GND”地线，即把覆铜都连接到地线网络。选中“Pour Over Same Net”表示将覆盖相同的网络，选择“Remove Dead Copper”表示去掉死铜。覆铜的栅格大小“Grid Size”以及走线宽度“Track Width”一般保持默认值，选中“Lock Primitives”表示锁定原来的PCB元件及布线。设置栅格的形状为“Octagons”（八角形）或“Arcs”（圆弧形）。

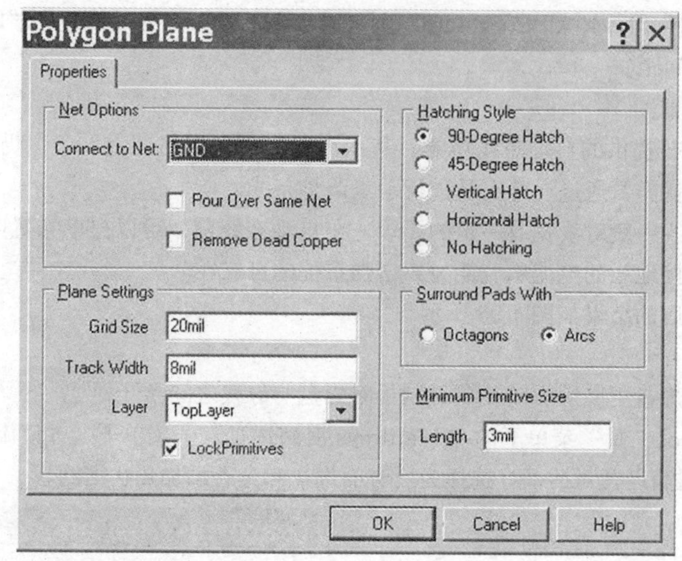

图 4-101　设置多边形对话框

（3）单击“OK”按钮，光标变为十字形，移动鼠标在PCB的四角点各点一次，顶部多边形覆铜如图 4-102 所示。

（4）单击PCB工作区下面的“BottomLayer”标签，将底层设置为当前层。

（5）执行“Place放置”菜单下的“Polygon Plane多边形覆铜”命令，弹出设置多边形对话框。

（6）在“Connect to Net”连接网络后的下拉列表中选择“GND”地线，即把覆铜都连接到地线网络。选中“Pour Over Same Net”表示将覆盖相同的网络，选择“Remove Dead Copper”表示去掉死铜。覆铜的栅格大小“Grid Size”设置为“20 mil”，走线宽度“Track Width”设置为“25 mil”，作实心多边形覆铜。选中“Lock Primitives”表示锁定原来的PCB元件及布线。设置栅格的形状为“Octagons”（八角形）或“Arcs”（圆弧形）。

（7）单击“OK”按钮，光标变为十字形，移动鼠标在PCB的四角点各点一次，多边形覆铜的结果如图 4-103 所示。

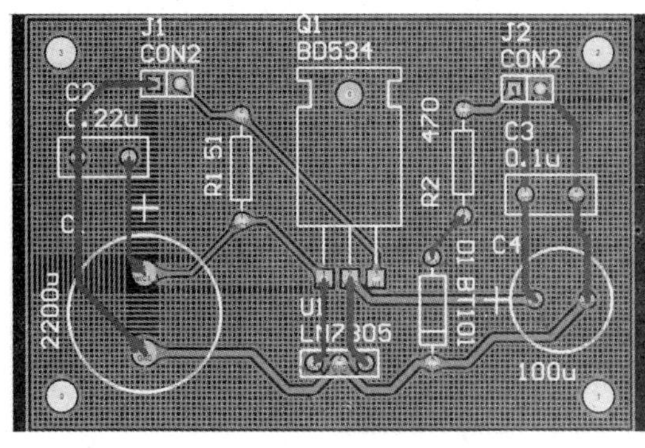

图 4-102 顶部多边形覆铜

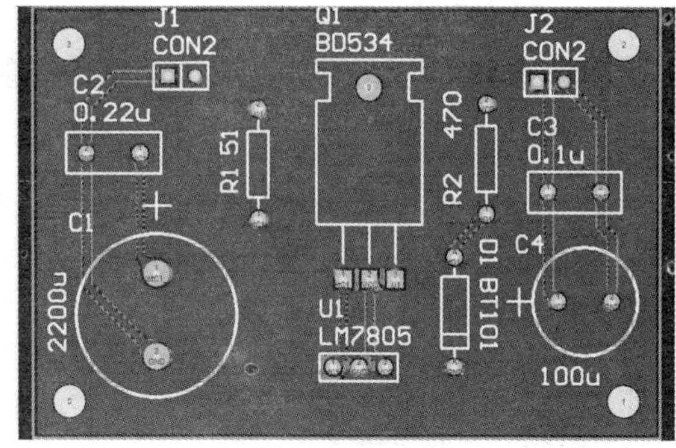

图 4-103 底部多边形覆铜

12. 设计规则检查

Protel99SE 给 PCB 设计系统提供了设计规则检查（DRC，Design Rule Check）功能，用于检查布线设计是否符合设计所制定的规则，同时也需要确认用户所制定的规则是否符合印刷电路板生产工艺的要求。

（1）执行“Tool 工具”菜单下的“Design Rule Check 设计规则检查”命令，弹出如图 4-104 所示的设计规则检查对话框。

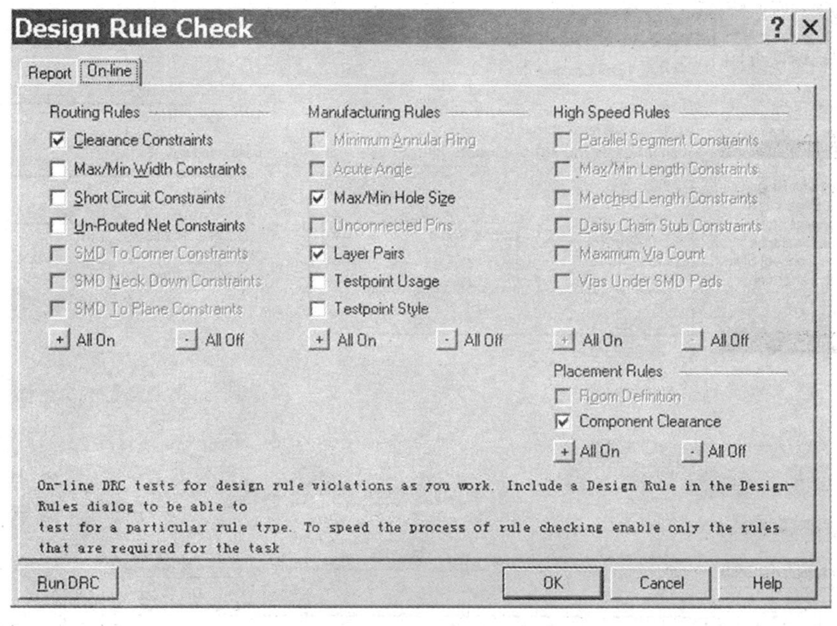

图 4-104 设计规则检查对话框

（2）在“Report”报告选项卡中设定要检测的规则项目。

（3）单击“RunDRC”按钮，可以启动 DRC 检查，检查后生成如图 4-105 所示检查报告。

（4）在检查报告里，可看到 PCB 板的 4 个安装孔违反了机械加工最大孔径 100 mil 的规则。

（5）单击执行“Design 设计”菜单下的“Rule 规则”命令，弹出设计规则对话框，选择“Manufacturing 机械制造”选项卡。

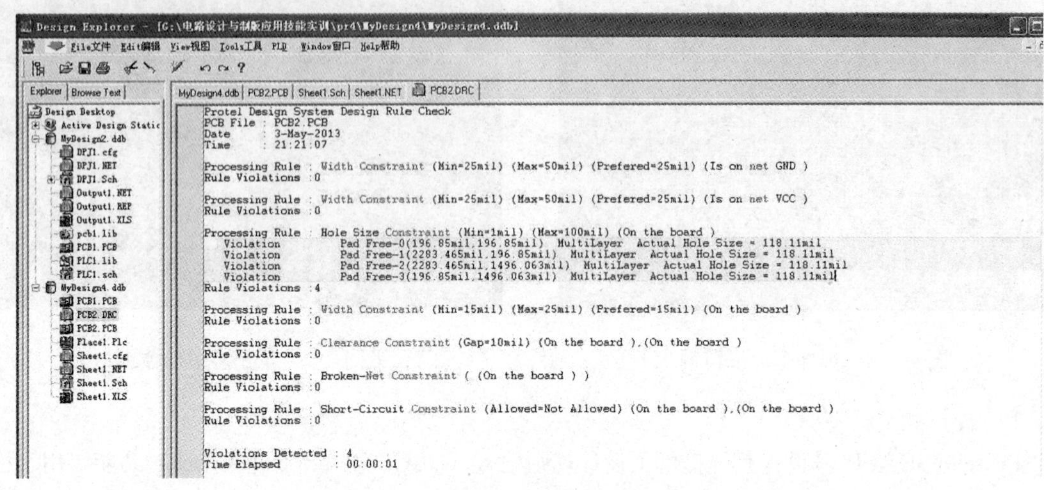

图 4-105 检查报告

(6) 修改机械加工孔径规则，如图 4-106 所示，将孔径的最大值修改为 120 mil。

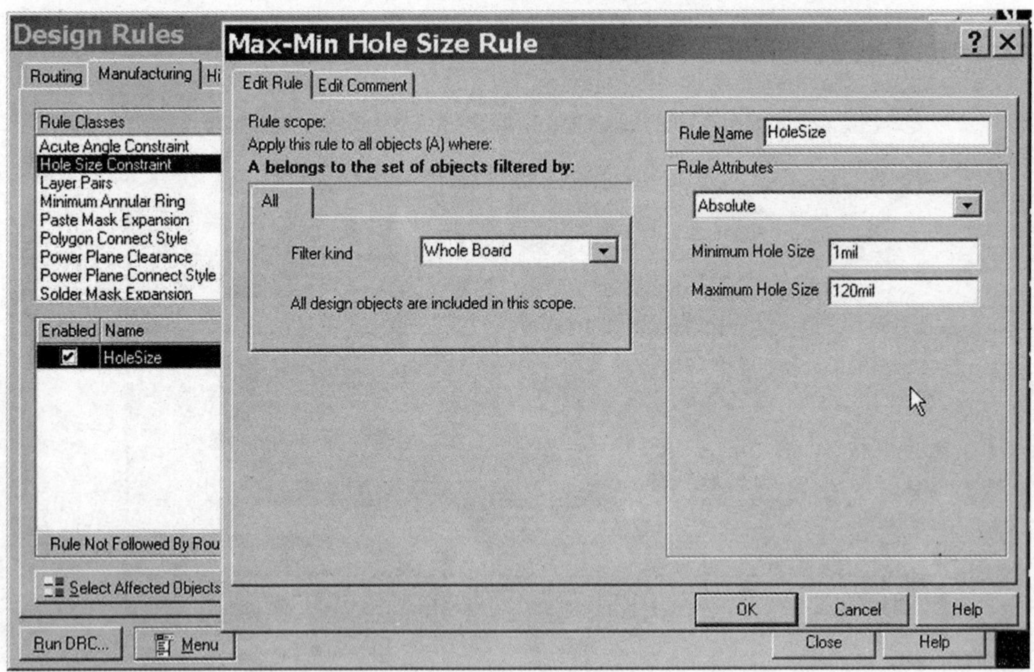

图 4-106 修改机械加工孔径

(7) 单击“OK”按钮，返回设计规则对话框。

(8) 单击“Close”按钮，关闭设计规则对话框。

(9) 再一次执行 DRC 检查，结果如图 4-107 所示，所有项目均符合设计要求。

任务
10

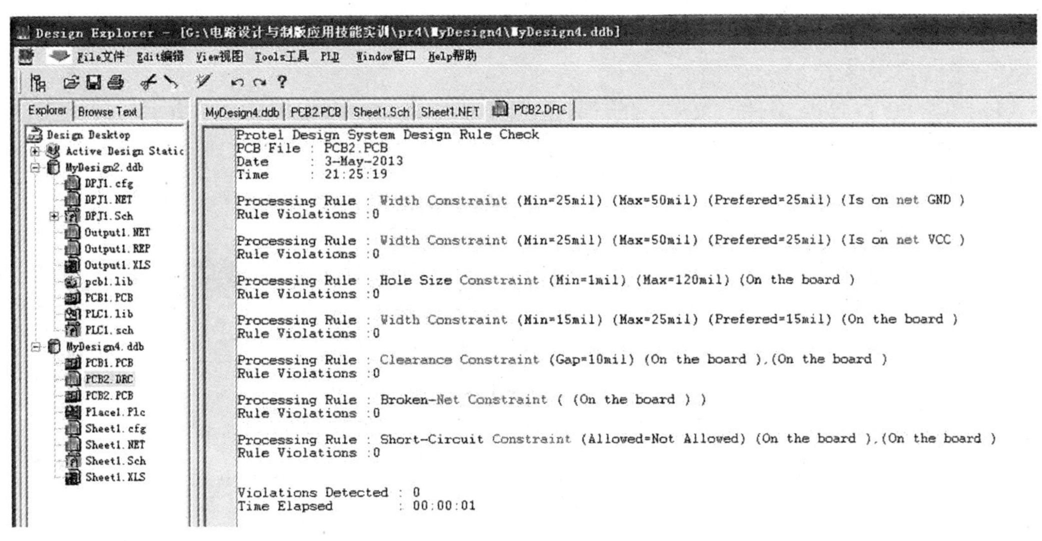

```
Protel Design System Design Rule Check
PCB File  : PCB2.PCB
Date      : 3-May-2013
Time      : 21:25:19

Processing Rule : Width Constraint (Min=25mil) (Max=50mil) (Prefered=25mil) (Is on net GND )
Rule Violations :0

Processing Rule : Width Constraint (Min=25mil) (Max=50mil) (Prefered=25mil) (Is on net VCC )
Rule Violations :0

Processing Rule : Hole Size Constraint (Min=1mil) (Max=120mil) (On the board )
Rule Violations :0

Processing Rule : Width Constraint (Min=15mil) (Max=25mil) (Prefered=15mil) (On the board )
Rule Violations :0

Processing Rule : Clearance Constraint (Gap=10mil) (On the board ),(On the board )
Rule Violations :0

Processing Rule : Broken-Net Constraint ( (On the board ) )
Rule Violations :0

Processing Rule : Short-Circuit Constraint (Allowed=Not Allowed) (On the board ),(On the board )
Rule Violations :0


Violations Detected : 0
Time Elapsed        : 00:00:01
```

图 4-107　第 2 次 DRC 检查报告

13. 生成报表

(1) 生成电路板信息报表。

1) 单击执行“Report 报告”菜单下的“Board Information 板信息”命令，弹出板图 4-108 所示的板信息对话框，General（一般选项卡）显示电路板的一般信息。

2) 单击“Components”（元件）选项卡，显示电路板的元件信息，如图 4-109 所示。

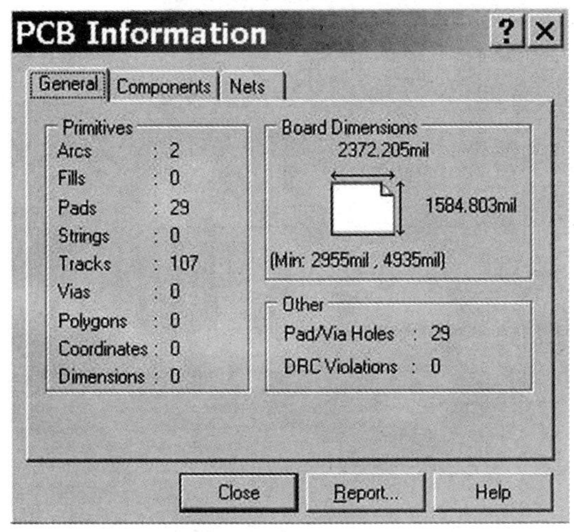

图 4-108　板信息对话框

图 4-109　电路板的元件信息

3) 单击“Nets”（网络）选项卡，显示电路板的网络信息，如图 4-110 所示。

4) 单击“Report”按钮，弹出图 4-111 所示的选择报表对话框，用户可以选择报表的项目，这里选择“All On”按钮。

5) 选择所有项目，然后单击“Report”按钮，生成图 4-112 所示的电路板信息报表文件。

任务10

（2）生成网络状态报表。单击执行“Report 报告”菜单下的“Netlist Status 网络状态”命令，生成图 4-113 所示电路板网络状态信息报表文件，显示电路板每条网络的长度。

14. 导出 PCB 文件

（1）单击执行“File 文件”菜单下的“Export 导出”命令，弹出图 4-114 所示的导出文件对话框。

（2）选择导出文件保存的路径，输入 PCB 文件的名称，选择保存类型。

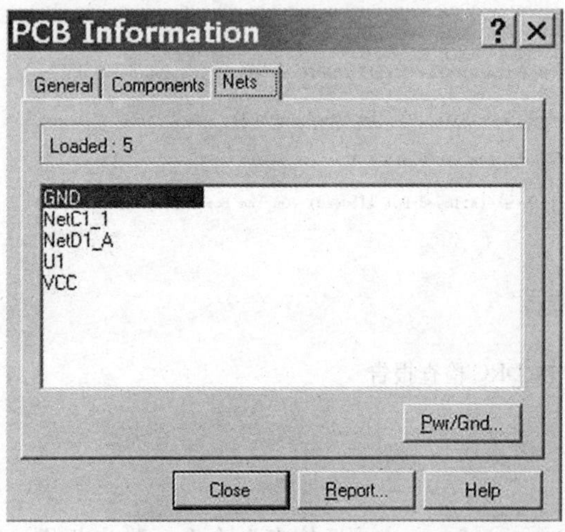

图 4-110　电路板的网络信息

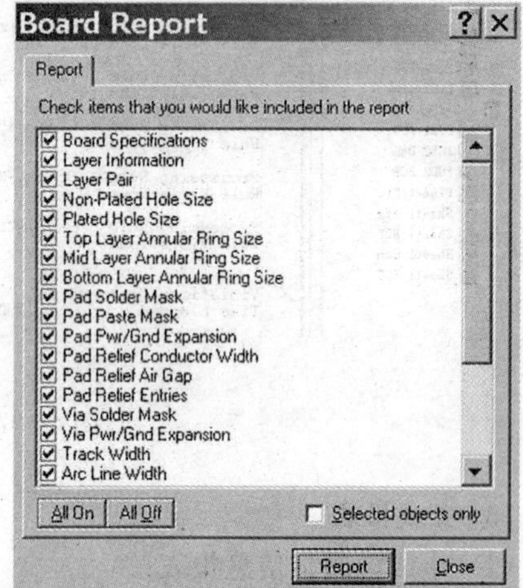

图 4-111　选择报表的项目

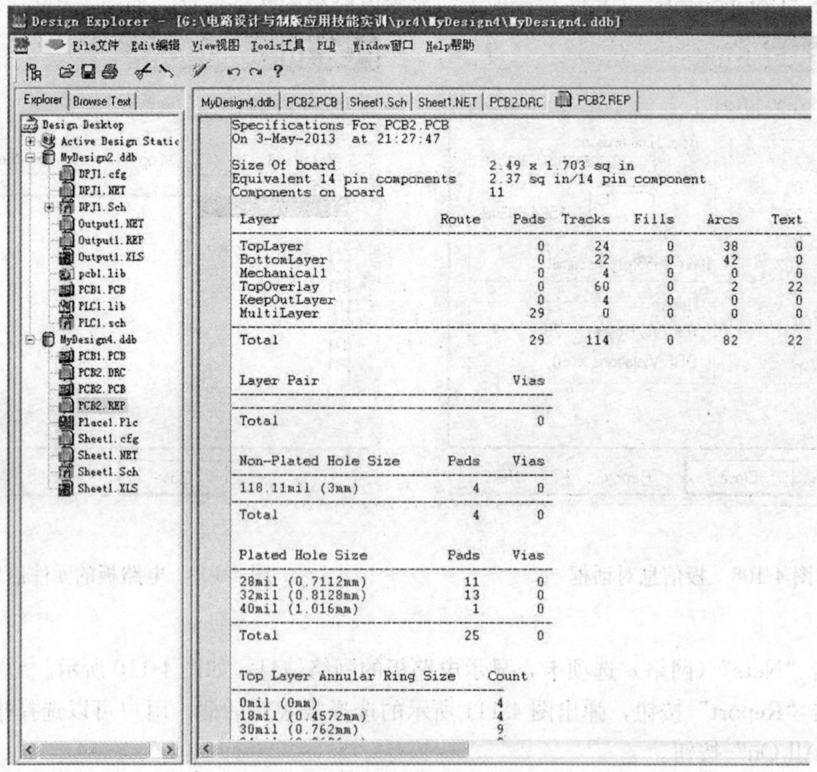

图 4-112　电路板信息报表

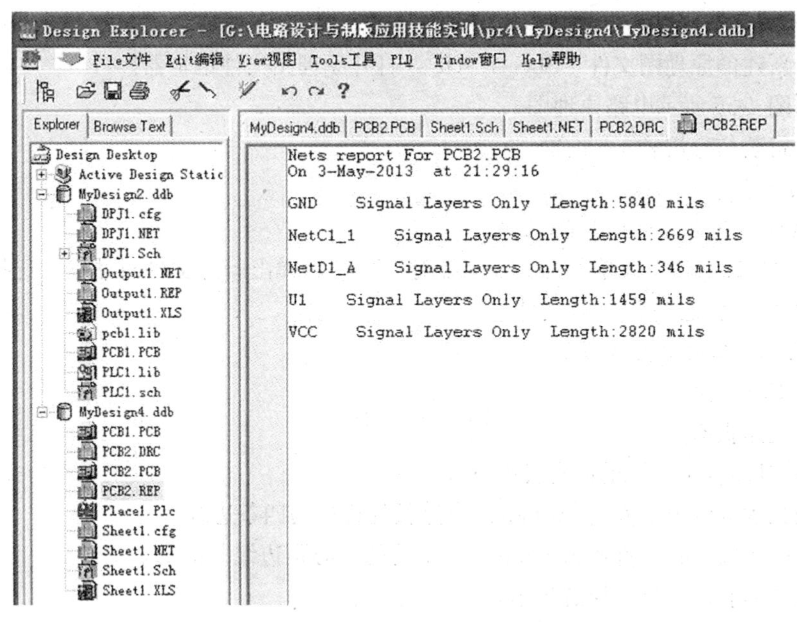

图 4-113 电路板网络状态信息

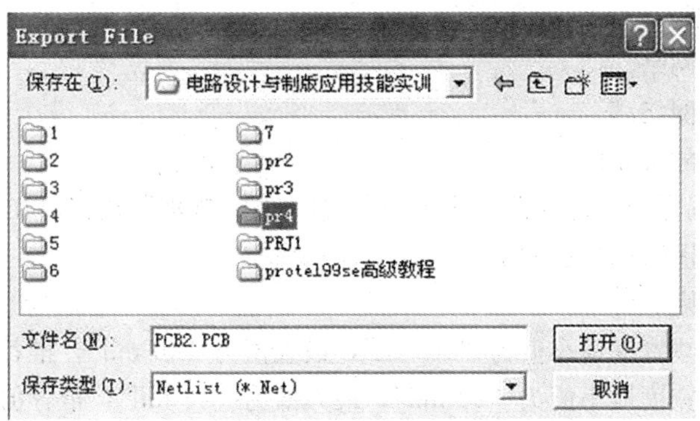

图 4-114 导出文件对话框

(3) 单击“保存”按钮，即可将 PCB 文件导出到固定位置。该文件可以提供给电路板加工厂商进行印刷电路板的制作。

一、训练目标

(1) 学会设计直流稳压电源电路 PCB 图。

(2) 学会导出 PCB 文件。

二、训练步骤与内容

1. 设计直流稳压电源电路

(1) 启动 Protel99SE 电路设计软件。

(2) 单击执行“File 文件”菜单下的“New 新建”命令，弹出新建项目设计文件对话框，选择“Windows File System”设计文件保存形式，目标文件名设置为“Mydesign4. ddb”，单击“OK”按钮，创建一个项目设计文件。

(3) 单击执行“File 文件”菜单下的“New 新建”命令，弹出新建文件对话框，选择原理图的文件，单击“OK”按钮，新建一个原理图文件。

(4) 双击新建的原理图文件“Sheet1. sch”，打开原理图文件编辑器。

(5) 绘制图 4-55 所示电路原理图。

(6) 元件封装信息按表 4-6 设置。

2. 创建网络表

3. 新建直流稳压电源电路 PCB 文件

单击执行“File 文件”菜单下的“New 新建”命令，弹出新建文件对话框，选择 PCB 文件，单击“OK”按钮，新建一个 PCB 文件。

4. 绘制直流稳压电源电路的 PCB 图

(1) 打开 PCB 文件。

(2) 设置电路板原点。

(3) 单击“Keepout”禁止布线层选项卡。

(4) 绘制长为 60 mm、宽为 40 mm 的电路板的边框的四条边线。

(5) 绘制四个安装孔，直径为 3 mm，每个孔的中心距边线 5 mm。

(6) 单击“TopLayer”顶层选项卡。

(7) 加载网络表 Sheet1. NET。

(8) 设置布局规则。

1) 设置忽略电源网络。

2) 设置忽略地线网络。

3) 设置只在顶层放置元件。

(9) 执行自动布局命令，选择群集式布局方式，单击“OK”按钮，在 PCB 上自动布局。

(10) 按图 4-81 调整 PCB 的布局。

(11) 设置布线规则。

1) 设置电源线走线宽度最小值为“20 mil”，最大值为“40 mil”，推荐值为“30 mil”。

2) 设置地线走线宽度最小值为“20 mil”，最大值为“40 mil”，推荐值为“30 mil”。

3) 设置顶层以水平布线为主，底层以垂直布线为主。

(12) 执行自动布线命令。

(13) 手动调整布线。

(14) 补泪滴。

(15) 增加覆铜。

5. 进行设计规则检查，观察检查结果

(1) 修改设计规则中机械加工孔径规则，孔径最大值修改为“120 mil”。

(2) 进行第 2 次设计规则检查，观察检查结果。

6. 导出 PCB 设计文件

项目五　PCB 元件制作

学习目标

（1）学会元器件封装管理。
（2）学会用向导制作元件封装。
（3）学会手动制作元件封装。
（4）学会创建元件 PCB 封装库。

任务 11　制作新元件封装

基础知识

在印刷电路板 PCB 设计制作过程中，总会遇到元器件封装库中没有对应的元器件封装的情况，这就需要用户自己创建一个新 PCB 元件封装，以满足设计的需要。创建器件封装主要有三种方法：利用元器件封装向导创建一个新的元器件封装；手工绘制元器件封装；通过现有的元器件封装进行编辑、修改使之成为新的元器件封装。

一、进入 PCB 元器件封装编辑器

（1）单击执行“File 文件”菜单下的“New 新建文件”命令。

（2）弹出如图 5-1 所示的“New Document”新建文件对话框。

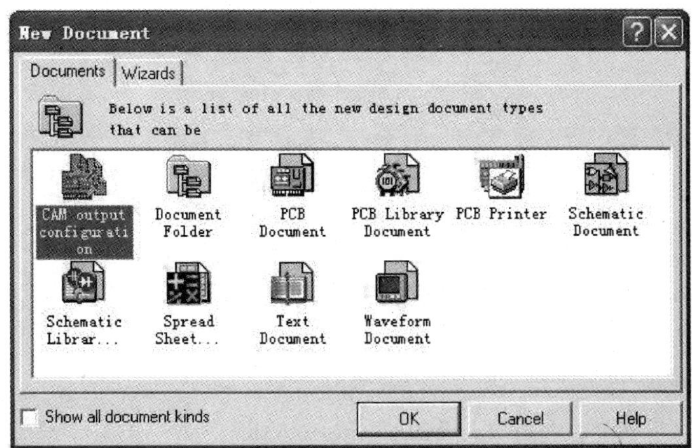

图 5-1　新建文件对话框

（3）在新建文件对话框中，如图 5-2 所示，选择创建“PCB Library Document”PCB 元器件封装库文件。

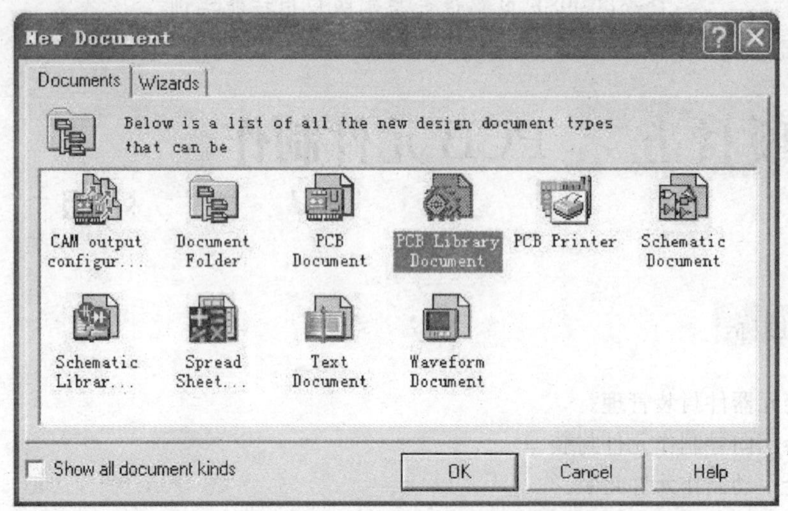

图 5-2　选择创建元器件封装库文件

（4）单击“OK”按钮，创建一个名称为“PCBlib1. Lib”元器件封装库文件。

（5）如图 5-3 所示，右键单击“PCBlib1. Lib”元器件封装库文件，弹出右键快捷菜单。

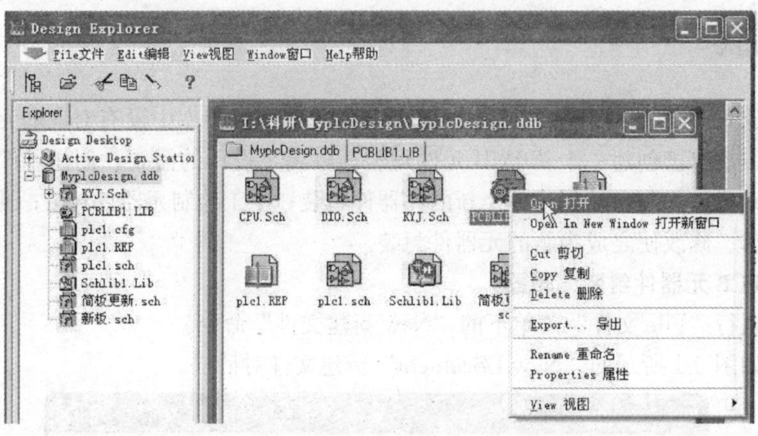

图 5-3　执行打开文件命令

（6）执行快捷菜单的“Open”打开文件命令，进入图 5-4 所示的 PCB 元件封装库编辑器。

可以看到，元件封装库编辑器由主菜单、主工具栏、元件管理器、绘图工具栏、状态栏和工作区等部分组成。元件管理器由主窗口、子窗口和当前层选框组成。

二、元件封装库管理

（1）单击执行“File 文件”菜单下的“Open 打开”命令。

（2）如图 5-5 所示，找到安装目录下的封装库子目录。

（3）在目录中找到“Miscellaneous. ddb”，如图 5-6 所示。

（4）单击“打开”按钮，打开文件 Miscellaneous. ddb。

（5）如图 5-7 所示，在展开的 Miscellaneous. ddb 目录中选择“Miscellaneous. lib”。

（6）单击该文件，或者如图 5-8 所示，右键单击文件选择对话框里“Miscellaneous. lib”文件，在弹出的右键菜单中选择执行“Open 打开”命令。

（7）如图 5-9 所示，右侧编辑区显示封装库里的元件。

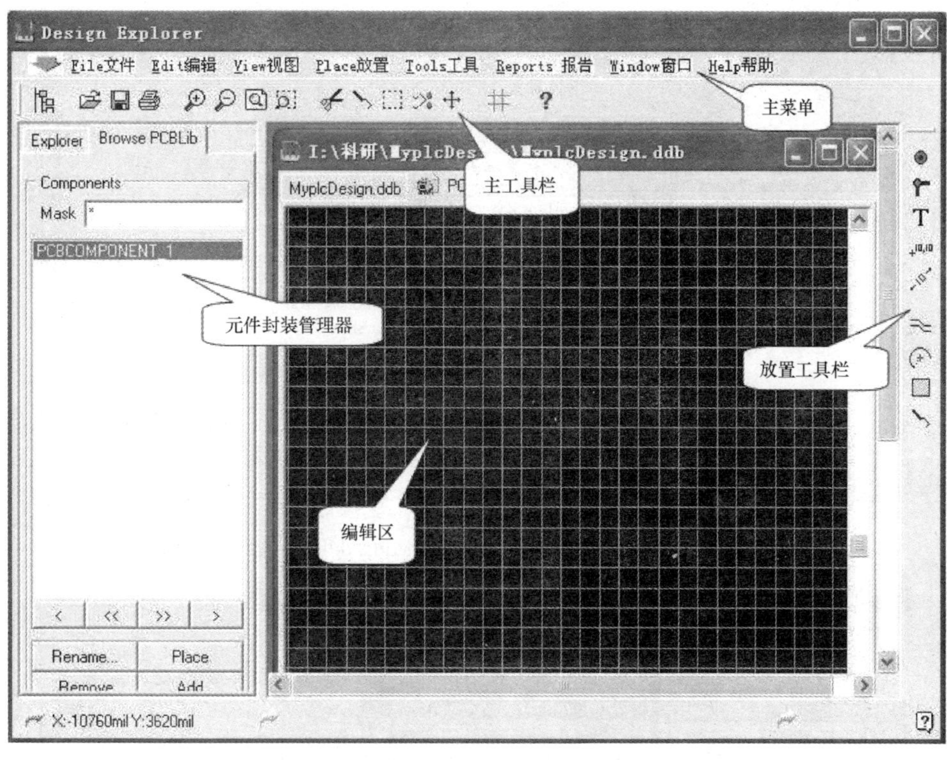

图 5-4 PCB元件封装库编辑器

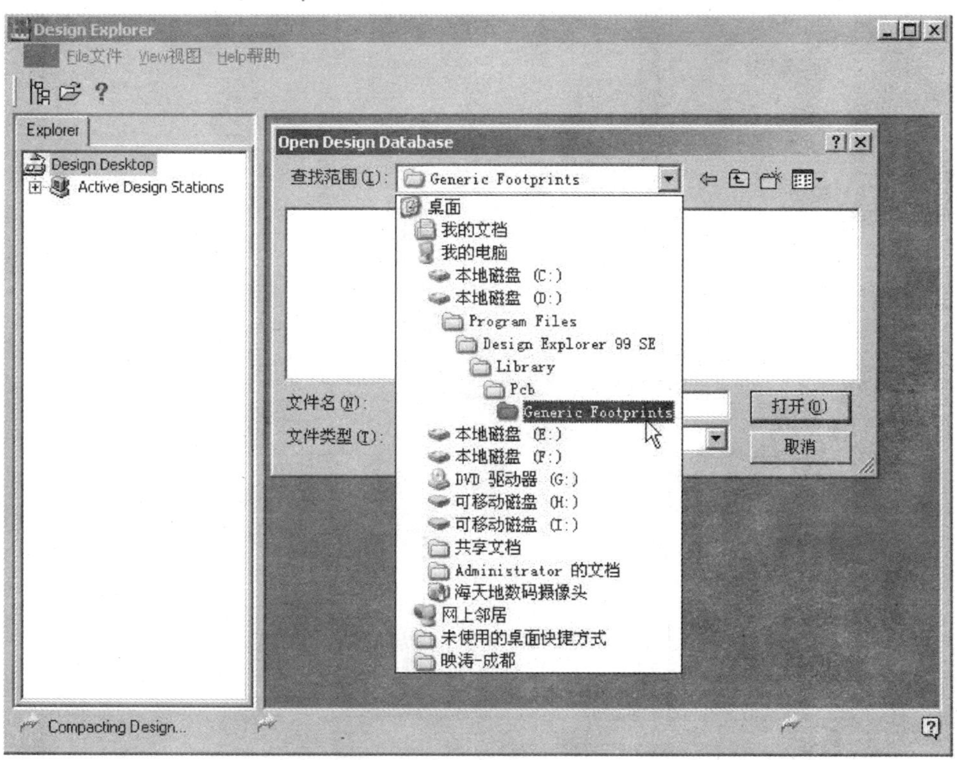

图 5-5 查找封装库子目录

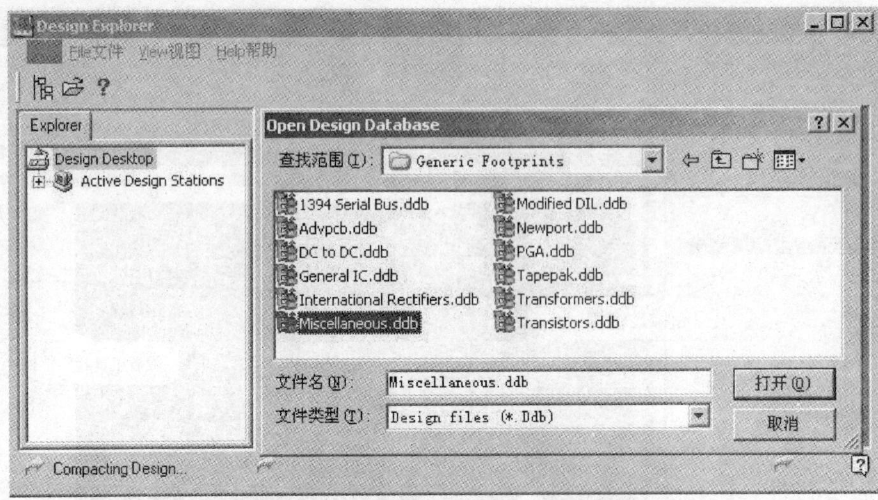

图 5-6　查找 Miscellaneous. ddb

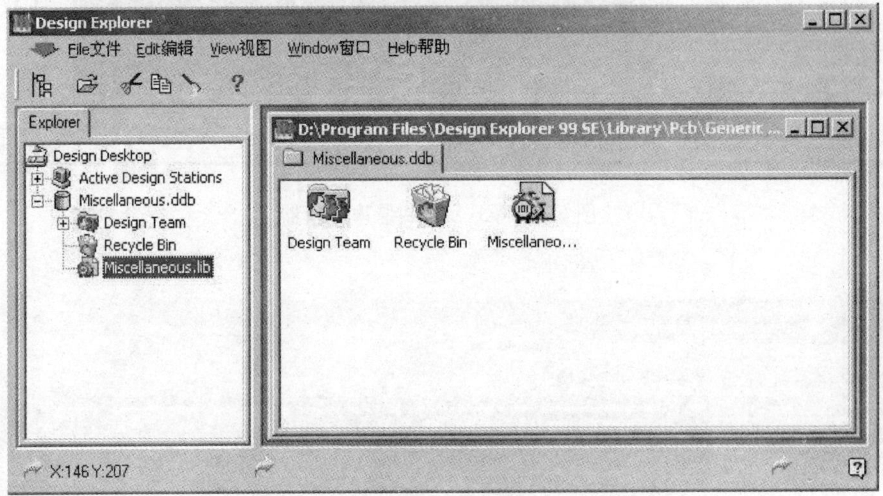

图 5-7　选择 Miscellaneous. lib

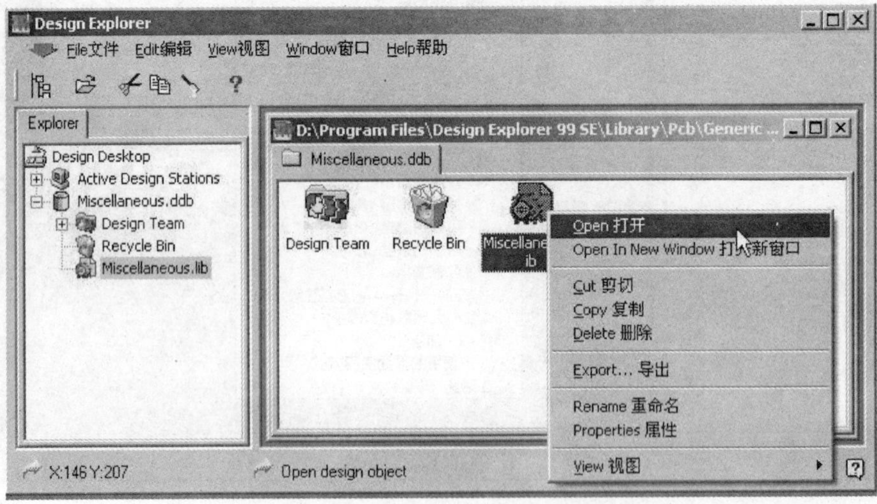

图 5-8　打开 Miscellaneous. ddb

任务11

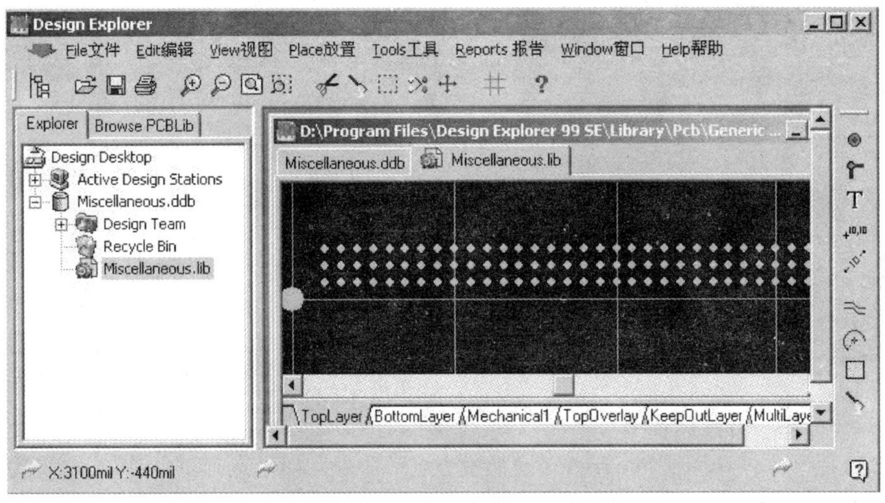

图 5-9 显示封装库元件

（8）单击“Browse PCBlib”页标签，就可以打开如图 5-10 所示的元件封装库管理器。该元件封装管理器共三部分：Components（元件）、Pins（针脚）、Current Layer（当前层）。

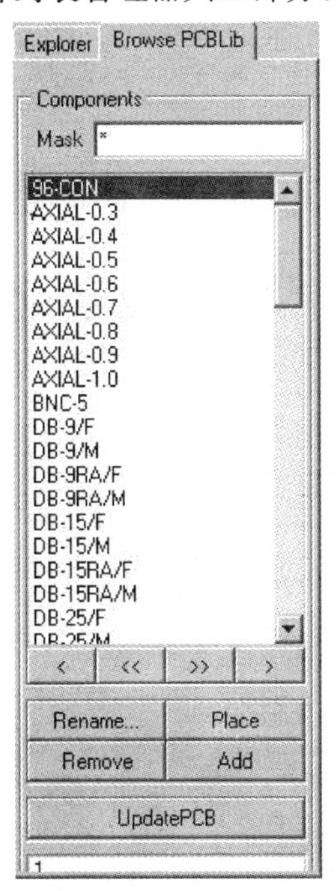

图 5-10 打开封装库管理器

1）Components：其功能是查找、选择和取用元件。前提是：用户是打开元件编辑库而不是新建元件库。

- Mask：用于筛选元件。
- “≪”：用于选择元件库第一个元件。
- “≫”：用于选择元件库最后一个元件。
- “＜”：用于选择上一个元件。
- “＞”：用于选择下一个元件。
- Rename：重新命名指定元件。
- Remove：移除元件。
- Place：放置元件封装到打开的 PCB 中。
- Add：添加一个元件封装。
- Update PCB：更新电路图中有关该元件的部分。单击该按钮，系统将该元件在元件编辑器所做的修改反映到原理图中。

2）Pins：引脚区域用于显示引脚信息。

- Edit Pad：编辑引脚焊盘。
- Jump：跳到指定引脚。

3）Current Layer：在 CurrentLayer 的下拉列表中可以选择当前所在的板层，双击右侧的颜色块，可以设置当前板层的颜色。

（9）与元件封装库管理有关的菜单命令如图 5-11 所示。

1）单击执行“Tool 工具”菜单下的与元件封装库有关的菜单命令或单击元件封装库管理器相关的按钮，可以操控和管理元件封装库。

- New Component 新建元件或单击“Add”按钮：新建元件，创建一个新元件。
- Remove Component 删除元件或单击“Remove”按钮：删除元件，删除指定的元件。
- Rename Component 元件重命名或单击“Rename”按钮：重新命名指定的元件。
- Next Component 或单击“＞”按钮：切换到元件封装库的下一个元件。

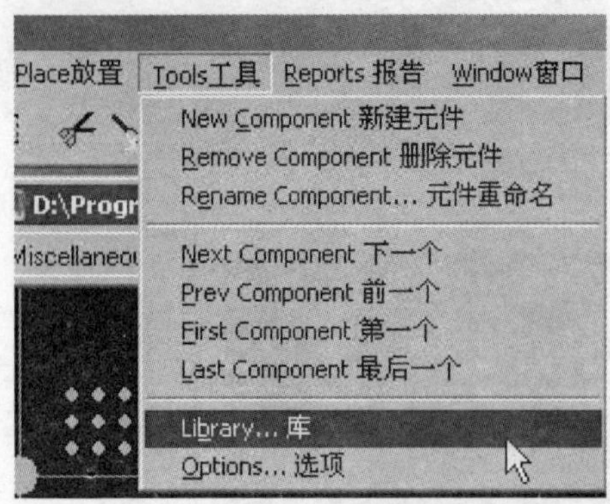

图 5-11　封装库管理菜单命令

● Prev Component 或单击“<”按钮：切换到元件封装库的前一个元件。

● First Component 或单击“≪”按钮：切换到元件封装库的第一个元件。

● Last Component 或单击“≫”按钮：切换到元件封装库的最后一个元件。

2）Layer Stack Manager：打开层栈管理器。

3）Mechanical Layer：打开机械层管理器。

4）Library Option：打开库选项对话框，设置工作层、光标移动、元件定位、电气光栅等参数。

5）Preferences：打开优选项对话框。

6）“Edit 编辑”菜单下“Setference 设置参考点”命令，如果选择“Pin1”，则设置引脚 1 为参考点；如果选择“Center”，则设置元件的几何中心为参考点；如果选择“Location”，则由用户选择一个位置为参考点。

技能训练

一、训练目标

(1) 能够正确启动元件封装库编辑器。

(2) 学会制作 DIP8 元件的封装。

(3) 学会制作三极管元件的封装。

(4) 学会制作 7805 稳压器的封装。

(5) 学会制作 LM2576 的封装。

二、训练步骤与内容

1. 通过向导学会制作 DIP8 元件的封装

(1) 新建一个元件封装库文件。

1）单击执行“File 文件”菜单下的“New 新建文件”命令。

2）弹出“New Document”新建文件对话框。

3）在新建文件对话框中，选择创建“PCB Library Document”PCB 元器件封装库文件。

4）单击“OK”按钮，创建一个名称为“PCBlib1. Lib”元器件封装库文件。

5）右键单击“PCBlib1. Lib”元器件封装库文件，弹出右键快捷菜单。

6）执行快捷菜单的“Open”打开文件命令，进入图 5-4 所示的 PCB 元件封装库编辑器。

(2) 通过向导新建一个元件。

1）单击执行“Tool 工具”菜单下“New Component 新建元件”命令。

2）弹出图 5-12 所示的元件封装向导对话框。

3）单击“Next”按钮，弹出如图 5-13

图 5-12　元件封装向导对话框

所示的选择元件封装样式对话框，在其中可以选择 Dual in line Package（双列直插封装样式）。另外可以选择单位制，可以选择 Imperial（mil）[英制（mil）]。

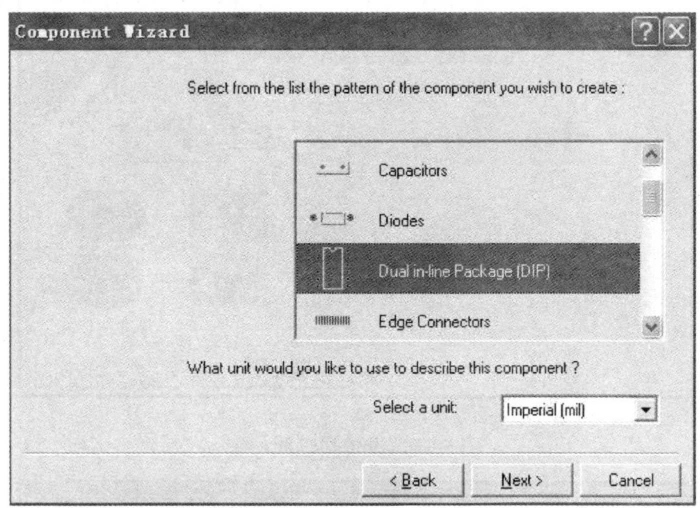

图 5-13　选择 Dual in line Package 样式

4）单击“Next”按钮，弹出如图 5-14 所示的设置焊盘尺寸对话框，可以设置焊盘的内径、外径，在需要设置的焊盘内径位置单击，输入焊盘内径数值 32 mil，外径保持 50 mil。

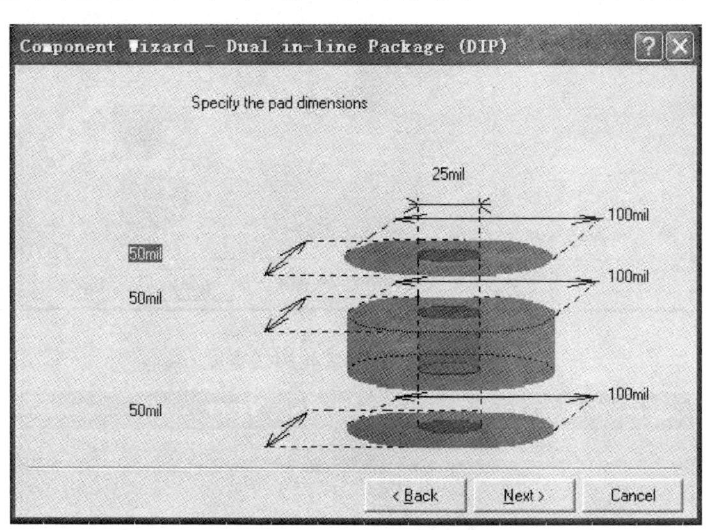

图 5-14　设置焊盘尺寸

5）单击“Next”按钮，弹出如图 5-15 所示的设置焊盘位置对话框，设置焊盘水平、垂直的距离。设置焊盘水平间的距离为 300 mil。

6）单击“Next”按钮，弹出如图 5-16 所示的设置封装轮廓线宽度对话框，保持默认值 10 mil 不变。

7）单击“Next”按钮，弹出如图 5-17 所示的设置焊盘数量对话框，设置为 8，即左右各 4 个。

8）单击“Next”按钮，弹出如图 5-18 所示的设置封装名称对话框，设置为 DIP8。

9）单击“Next”按钮，弹出如图 5-19 所示的向导完成对话框。

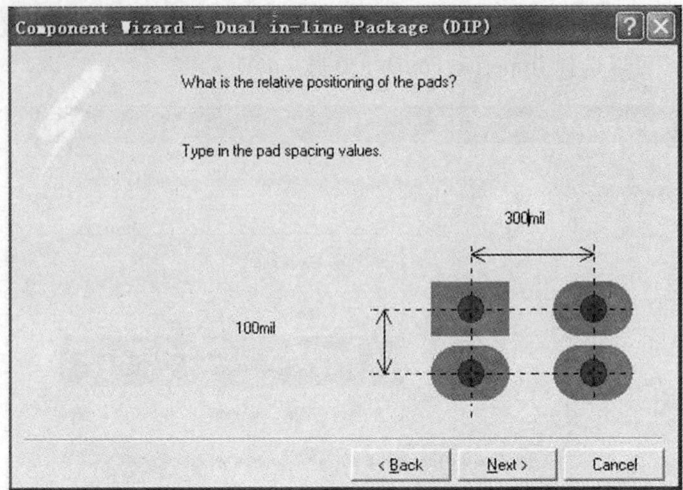

图 5-15　设置焊盘间位置

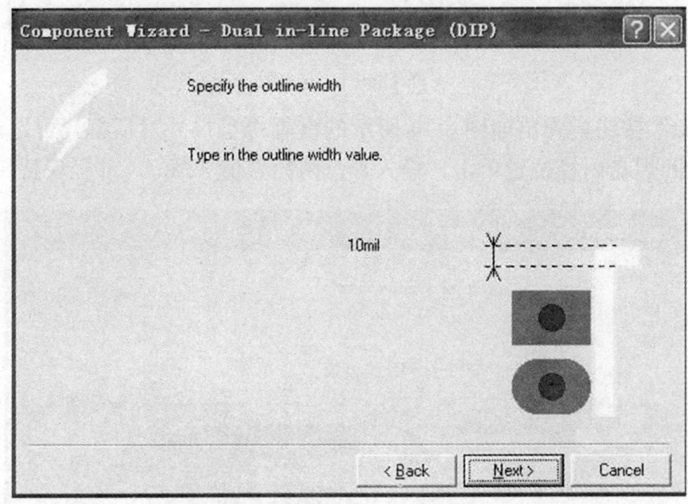

图 5-16　设置封装轮廓线宽度

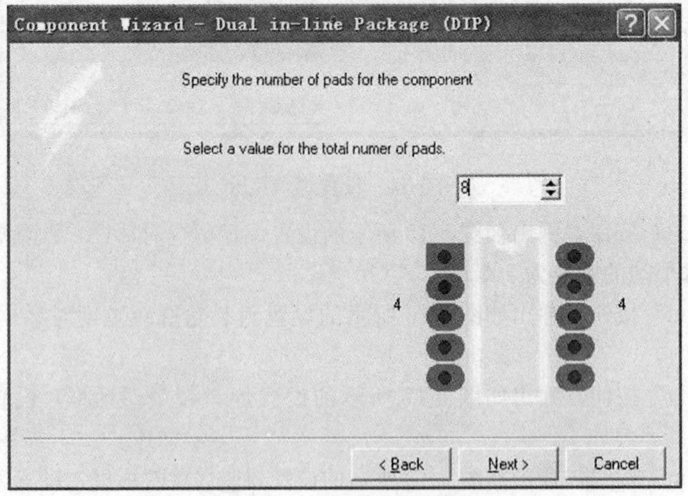

图 5-17　设置焊盘数量

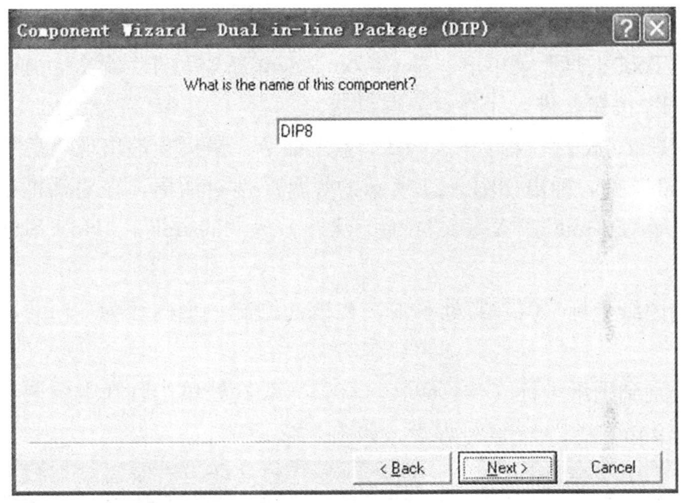

图 5-18　设置封装名称对话框

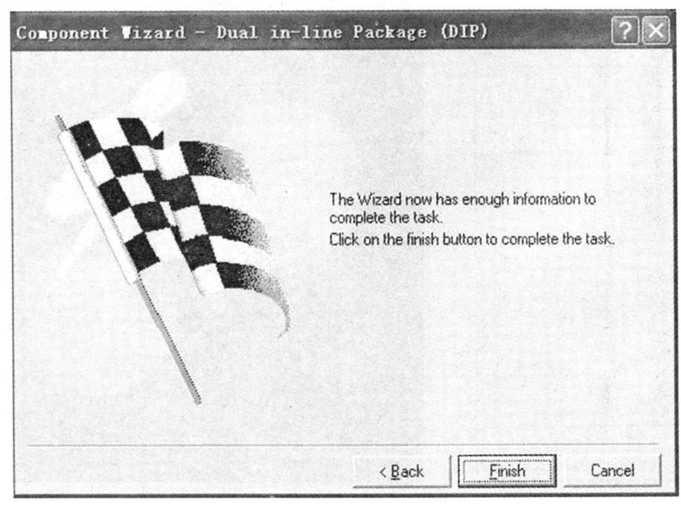

图 5-19　向导完成

10）单击“Finish”按钮，完成 DIP8 的封装设计，一个 DIP8 封装出现在封装库中，如图 5-20所示。

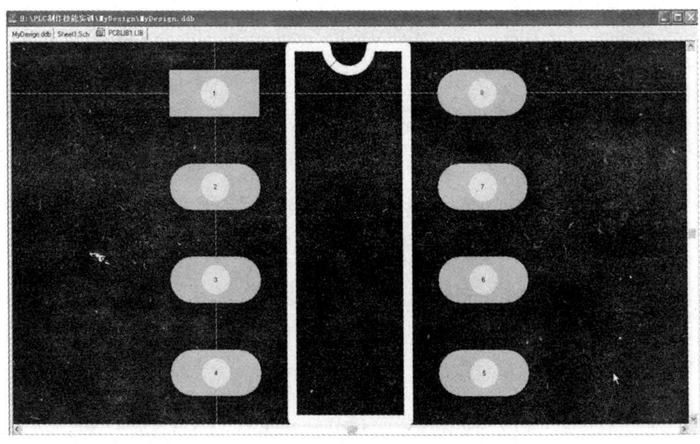

图 5-20　DIP8 的封装

2. 手工制作三极管 9014 封装

1）单击执行“Tool 工具”菜单下“New Component 新建元件”命令，弹出元件封装向导对话框，单击“Cancel”按钮，进入元件封装编辑器。

2）单击执行“Place 放置”菜单下“Pad 焊盘”命令，鼠标顶端出现焊盘图标。

3）按键盘“Tab”键，弹出如图 5-21 所示的焊盘属性对话框，在对话框中设置焊盘的“X-Size”（水平大小）为“50 mil”、“Y-Size”（垂直大小）为“50 mil”，“Hole Size”（中心大小）为“32 mil”。

4）移动鼠标到图纸坐标（0，0）处单击，在该处绘制一个内径为 32 mil，外径为 50 mil 的焊盘。

5）移动鼠标分别到图纸坐标（40，60）、（40，－60）处单击，在上下两对称位置绘制内径为 32 mil，外径为 50 mil 的 2 号、3 号焊盘，如图 5-22 所示。

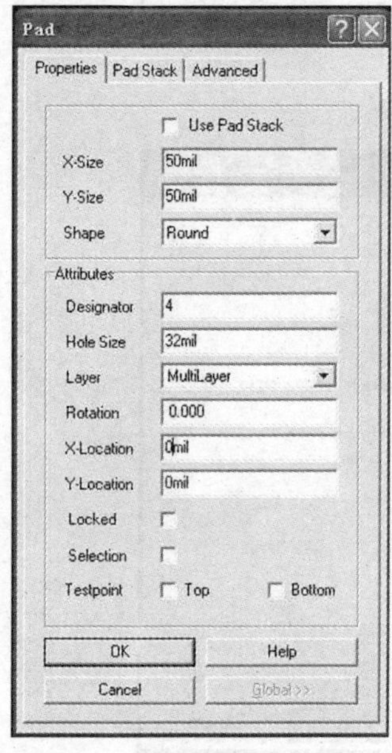

图 5-21　焊盘属性对话框

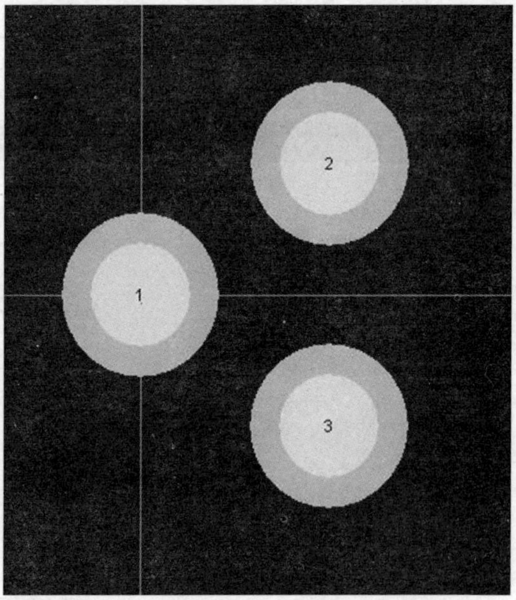

图 5-22　绘制三极管的焊盘

6）单击右键，结束焊盘绘制。

7）双击 2 号焊盘，修改焊盘的定位数据“X-Location”为“50 mil”、“Y-Location”为“50 mil”，焊盘定位于（50，50）。

8）双击 3 号焊盘，修改焊盘的定位数据“X-Location”为“50 mil”、“Y-Location”为“－50 mil”，焊盘定位于（50，－50）。

9）单击执行“Place 放置”菜单下“String 字符串”命令。

10）按键盘“Tab”键，弹出如图 5-23 所示的字符串属性对话框，将文本属性“Text”修改为“B”，字高“Hight”设置为“20 mil”,字宽“Width”设置为“5 mil”，“Layer”层属性设置为“TopOverLay”丝印层，移动鼠标，将字符 B 放置在 1 号焊盘的右边。

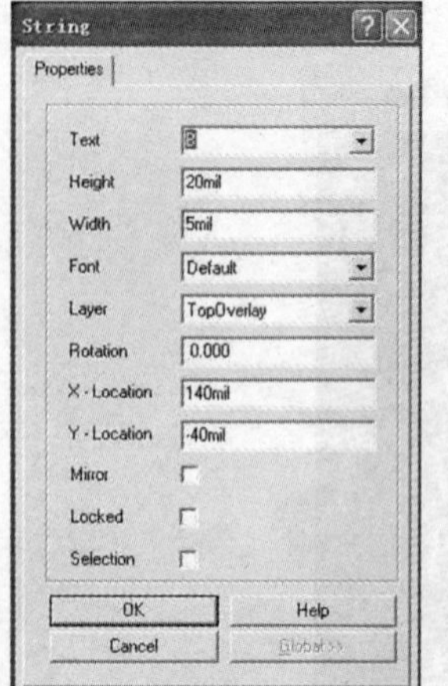

图 5-23　字符串属性对话框

11）按键盘“Tab”键，弹出字符串属性对话框，将文本属性“Text”修改为 C，移动鼠标，将字符 C 放置在 2 号焊盘的左边。

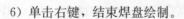

12）按键盘“Tab”键，弹出字符串属性对话框，将文本属性“Text”修改为E，移动鼠标，将字符E放置在3号焊盘的左边。

13）单击右键，结束字符绘制。

14）双击各个字符，可以重新设置字符的定位位置，如设置字符B的位置“X-Location”为“40 mil”、“Y-Location”为“—10 mil”。

15）单击执行“Place 放置”菜单下“Track线”命令，绘制轮廓线，端点坐标分别为（—40，40）、（—40，—40）、（20，—100）、（100，—100）、（100，100）、（20，100），结果如图5-24所示。

16）单击执行“Tool 工具”菜单下“Rename Component 重命名元件”命令，弹出“Rename Component”（重命名元件）对话框，如图5-25所示，将元件封装名修改为“9014”，单击“OK”按钮，保存新元件封装命名。

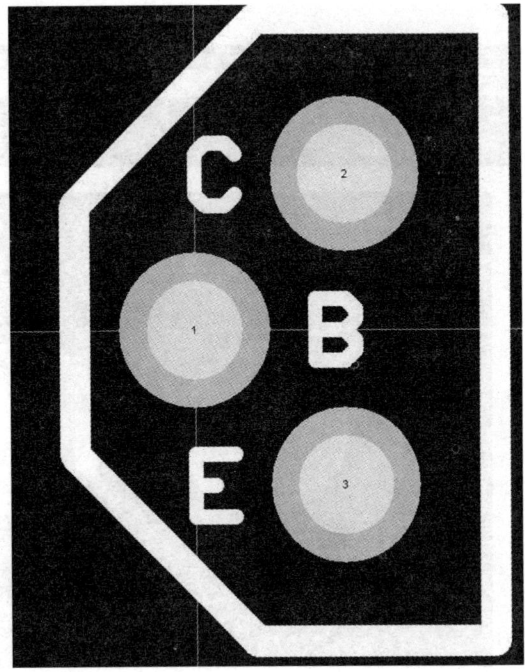

图5-24 绘制轮廓线

3. 制作直立安装的三端稳压电源7805的封装

1）单击执行“Tool 工具”菜单下“New Component 新建元件”命令，弹出元件封装向导对话框，单击“Cancel”按钮，进入元件封装编辑器。

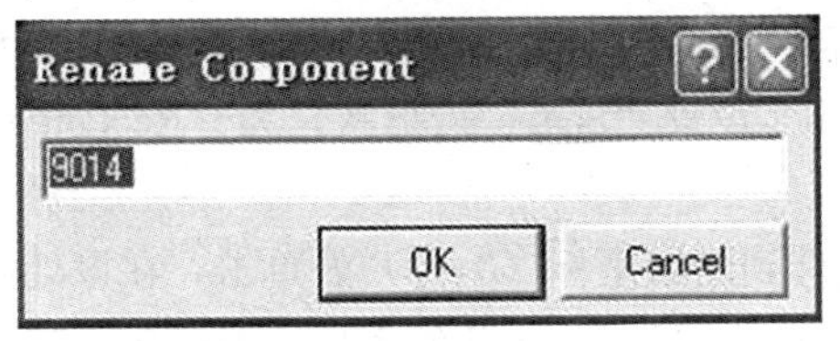

图5-25 重命名元件

2）单击执行“Place 放置”菜单下“Pad 焊盘”命令，鼠标顶端出现焊盘图标，按键盘“Tab”键，弹出焊盘属性对话框，在对话框中设置焊盘的“X-Size”（水平大小）为“70 mil”、“Y-Size”（垂直大小）为“70 mil”，“Hole Size”（中心大小）为“40 mil”。

3）移动鼠标到图纸坐标（0，0）处单击，在该处绘制一个内径为40 mil、外径为70 mil的1号焊盘。移动鼠标分别到图纸坐标（100，0）、（200，0）处单击，绘制内径为40 mil、外径为70 mil的2号、3号焊盘。

4）单击右键，结束焊盘绘制。

5）单击编辑器下面的页面选择，选择“TopOverlay”层。

6）单击执行“Place 放置”菜单下“Track 线”命令，绘制轮廓线，端点坐标分别为（—100，100）、（—100，—100）、（300，—100）、（300，100），结果如图5-26所示。

7）单击执行“Tool 工具”菜单下“Rename Component 重命名元件”命令，弹出“Rename Component”（重命名元件）对话框，将元件封装名修改为“7805”，单击“OK”按钮，保存新元件封装命名。

4. 制作开关电源LM2576的封装

1）单击执行“Tool 工具”菜单下“New Component 新建元件”命令，弹出元件封装向导对话框，单击“Cancel”按钮，进入元件封装编辑器。

2）单击执行“Place 放置”菜单下“Pad 焊盘”命令，鼠标顶端出现焊盘图标，按键盘

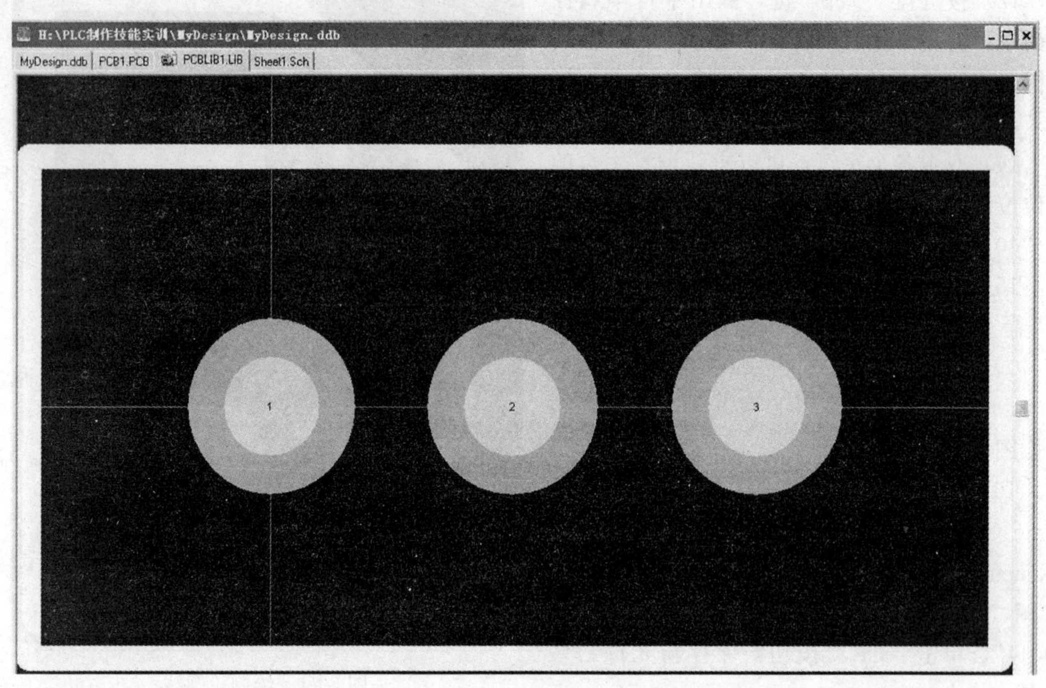

图 5-26　制作 7805 封装

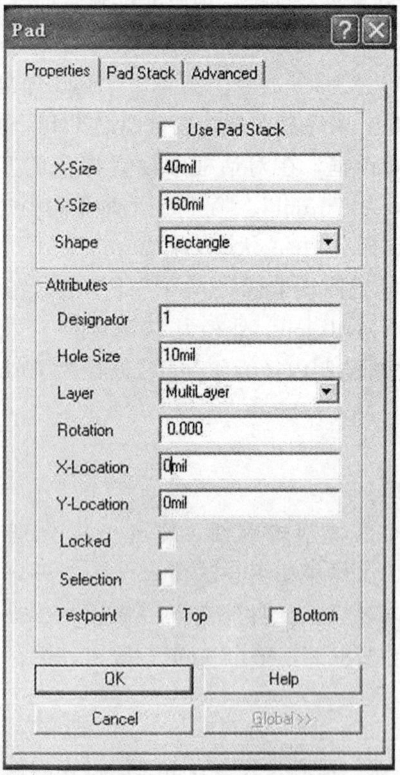

"Tab"键，弹出焊盘属性对话框，如图 5-27 所示，在对话框中设置焊盘的"X-Size"（水平大小）为"40 mil"、"Y-Size"（垂直大小）为"160 mil"，"Hole Size"（中心大小）为"10 mil"，设置"Shape"（形状）为"Rectangle"（矩形）。

3）移动鼠标到图纸坐标（0，0）处单击，在该处绘制一个长为 160 mil、宽为 40 mil 的 1 号矩形焊盘。移动鼠标分别到图纸坐标（60，0）、（120，0）、（180，0）、（240，0）处单击，绘制长为 160 mil、宽为 40 mil 的 2、3、4、5 号矩形焊盘。

4）双击 2 号焊盘，弹出焊盘属性对话框，将其定位坐标修改为"X-Location"为"65 mil"、"Y-Location"为"0 mil"，焊盘定位于（65，0）。

5）将 3、4、5 号矩形焊盘定位坐标分别修改（130，0）、（195，0）、（260，0）。

6）单击执行"Place 放置"菜单下"Pad 焊盘"命令，按键盘"Tab"键，弹出焊盘属性对话框，在对话框中设置焊盘的"X-Size"（水平大小）为"300 mil"、"Y-Size"（垂直大小）为"400 mil"，"Hole Size"（中心大小）为"0 mil"。设置"Shape"（形状）为"Rectangle"（矩形）。

图 5-27　设置矩形焊盘

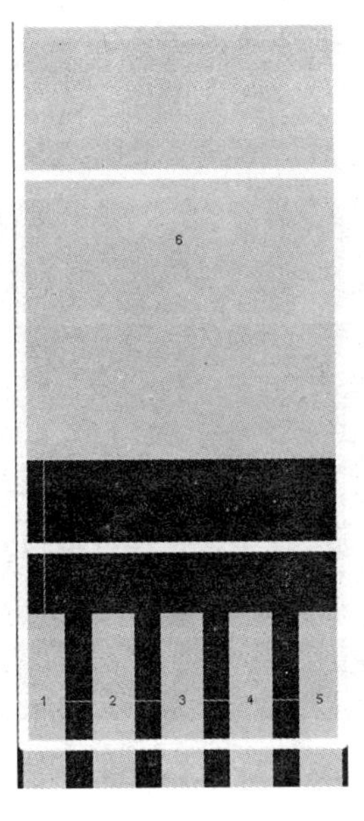

图 5-28 制作 LM2576 的封装

7）移动鼠标到图纸坐标（120，420）处单击，在该处绘制一个长为 160 mil、宽为 40 mil 的 6 号矩形焊盘。

8）双击 6 号焊盘，弹出焊盘属性对话框，将其定位坐标修改为 X-Location 为 13 mil、Y-Location 为 420 mil，焊盘定位于（130，420）。

9）单击右键，结束焊盘绘制。

10）单击编辑器下面的页面选择，选择 TopOverlay 层。

11）单击执行“Place 放置”菜单下“Track 线”命令，绘制轮廓线，矩形轮廓线的端点坐标分别为（－20，620）、（－20，－40）、(280，－40)、(280，620)。中间两条直线坐标分别(－20，480)、（280，480）和（－20，140）、（280，140)，结果如图 5-28 所示。

12）单击执行“Tool 工具”菜单下“Rename Component 重命名元件”命令，弹出“Rename Component”（重命名元件）对话框，将元件封装名修改为“LM2576”，单击“OK”按钮，保存新元件封装命名。

任务 12　利用已有的元件封装创建新元件封装

基础知识

一、通过拷贝制作 7805 的封装

(1) 单击执行“File 文件”菜单下的“New 新建文件”命令。

(2) 弹出“New Document”新建文件对话框。

(3) 在新建文件对话框中，选择创建“PCB Library Document”PCB 元器件封装库文件。

(4) 单击“OK”按钮，创建一个名称为“PCBlib1. Lib”元器件封装库文件。

(5) 单击执行“File 文件”菜单下的“Open 打开”命令。

(6) 找到安装目录“D：\ Program Files \ Design Explorer 99 SE”下的封装库子目录，在目录中找到“DC to DC. ddb”。

(7) 单击“打开”按钮，打开文件“DC to DC. ddb”。

(8) 在展开的“DC to DC. ddb”目录中选择“DC to DC. lib”。

(9) 单击该文件，或者右键单击文件选择对话框里“DC to DC. lib”文件，在弹出的右键菜单中选择执行“Open 打开”命令。

(10) 右侧编辑区显示出封装库里的元件。

(11) 单击“Browse PCBlib”按钮，就可以打开元件封装库管理器。

(12) 选择元件封装库管理器里的“78SRXXYV”元件，如图 5-29 所示，编辑区显示出 78SRXXYV 的元件封装。

(13) 单击执行“Edit 编辑”菜单下的“Select 选择”下的“Inside Area 区域内”命令，框选 78SRXXYV 的元件封装。

(14) 单击执行“Edit **编辑**”菜单下的“Copy 拷贝”命令，移动鼠标，移动到 78SRXXYV

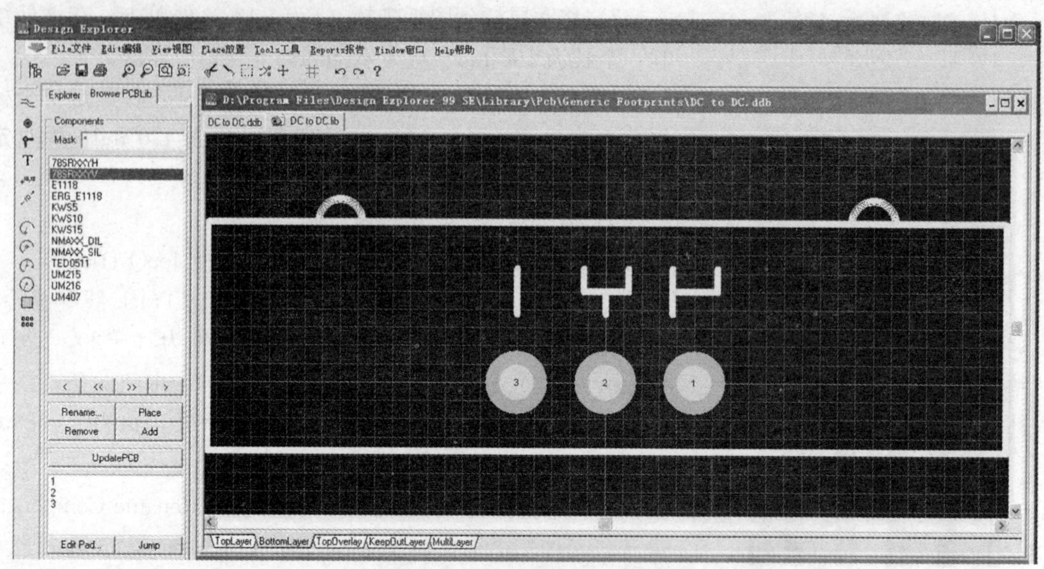

图 5-29　选择 78SRXXYV 的封装

的元件封装的 2 脚中心单击，选择该点为元件的拷贝基点。

(15) 打开 "PCBlib1. Lib" 元器件封装库文件。

(16) 单击 "Browse PCBlib" 按钮，就可以打开 PCBlib1. Lib 元件封装库编辑器。

(17) 单击执行 "Edit 编辑" 菜单下的 "Paste 粘贴" 命令，移动鼠标，在适当位置单击，如图 5-30 所示，将 78SRXXYV 的元件封装粘贴到 PCBlib1. Lib 元件封装库编辑器中。

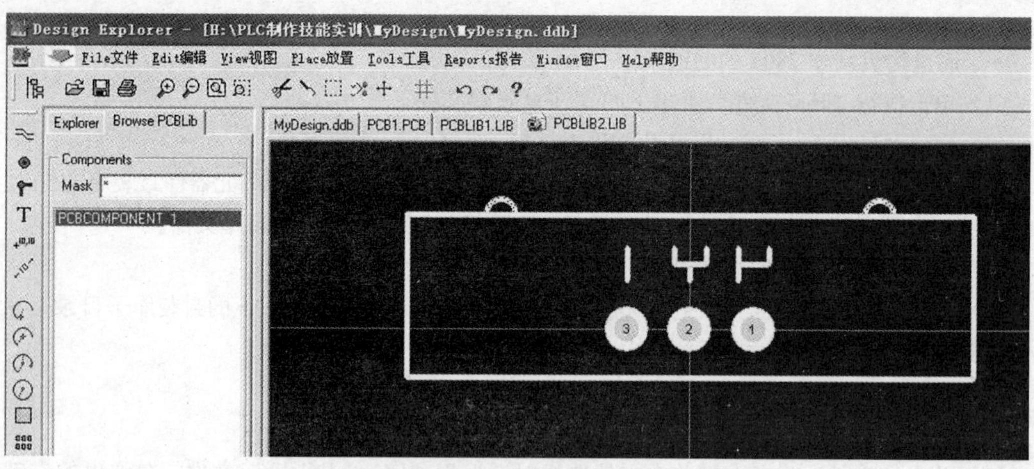

图 5-30　粘贴 78SRXXYV 的封装

(18) 如图 5-31 所示，修改元件引脚的属性，将元件引脚 1、3 的属性的流水号互换，删除引脚上的符号标记。

(19) 单击执行 "Tool 工具" 菜单下 "Rename Component 重命名元件" 命令，弹出 "Rename Component"（重命名元件）对话框，将元件封装名修改为 "LM7805"，单击 "OK" 按钮，保存新元件封装命名。

二、通过已有的 PCB 自动生成元件的封装库

绘制好一份 PCB，文件里有调用现存库的封装，也有自己的封装，为了便于以后使用，可以

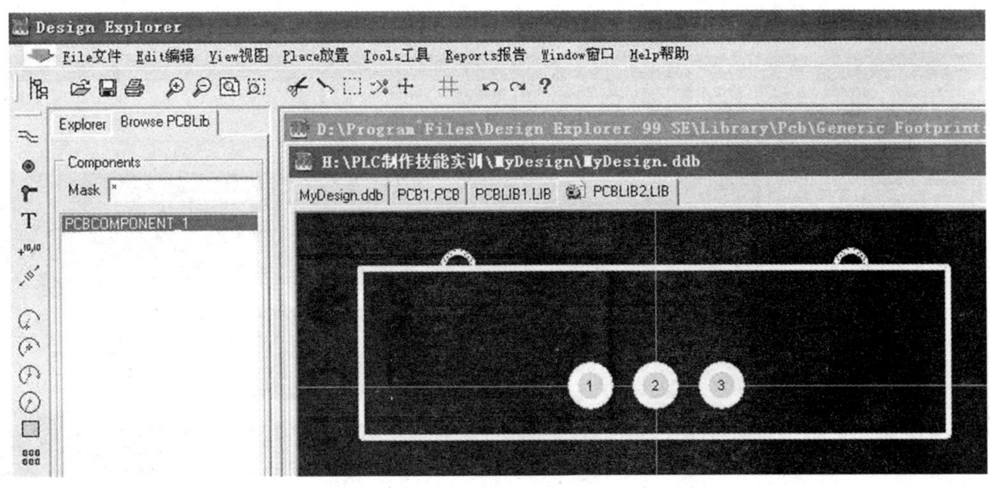

图 5-31　修改元件引脚的属性

从 PCB 中生成一个自己的封装库。

（1）单击执行“File 文件”菜单下的“Open 打开”命令。

（2）弹出图 5-32 所示的打开数据库文件对话框，选择“简易板 . DDB”，单击“打开”按钮，打开简易板的 PCB 文件。

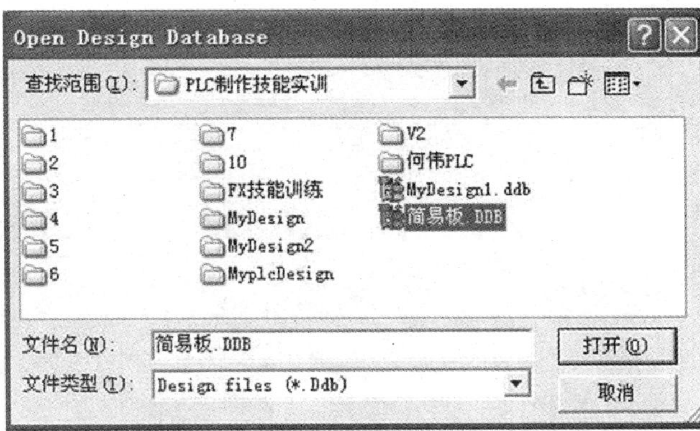

图 5-32　打开简易板的 PCB 文件

（3）如图 5-33 所示，单击执行“Design设计”菜单下“Make Library 建库”命令。

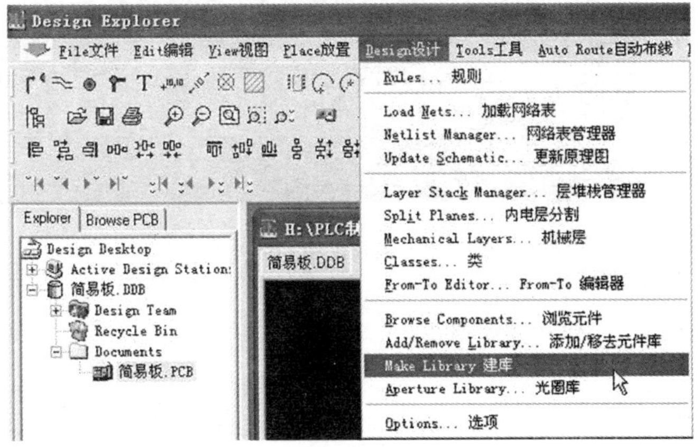

图 5-33　执行建库命令

（4）创建一个“简易板 . lib”的 PCB 库文件，如图 5-34 所示，并显示库中元件的封装。

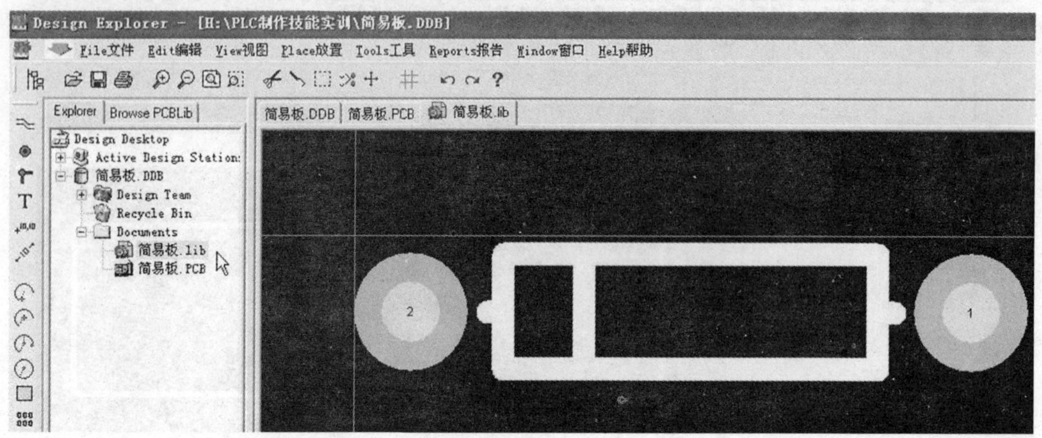

图 5-34　简易板 . lib

（5）这个库包含了“简易板 . PCB”的所有元件的封装。

（6）单击工程浏览区的“Browse PCBLib”标签，如图 5-35 所示，可以查看库中元件封装。

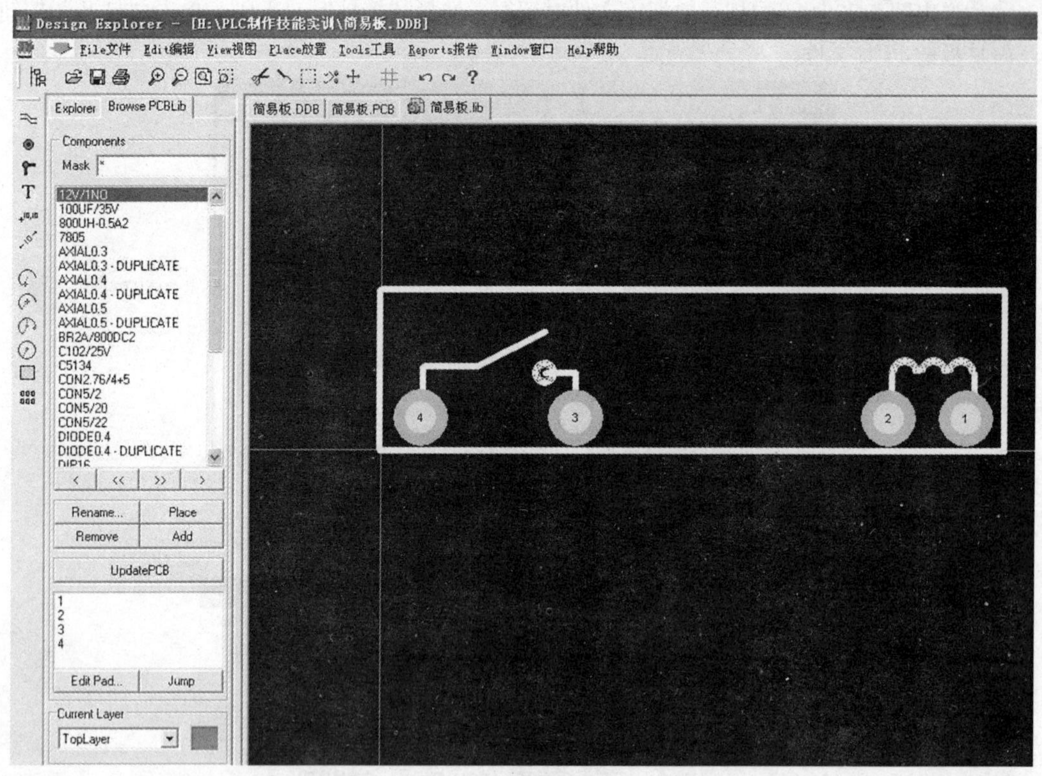

图 5-35　查看库中元件封装

技能训练

一、训练目标

（1）学会通过拷贝制作 7805 稳压器的封装。

（2）学会创建自己的PCB封装库。

二、训练步骤与内容

1. 通过拷贝制作7805稳压器的封装

（1）单击执行“File文件”菜单下的“New新建文件”命令。

（2）弹出“New Document”新建文件对话框。

（3）在新建文件对话框中，选择创建“PCB Library Document”PCB元器件封装库文件。

（4）单击“OK”按钮，创建一个名称为“PCBlib1. Lib”元器件封装库文件。

（5）单击执行“File文件”菜单下的“Open打开”命令。

（6）找到安装目录“D：\Program Files\Design Explorer 99 SE”下的封装库子目录，在目录中找到“DC to DC. ddb”。

（7）单击“打开”按钮，打开文件“DC to DC. ddb”。

（8）在展开的“DC to DC. ddb”目录中选择“DC to DC. lib”。

（9）单击该文件，或者右键单击文件选择对话框里“DC to DC. lib”文件，在弹出的右键菜单中选择执行“Open打开”命令。

（10）右侧编辑区显示出封装库里的元件。

（11）单击“Browse PCBlib”按钮，就可以打开元件封装库管理器。

（12）选择元件封装库管理器里的“78SRXXYV”元件，编辑区显示出78SRXXYV的元件封装。

（13）单击执行“Edit编辑”菜单下的“Select选择”下的“Inside Area区域内”命令，框选78SRXXYV的元件封装。

（14）单击执行“Edit编辑”菜单下的“Copy拷贝”命令，移动鼠标，移动到78SRXXYV的元件封装的2脚中心单击，选择该点为元件的拷贝基点。

（15）打开“PCBlib1. Lib”元器件封装库文件。

（16）单击“Browse PCBlib”按钮，就可以打开PCBlib1. Lib元件封装库编辑器。

（17）单击执行“Edit编辑”菜单下的“Paste粘贴”命令，移动鼠标，在适当位置单击，将78SRXXYV的元件封装粘贴到PCBlib1. Lib元件封装库编辑器中。

（18）修改元件引脚的属性，将元件引脚1、3的属性的流水号互换，删除引脚上的符号标记。

（19）修改元件封装的名称为“LM78XX”。

（20）保存修改。

2. 学会创建自己的PCB封装库

（1）打开一个PCB文件。

（2）单击执行“Design设计”菜单下“Make Library建库”命令。

（3）查看工程管理器浏览区，查看PCB库文件。

（4）单击工程浏览区的“Browse PCBLib”标签，查看库中元件封装。

项目六　复杂印刷电路板 PCB设计

（1）学会设计延时开关电路的四层板 PCB 图。

（2）学会设计四层板直流稳压电源的 PCB 图。

（3）学会设计单片机可编程控制器 PCB 图。

任务 13　延时开关电路的四层板 PCB 设计

一、多层板的结构设计

1. *板层结构设计原则*

多层板与单面板、双层板的区别在于板层的数量较多，在顶层、底层之间的板层称之为中间层。这些层不像顶层、底层那样，电源线、地线、信号线均可走线。这些层具有专门的用途，按照一定的规则顺序布置，信号层一般专门走信号线，内电层走电源线或地线。不同的功能层叠加在一起，实现不同的电气特性，抑制电磁干扰、方便布线等，从而满足设计者的不同设计需求。

设计者在设计 PCB 之前，要根据电路的规模、性能需求、尺寸大小、成本要求以及电磁兼容等确定 PCB 的板层结构。通过增加板层，使得在规模相同的条件下便于布线、减小 PCB 尺寸、提高性能、减少电磁干扰，但由此也会增加电路板制作成本，必须综合考虑。对于生产厂家，关注的是设计后的 PCB 板是否容易加工。真正设计好的 PCB 板，需要反复分析、验证，并结合一些 EDA 电子设计辅助软件工具辅助分析线路密度、信号完整性等，再根据电源的种类、分布以及个别特殊走线的要求进行内电层的设计，确定内电层的层数和分布。

确定板层后，应根据特殊走线的分布、电源线和地线的分布决定板层的顺序。板层结构设计原则是：

（1）内部电源层和地线层要相邻，并尽量减少之间电介质的厚度，增加电源层和地线层之间的电容，增大谐振频率。

（2）在内电层中使用多个接地层，可以降低接地阻抗，降低不同信号层之间的共模干扰。

（3）避免两个信号层直接相邻，减少相互间的串扰，导致信号出错。

（4）将高速信号排列层安排在中间层，利用两边的内电层来屏蔽电磁干扰，同时降低对其他层的电磁影响。

（5）注意板层结构的对称性。

2. *常用板层结构*

常用多层板为 4 层、6 层，手机、电脑一般使用 6～12 层板。以常用的 4 层板为例，它的结构按信号不相邻原则有以下几种排列方式：

- P（Top）、S1、G、S2（Bottom）。
- S1（Top）、P、G、S2（Bottom）。
- S1（Top）、G、P、S2（Bottom）。

其中，P 表示电源 Power，S 表示信号 Signal，G 表示地线 GND（Ground）。

方式 1 的排列，电源层与接地层不相邻，不可取。从对称性考虑，方式 2、方式 3 其实是相同的，只是根据元件的放置来确定。一般元件放置在顶层，当顶层放置的贴片元件较多时，走线主要分布在顶层，这样，底层可以留出较多位置来设置大面积覆铜。方式 3 的电源层与底层的覆铜耦合较紧密，所以相对方式 2 更合理。

二、多层板元件布局原则

设计好原理图与板层后，需要做就是加载网络表，导入元件并摆放好。一般会按照功能模块、模拟信号、数字信号、高低压电源及其外围接口来布局元器件。在摆放元件时要考虑是否有利于后续的安装、焊接，相互间是否有干扰等。多层板元件布局的基本原则如下。

1. 单面放置元器件

推荐单面放置元器件，由此可以把元件集中在顶层，布线也可以集中在顶层，底层可以大面积覆铜，有利于屏蔽干扰；另一方面有利于加工制作，易于焊接，易于丝印，同时可降低成本。

2. 元器件的放置方向

元器件的放置方向可以影响局部布线，但在关键走线位置，合理布局元器件，对于全局布线有决定性作用。应充分考虑每个元器件信号流向和关键信号的走线，适当调整元器件的放置方向，使其有利于走线的布置，如果元件竖放影响走线，就调整为横向放置；如果元件横向放置影响走线，就调整为竖直放置。

3. 高低压隔离

当 PCB 上有高压、大功率元件时，应按功能分区，将高压、大电流走线限制在一定区域，以免影响其他信号区域。如果尺寸允许，高低压的走线应尽可能远些。

4. 电源分区

在低压电源的分区可能存在多个电压：CPU 电压 3.3 V，USB 电压 5 V，继电器驱动电压 12 V，传感器输入电压、输出驱动电压 24 V 等。在把元器件按功能分区的基础上，应尽量将同种电压的元器件集中布局在一起，即按电压进行分区，有利于电源内电层的分割，把相同的电压集中在一块，减少内电层的数量、切割难度及其布线难度。

5. 特殊元件布局

对于有特殊要求的特殊元器件，如复位器件、去耦合电容、天线、高精度模拟器件、高压器件等，应优先安排它们的布局，以增强电路板的抗干扰能力和可靠性。复位器件、去耦合电容应尽量靠近核心主器件的引脚，天线应单独分区安排，高精度模拟器件要远离数字元件，高压器件应远离低压器件。

三、多层板布线基本规则

1. 设置线宽、线距

一般来说，在布线中线宽、线距越大越好，由此可降低干扰、减小阻抗，增加稳定性、可靠性。布线同时也受布线密度、元器件引脚限制，不可能做到线宽较宽，线与线之间距离较大。线较宽，可以承受较大电流，过宽就会浪费一定的空间，增加电路板成本。一般线宽不要小于8 mil（0.2 mm），间距设置在 12 mil（0.3 mm）以上，便于生产厂商加工。在一些特殊应用场合，布置复杂的 CPU 走线、高密度的 FPGA 管脚引线时，线宽要求 5 mil，线距要求 6 mil，对电路板的加工要求较高，成本相对提高。实际应用中，可以根据最细管脚和最密走线部分要求，来决定线宽、线距。频率高，线宽、线距较小时，要严格考虑其他影响因素，如走线长度、接地处理等。

2. 选择线路拐角形式

在PCB走线的拐角处尽量使用圆滑或转弯半径大的走线方式，拐角越陡，阻抗变化越大，对于高频信号越易产生反射。常用的拐角为45°或者圆角，45°拐角可以用于10 GHz以下的信号，圆角可以满足10 GHz以上的信号需求。

3. 优先级安排

单层板、双层板布线时要先考虑电源线、地线的走线，再安排信号线。多层板中，由于有单独的内电层专门用于电源线、地线的布线，就不必先考虑电源线、地线的布线。但在布信号线时还是要先走高频信号线，再布低频信号线。在安排同类走线时，如地址、数据总线，尽量安排一起布线，容易满足布线等长原则，保证地址、数据信号的同时性需求。

4. 环路控制

要尽量减少输入、输出与地线间的环路面积，减少引线的电感效应，特别是减少地线阻抗对高频信号的影响，使用多点接地，可以减少地回路面积，减小阻抗，降低干扰。

5. 蛇形走线

当并行线需要等长匹配时，可以采用蛇形走线。通过蛇形走线，可以使并行信号线等长，并且不产生干扰。蛇形走线在计算机电路板、嵌入式产品设计中用的较多。

6. 差分信号的走线

差分信号的走线，在高频电路设计中可以很好地抑制干扰，保持信号的完整性，满足差分电路对走线的要求。

7. 接地方法与地保护线

电路设计中地线的定义有很多种，如模拟地线、数字地线、电源地线、信号地线等。不同种类的地线对应不同接地方法，常用的有单点接地与多点接地。单点接地常用于低频电路，多点接地常用于高频电路中。

地保护线常用于射频电路中、高速时钟信号等速率较高的走线中，以尽可能多地吸收高频信号产生的辐射、噪声，减低走线阻抗，减少对环境产生的电磁干扰。其作用类似于在信号层之间插入地线层来降低信号干扰，通过表层信号线周围的地线，把高频能量限制在该保护区域。

四、配置中间层

多层板是就是多个单层板、双层板叠加在一起，使得原来的铜膜被压在中间形成中间层，共同组成的电路板。

通常，在加工单层板、双层板时，先在绝缘板上镀上铜模，再将设计完成的电路图通过光刻工艺转绘到到电路板的覆铜上，通过化学腐蚀方式，将非走线的地方腐蚀掉，最后再钻孔、丝印符号，完成PCB的制作。

多层板的制作，也是先做好各层，再叠加起来，但为了降低过孔的干扰影响，必须降低板层的厚度，实际的多层板的厚度与单层板、双层板厚度差不多，所以各层厚度相对较小，机械强度低，工艺要求高，材料要求严，由此，多层板制作成本高。

1. 创建中间层

(1) 执行“Design设计”菜单下的“Layer Stack Manage层栈管理器”命令，弹出层栈管理器对话框，可以设置信号层、内部电源层、接地层。

在层栈管理器对话框：

1) 单击“AddLayer”按钮，可以添加一个信号层。

2）单击“AddPLane”按钮，可以添加一个内部电源/接地层。

3）单击“Delete”按钮，可以删除一个工作层，在执行之前，要先单击选取要删除的中间层或内部电源/接地层。

4）单击“MoveUp”、“MoveDown”按钮，可以调整各工作层间的上下关系。

5）单击“Properties”按钮，可以进行属性设置，在执行之前，要先单击选取要删除的中间层或内部电源/接地层，系统弹出层编辑对话框，可以设置层名称和覆铜厚度。

6）选中“Top Dielectric”复选框，则在顶层加一个绝缘层。

7）选中“Bottom Dielectric”复选框，则在底层加一个绝缘层。要设置绝缘层的厚度，可以选中绝缘层 CORE，再单击“Properties”按钮，弹出绝缘层属性对话框，可以设置绝缘材料、厚度及其介电常数。

（2）四层板设计实例。

1）执行“Design 设计”菜单下的“Layer Stack Manage 层栈管理器”命令，弹出层栈管理器对话框。

2）单击“AddPLane”按钮两次，可以添加 2 个内电层，结果如图 6-1 所示。

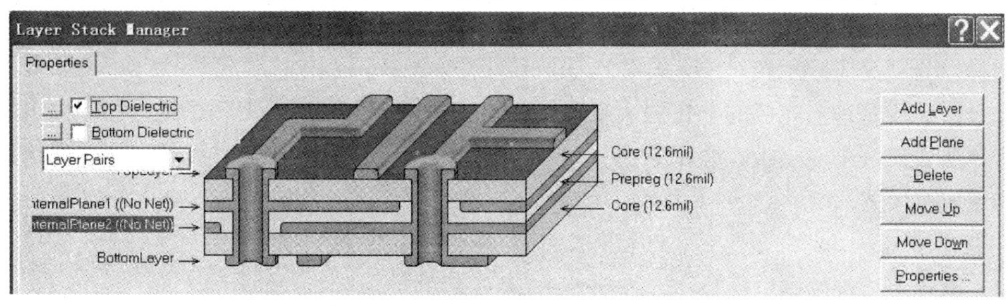

图 6-1　添加 2 个内电层

3）设置靠近顶层的内电层为 GND（地线层），设置靠近底层的内电层为 Power（电源层），结果如图 6-2 所示。

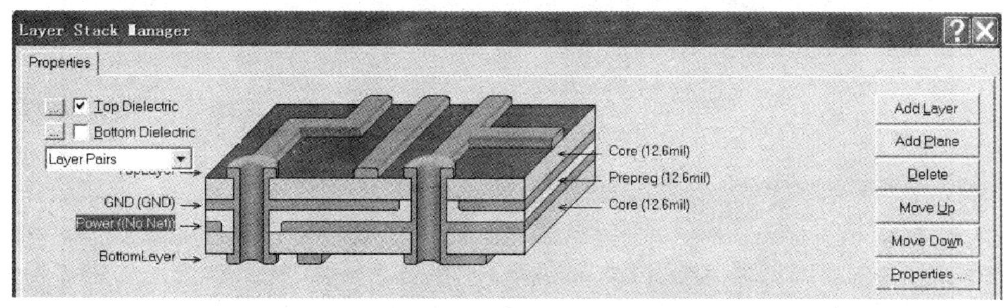

图 6-2　设置 2 个内电层属性

图中出现“Core”与“Prepreg”两个绝缘层，不同之处是 Core 的上下两面都有铜模，Prepreg 是两个 Core 相邻铜模间的绝缘层。Core 可以看作双层板之间的绝缘层，Prepreg 看作两个双层板之间的绝缘层。

4）双击“Core”绝缘层，弹出图 6-3 所示的设置绝缘层属性对话框，选择 Material 材料为 FR-4 的默认介质材料，厚度等选择默认值。

5）双击“Core”绝缘层，弹出设置绝缘层属性对话框，选择“Material”（材料）为 FR-4 的默认介质材料，厚度等选择默认值。

任务13

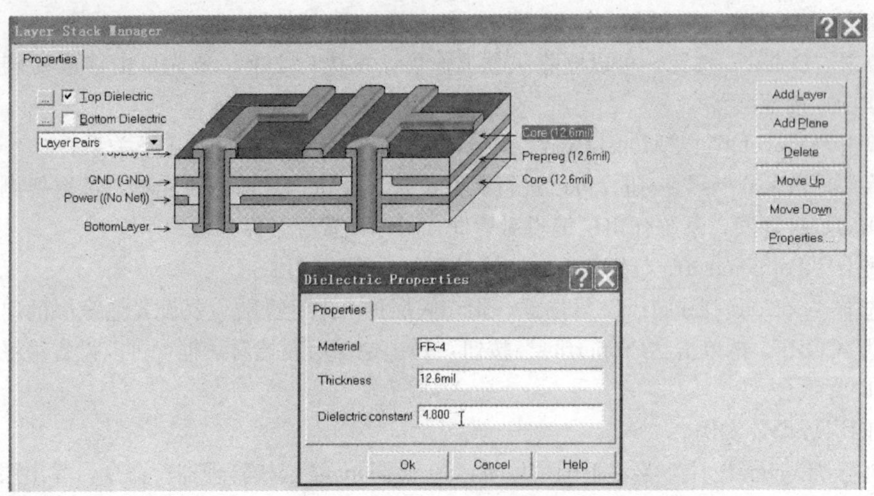

图 6-3　绝缘层属性对话框

6）设置叠压模式。由于 Core 和 Prepreg 有不同的组合模式，所以层的叠压模式也有三种不同的选择。分别是 Layer Pair（层成对）、Internal Layer Pair（内电层成对）、Build-up（叠压）。可以通过层堆栈管理器左侧的下拉列表来选择。层成对为两个双层板夹一个绝缘层；内电层成对为两个单层板夹一个双层板；叠压为在一个双层板基础上不断叠加内电层、Prepreg 绝缘层。一般选择层成对模式。

2. 设置多层板

(1) 设置多层板的内电层显示。

1）执行“Design 设计”菜单下的“Option 选项”命令。

2）弹出图 6-4 所示的 PCB 多层板属性对话框。

3）在”Internal Plane”内电层一栏下方的复选框选中，表示显示内电层。

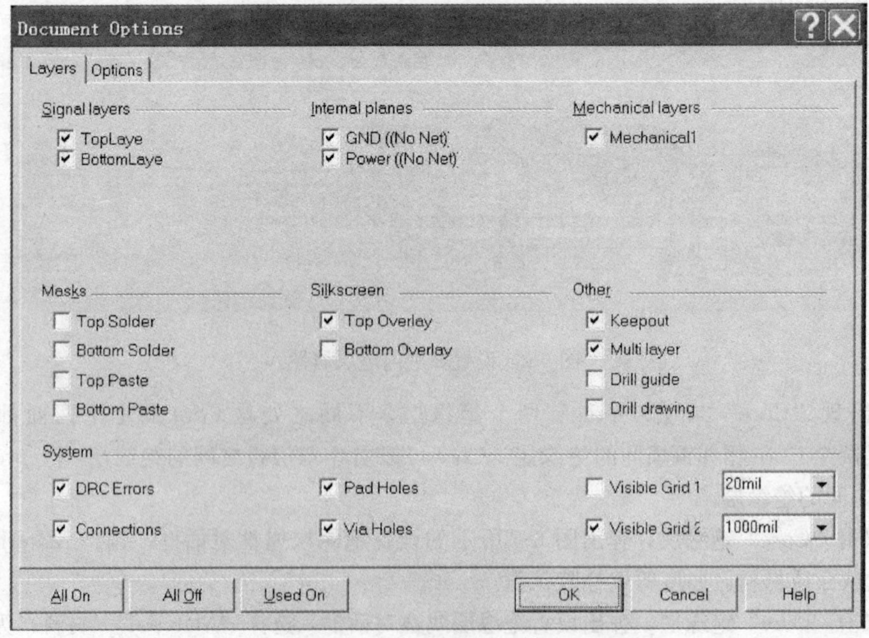

图 6-4　多层板属性对话框

4）单击“OK”按钮，PCB 编辑器的下方就会多出内电层的标签。

（2）设置多层板的设计规则。

1）执行“Design 设计”菜单下的“Rule 规则”命令。

2）弹出规则设置对话框，选中机械属性。

3）如图 6-5 所示，单击左侧“Rule Classes”规则列表中的“Power Plane Clearance”（电源层安全边距）设置选项，对内电层的安全边距进行设置。这个安全边距是指内电层没有网络连接的钻孔通过该层时，其过孔周围铜膜被腐蚀的距离，被腐蚀圆环尺寸约束设置的数值。即焊盘或过孔的内孔边缘到无铜区的距离。

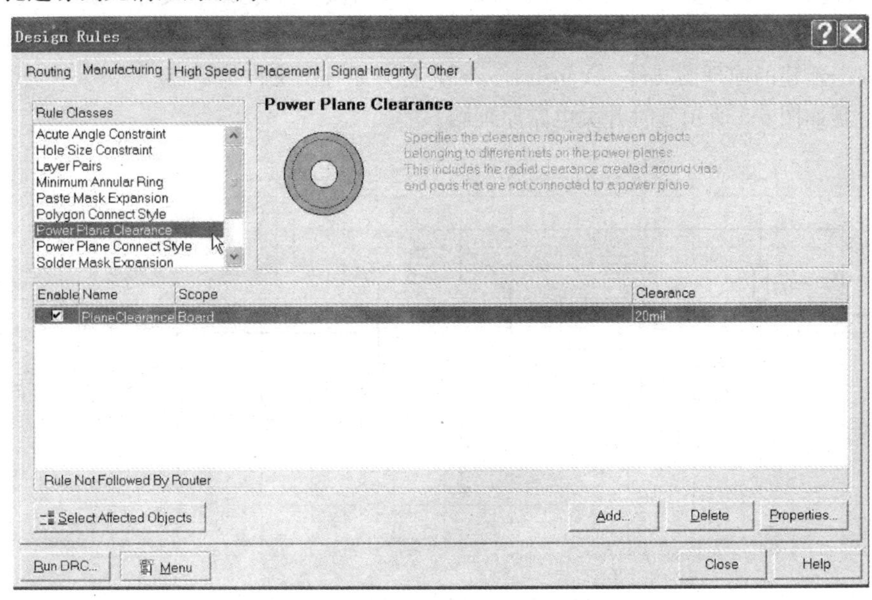

图 6-5　设置安全边距

4）单击左侧“Rule Classes”规则列表中的“Power Plane Connect Style”（电源层网络连接）设置选项，对钻孔与内电层的网络连接进行设置。

3. 分割内电层

当某一个内电层需要布置多个电源网络时，就需要对其进行分割。分割就像用一把刻刀在一面铜膜上划线，划线到的铜膜被腐蚀掉，其余部分被保存下来，由此将该铜膜分割成若干个区，每个区对应一个电压网络。分割内电层的原则是：

（1）保持地网络的完整性。地线层不做分割，保持其完整性，提高整个系统的抗干扰能力。

（2）分割线不要覆盖焊盘。

（3）内电层的安全距离尽量设置大一些。一般设置在 20 mil 以上，最小不得低于 12 mil。

（4）尽量将同一电源网络放在一个切割区上，减少分割导致的内电层内阻的增加。

（5）如果某一内电层不需要分割，在添加内电层时，直接将其连接到网络，如内电层地直接连接到网络 GND。

技能训练

一、训练目标

（1）学会设计复杂的四层板的 PCB 图。

（2）学会设计延时开关电路图、PCB图。

二、训练步骤与内容

1. 新建一个延时开关电路图文件

（1）启动 Protel 99SE 电路设计软件。

（2）单击执行“File 文件”菜单下的“New 新建”命令，弹出新建项目设计文件对话框，选择“Windows File System”设计文件保存形式，目标文件名设置为“Mydesign6. ddb”，单击“OK”按钮，创建一个项目设计文件。

（3）单击执行“File 文件”菜单下的“New 新建”命令，弹出新建文件对话框，选择原理图的文件，单击“OK”按钮，新建一个原理图文件。

（4）双击新建的原理图文件“Yanshi1. sch”，打开原理图文件编辑器。

（5）绘制如图 6-6 所示延时开关电路原理图。

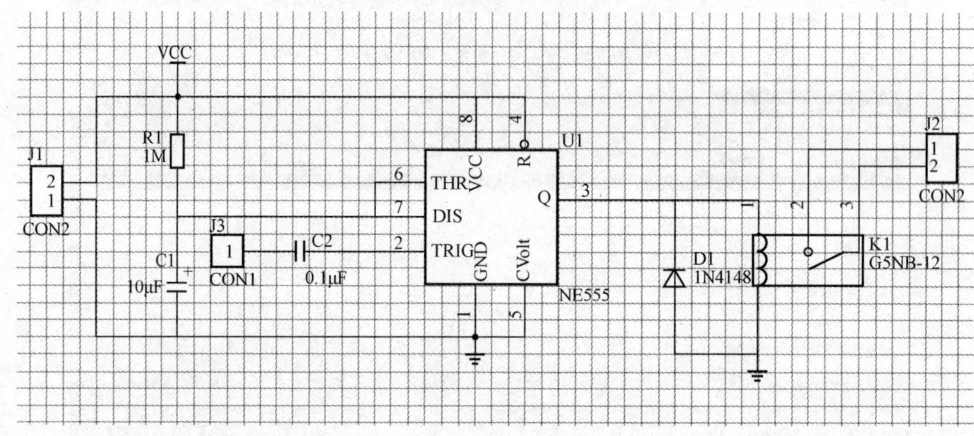

图 6-6　延时开关电路原理图

（6）元件封装信息按表 6-1 设置。

表 6-1　元件封装信息

元件序号	参数	元件封装	元件序号	参数	元件封装
J1	CON2	CON5/2	R1	1M	AXIAL0. 4
J2	CON2	CON5/2	D1	1N4148	AXIAL0. 4
J3	CON1	CON1	K1	G5NB-12	G5NB-1A
C1	10uF	RB. 2/. 4	U1	NE555	DIP8
C2	0. 1uF	RAD0. 3			

（7）创建网络表。

2. 利用向导创建 PCB 文件

（1）单击执行“File 文件”菜单下的“New 新建”命令，弹出新建文件对话框。

（2）如图 6-7 所示，单击“Wizards”向导标签，选择 PCB Wizards。

（3）单击“OK”按钮，弹出图 6-8 所示的 PCB 向导。

（4）单击“Next”（下一步）按钮，弹出如图 6-9 所示的选择板形、板单位对话框。

（5）选择“Custom Made Board”用户定义板，选择“Metric”（公制）单位。

（6）单击“Next”（下一步）按钮，弹出如图 6-10 所示的设置板的宽度、高度对话框，形状对话框。

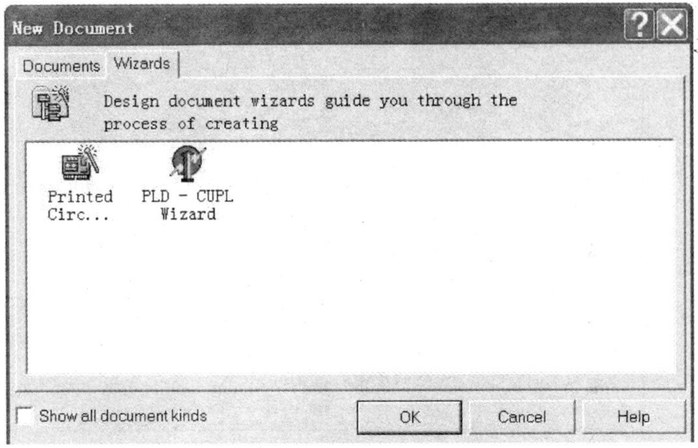

图 6-7　单击向导标签

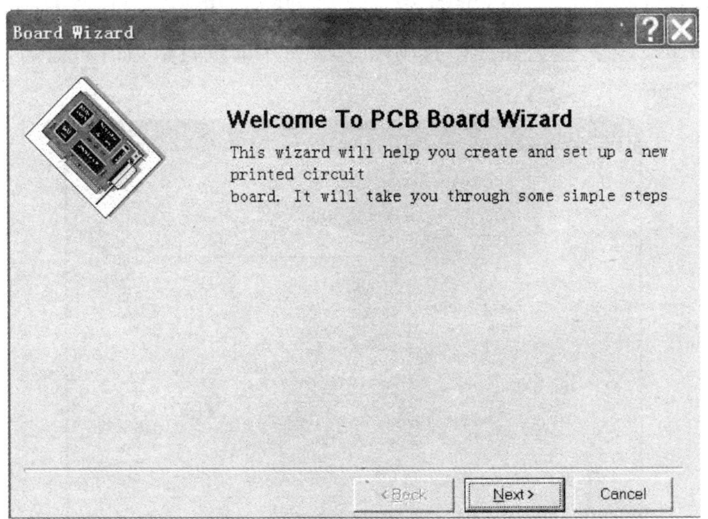

图 6-8　PCB 向导

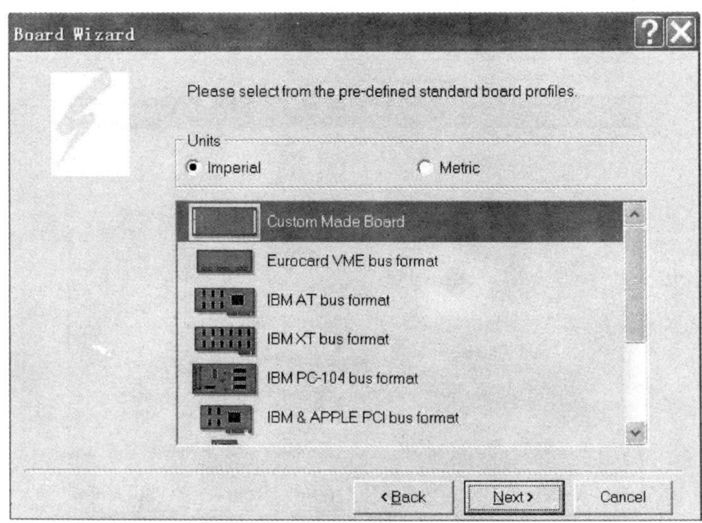

图 6-9　选择板形、板单位

任务13

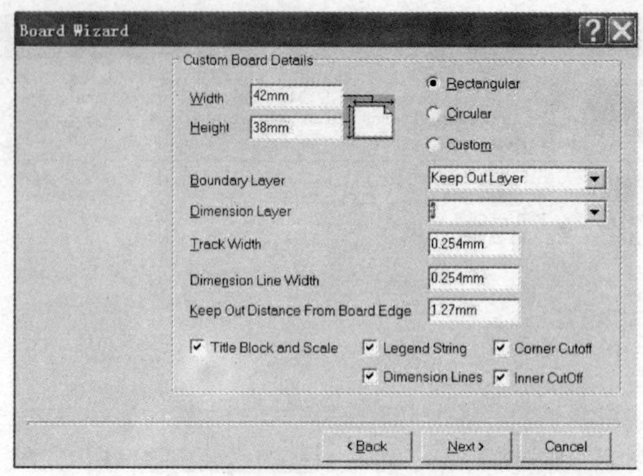

图 6-10　设置板的宽度、高度

（7）设置板的高度为 38 mm，宽度为 42 mm，形状为“Rectangular”（矩形）。

（8）单击“Next”（下一步）按钮，弹出图 6-11 所示的设置板边线对话框，显示板的高度为 38 mm，宽度为 42 mm。

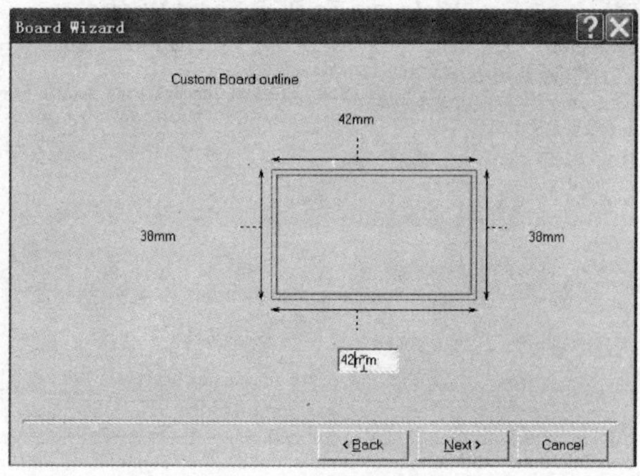

图 6-11　设置板边线

（9）单击“Next”（下一步）按钮，弹出图 6-12 所示的板拐角设置对话框，设置 4 拐角的两边均为 0。

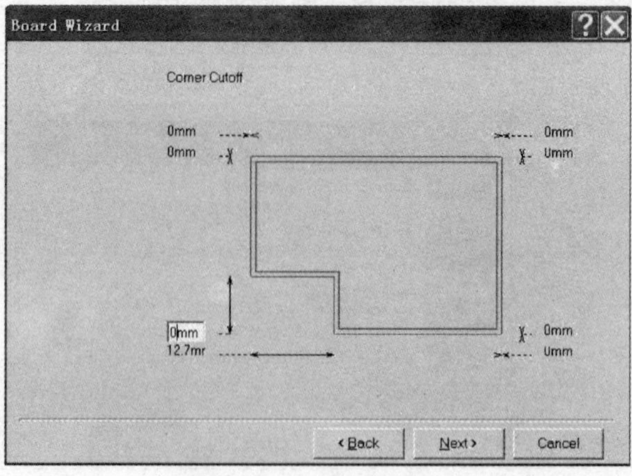

图 6-12　板拐角设置

任务13

（10）单击“Next”（下一步）按钮，弹出如图 6-13 所示的设置内部切割区域对话框，设置内部切割区域为 0。

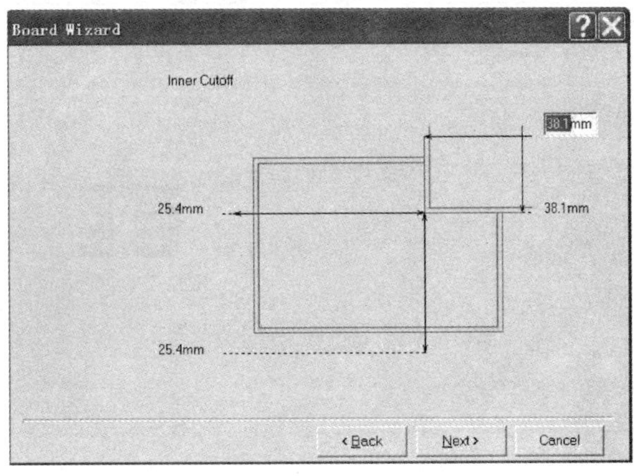

图 6-13 设置内部切割区域

（11）单击“Next”（下一步）按钮，弹出图 6-14 所示的设置模板信息对话框。

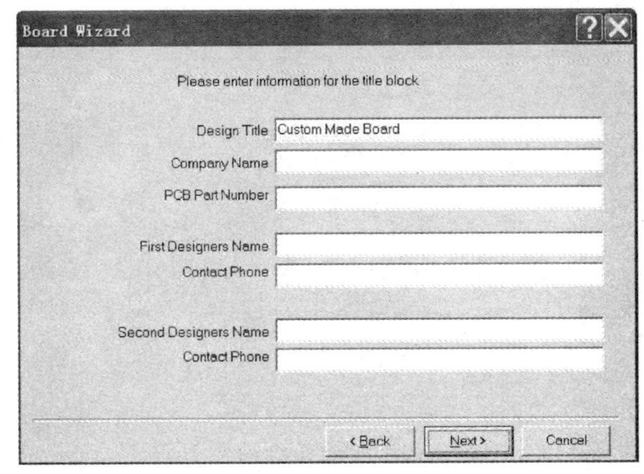

图 6-14 设置模板信息

（12）单击“Next”（下一步）按钮，弹出图 6-15 所示的设置 PCB 板信息层对话框，取默认值“Two Layer”，双面板。

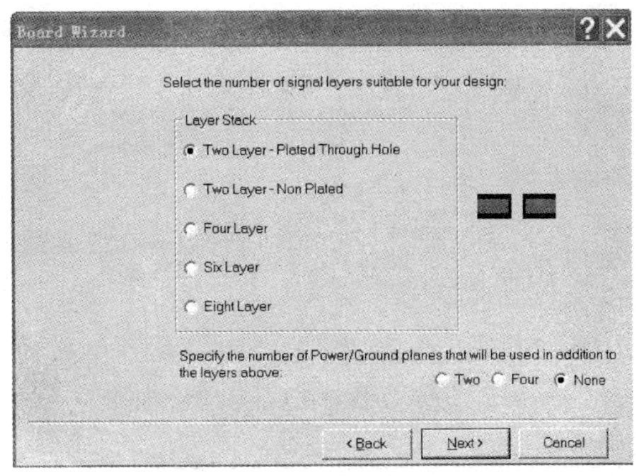

图 6-15 设置 PCB 板信息层

（13）单击“Next”（下一步）按钮，弹出图 6-16 所示的设置过孔对话框。

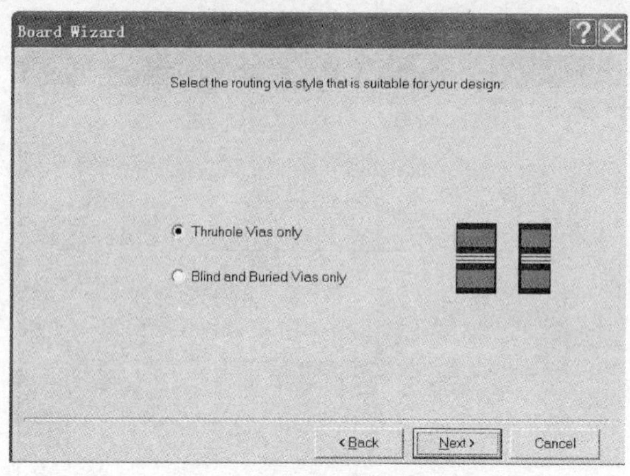

图 6-16　设置过孔

（14）单击“Next”（下一步）按钮，弹出如图 6-17 所示的设置布线技术对话框，选择通孔元件为主，两焊盘间布线一条。

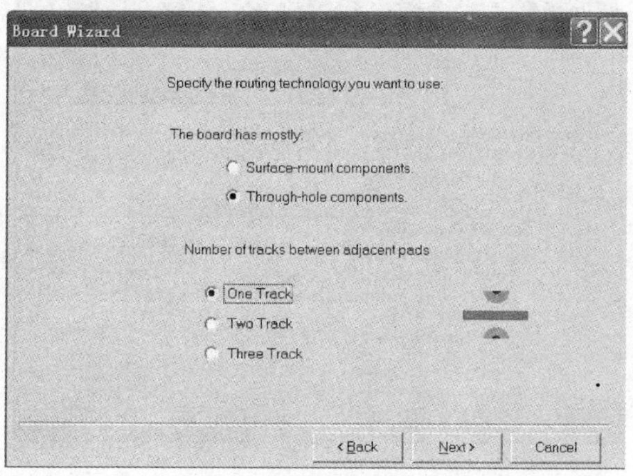

图 6-17　设置焊盘间布线

（15）单击“Next”（下一步）按钮，弹出如图 6-18 所示的设置机加工参数对话框，取默认值。

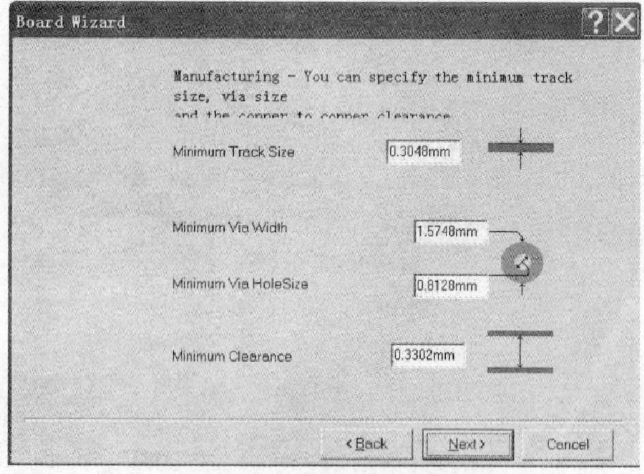

图 6-18　设置机加工参数

任务13

（16）单击“Next”（下一步）按钮，弹出如图 6-19 所示的是否保存模板对话框。

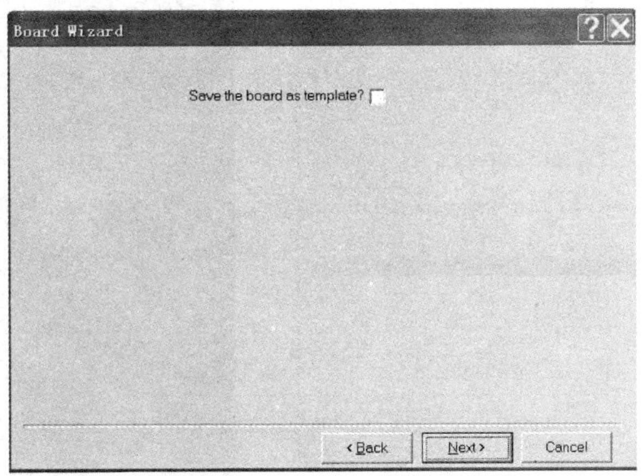

图 6-19 设置保存模板

（17）单击“Next”（下一步）按钮，弹出如图 6-20 所示的单击“Finish”按钮，完成 PCB 板创建提示对话框。

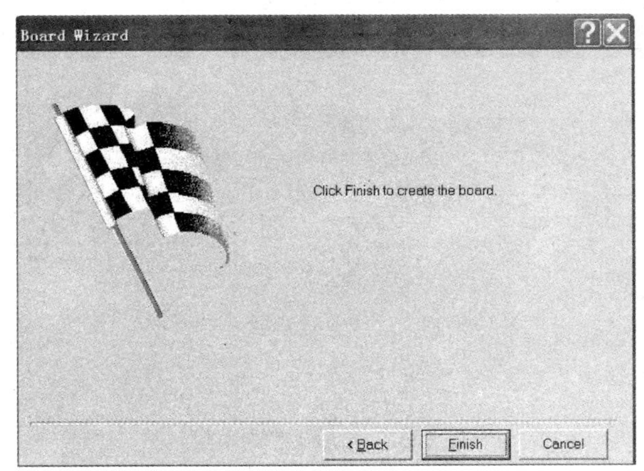

图 6-20 单击“Finish”

（18）单击“Finish”（完成）按钮，如图 6-21 所示，创建的 PCB 板长为 42 mm，宽为38 mm。

3. 加载网络表 Yanshi1. NET

（1）单击执行“Design 设计”菜单下的“NetList 网络表”命令，弹出如图 6-22 所示的加载网络表对话框。

（2）单击“Browse”浏览按钮，弹出选择网络表对话框，选择“Yanshi1. NET”网络表。

（3）单击“OK”按钮，开始加载网络表 Yanshi1. NET，返回加载网络表对话框，并显示加载信息。

（4）单击“Execute”执行按钮，加载网络表，加载完成，元件、飞线显示如图 6-23 所示。

4. 设置中间层

（1）执行“Design 设计”菜单下的“Layer Stack Manage 层栈管理器”命令，弹出层栈管理器对话框。

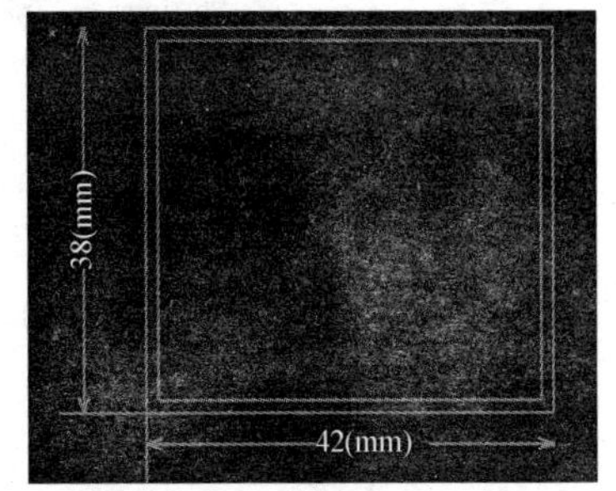

图 6-21 创建的 PCB 板

任务13

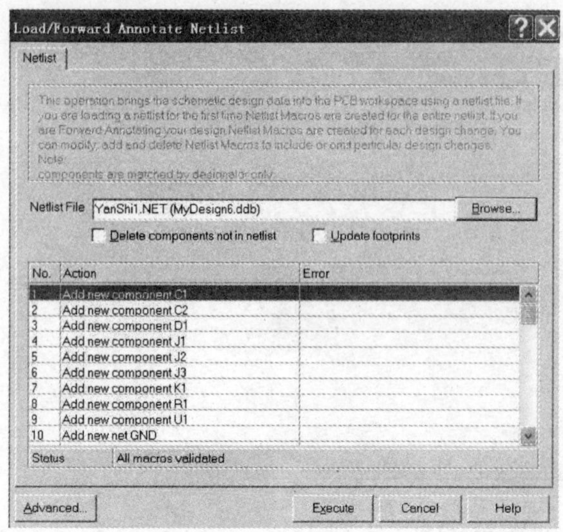

图 6-22　加载网络表

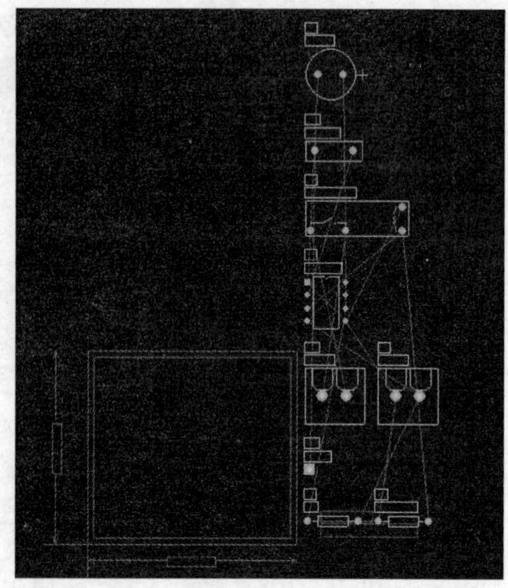

图 6-23　元件、飞线显示

（2）如图 6-24 所示，单击“AddPLane”按钮 1 次，可以添加 1 个内电层。

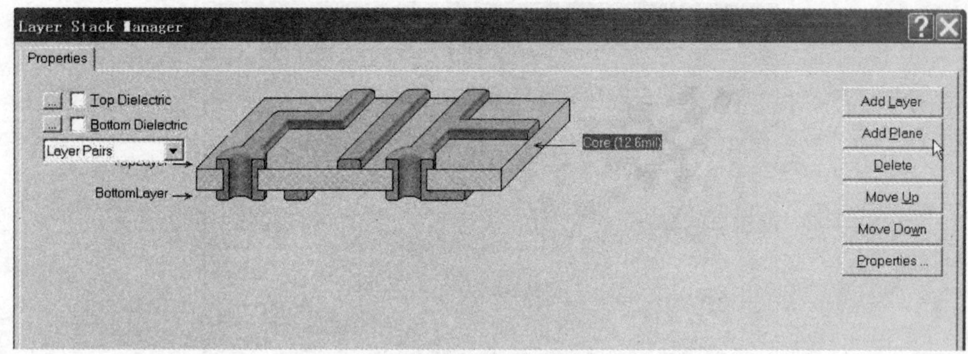

图 6-24　添加 1 个内电层

（3）双击新建层，弹出如图 6-25 所示的新建层编辑对话框。

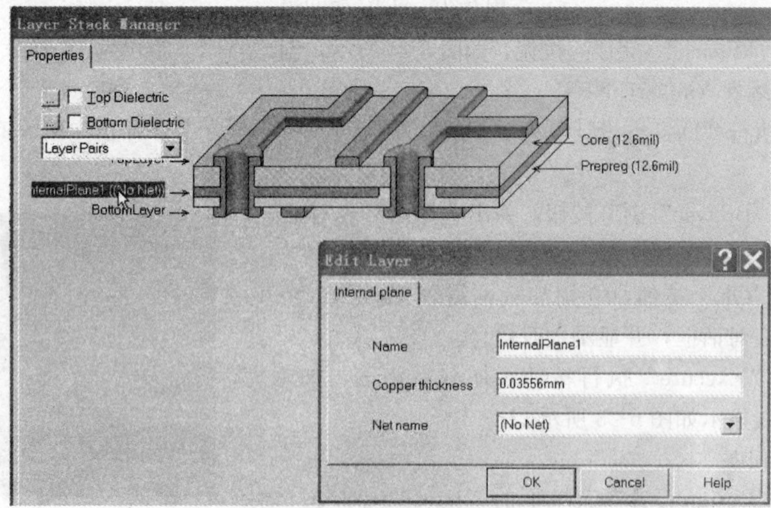

图 6-25　新建层编辑对话框

(4) 如图 6-26 所示，设置层“Name”名称为 GND，“Net name”连接网络名为 GND。

(5) 单击“OK”按钮，返回层栈管理器对话框。

(6) 单击“AddPLane”按钮 1 次，可以添加 1 个内电层。

(7) 双击新建层，弹出新建层编辑对话框，设置层“Name”名称为 VCC，“Net name”连接网络名为 VCC。

(8) 单击“OK”按钮，返回层栈管理器对话框。

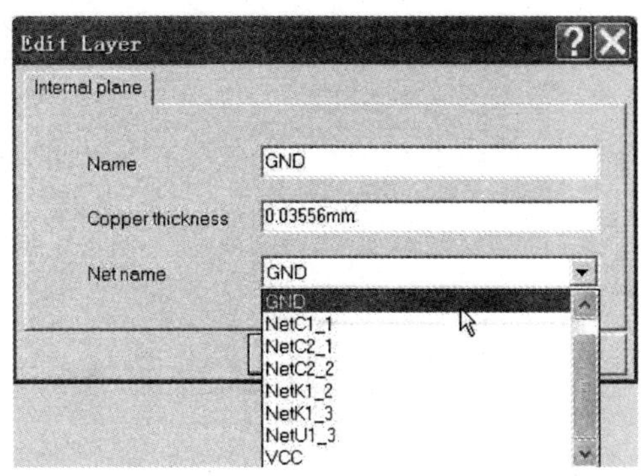

图 6-26 设置层名称为 GND

(9) 如图 6-27 所示，设置靠近顶层的内电层为“GND”(地线层)，设置靠近底层的内电层为“Power”(电源层)。

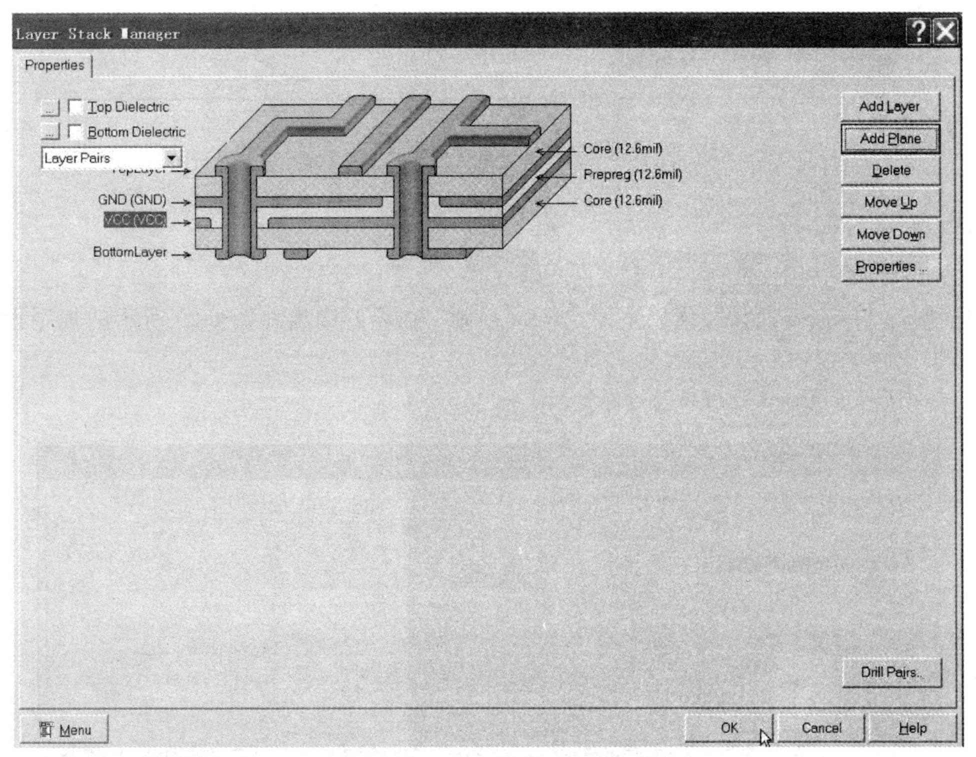

图 6-27 设置 Power 电源层

(10) 单击“OK”按钮，完成中间层的设置。

5. 设置内电层显示

(1) 执行“Design 设计”菜单下的“Option 选项”命令，弹出如图 6-28 所示的 PCB 多层板属性对话框。

(2) 在“Internal Plane”(内电层) 一栏下方的复选框选中，复选要显示的内电层，被选中的层 GND、VCC，将显示 GND、VCC 内电层。

(3) 单击“OK”按钮，PCB 编辑器的下方就会多出内电层的标签。

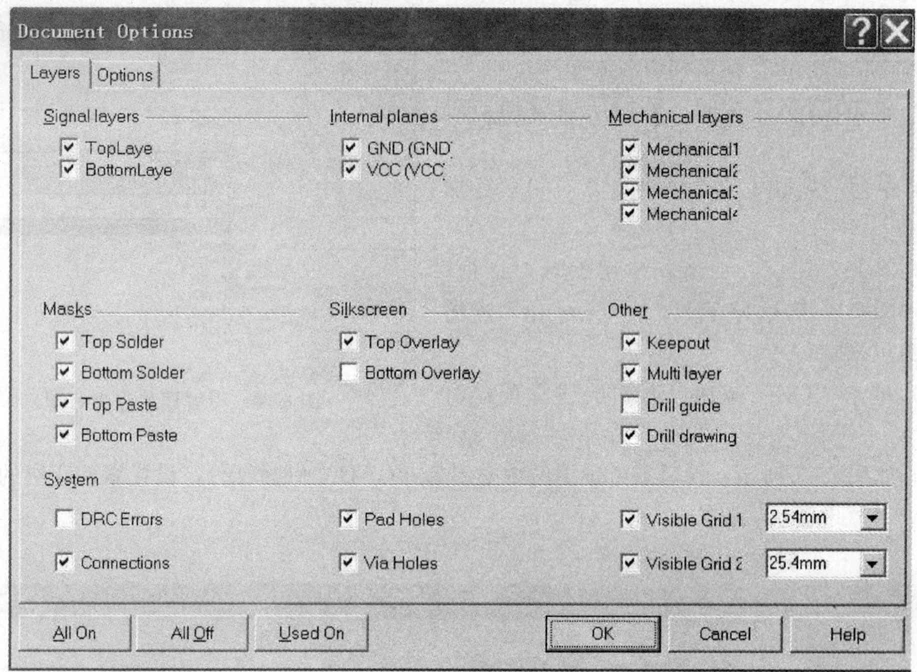

图 6-28　设置多层板属性

6. 绘制 PCB 图

(1) 打开 PCB 文件。

(2) 设置布局规则。

1) 执行“Design 设计”菜单下的“Rule 规则”命令，弹出如图 6-29 所示的规则设置对话框。

2) 单击“Placement”布局设置标签。

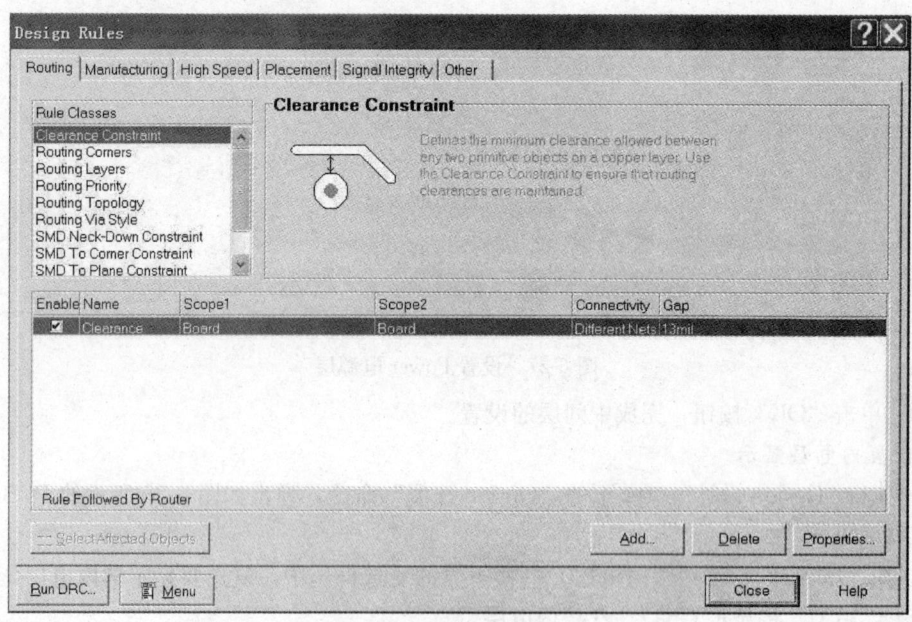

图 6-29　规则设置对话框

3）选择“Nets to Ignore”网络忽略选项。

4）如图 6-30 所示，单击“Add”添加按钮，添加两条规则，设置忽略电源网络，设置忽略地线网络。

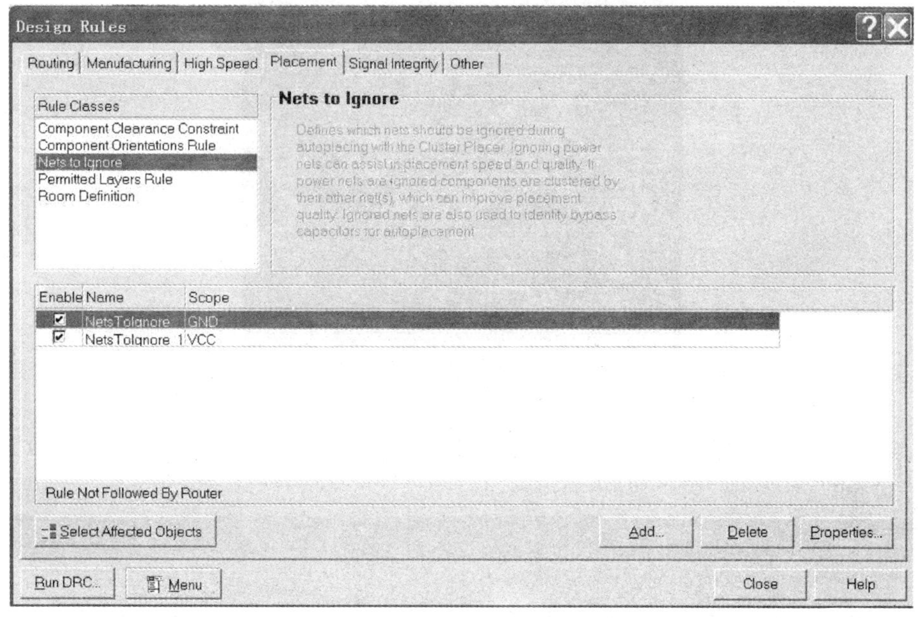

图 6-30　设置忽略地线网络

5）如图 6-31 所示，选择布线层设置，设置只在顶层放置元件，单击“OK”按钮确认。

6）单击“Close”关闭按钮，关闭规则设置对话框。

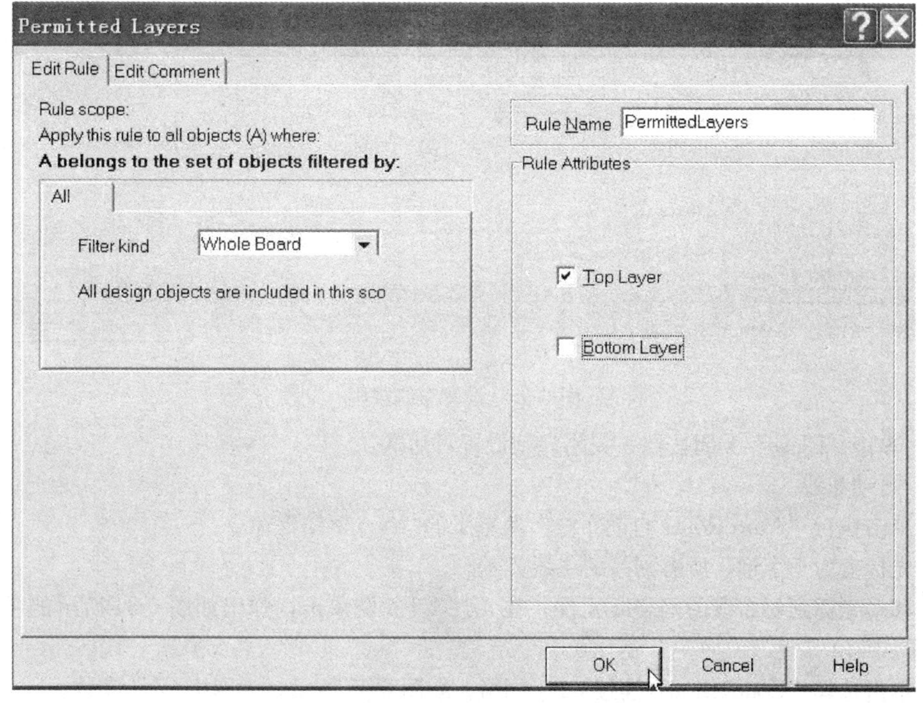

图 6-31　选择布线层

(3) 执行自动布局命令，选择群集式布局方式，单击“OK”按钮，在 PCB 上自动布局。

(4) 按图 6-32 手动调整 PCB 的布局。

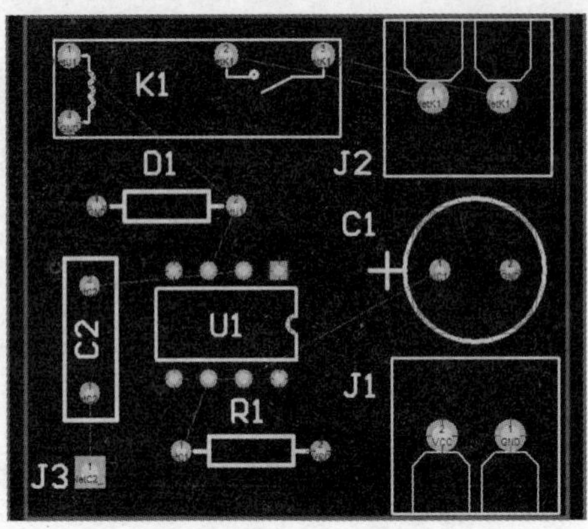

图 6-32 手动调整 PCB 的布局

(5) 设置布线规则。如图 6-33 所示，设置导线宽度最小为“20 mil”，最大为“40 mil”，推荐值为“30 mil”。

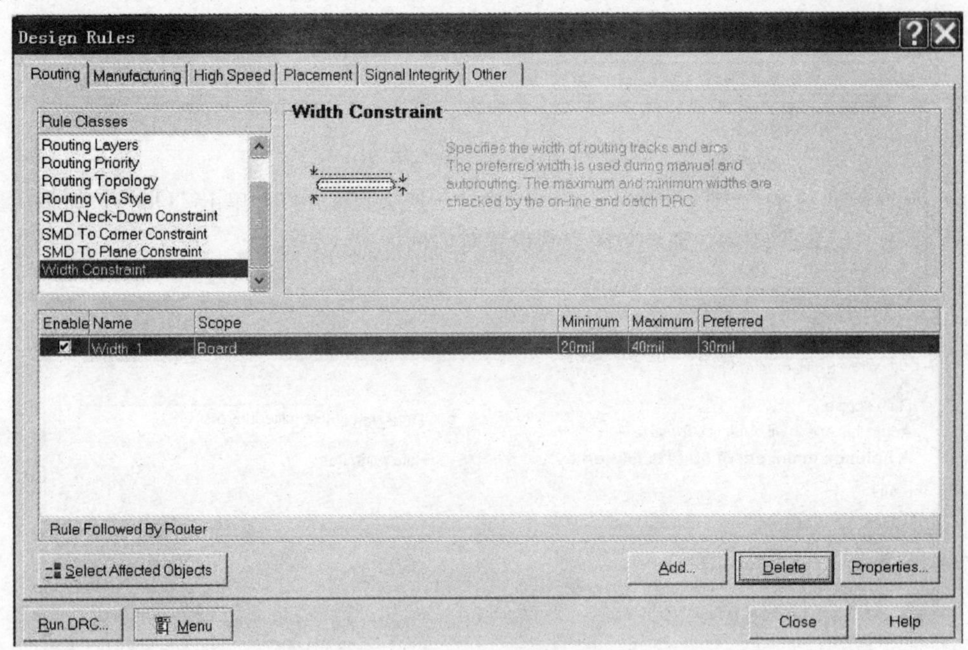

图 6-33 设置布线规则

(6) 单击“Close”关闭按钮，关闭规则设置对话框。

(7) 自动布线。

1）单击执行“Auto Route 自动布线”菜单下的“Net 网络”命令。

2）光标变为十字形，所有网络的飞线显示。

3）移动光标到要布线的网络或元件，在元件 U1-6 端单击，弹出如图 6-34 所示的可供选择网络菜单。

4）单击选择“Connection”连接 C1-1 网络，如图 6-35 所示，为网络 C1-1 布线。

5）移动光标到继电器 K1-2 与电气连接器 J2 连接的飞线上单击，为该飞线网络布线。

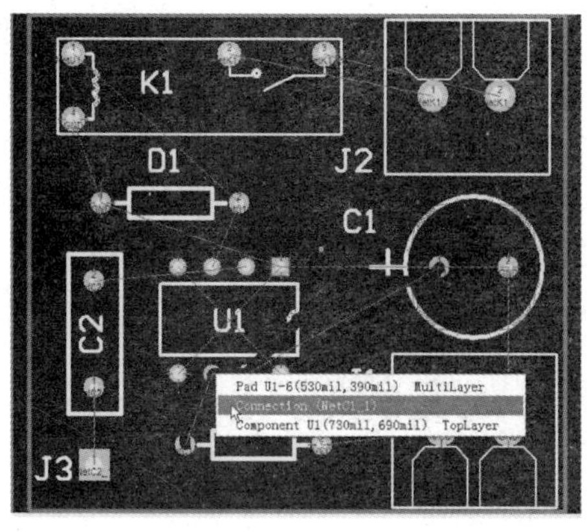

图 6-34　选择布线网络

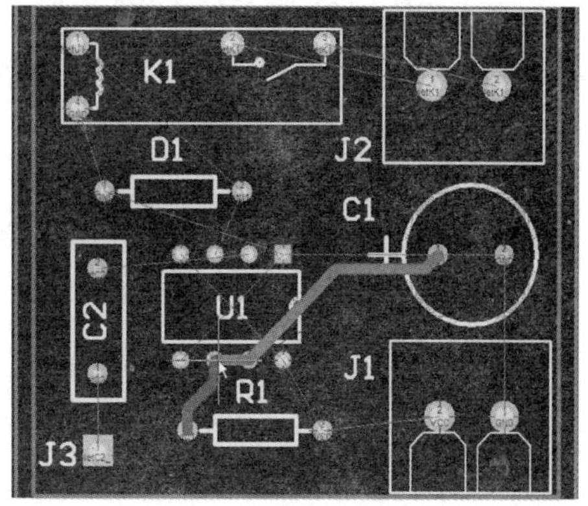

图 6-35　为网络 C1-1 布线

6）移动光标到继电器 K1-3 与电气连接器 J2 连接的飞线上单击，为该飞线网络布线，结果如图 6-36 所示。

7）移动光标到其他网络上，单击，为其他网络布线。

8）移动光标到 GND 地线网络上，单击，为地线网络布线。

9）移动光标到 VCC 网络上，单击，为 VCC 网络布线。

10）自动布线结果如图 6-37 所示。

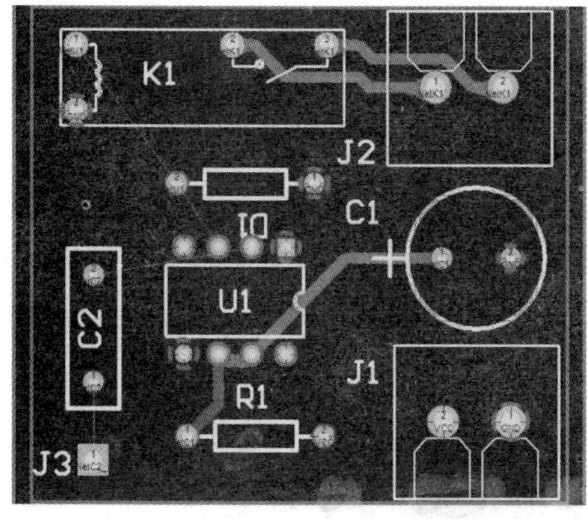

图 6-36　为飞线网络布线

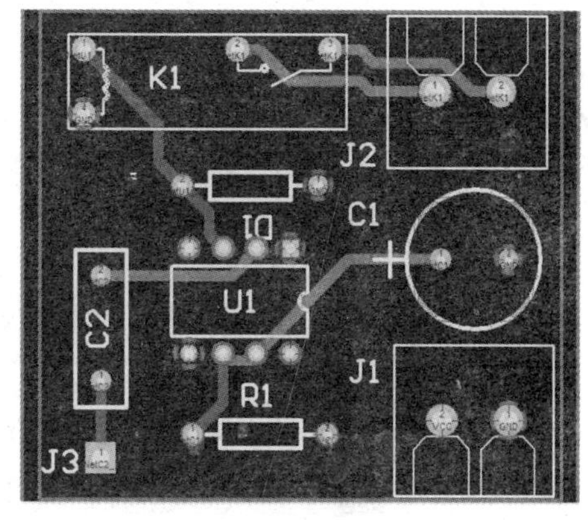

图 6-37　网络布线结果

(8) 补泪滴。

1）执行“Tool 工具”菜单下的“Teardrops 泪滴焊盘”命令，弹出补泪滴设置对话框，选择为所有的焊盘和过孔添加弧状泪滴。

2）单击“OK”按钮，执行补泪滴操作，结果焊盘边变得圆滑了，坚实了，如图 6-38 所示。

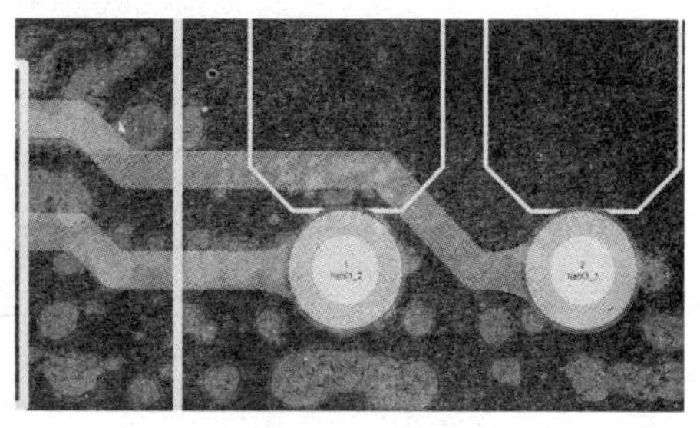

图 6-38　补泪滴

7. 执行设计规则检查

(1) 执行“Tool 工具”菜单下的“Design Rule Check 设计规则检查”命令，弹出设计规则检查对话框。

(2) 在“Report”报告选项卡中设定要检测的规则项目。

(3) 单击“RunDRC”运行DRC按钮，可以启动DRC检查，检查后生成检查报告，如图6-39所示。

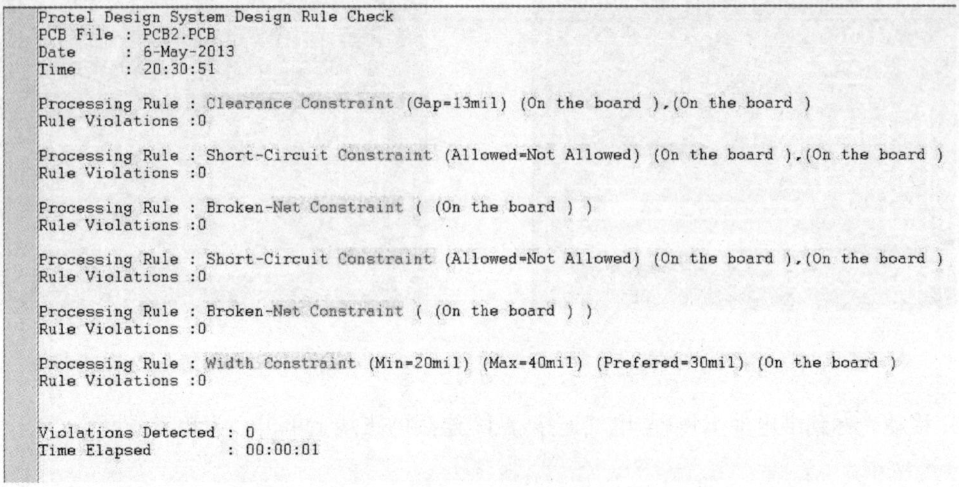

```
Protel Design System Design Rule Check
PCB File : PCB2.PCB
Date     : 6-May-2013
Time     : 20:30:51

Processing Rule : Clearance Constraint (Gap=13mil) (On the board ),(On the board )
Rule Violations :0

Processing Rule : Short-Circuit Constraint (Allowed=Not Allowed) (On the board ),(On the board )
Rule Violations :0

Processing Rule : Broken-Net Constraint ( (On the board ) )
Rule Violations :0

Processing Rule : Short-Circuit Constraint (Allowed=Not Allowed) (On the board ),(On the board )
Rule Violations :0

Processing Rule : Broken-Net Constraint ( (On the board ) )
Rule Violations :0

Processing Rule : Width Constraint (Min=20mil) (Max=40mil) (Prefered=30mil) (On the board )
Rule Violations :0


Violations Detected : 0
Time Elapsed        : 00:00:01
```

图6-39　DRC检查

任务14　单片机可编程控制器PCB设计

基础知识

一、Protel 99SE原理图设计技巧

1. 设置密码

(1) 单击执行“File文件”菜单下的“New Design新建设计”命令，弹出新设计数据库对话框。

(2) 单击“Password”选项卡，再选“Yes”，如图6-40所示，并输入密码、确认密码。

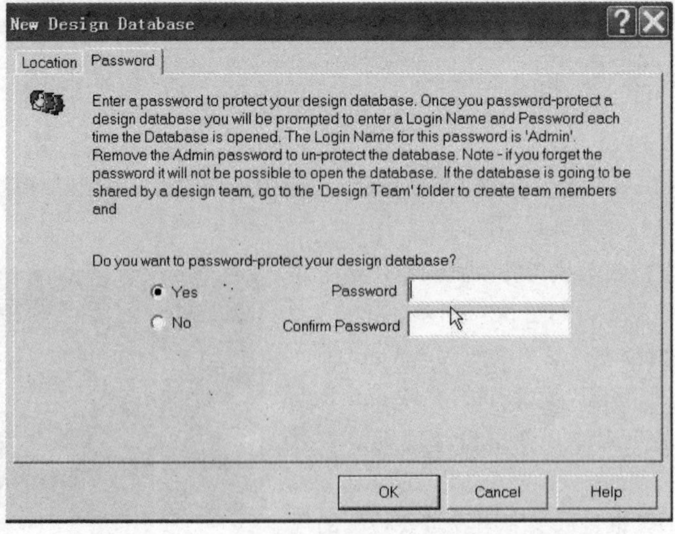

图6-40　确认密码

(3) 单击“OK”按钮，该数据库文件设置了密码，必须输入密码，才可打开该数据。

2. 设计导航

如果当前设计管理器导航处于打开状态，执行菜单“View”(视图) 菜单下的“Design Manager 设计管理器”命令，可以打开或关闭设计导航。设计管理器以树状列表形式显示，用户可以通过设计导航很方便地进行设计管理操作，通过设计管理导航，可以很清楚地查看当前设计平台上设计数据库的情况，也可以导入其他数据库到当前设计平台中。

3. 禁止自动放置节点

系统默认情况下，当线路出现交叉时会自动放置节点。

根据设计经验，这样容易造成错误，所以建议设计新手画图时，禁止自动放置节点功能，等整张图纸都画完了，最后统一检查，手工放置节点。

(1) 单击执行菜单命令“Tools 工具”菜单下的“Preferences 优选项”命令，系统弹出 Preferences 对话框。

(2) 选择“Schematic”原理图选项卡，找到“Options”下面的 Auto-Junction ，把它前面复选方框里的勾去掉，就禁止自动放置节点。

4. 设置光标

Protel 99SE 提供了三种不同形状的光标，用户可根据自己的习惯，对光标进行设置。

(1) 单击执行“Tools 工具”菜单下的“Preferences 优选项”命令，系统弹出“Preferences 优选项”对话框。

(2) 选择“Graphical Editing”选项卡，然后单击 Cursor 操作选项框右边的下拉按钮，然后在下拉列表中选择“Large Cursor 90”(大型十字光标)、“Small Cursor 90”(小型十字光标)、“Small Cursor 45”(小型交叉光标) 即可。

5. 添加元件库

在放置元件之前，必须先将该元件所在的元件库载入内存才行。如果一次载入过多的元件库，将会占用较多的系统资源，同时也会降低应用程序的执行效率。所以，通常只载入必要而常用的元件库，其他特殊的元件库当需要时再加入。

在实际操作中，因为 Protel 99 附带的元件库过于庞大，而应用的元器件比较少，所以一般建议建立自己的元件库。

用户自己创建的元件库，在创建网络表前，也必须添加到项目数据库，否则在导入网络表时会出现错误。

6. 编辑元件

原理图 Schematic 中所有的元件对象都各自拥有一套相关的属性。某些属性只能在元件库编辑中进行定义，而另一些属性则只能在绘图编辑时定义。

在将元件放置到绘图页之前，此时元件符号可随鼠标移动，如果按下“Tab”键就可打开的 Part 元件属性对话框，编辑元件属性。

(1) Lib Ref：在元件库中定义的元件名称，不会显示在绘图页中。

(2) Footprint：包装形式。应输入该元件在 PCB 库里的名称。

(3) Designator：流水序号。

(4) Part Type：显示在绘图页中的元件名称，默认值与元件库中名称 Lib Ref 一致。

(5) Sheet Path：成为绘图页元件时，定义下层绘图页的路径。

(6) Part：定义子元件序号，如与门电路的第一个逻辑门为 1，第二个为 2，等等。

(7) Selection：切换选取状态。

（8）Hidden Pins：是否显示元件的隐藏引脚。

（9）Hidden Fields：是否显示“Part Fields 1-8”、“Part Fields 9-16”选项卡中的元件数据栏。

（10）Field Name：是否显示元件数据栏名称。

改变元件的属性，也可以通过执行“Edit 编辑”菜单下的“Change 更改”命令来改变。该命令可将编辑状态切换到对象属性编辑模式，此时只需将鼠标指针指向该元件，然后单击，就可打开 Part 元件属性对话框。

7. 一次修改同类操作对象的属性选项

（1）逐一修改。在编辑区内逐一双击待修改的对象，或单击选中后，再单击，将操作对象激活，然后按“Tab”键，进入对象属性设置对话框，修改其中有关选项后，单击“OK”按钮，退出该对象的属性选项设置。

显然，当原理图含有很多同类对象时，逐一修改的工作量会很大，而且效率低，这一方式只适用于修改图中少量对象。

（2）一次修改所有同类对象的属性选项。

1）选中要修改的对象属性，单击“Global>>”按钮，激活如图 6-41 所示的全局选项设置窗。

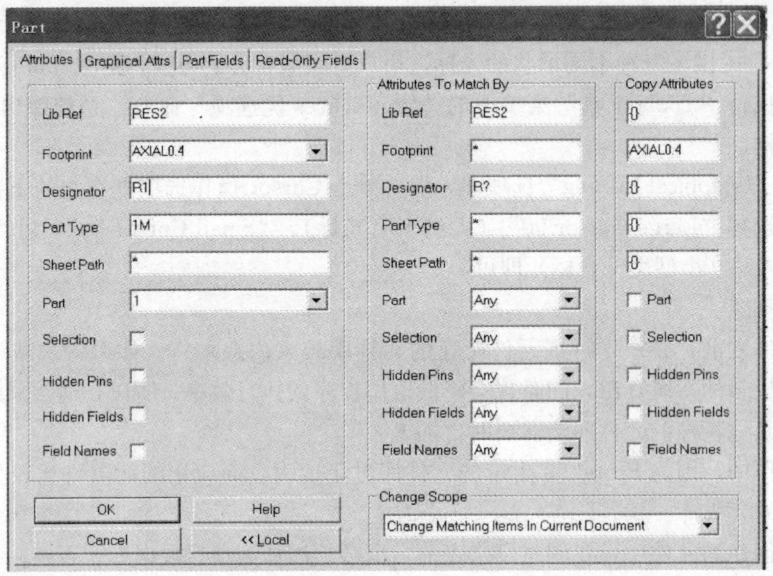

图 6-41　全局选项设置

2）在“Attributes To Match By”（匹配属性）选项框内的“Designator”（标号）文本框内输入“R?”（其中的“?”可表示任意字符），“LibRef”（库参考）文本框内输入“RES2”，确定修改范围。（以上两个范围条件，为逻辑“与”）。

3）在“Copy Attributes”（复制）属性选项框内对应的“Footprint”封装文本框内输入“AXIAL0. 4”。

4）在“Change Scope”改变范围选项框选择“ Change Matching Items In Current Document”，即仅修改当前原理图中指定电阻。

5）单击“OK”按钮，确定对同类元件属性的修改，所有电阻元件的封装将修改为“AXIAL0. 4”。

8. 工具栏的打开与关闭

工具栏与当前正在进行的操作要匹配，在缺省状态下，原理图编辑器打开了“画线”工具和

“画图”工具，可根据当前正在进行的操作，打开或关闭特定的工具栏（窗），使编辑区的显示面积尽可能大，同时使操作既方便又快捷。

9. 总线

(1) 绘制总线。在绘制原理图时，用户常用总线连接元件，其目的是为了迎合人们绘制电路图的习惯，简化线路的表现方式。总线本身并没有任何实质上的电气意义。

单击连线工具栏中的“ ”图标，即可启动画总线方式，画总线与一般的电气连接线相同。

(2) 绘制总线出入端口。总线出入端口是单一导线进出总线的端点，也没有任何电气连接意义，只是让用户的电路看上去更具有专业水准。

单击连线工具栏中的“ ”图标，即可启动放总线出入端口模式，

(3) 设置网络名称。网络名称具有实际的电气连接意义，具有相同网络名称的导线不管图上是否连接在一起，都被视为同一条导线。所以通过总线连接的各个导线必须标上相应的网络名称，才能达到电气连接的目的。启动放置网络名称，可单击连线工具栏中的“Net1”图标，启动放置网络名称后，将光标移到放置网络名称的导线或总线上，光标上产生一个小圆点，表示光标已经捕捉到该导线，单击鼠标即可正确放置一个网络名称。

将光标移到其他需要放置网络名称的地方，继续放置网络名称。

单击右键即可结束放置网络名称状态。

10. 放置接点

要放置接点，可单击电路绘制工具栏上的“ ”按钮或执行“Place 放置”菜单下的“Junction 接点”命令，这时鼠标指针会由空心箭头变成大十字，且还有一个小黑点。将鼠标指针指向欲放置接点的位置，单击即可，单击右键或按“Esc”键退出放置接点状态。

二、PCB 图设计技巧

1. 规划电路板

在绘制电路板之前，用户要对线路板有一个初步的规划，比如说电路板采用多大的物理尺寸，采用几层电路板，是单层板还是双层板，各元件采用何种封装形式及安装位置等。这是一项极其重要的工作，是确定线路板设计的框架。

电路板的板框就是它的物理尺寸，同时也是它的电气边界，即 PCB 板的布局将在这个电气轮廓中进行。电路板规划并定义电气边界的方法有两个，一个是利用系统提供的板框向导来做，一个是人工手动设置。

人工手动设置时，先在机械层使用画直线的方法，画一个矩形框，确定电路板的大小，设置时可以设置机械原点后，再设置电路板的大小。其次在禁止布线层，使用画直线的方法，画一个矩形框，稍微缩小一些，增加一些禁止布线区域，便于机械加工。

2. 装入元件封装库

根据设计的需要，装入设计印制电路板所需要使用的几个元件库：“General IC. lib”（通用 IC 集成电路库），“PCB FootPrints. lib”（PCB 元件封装库），用户自己设计元件封装库等。

用户在设计电路图时，要注意元件封装库里元件封装的名称，在电路中设置元件的封装时必须与元件封装库里元件封装的名称保持一致，否则，在导入网络表时会发生错误。

3. 网络表与元件的装入

网络表是电路板自动布线的灵魂，也是电路原理图设计系统与印制电路板设计系统的接口。因此，这一步也是非常重要的环节。只有将网络表装入之后，才可能完成对电路板的自动布线。

网络表与元件的装入过程实际上是将原理图设计的数据装入印制电路板 PCB 的过程。

(1) 执行“Design 设计”菜单下的“ Netlist 网络表”命令，执行完该命令后，系统会弹出“装入网络表与元件”对话框。

(2) 在“Netlist File”输入选项框中输入文件名，如果不知道网络表所在位置，可以单击对话框中的“Browse”按钮，则系统弹出“网络表文件选择”对话框，在该对话框中，用户可以选取网络表目标文件。

(3) 装入网络表文件后，如果有错误，系统会提示有 N 个网络宏错误，原因是用户设置的原理图符号、元件的封装不对，或者原理图符号、元件的封装不一致，修正加载的元件原理图符号、封装后，重新生成网络表，一般可以解决这些问题。

(4) 如果加载网络表对话框，显示所有宏是合法的，单击“Execute”执行按钮，网络表与元件就会加载到 PCB 板。

4. 元件的布局

Protel 99SE 提供了两种布局方式，分别是自动布局和手动布局，用户可以根据自己的爱好和线路的复杂程度灵活选择，一般用户是先执行自动布局操作，然后再对不满意的地方或特殊元件进行手动调整。实际情况是自动布局根本没有用的机会，而且自动布局的效果不好，在实际应用中都需要根据外壳和功能之类的进行布局，争取达到设计美观、使用方便、抗干扰性强等目的。利用 PCB 中元件选取、移动、旋转、排列、排齐等操作可以较好地解决好元件的布局。

5. 自动布线

在印制电路板布局结束后，便进入电路板的布线过程，一般来说，用户先是对电路板布线提出某些要求，然后按照这些要求来预制布线设计规则。预制布线设计规则是否合理将直接影响布线的质量和成功率。设置完布线规则后，程序将依据这些规则进行自动布线。因此，自动布线之前，首先要进行参数设置。

(1) 执行“Design 设计”菜单下的“Rules 规则”命令，系统将会弹出规则设置对话框，在此对话框中可以设置布线参数。

(2) 单击“Routing”(布线) 选项卡标签，即可进入布线参数的设定。布线规则一般都集中在 Rule Classes (规则类) 中。在该选项卡中可以设置走线间距约束、布线拐角模式、布线工作层面、布线优先级、布线的拓扑结构、过孔的类型、走线宽度等。

(3) 大部分参数设置用户都可以使用系统默认值，用户应该根据自己线路情况进行设置。一般修改布线的工作层面，设置布线宽度等。

(4) 布线参数设置好后，就可以利用 Protel 99SE 提供的布线器，进行自动布线了。执行自动布线的方法主要有全局布线、对选定网络进行布线、对两连接点进行布线、指定某个元件布线、指定区域进行布线等多种。

6. 手工调整布线

Protel 99SE 的自动布线功能虽然非常强大，但是自动布线时多少也会存在一些令人不满意的地方。而一个设计美观的印制电路板往往都是在自动布线的基础上进行多次修改，才能将其设计得尽善尽美。

(1) 在“Tool 工具”菜单下“Un-Route 撤销布线”菜单下提供了几个常用手工调整布线的命令，这些命令可以进行不同方式的布线调整。

1) ALL (全部)：拆除所有布线，进行手工调整。

2) Net (网络)：拆除所选布线网络，进行手动调整。

3) Component (连接)：拆除与所选的元件相连的线，进行手动调整。

4）Connection（元件）：拆除所选的一条布线，进行手工调整。

（2）执行“Edit 编辑”菜单下的“Delete 删除”命令，移动到要删除的布线，可以删除布线。

（3）删除布线后，执行“Place 放置”菜单下的“Interactice Routing”命令，或单击放置工具栏中的交互布线图标，手动走线，可以重新布线。

7. 补泪滴

泪滴焊盘看上去都有一个由粗变细的过程，形状类似眼泪滴，它是通过补泪滴技术实现的。补泪滴就是为了增加焊盘的牢固性，并减少系统间干扰。

8. 覆铜

覆铜就是指为了增强系统的抗干扰性而在电路板的顶层、底层或内部的电源和接地层上设置的大面积的电源或地。

9. ERC 检查

当一块 PCB 板已经设计好后，需要检查布线是否有错误，Protel99 SE 提供了很好的检查工具“DRC”自动规则检查。只要运行“Tools 工具”下的“Design Rule Check 设计规则检查”，系统将弹出设计规则检查对话框，在“Report”（报告）选项卡上可以设定需要检查的规则选项。然后单击“Run DRC”按钮，就可以启动 DRC 运行模式，完成检查后将在设计窗口显示任何可能违反的规则。

三、单片机控制系统电路

1. 以 51 单片机为核心的 CPU 电路

图 6-42 为以 51 单片机为核心的 CPU 电路，CPU 使用宏晶的 51 系列增强型单片机 STC12C5A60S2。

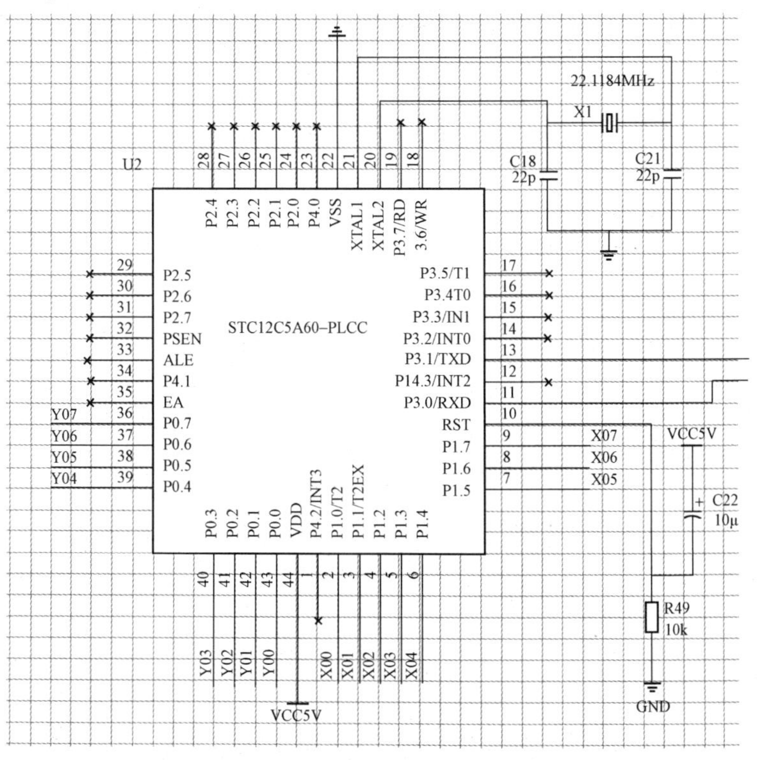

图 6-42　CPU 电路

X1、C18、C21 组成 CPU 的时钟电路，晶振频率 22.1194 MHz。C22、R49 组成 CPU 的上电复位电路。P1 口为单片机控制系统的输入接口，连接来自光电耦合器隔离电路的 8 路输入信号。P0 为单片机控制系统的输出接口，PLC 的运行结果通过该端口驱动继电器带动负载工作。引脚 10 的 RXD 端与 RS-232C 通信集成电路芯片的 R1OUT 连接，接收来自 RS-232C 通信集成电路 R1OUT 送过来的读信号。引脚 11 的 TXD 端与 RS-232C 通信集成电路芯片的 T1IN 连接，送出 PLC 的 CPU 发出的数据信号。

2. 输入电路

图 6-43 为单片机控制系统的输入电路，以单发光二极管光电耦合器 PC817 为核心组成带光电隔离的输入电路。输入发光二极管部分的供电电压采用工业自动控制通用的直流 24 V 电压，光电耦合器 OP1 采用 PC817，光电耦合器 OP1 的发光二极管串联的 LED1 作 X0 输入状态指示，连接在 X0 端的输入开关闭合时，LED1 点亮发光，指示输入状态为“ON”，连接在 X0 端的输入开关关断时，LED1 熄灭，指示输入状态为“OFF”。R4 与 R9 组成分压电路，保证光电耦合器 OP1 的发光二极管在输入开关闭合时正常工作。其他光电耦合器的工作原理与 OP1 类似，分别将 X0～X7 的输入信号送给 PLC 的 CPU。

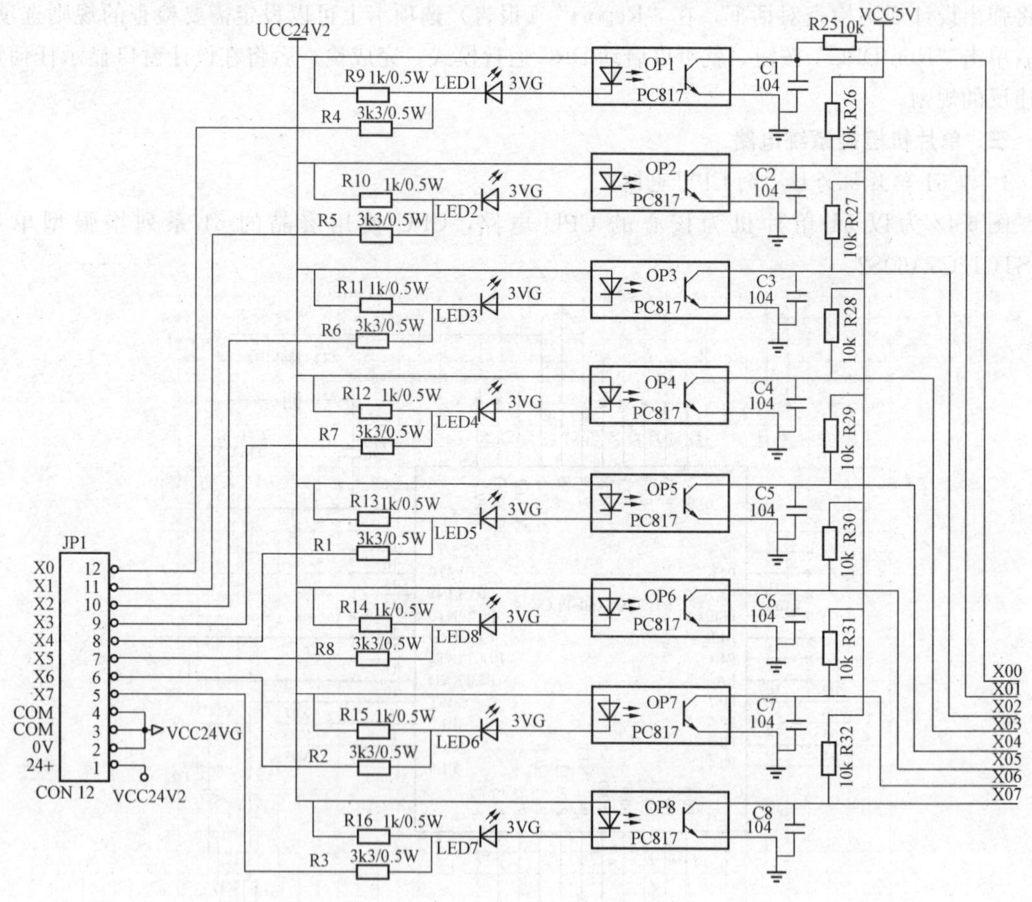

图 6-43　输入电路

3. 输出电路

图 6-44 为单片机控制系统的输出电路，PLC 的 CPU 的输出信号（低电平有效）送到光电耦合器OP9，驱动光电耦合器OP9的二极管导通发光，光电耦合器OP9的光敏三极管导通，通过

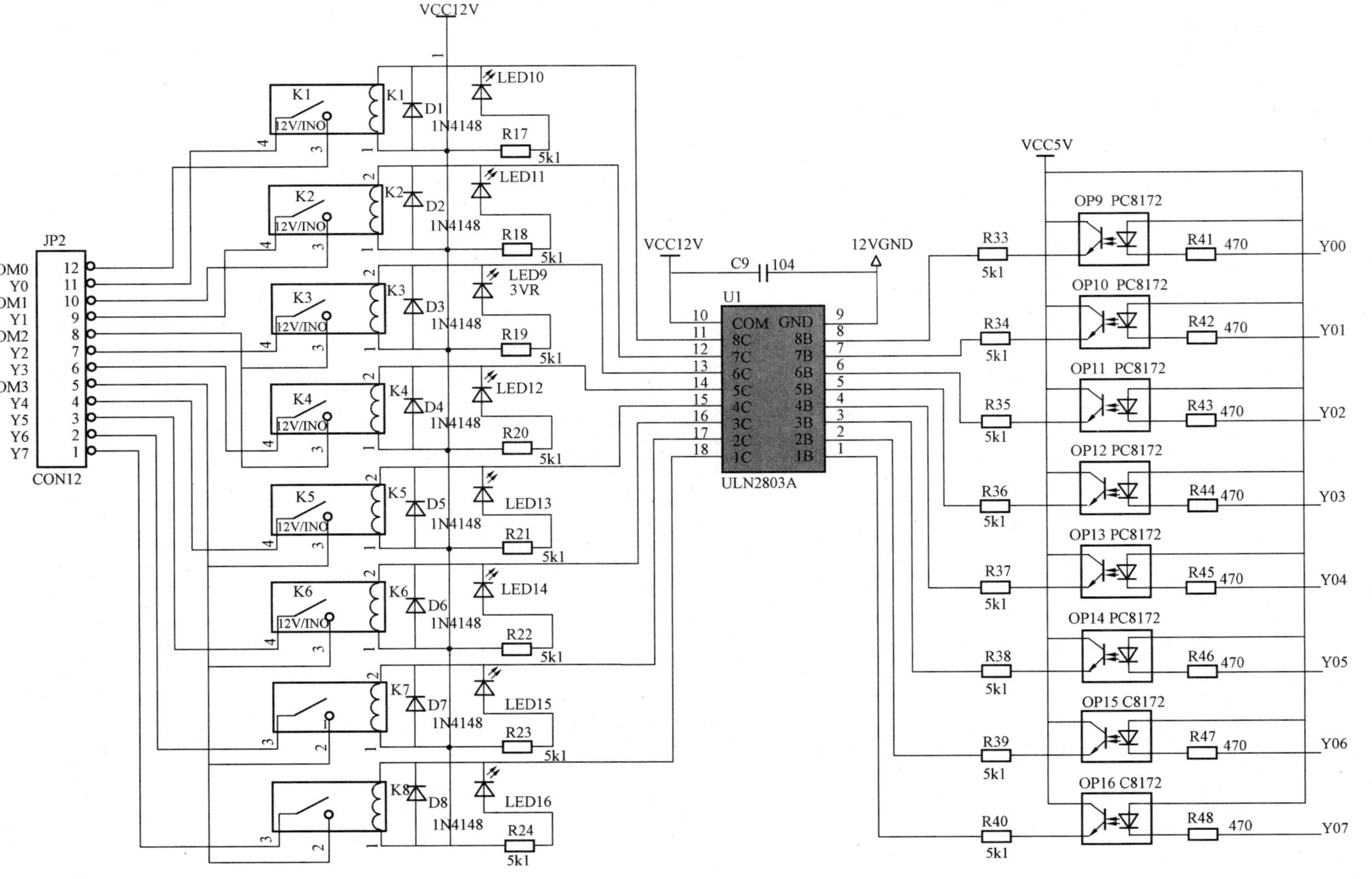

VCC12V
K1 12V/1NO
K2 12V/1NO
K3 12V/1NO
K4 12V/1NO
K5 12V/1NO
K6 12V/1NO
K7
K8
D1 1N4148
D2 1N4148
D3 1N4148
D4 1N4148
D5 1N4148
D6 1N4148
D7 1N4148
D8 1N4148
LED10
LED11
LED9 3VR
LED12
LED13
LED14
LED15
LED16
R17 5k1
R18 5k1
R19 5k1
R20 5k1
R21 5k1
R22 5k1
R23 5k1
R24 5k1
JP2
COM0
Y0
COM1
Y1
COM2
Y2
Y3
COM3
Y4
Y5
Y6
Y7
CON12
VCC12V
C9 104
12VGND
U1
COM GND
ULN2803A
VCC5V
R33 5k1
R34 5k1
R35 5k1
R36 5k1
R37 5k1
R38 5k1
R39 5k1
R40 5k1
OP9 PC8172
OP10 PC8172
OP11 PC8172
OP12 PC8172
OP13 PC8172
OP14 PC8172
OP15 C8172
OP16 C8172
R41 470
R42 470
R43 470
R44 470
R45 470
R46 470
R47 470
R48 470
Y00
Y01
Y02
Y03
Y04
Y05
Y06
Y07

图 6-44 输出电路

电阻 R24 输出高电平，送 ULN2803A 达林顿输出集成电路 8B 端，ULN2803A 达林顿输出集成电路 8C 端为开路集电极输出端，达林顿输出管导通，输出指示二极管 LED10 导通，指示 Y0 输出状态为“ON”，继电器 K1 得电导通，K1 输出端开关导通。当 PLC 的 CPU 的输出信号为“OFF”时，输出高电平信号，光电耦合器 OP9 的二极管不导通，光电耦合器 OP9 的光敏三极管截止，达林顿输出管截止，输出指示二极管 LED10 截止，指示 Y0 输出状态为“OFF”，继电器 K1 失电，K1 输出端开关断开。并联在 K1 线圈两端的二极管 D1 为续流二极管，防止继电器从导通到截止时产生感生电动势。

4. 通信电路

图 6-45 为单片机控制系统的通信电路。以 MAX232 串口通信集成电路为核心，组成 RS-232 串口通信电路，MAX232 串口通信集成电路的 R1OUT 输出读信号给 PLC 的 CPU 的 RXD，MAX232 串口通信集成电路的 T1IN 输入端接收来自 PLC 的 CPU 发送端 TXD 的发送信号。MAX232 串口通信集成电路连接 DB9 端口，通过它与计算机或其他的串口设备进行通信。

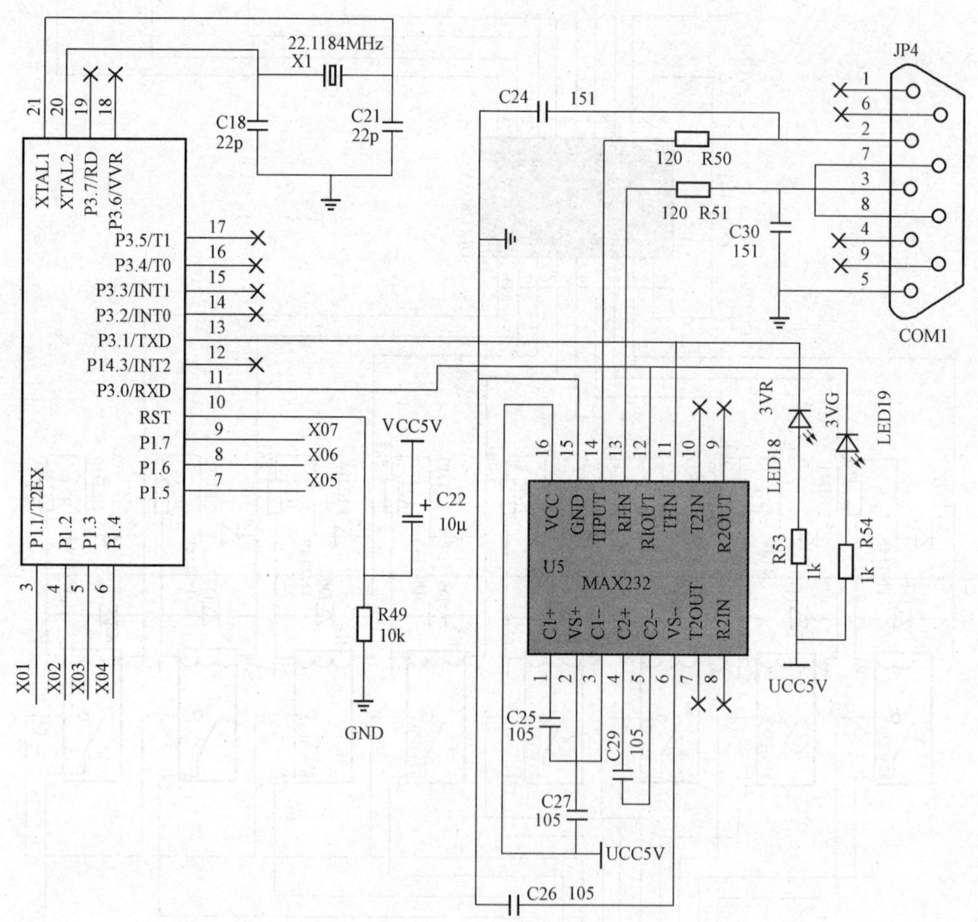

图 6-45 通信电路

发光二极管 LED18、LED19 指示通信状态，通信电路正常通信时，发光二极管 LED18、LED19 闪烁。

5. 电源电路

图 6-46 为单片机控制系统的电源电路。外接电源通过 JP3 接入电源电路，保险 F1 保证系

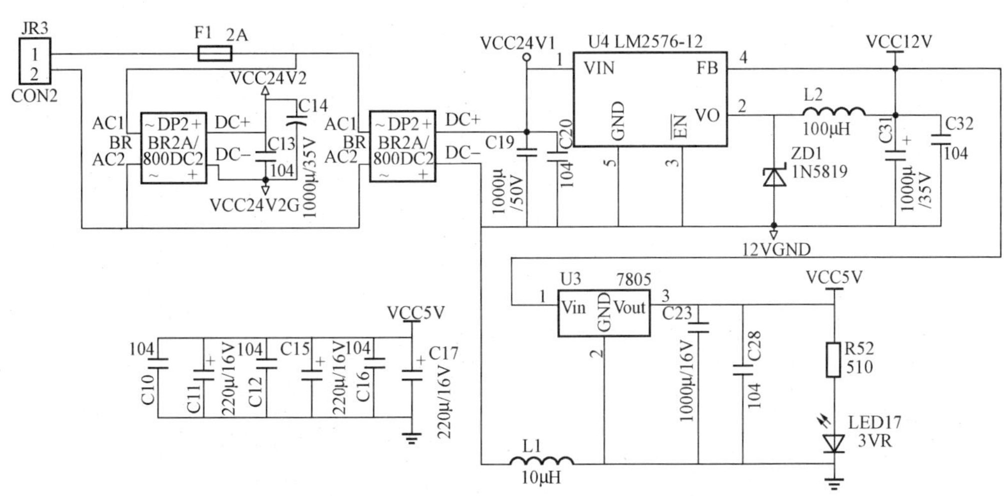

图 6-46 电源电路

统电源的安全。外接电源可以是交流 20 V 电源或直流 24 V 电源。当输入为 24 V 直流电源时，为了保证不至于因为用户接错直流电源导致单片机控制系统不工作，保险 F1 后连接的整流桥堆 DP1 保证输出电源极性的正确，同时与单片机控制系统使用其他电源相隔离。VCC24V2、VCC24V2G 为单片机控制系统的输入、输出电路的直流 24 V 电源，通过滤波电容 C13、C14 滤除交流干扰，保证直流 24V2 电源的恒定。保险 F1 后连接的整流桥堆 DP2 用来保证 24V1 输出电源极性的正确。整流桥堆 DP2 连接直流-直流（DC TO DC）变换集成电路 LM2576-12，将 24 V 直流电变换为 12 V 直流电，再由直流稳压电源集成电路 LM7805 稳压输出直流 5V 电源。

LM2576-12 是单片集成稳压电路，能提供降压开关稳压电源的各种功能，能驱动 3A 的负载，具有优异的线性和负载调整能力。LM2576 系列稳压器的固定输出电压有 3.3、5、12、15V 多种。LM2576 系列稳压器内部包含一个固定频率振荡器和频率补偿器，使开关稳压器外部元件数量减到最少，使用方便。

电容 C19、C20 为直流 24V1 的滤波电容，电感 L1 为降压型开关电源的储能电感，ZD1 为肖特基二极管，在开关调整管截止时提供续流作用，保证 12V 输出电源电压稳定。电容 C31、C32 为直流 12V 的滤波电容。直流 12 V 电源与直流 5 V 电源地线间连接有电感 L2，使直流 12V 开关电源对直流 5 V 电源影响降低。C23、C28 为直流 5 V 的滤波电容。R52 与 LED17 用于直流 5 V 电源指示。

电容 C10、C11、C12、C15、C16、C17 为单片机控制系统的通信电路、CPU 电路、输入和输出电路的直流 5V 电源的滤波电容。

四、设计单片机控制系统原理图

1. 创建单片机控制系统的电原理图元件符号库

(1) 创建 LM7805 元件符号。

(2) 创建继电器 G5NB-1A 元件符号（见图 6-47）。

(3) 创建整流桥堆 DP 元件符号（见图 6-48）。

(4) 创建 CPU 元件符号（见图 6-49）。

(5) 创建 LM2576-12 元件符号（见图 6-50）。

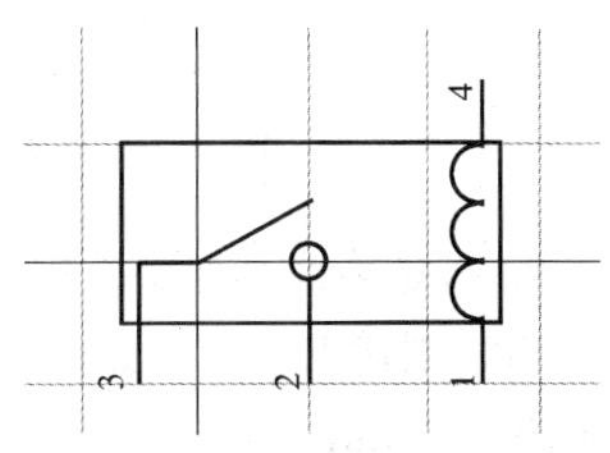

图 6-47 继电器元件符号

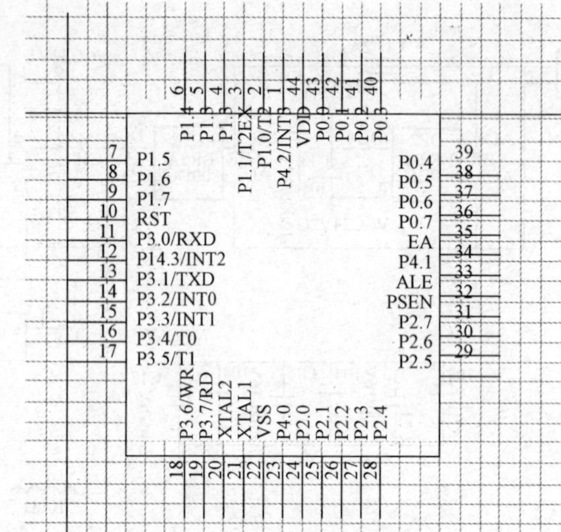

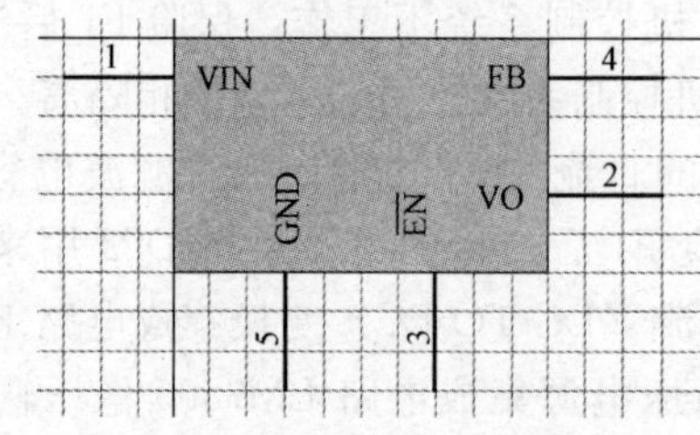

图 6-48　整流桥堆元件符号　　　　图 6-49　CPU 元件符号

（6）创建 LED3MM 发光二极管元件符号（见图 6-51）。

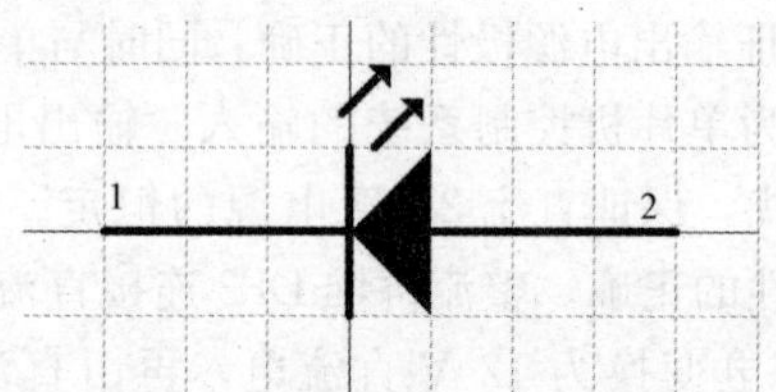

图 6-50　LM2576-12 元件符号　　　　图 6-51　发光二极管元件符号

（7）创建 MAX232 通信集成电路元件符号（见图 6-52）。

（8）创建 PC817 光电耦合器元件符号。

（9）创建 ULN2803A 达林顿输出集成电路元件符号（见图 6-53）。

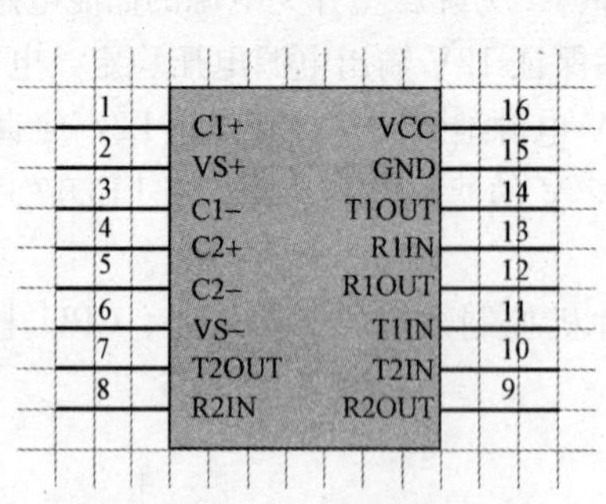

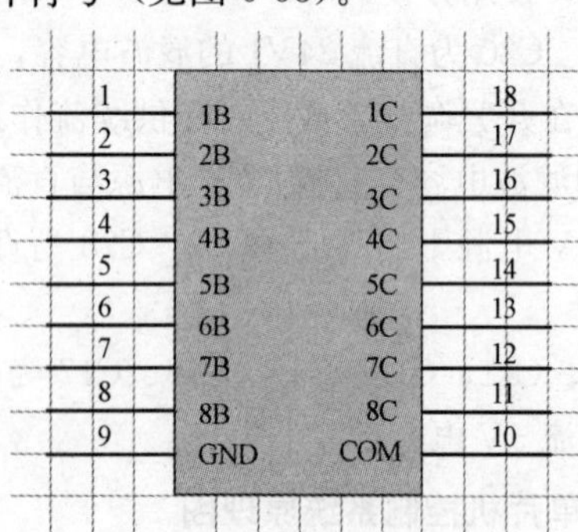

图 6-52　MAX232 元件符号　　　　图 6-53　ULN2803A 元件符号

2. 创建单片机控制系统的元件封装库

（1）创建 LM7805 元件封装（见图 6-54）。图中，元件边框宽度 400 mil，高度 200 mil，引脚间距离 100 mil。

（2）创建继电器 G5NB-1A 元件封装（见图 6-55）。图中，元件边框宽度 820 mil，高度 280

mil。其引脚焊盘属性参数见表 6-2。

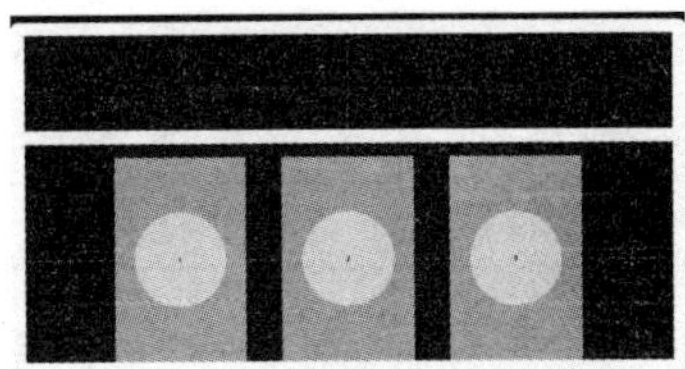

图 6-54 LM7805 元件封装

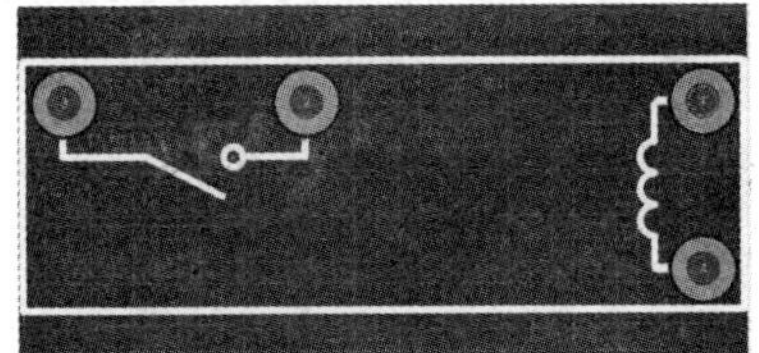

图 6-55 继电器 G5NB-1A 元件封装

表 6-2 **继电器引脚焊盘属性参数**

序号	X-Size (mil)	Y-Size (mil)	Shape	Hole-Size (mil)	X-location (mil)	Y-location (mil)
1	72	72	Round	40	0	0
2	72	72	Round	40	−453	0
3	72	72	Round	40	−728	0
4	72	72	Round	40	0	−185

(3) 创建整流桥堆 DP 元件封装（见图 6-56）。图中，元件边框宽度 320 mil，高度 320 mil。其引脚焊盘属性参数见表 6-3。

表 6-3 **整流桥堆引脚焊盘属性参数**

序号	X-Size (mil)	Y-Size (mil)	Shape	Hole-Size (mil)	X-location (mil)	Y-location (mil)
AC1	95	95	Round	55	−132	98
AC2	95	95	Round	55	−132	−98
DC1	95	95	Round	55	132	98
DC2	95	95	Round	55	132	−98

(4) 创建 LM2576-12 元件封装（见图 6-57）。图中，元件边框宽度 400 mil，高度 700 mil。其矩形引脚焊盘属性参数见表 6-4。

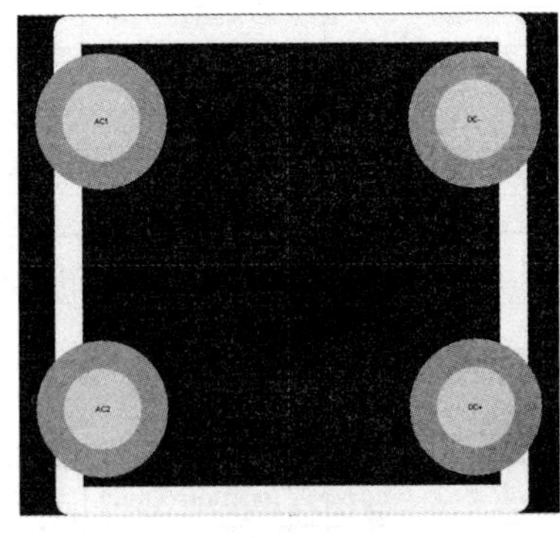

图 6-56 整流桥堆元件封装

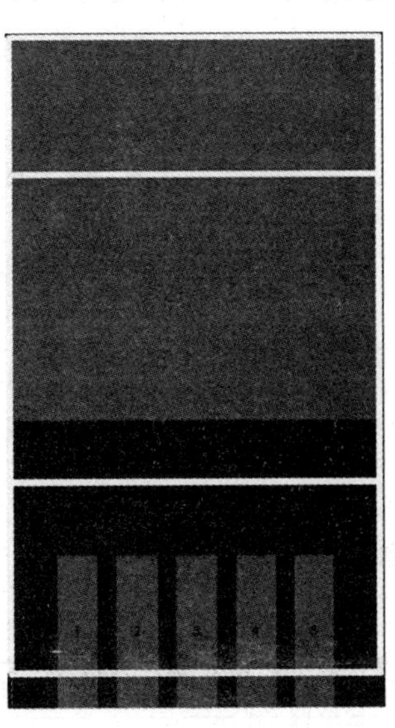

图 6-57 LM2576-12 元件封装

任务14

表 6-4　　矩形引脚焊盘属性参数

序号	X-Size (mil)	Y-Size (mil)	Shape	Hole-Size (mil)	X-location (mil)	Y-location (mil)
1	43	156	Rectangle	0	71	43
2	43	156	Rectangle	0	134	43
3	43	156	Rectangle	0	197	43
4	43	156	Rectangle	0	260	43
5	43	156	Rectangle	0	323	43

(5) 创建 LED3MM 发光二极管元件封装（见图 6-58）。图中，元件外圆直径 160 mil，高度 140 mil。其引脚焊盘属性参数见表 6-5。

表 6-5　　发光二极管引脚焊盘属性参数

序号	X-Size (mil)	Y-Size (mil)	Shape	Hole-Size (mil)	X-location (mil)	Y-location (mil)
1	59	47	Round	32	102	−158
2	59	47	Round	32	102	60

(6) 创建 MAX232 通信集成电路元件封装（DIP16）。

(7) 创建 PC817 光电耦合器元件封装（见图 6-59）。图中，元件边框宽度 280 mil，高度 200 mil。其引脚焊盘属性参数见表 6-6。

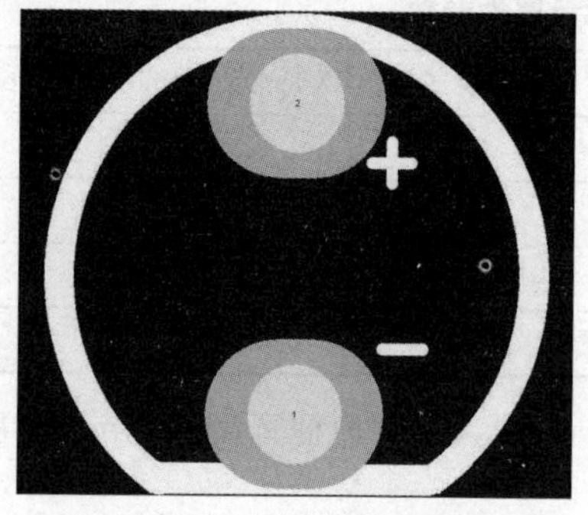

图 6-58　LED3MM 元件封装

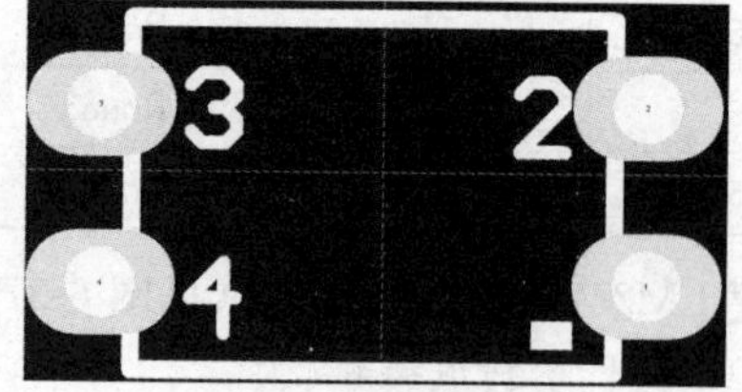

图 6-59　PC817 元件封装

表 6-6　　光电耦合器引脚焊盘属性参数

序号	X-Size (mil)	Y-Size (mil)	Shape	Hole-Size (mil)	X-location (mil)	Y-location (mil)
1	87	59	Round	39	153	−63
2	87	59	Round	39	153	37
3	87	59	Round	39	−162	−63
4	87	59	Round	39	−162	37

(8) 创建接线端子排 CON2 元件封装（见图 6-60）。图中，元件边框宽度 480 mil，高度 440 mil。其引脚焊盘属性参数见表 6-7。

表 6-7　　接线端子排引脚焊盘属性参数

序号	X-Size (mil)	Y-Size (mil)	Shape	Hole-Size (mil)	X-location (mil)	Y-location (mil)
1	95	95	Round	55	−192.4	−35
2	87	59	Round	55	4.4	−35

(9) 创建 CON12 元件封装(见图 6-61)。图中,元件边框宽度 2440 mil,高度 440 mil。其引脚焊盘属性参数见表 6-8。

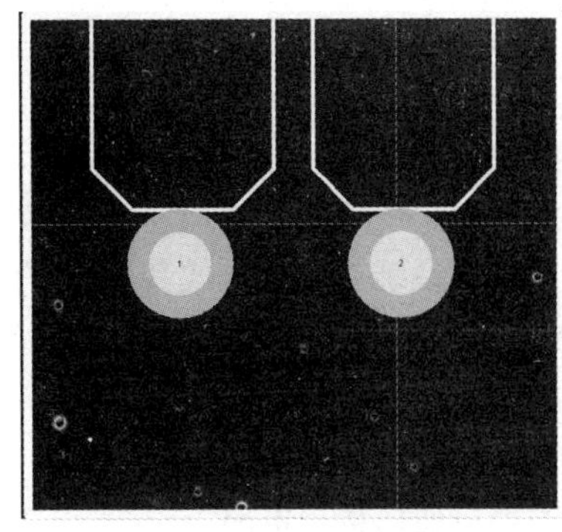

图 6-60 CON2 元件封装

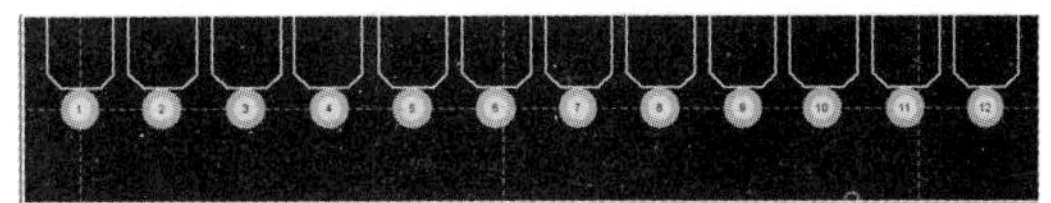

图 6-61 CON12 元件封装

表 6-8 CON12 元件引脚焊盘属性参数

序号	X-Size (mil)	Y-Size (mil)	Shape	Hole-Size (mil)	X-location (mil)	Y-location (mil)
1	95	95	Round	55	0	0
2	95	95	Round	55	196.8	0
3	95	95	Round	55	393.6	0
4	95	95	Round	55	590.4	0
5	95	95	Round	55	984	0
6	95	95	Round	55	1180.8	0
7	95	95	Round	55	1377.6	0
8	95	95	Round	55	1574.4	0
9	95	95	Round	55	1771.2	0
10	95	95	Round	55	1968	0
11	95	95	Round	55	3931.8	0
12	95	95	Round	55	4127.8	0

3. 设计单片机控制系统的输入接口电路

在设计单片机控制系统的输入接口电路中,需要考虑现场输入信号对电源的要求,一般现场输入开关信号采用工业自动控制标准的 24 V 直流电压电源,传感器也使用工业自动控制标准的 24 V 直流电压电源,所以一般用于隔离的光电耦合器输入部分的电源采用 24 V 直流电压电源。定制的不使用传感器的 PLC,用于隔离的光电耦合器输入部分的电源可采用其他的直流电压电源。例如制作 PLC 学习机的用于隔离的光电耦合器输入部分的电源可以用 5 V 直流电压电源,与 PLC 的 CPU 使用相同的电源电压。

其次要考虑的是连接的输入接口电路连接的传感器类型,当只需要连接 NPN 开路输出、PNP 开路输出中的一种传感器时,可以使用单发光二极管光电耦合器,并根据使用传感器类型设计相应的光电耦合器电路。如果不知道未来要连接的传感器类型,或者为满足可连接所有类型的传感器,可以使用双二极管光电耦合器输入电路,也可以使用二极管桥式定向电路与单二极管光电耦合器组合的输入电路。

4. 设计单片机控制系统的输出接口电路

在设计单片机控制系统的输出接口电路中,需要考虑输出电路与输出信号电平之间的关系,高电平有效输出、低电平有效输出电路连接输出接口电路是不同的。其次要考虑是输出接口电路是否需要与负载电路隔离的问题。如果需要隔离，还要考虑采用的隔离方式，是电磁隔离，还是光电隔离。第三个要考虑是输出接口电路的保护问题，继电器输出、晶体管输出的保护电路是不同的。

不同有效电平输出、不同的隔离方式，导致输出接口电路不同。

5. 设计单片机控制系统的通信电路

在设计单片机控制系统的通信电路中，需要考虑单片机控制系统与计算机或其他串口设备的通信协议问题，一般单通信端口使用 RS-232 协议比较方便，既可以与计算机通信，也便于和其他串口设备通信。如果是多通信端口，可以一个采用 RS-232，另一个采用 RS-485，第三个采用 USB，其他的用 CAN、TCP/IP 等协议，便于连接各种不同协议的串口设备。

配置不同的通信协议端口，需要设计不同的通信协议的串口通信接口电路。

6. 设计单片机控制系统的电源电路

在设计单片机控制系统的电源电路中，首先需要考虑的是单片机控制系统使用的电源是交流还是直流。其次是单片机控制系统的各部分电路使用的电源电压的种类。根据需要采用简单的直流开关电源集成电路、直流稳压集成电路或采用“DC TO DC”（直流-直流）变换集成电路制作各种电源电压的电路，以满足各部分电路对电源电压的要求。第三个要考虑的是各部分电路的接地与电源滤波问题，按接地与电源滤波的要求，设计好单片机控制系统的电源电路。

7. 为单片机控制系统电路图中的所有元件指定封装（元件封装见表 6-9）

表 6-9　单片机控制系统元件及封装清单

元件标号	参数	封装	数量
C1，C2，C3，C4，C5，C6，C7，C8，C9，C10，C12，C13，C16，C20，C28，C32	104	C102/25V	16
C11，C15，C17	220u/16V	100UF/35V	3
C14，C19	1000u/50V	RB25V/2200UF	2
C18，C21	22P	C102/25V	2
C22	10u	100UF/35V	1
C23	1000u/16V	100UF/35V	1
C24，C30	151	C102/25V	2
C25，C26，C27，C29	105	C102/25V	4
C31	1000u/35V	RB25V/1000UF	1
D1，D2，D3，D4，D5，D6，D7，D8	1N4148	DIO7.1-3.9×1.9	8
DP1，DP2	BR2A/800DC2	BR2A/800DC2	2
F1	2A	RAD0.2	1
JP1	CON 12	CON5/12	1
JP2	CON12	CON5/12	1
JP3	CON2	CON5/2	1
JP4	COM1	CON2.76/4+5	1
K1，K2，K3，K4，K5，K6，K7，K8	DB9	G5NB-12A	8
L1	10uH	DIODE0.4	1
L2	100uH	800UH-0.5A2	1

续表

元件标号	参数	封装	数量
LED1, LED2, LED3, LED4, LED5, LED6, LED7, LED8, LED19	3VG	LED3MM	9
LED9, LED10, LED12, LED13, LED14, LED15, LED16, LED17, LED18	3VR	LED3MM	9
LED11		LED3MM	1
OP1, OP2, OP3, OP4, OP5, OP6, OP7, OP8	PC817	PC817R	8
OP9, OP10, OP11, OP12, OP13, OP14, OP15, OP16	PC8172	PC817R	8
R1, R2, R3, R4, R5, R6, R7, R8	3K3/0.5W	AXIAL0.4	8
R9, R10, R11, R12, R13, R14, R15, R16	1K/0.5W	AXIAL0.4	8
R17, R18, R19, R20, R21, R22, R23, R24, R33, R34, R35, R36, R37, R38, R39, R40	5K1	AXIAL0.3	16
R25, R26, R27, R28, R29, R30, R31, R32, R49	10K	AXIAL0.3	9
R41, R42, R43, R44, R45, R46, R47, R48	470	AXIAL0.3	8
R50, R51	120	AXIAL0.3	2
R52	510	AXIAL0.3	1
R53, R54	1K	AXIAL0.3	2
U1	ULN2803A	DIP18	1
U2	STC12C5A60-PLCC	PLCC44	1
U3	7805	7805	1
U4	LM2576-12	LM2576S-12	1
U5	MAX232	DIP16	1
X1	22.1184MHz	XTAL	1
ZD1	1N5819	ZD1	1

8. 创建网络表

单击执行“设计”菜单下的“工程的网络表”菜单下的“Protel”命令，创建网络表文件 PLC1.NET。

9. 创建电路元件清单

单击执行“报告”菜单下的“Bill of Material 材料清单”命令，创建电路元件清单文件 PLC1.XLS。

五、设计 PCB 印制板

（1）新建一个 PCB 文件，并命名为 PCB1。

（2）打开 PCB1.PCB。

（3）规划电路板大小，宽度为150 mm，高度为 110 mm。

（4）导入网络表 PLC1.NET。

（5）参考图 6-62，进行元件布局。

（6）设计布线规则。

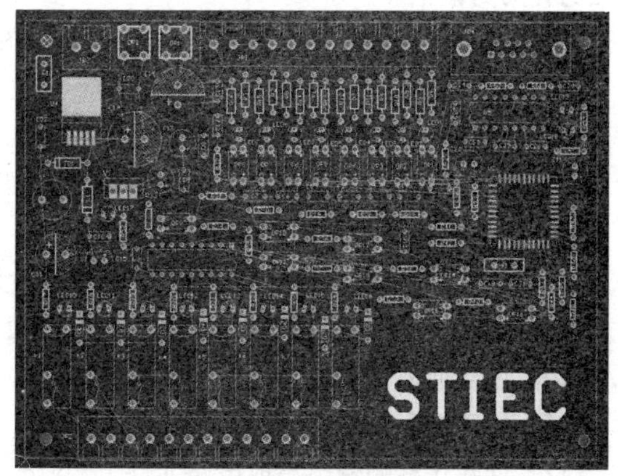

图 6-62 元件布局

任务14

(7) 进行自动布线。

(8) 补泪滴。

(9) 添加多边形敷铜。

(10) 进行 DRC 检测。

技能训练

一、训练目标

(1) 学会设计单片机控制系统电路。

(2) 学会设计单片机控制系统的 PCB。

二、训练步骤与内容

1. 创建一个项目

(1) 启动 Protel 99SE 电路设计软件。

(2) 单击执行"File 文件"菜单下的"New 新建"命令,新建一个项目。

(3) 单击执行"File 文件"菜单下的"Save as 保存工程为"命令,弹出工程另存为对话框。

(4) 修改文件名为"PCB10. Ddb"。

(5) 单击"保存"按钮,保存 PCB10. Ddb。

2. 新建一个原理图文件

(1) 单击执行"File 文件"菜单下的"New 新建"命令,弹出新建文件对话框。

(2) 选择原理图文件类型,新建一个名为"Sheet1. Sch"原理图文件。

(3) 右键单击"Sheet1. Sch"原理图文件,弹出快捷菜单,选择执行"保存为"命令,弹出另存为对话框。

(4) 重新设置文件名为"PLC1. 0Sch"原理图文件,新原理图文件更名为 PLC10. Sch。

(5) 设置原理图文件属性。单击执行"设计"菜单下的"文档属性"菜单命令,弹出文档属性对话框,设置图纸大小为"A3",其他保持默认设置,单击"确认"按钮,保存文件属性设置。

3. 创建单片机控制系统的电原理图元件符号库

(1) 单击执行"文件"菜单下的"新建"菜单下的"库"子菜单下的"原理图库"命令,创建一个原理图库文件 SchLib1. Lib。

(2) 右键单击"SchLib1. Lib"原理图库文件,弹出快捷菜单,选择执行"保存为"命令,弹出另存为对话框。

(3) 重新设置文件名为"PLC10. Lib"原理图库文件,新原理图库文件更名为 PLC10. Lib。

(4) 创建 LM7805 直流稳压电源元件符号。

(5) 创建继电器 G5NB-1A 元件符号。

(6) 创建整流桥堆 DP 元件符号。

(7) 创建 PLCC 单片机元件符号。

(8) 创建开关稳压电源集成电路 LM2576-12 元件符号。

(9) 创建 LED 发光二极管元件符号。

(10) 创建通信集成电路元件 MAX232 符号。

(11) 创建 PC817 光电耦合器元件符号。

(12) 创建达林顿输出集成电路元件 ULN2803A 符号。

(13) 保存文件。

4. 放置元件

放置原理图所需的电阻、电容、光电耦合器、CPU、MAX232、继电器等元件。

(1) 放置 8 个 1K 电阻。

1) 在浏览器中选择电阻元件“RES2”，单击“Place”放置按钮。

2) 按空格键，旋转元件方向，使元件保持为水平放置方向，移动鼠标到合适位置，放置 1 个 1kΩ 电阻，移动鼠标到其他合适位置。

3) 按下键盘“Tab”键，弹出电阻属性对话框，元件属性注释栏内容设为“3k30.5W”，单击“确认”按钮，回到元件放置“”状态。

4) 移动鼠标到合适位置，放置 1 个 3k3 电阻，移动鼠标到其他合适位置，放置 7 个 3k3 电阻。

5) 按下键盘“Tab”键，弹出电阻属性对话框，元件属性注释栏内容设为“10k”，单击“确认”按钮，回到元件放置状态。

6) 移动鼠标到合适位置，放置 1 个 10k 电阻，移动鼠标到其他合适位置，放置 7 个 10k 电阻。

(2) 放置发光二极管。

1) 在浏览器中选择元件“LED3MM”。单击“Place”放置按钮，按下键盘 Tab 键，弹出元件属性对话框，元件属性注释栏内容设为“3VG”，单击“确认”按钮，回到元件放置状态。

2) 按空格键，旋转元件方向，使元件保持为水平放置方向，并使发光二极管的负极在左边。

3) 移动鼠标到合适位置，放置 1 个 3VG 发光二极管，移动鼠标到其他合适位置，放置 7 个 3VG 发光二极管。

(3) 放置光电耦合器。

1) 在浏览器中选择元件“PC817”，单击“Place”放置按钮。

2) 按空格键，旋转元件方向，使元件保持为水平放置方向，并使发光二极管在左边。

3) 移动鼠标到合适位置，放置 1 个 PC817 光电耦合器，移动鼠标到其他合适位置，放置 7 个 PC817 光电耦合器。

(4) 放置电容。

1) 在浏览器中选择元件“CAP”。单击“Place”放置按钮，按下键盘“Tab”键，弹出元件属性对话框，元件属性注释栏内容设为“104”，单击“确认”按钮，回到元件放置状态。

2) 按空格键，旋转元件方向，使元件保持为垂直放置方向。

3) 移动鼠标到合适位置，放置 1 个 104 的电容，移动鼠标到其他合适位置，放置 7 个 104 的电容。

(5) 放置电气连接器 HEADER12 等其他元件。

(6) 放置一个电源端 VCC5V。

5. 连接导线

按图 6-63 输入电路连接各支路的导线。

6. 放置网络标签

放置网络标签 X00、X01、X02、X03、X04、X05、X06、X07、VCC24V2G。单击保存按钮，保存原理图。

7. 设计 CPU 电路

参考图 6-43，设计单片机控制系统的 CPU 电路。

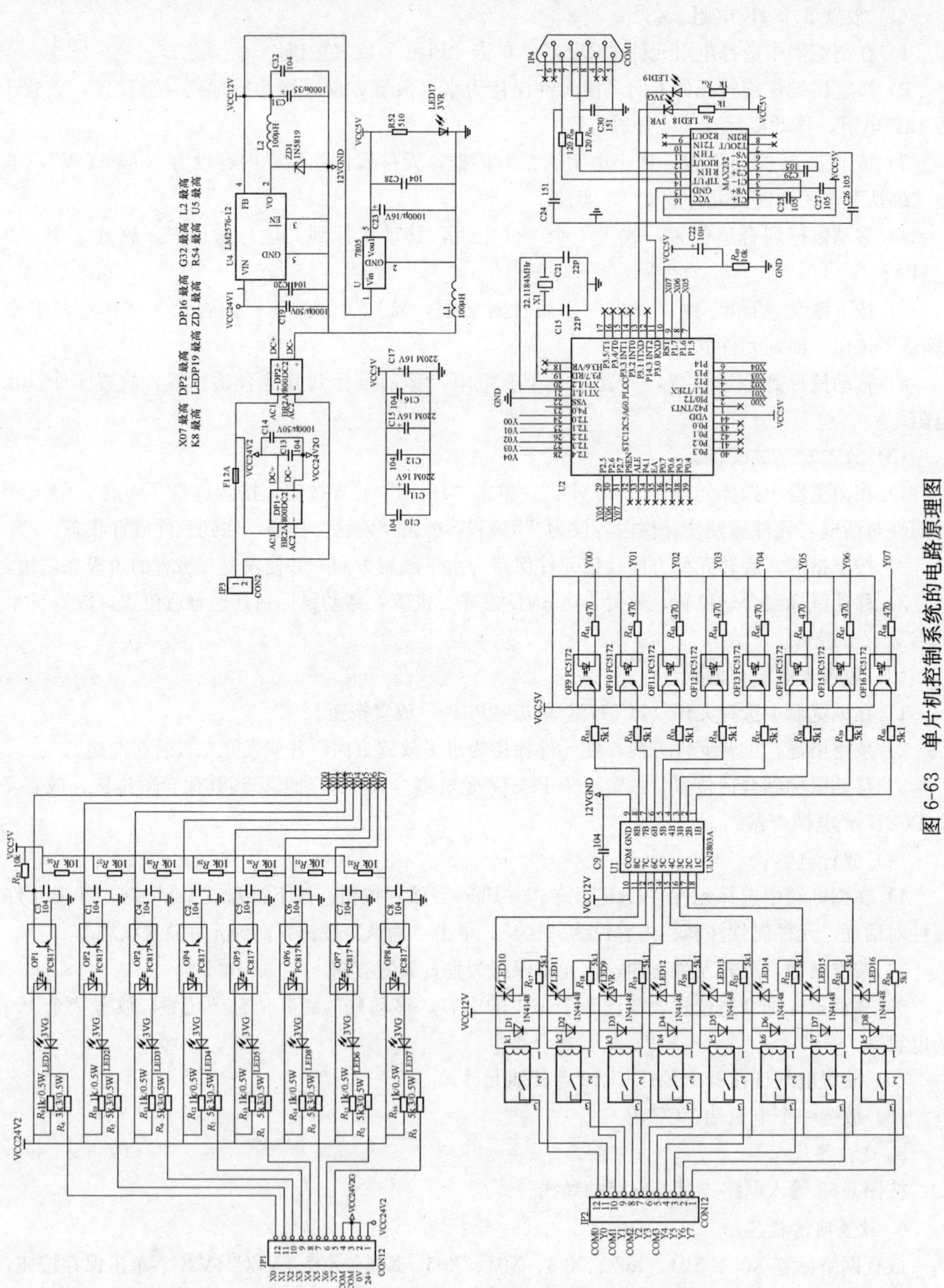

图 6-63 单片机控制系统的电路原理图

8. 设计输出电路

参考图 6-44，设计单片机控制系统的输出电路。

9. 设计通信电路

参考图 6-45，设计单片机控制系统的通信电路。

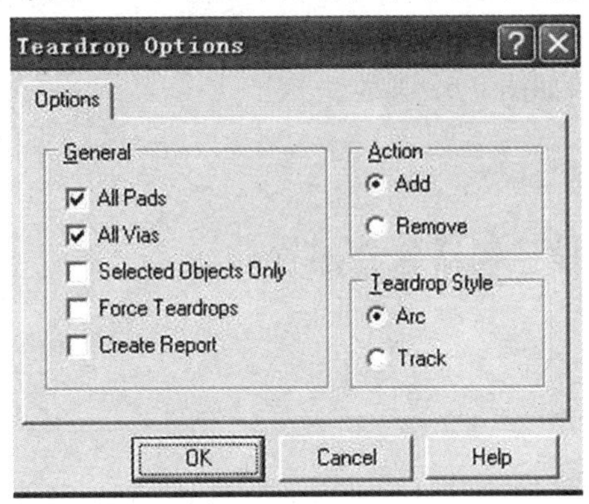

图 6-64 泪滴选项

图 6-65 补泪滴

10. 设计电源电路

参考图 6-46，设计单片机控制系统的电源电路。

11. 完成原理图

设计完成的单片机控制系统的电路原理图见图 6-63。

12. 创建 PCB 文件

创建一个 PCB 文件，命名为“PCB10. pcb”。

(1) 创建 LM7805 元件封装。

(2) 创建继电器 G5NB-12A 元件封装。

(3) 创建整流桥堆 DP 元件封装。

(4) 创建 LM2576-12 元件封装。

(5) 创建 LED3MM 发光二极管元件封装。

(6) 创建 MAX232 通信集成电路元件封装。

(7) 创建 PC817 光电耦合器元件封装。

(8) 创建接线端子排 CON2 元件封装。

(9) 创建 CON12 元件封装。

13. 创建网络表

单击执行“设计”菜单下的“Create Netlist 创建网络表”命令，创建网络表文件 PLC10. NET。

14. 规划印制板

印制板宽度为 150mm，高度为 110mm，四周设置 4 个安装用孔洞。

15. 导入网络表 PLC10. NET

16. 设置设计规则

17. PCB 布局

参考图 6-62，进行 PCB 布局。

18. 全局自动布线

参考图 6-63，进行全局自动布线。

19. 补泪滴

(1) 执行“Tool 工具”菜单下的“泪滴”命令，弹出图 6-64 所示的“泪滴选项”设置对话框。

(2) 在通常选项区域，选择“All Pads”（全部焊盘）复选项。选择“All Vias”（所有过孔）复选项，即对所有焊盘和过孔进行补泪滴操作。

(3) 单击“OK”按钮，进行补泪滴操作，结果如图 6-65 所示。

20. 添加多边形敷铜，并连接地线 GND

任务 15　单片机可编程控制器软件配置

基础知识

一、单片机可编程控制器配置软件

1. 单片机控制软件配置

仅有单片机可编程控制器的硬件是不能完成可编程控制功能的，必须对单片机进行配置，才可以实现单片机的控制功能。

ALP Ladder Editor 是一款用户可配置的可编程控制器梯形图编辑环境。从配置的角度来看，它就完成了一件事，读取事先定义好的单片机内存配置、指令集配置文件，提供一个梯形图编辑环境，在用户完成梯形图编辑后，将梯形图转化成指令表传递给单片机可编程控制器。

2. 安装单片机可编程控制器配置软件

(1) 双击 ALP Ladder Editor 安装图标“ ”，运行“ALP Ladder Editor1. 1. exe”程序。

(2) 弹出图 6-66 所示的语言选择对话框。

(3) 在语言选择对话框选择“Chinese (Simplified)”简体中文。

(4) 单击“OK”按钮，弹出图 6-67 所示的是否接受许可协议对话框。

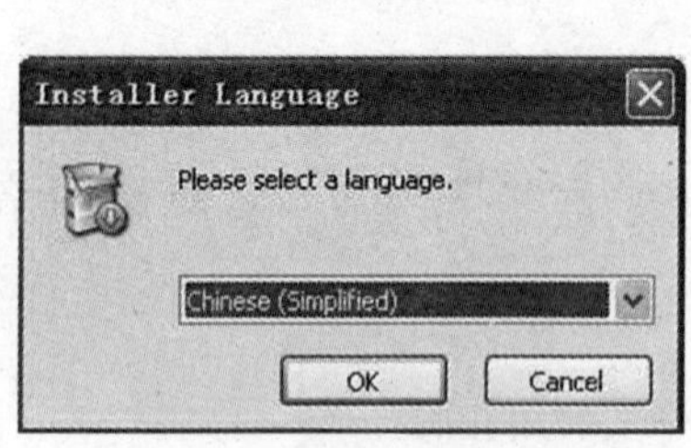

图 6-66　语言选择对话框

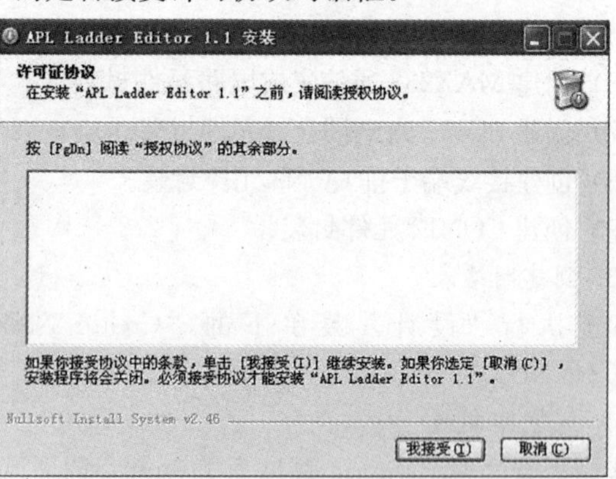

图 6-67　是否接受许可协议对话框

(5) 单击“我接受”按钮，弹出图 6-68 所示的选择安装组件对话框。

(6) 一般选择“主程序”、“开始菜单快捷方式”、“桌面快捷方式”、“CPU-EC20 (Cortex-M3)”、“CPU-EC20 (Cortex-M3，Compile)”、“EC30-EK51”等几个组件。其余 PLC 类型组件可以暂时不安装。

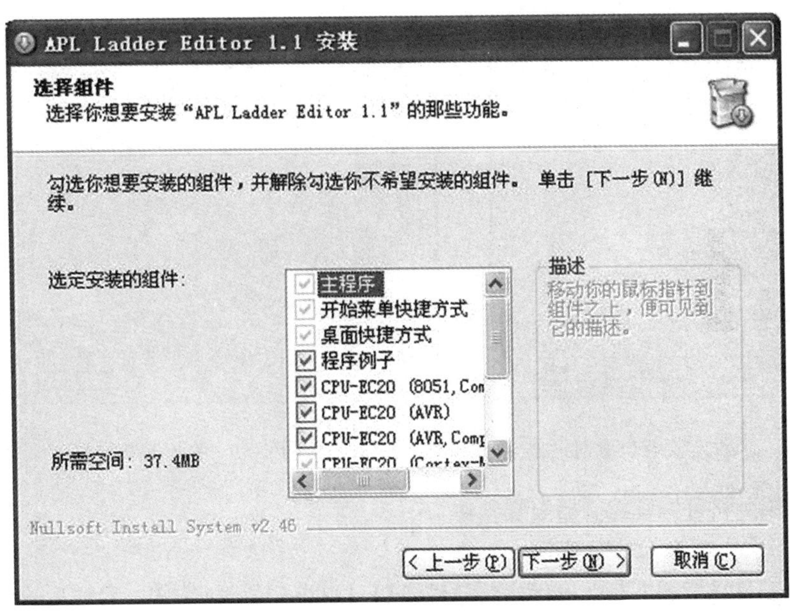

图 6-68 选择安装组件对话框

(7) 单击“下一步”按钮，弹出图 6-69 所示的选择安装位置对话框。

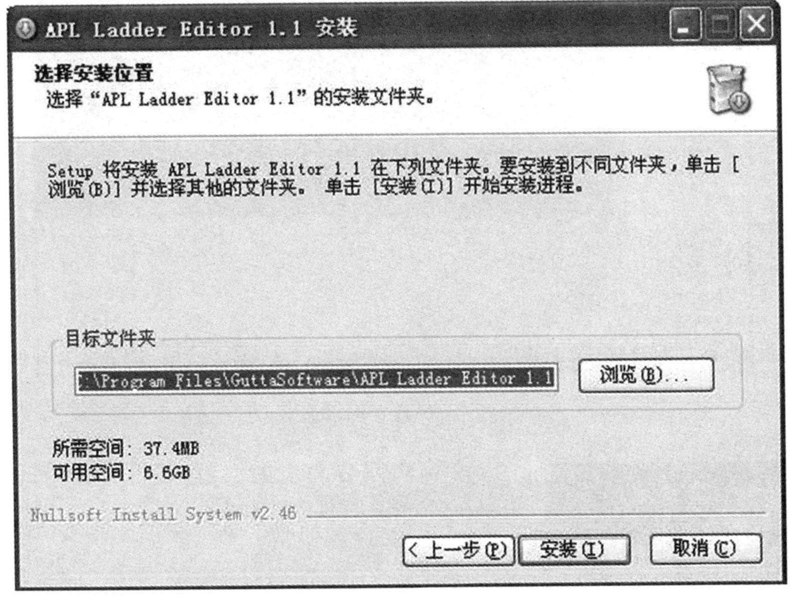

图 6-69 选择安装位置对话框

(8) 单击“浏览”按钮，弹出图 6-70 所示的浏览文件夹对话框，可以重新设定软件的安装位置。

(9) 设定好软件安装位置“D: \ Program Files”，单击“确定”按钮，返回安装界面。

(10) 单击“安装”按钮，开始安装程序。

(11) 安装过程结束，弹出图 6-71 所示的安装结束画面，单击“关闭”按钮，关闭安装程序向导，在桌面上生成 ALP Ladder Editor1.1 编程软件快捷图标和 ALP Simulator CPU-EC20 (Cortex-M3) 仿真软件快捷图标。

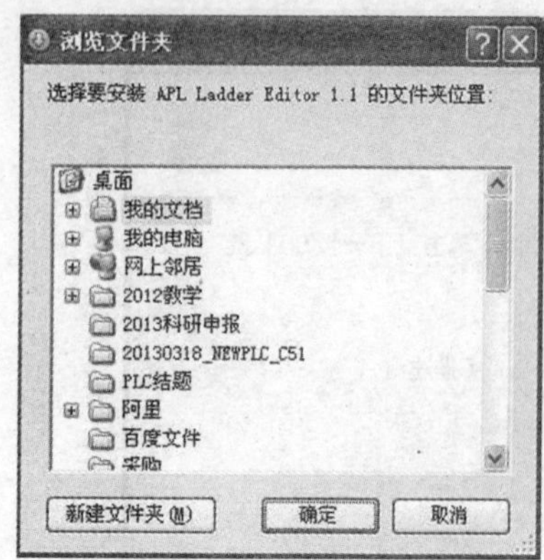

图 6-70 设定安装位置对话框

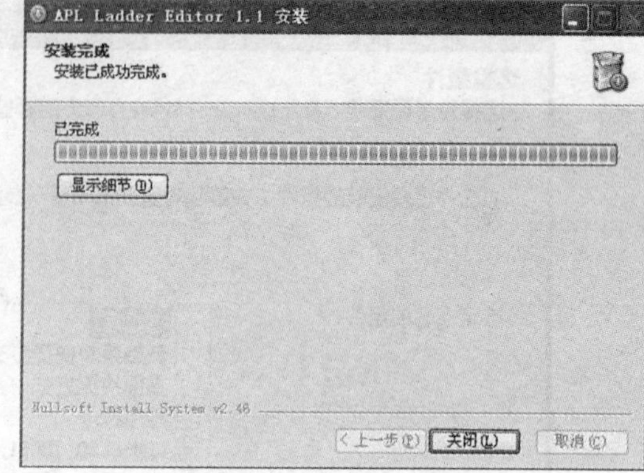

图 6-71 关闭安装向导

二、使用单片机可编程控制器配置软件

1. 启动、退出 ALP Ladder Editor 软件

双击这个软件的桌面图标，就能运行软件 ALP Ladder Editor 软件。启动后的软件界面见图 6-72。

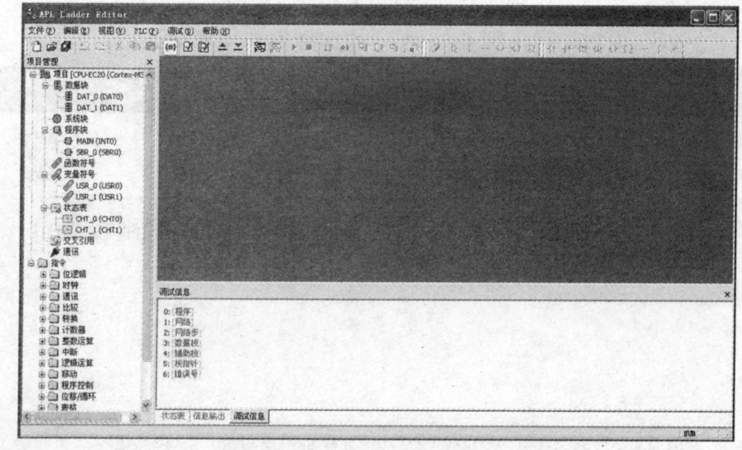

图 6-72 ALP 软件界面

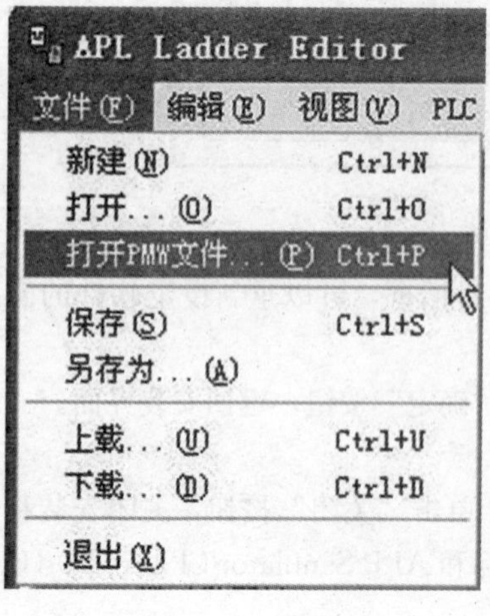

单击软件右上角的红色“×”关闭按钮，退出 ALP Ladder Editor 软件。

2. 文件菜单

文件菜单（见图 6-73）下的命令：

1）新建：新建一个项目程序。

2）打开：打开已有的项目程序。

3）打开 PMW 文件：打开已有的三菱 FXGP 软件的 PMW 程序文件。

4）保存：保存当前的项目程序。

5）另存为：将当前项目程序文件以用户命名的文件另存到用户指定的路径。

6）上载：从 PLC 上传文件到当前项目。

7）下载：把当前项目程序下载到 PLC 保存。

图 6-73 文件菜单

8）退出：退出 ALP Ladder Editor 编程软件。

3. 编辑菜单

编辑菜单（见图 6-74）下的命令：

（1）撤销与重复。

1）撤销：取消前一次操作。

2）重复：恢复撤销的操作。

（2）被选择对象的编辑命令。

1）剪切：剪切对象。

2）复制：复制对象。

3）粘贴：粘贴已剪切或复制的对象。

4）全选：选择全部梯形图。

5）查找替换：查找、替换梯形图中的软元件。

4. 视图菜单

视图菜单（见图 6-75）下的命令：

图 6-74 编辑菜单

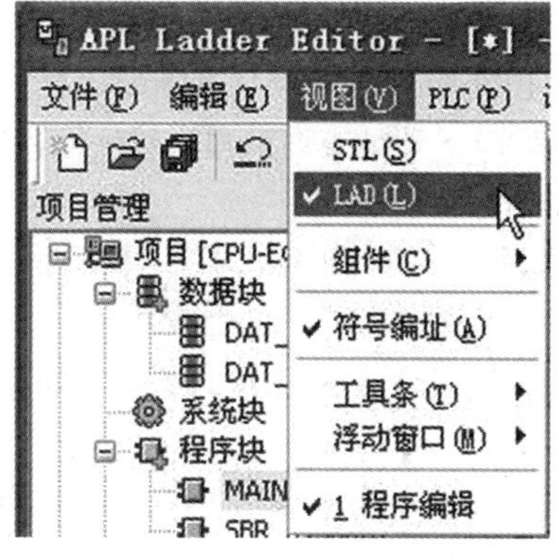

图 6-75 视图菜单

（1）STL：单击“视图”菜单下的“STL”命令，进入指令表编程界面。

（2）LAD：单击“视图”菜单下的“LAD”命令，进入指令梯形图编程界面。

（3）组件：单击“视图”菜单下的“组件”子菜单，可以进一步选择组件下的功能块，打开相应的对话框。

（4）符号编址：单击“视图”菜单下的“符号编址”命令，符号编址前的对勾交替出现、隐藏。当符号编址前的对勾出现时，梯形图的变量用符号表示；当符号编址前的对勾隐藏时，梯形图的变量以默认的 PLC 变量表示。

（5）工具条：单击“视图”菜单下的“工具条”子菜单下的“标准”、“调试”、“指令”等命令，可以显示或隐藏标准、调试、指令工具栏。

（6）浮动窗口：单击“视图”菜单下的“浮动窗口”子菜单下的“状态表”、“项目管理”、“信息输出”、“调试信息”等命令，可以显示或隐藏状态表、项目管理、信息输出、调试信息等浮动窗口。

（7）程序编辑：显示或隐藏程序编辑窗口。

5. PLC 菜单

PLC 菜单（见图 6-76）下的命令：

（1）运行：使用计算控制 PLC 处于运行状态。

（2）停止：使用计算控制 PLC 处于停止状态。

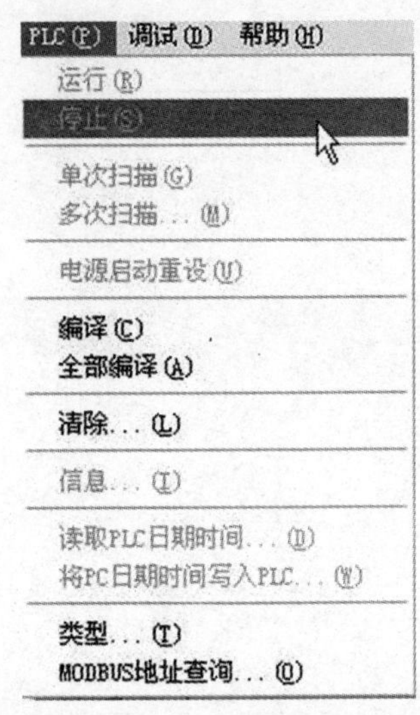

图 6-76　PLC 菜单

(3) 单次扫描：单次扫描命令用于在在线模式下对 PLC 发出扫描运行指令，使处于停止状态的 PLC 进行一次扫描运行。

(4) 多次扫描：多次扫描命令用于在在线模式下对 PLC 发出扫描运行命令，使处于停止状态的 PLC 进行若干次扫描运行。扫描的次数由用户在对话框中确定。

(5) 清除：清除命令用于清除 PLC 中的程序。由于清除指令发送到 PLC 前不需要登陆 PLC，故清除指令能够清除有密码保护的程序，包括密码本身。

(6) 信息：信息命令用于在在线模式下获取 PLC 的固件信息。

(7) 读取 PLC 日期时间：在连线状态下，读取 PLC 日期时间。读取的时间用对话框显示出来。

(8) 将 PC 日期时间写入 PLC：在连线状态下，将 PC 日期时间写入 PLC。写入的时间用对话框显示出来。

(9) 类型：类型命令改变工程的 PLC 类型。当 PLC 类型被改变后，系统会根据新的 PLC 类型来新建工程。

(10) MODBUS 地址查询：弹出对话框，输入 PLC 变量，给出当前 PLC 类型下 PLC 变量对应的 MODBUS 变量地址。

6. 调试菜单

调试菜单（见图 6-77）下的命令：

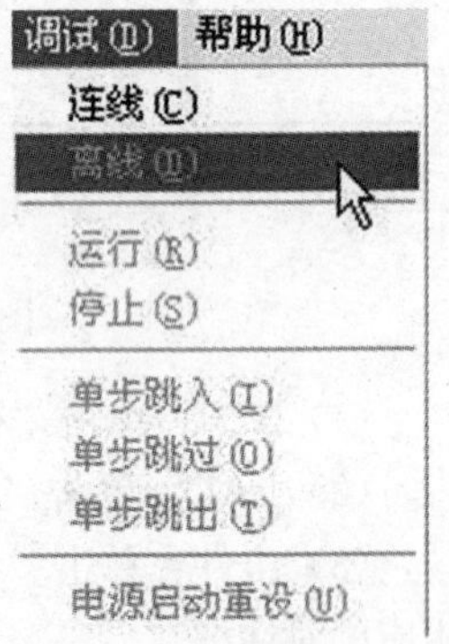

图 6-77　调试菜单

(1) 连线：连线命令将登入 PLC。若连接 PLC 成功，软件进入在线状态。

(2) 离线：离线命令将登出 PLC。若登出 PLC 成功，软件进入离线状态。

(3) 运行：运行命令用于在在线模式下对 PLC 发出运行指令，使 PLC 进入调试运行状态。

(4) 停止：停止命令用于在在线模式下对 PLC 发出停止指令，使 PLC 进入调试停止状态。

(5) 单步跳入：单步跳入命令使停止状态的 PLC 运行一条指令，若下一条指令是函数调用指令，则进入该函数后停止。

(6) 单步跳过：单步跳过命令使停止状态的 PLC 运行一条指令，若下一条指令是函数调用指令，则执行该函数后停止。

(7) 单步跳出：单步跳出命令使停止状态的 PLC 运行，直到停止位置的函数被返回。

7. 帮助菜单

帮助菜单（见图 6-78）下的命令：

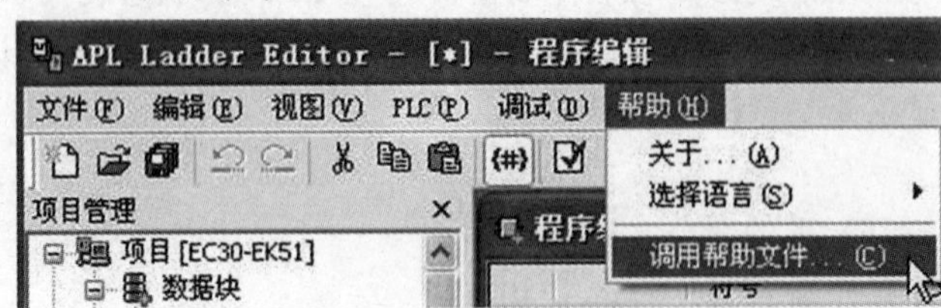

图 6-78　帮助菜单

(1) 关于：弹出软件说明对话框。

(2) 选择语言——英语（美国）：切换语言到英文模式，切换语言需要重新启动软件。

(3) 选择语言——中文（中国）：切换语言到中文模式，切换语言需要重新启动软件。

(4) 调用帮助文件：调用帮助文件，帮助文件为 Html Help 格式。

三、单片机可编程控制器的配置

1. 复制文件夹“EC30-EK51”到桌面

(1) 在已安装的“ALP Ladder Editor 1.1”文件中找到“ALPlad”文件夹。

(2) 打开“ALPlad”文件夹，将“EC30-EK51”文件复制到桌面。

2. 将文件夹更名为“EK-16”

3. 更改 PLC 类型文件

(1) 启动记事本软件。

(2) 如图 6-79 所示，在打开文件对话框，选择文件类型为“所有文件”，并选择“PlcType. xml”文件。

图 6-79 打开“PlcType. xml”文件

(3) 单击“打开”按钮，打开“PlcType. xml”文件。

文件内容如下：

```
<? xml version = " 1.0" encoding = " utf-16"? >
<PlcType
  Name = " EC30-EK51"
  Information = " EC30-EK51"
  FxMode = " 0"
```

```
>
<Describe ImgFile = " Describe. bmp" >
   <Item Key = "${Core}${核心}"
         Value = " 8051 Core Architecture" />
   <Item Key = "${Core frequency}${核心频率}"
         Value = " 11. 0592MHz" />
   <Item Key = "${SRAM}${SRAM}"
         Value = " 1. 25K (1024 + 256)" />
   <Item Key = "${FLASH}${FLASH}"
         Value = " 60K" />
   <Item Key = "${PLC Name}${PLC 名称}"
         Value = " EC30-EK51" />
   <Item Key = "${PLC Information}${PLC 信息}"
         Value = " EC30-EK51" />
   <Item Key = "${Compiler}${编译器}"
         Value = " IAR 8051 Assembler V7. 40A/W32" />
</Describe>
<SymbolVar
      SizeItemInt = " 32"
      SizeItemInitInt = " 4"
      SizeItemSbr = " 32"
      SizeItemInitSbr = " 1"
      SizePageUser = " 32"
      SizePageInitUser = " 2"
      SizeItemUser = " 1024"
      SizeItemInitUser = " 4" />
<DataBlock
      SizePage = " 16"
      SizePageInit = " 2"
      SizeItem = " 16"
      SizeItemInit = " 4" />
<SystemBlock
      FileName = " SystemBlockDll. dll"
      SizePage = " 19"
      SizeBinary = " 768" />
<ProgramBlock
      SizePageInt = " 8"
      SizePageInitInt = " 1"
      SizeItemInt = " 16#FFFF"
      SizeItemInitInt = " 8"
      SizePageSbr = " 8"
      SizePageInitSbr = " 1"
      SizeItemSbr = " 16#FFFF"
      SizeItemInitSbr = " 8"
```

```
        SizeBinaryConst = " 256"
        SizeBinaryInstruction = " 15360" />
<StatusChart
        SizePage = " 16"
        SizePageInit = " 2"
        SizeItemRow = " 16"
        SizeItemColumn = " 2" />
<Communication
        FileName = " CommunicationDll.dll"
        ExchSelf = " 0"
        ExchPackSize = " 64"
ExchSupport = "FF00 | 0100 | FFF0 | 0A00 | FFF0 | 0A10 | FFF0 | 0A20 | FFF0 | 0A40 | FF00 | 0B00"/>
</PlcType>
```


(4)将文件的字符串“EC30-EK51”替换为“EK-16”。

(5)保存文件。

(6)关闭记事本软件。

4. 将“EK-16”文件复制到“GuttaPlad”文件夹

5. 启动“ALP Ladder Editor 1.1”软件

6. 配置 PLC 类型

(1)双击项目管理区的“项目”选项，弹出“PLC 类型”对话框。

(2)如图 6-80 所示，选择“EK-16”类型，单击“确认”按钮，返回 ALP 软件编辑界面。

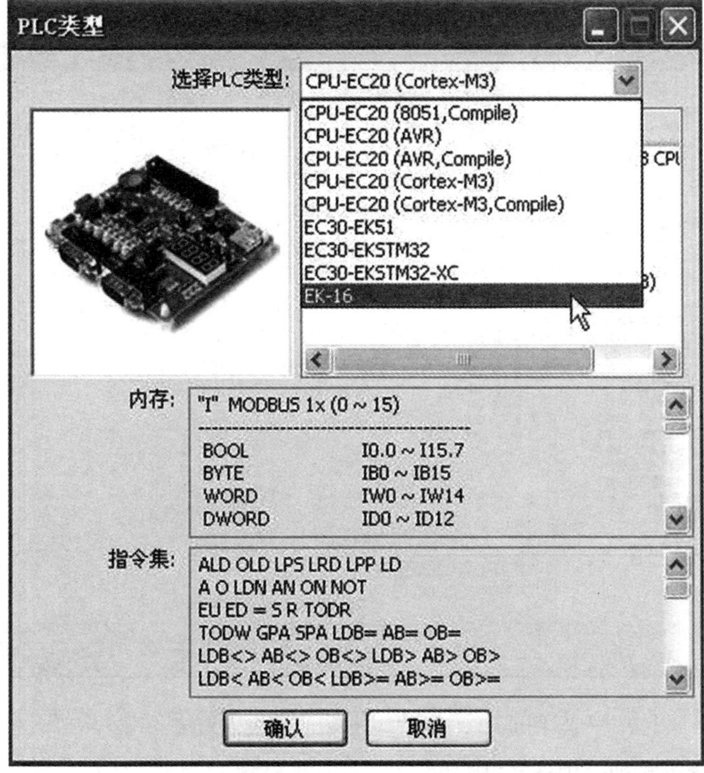

图 6-80 选择“EK-16”类型

7. 配置单片机的输入端

(1)双击项目管理区的项目下的“系统块”选项，弹出如图 6-81 所示的系统块配置对话框。

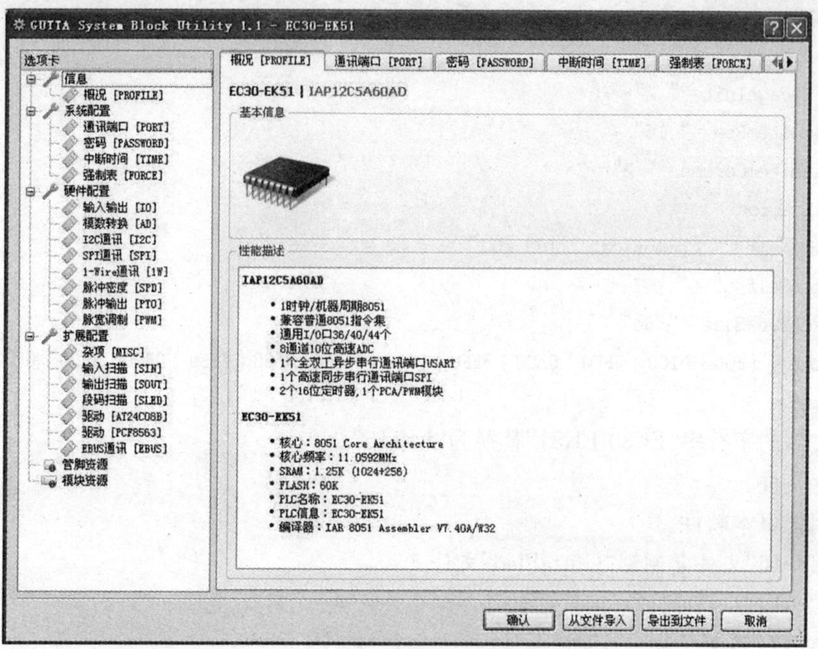

图 6-81　弹出对话框

(2)在对话框中选择硬件配置选项卡中的输入输出，如图 6-82 所示，在地址栏选择“IB0”下的“I0.0”。

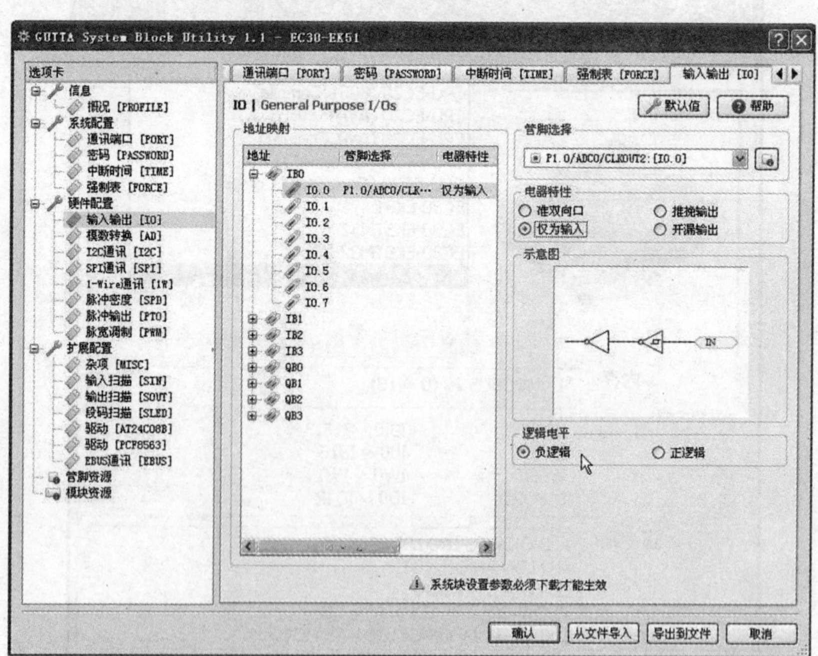

图 6-82　选择“输入输出”配置输入端

(3)在管脚选择下拉列表中选择“P1.0”。

(4)在电器特性选择中选择“仅为输入”。

(5)在逻辑电平选项区选择“负逻辑”。

(6)按 I0.0 的配置，依次将 P1.1～P1.7 配置给 I0.1～I0.7。

(7)按“确认”按钮，完成单片机的输入端的配置。

8. 配置单片机输出端

(1)双击项目管理区的项目下的“系统块”选项，弹出系统块配置对话框。

(2)在对话框中选择硬件配置选项卡中的输入输出，如图 6-83 所示，在地址栏选择“QB0”下的“Q0.0”。

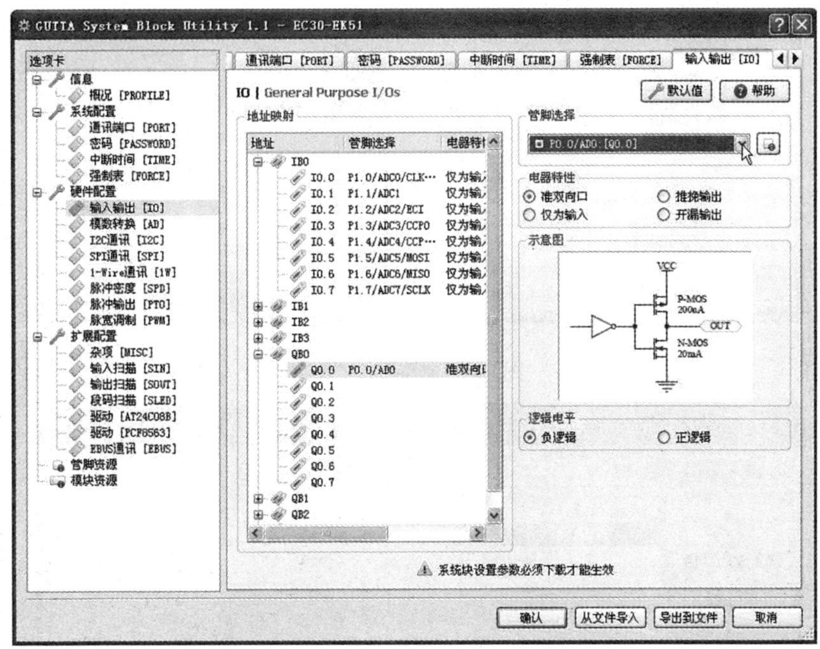

图 6-83 选择“输入输出”配置输出端

(3)在管脚选择下拉列表中选择“P0.0”。

(4)在电器特性选择中选择“准双向口”。

(5)在逻辑电平选项区选择“负逻辑”。

(6)按 Q0.0 的配置，依次将 P0.1～P0.7 配置给 Q0.1～Q0.7。

(7)按“确认”按钮，完成单片机的输出端的配置。

9. 导出配置文件

(1)如图 6-84 所示，单击配置对话框下部的“导出到文件”按钮。

(2)弹出如图 6-85 所示的导出文件对话框，选择保存文件的路径和文件夹为“EK-16”，设置文件名为“SystemBlockUtility.vcb”。

(3)单击“保存”按钮，保存 PLC 系统块配置文件。

(4)关闭、退出 ALP Ladder Editor 软件。

(5)重新启动进入 ALP Ladder Editor 软件。

(6)新建一个项目文件。

(7)双击项目管理的系统块，弹出系统配置对话框。

(8)查看系统块的输入端口配置，I0.0～I0.7 的配置为 P1.0～P1.7。

(9)查看系统块输出端口的配置，Q0.0～Q0.7 的配置为 P0.0～P0.7。

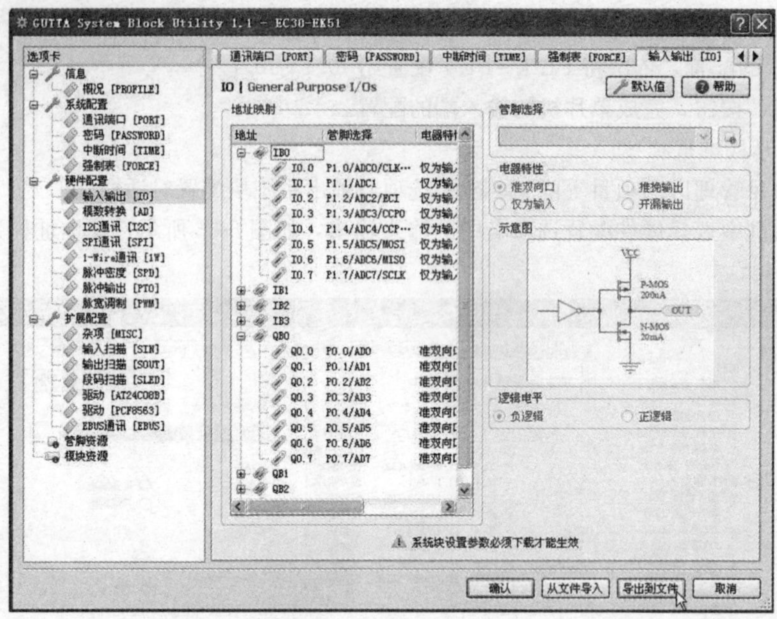

图 6-84　导出到文件

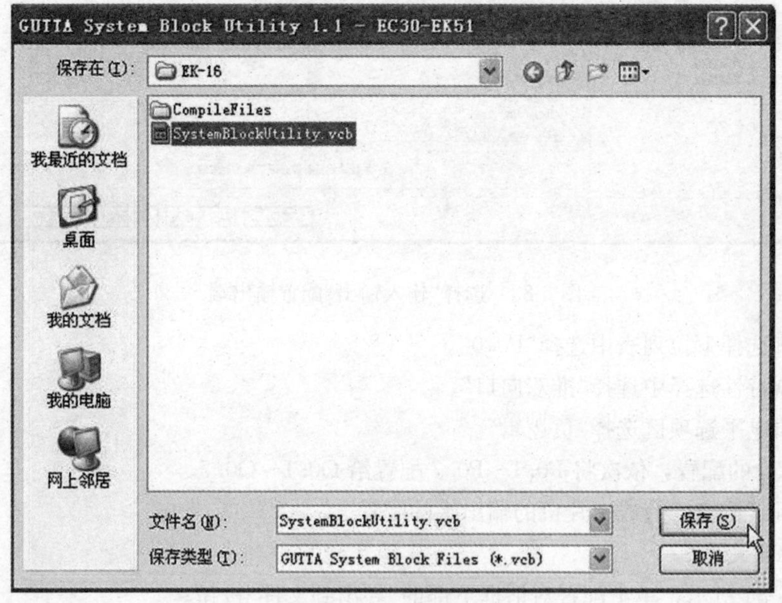

图 6-85　设置文件名

(10)通过文件“SystemBlockUtility.vcb”保存 PLC 系统块的配置，当用户再使用这一种 PLC 时，不需要每次重新配置 PLC 系统块。

技能训练

一、训练目标

(1)学会使用单片机可编程控制器配置软件。

(2)学会配置单片机可编程控制器。

二、训练步骤与内容

1. 复制文件夹“EC30-EK51”到桌面

(1)在已安装的“ALP Ladder Editor 1.1”文件中找到“GuttaPlad”文件夹。

(2)打开“ALPlad”文件夹，将“EC30-EK51”文件复制到桌面。

2. 将文件夹更名为“EK-16”

3. 更改 PLC 类型文件

(1)启动记事本软件。

(2)用记事本打开“PlcType”PLC 类型文件，修改内容如下：

第 1 段中的 PLC 类型名称 Name 修改为“EK-16”，信息 Information 修改为“EK-16”。修改后的第一段文本为：

```
<PlcType
Name = " EK-16"
Information = " EK-16"
FxMode = "0"
>
```

第 2 段中项目关键字中的 PLC 名称的值修改为“EK-16”，PLC 信息的值修改为“EK-16”。项目关键字修改后的相应文本为：

```
<Item Key = "$ {PLC Name$ {PLC 名称}"
Value = " EK-16" />
<Item Key = "$ {PLC Information$ {PLC 信息}"
Value = " EK-16" />
```

(3)保存文件。

(4)关闭记事本软件。

4. 将“EK-16”文件复制到“ALPlad”文件夹

5. 启动 ALP Ladder Editor 软件

6. 新建一个项目工程

7. 选择 PLC 类型

双击项目管理的项目，弹出 PLC 类型选择对话框，选择 PLC 类型为“EK-16”。单击“确认”按钮，返回 ALP Ladder Editor 开发软件。

8. 配置串行通信端口

(1)在 ALP System Utility 中，双击项目管理的系统块，弹出系统配置对话框。

(2)单击选择通信端口页，显示通信端口 PORT 模块的配置对话框。

(3)修改端口 1 的通信波特率为 19 200 bit/s。

9. 配置输入端口

(1)在 ALP System Utility 中，双击项目管理的系统块，弹出系统配置对话框。

(2)在对话框中选择硬件配置选项卡中的输入输出。

(3)在地址映射栏，单击 IB0 左边的“+”号，展开 IB0。

(4)选择 I0.0，管脚选择 P1.0，电气特性选择“仅为输入”，逻辑电平选择“负逻辑”。

(5)选择 I0.1，管脚选择 P1.1，电气特性选择“仅为输入”，逻辑电平选择“负逻辑”。

(6)选择 I0.2，管脚选择 P1.2，电气特性选择“仅为输入”，逻辑电平选择“负逻辑”.

(7)选择 I0.3，管脚选择 P1.3，电气特性选择“仅为输入”，逻辑电平选择“负逻辑”。

(8)选择 I0.4，管脚选择 P1.4，电气特性选择“仅为输入”，逻辑电平选择“负逻辑”。

(9)选择 I0.5，管脚选择 P1.5，电气特性选择“仅为输入”，逻辑电平选择“负逻辑”。

(10)选择 I0.6，管脚选择 P1.6，电气特性选择“仅为输入”，逻辑电平选择“负逻辑”。

(11)选择 I0.7，管脚选择 P1.7，电气特性选择“仅为输入”，逻辑电平选择“负逻辑”。

(12)单击“确认”按钮，完成输入端的配置。

10. 配置输出端口

(1)在 ALP System Utility 中，双击项目管理的系统块，弹出系统配置对话框。

(2)在对话框中选择硬件配置选项卡中的输入输出。

(3)在地址映射栏，单击 QB0 左边的“＋”号，展开 QB0。

(4)选择 Q0.0，管脚选择 P0.0，电气特性选择“准双向口”，逻辑电平选择“负逻辑”。

(5)选择 Q0.1，管脚选择 P0.1，电气特性选择“准双向口”，逻辑电平选择“负逻辑”。

(6)选择 Q0.2，管脚选择 P0.2，电气特性选择“准双向口”，逻辑电平选择“负逻辑”.

(7)选择 Q0.3，管脚选择 P0.3，电气特性选择“准双向口”，逻辑电平选择“负逻辑”。

(8)选择 Q0.4，管脚选择 P0.4，电气特性选择“准双向口”，逻辑电平选择“负逻辑”。

(9)选择 Q0.5，管脚选择 P0.5，电气特性选择“准双向口”，逻辑电平选择“负逻辑”。

(10)选择 Q0.6，管脚选择 P0.6，电气特性选择“准双向口”，逻辑电平选择“负逻辑”。

(11)选择 Q0.7，管脚选择 P0.7，电气特性选择“准双向口”，逻辑电平选择“负逻辑”。

(12)单击“确认”按钮，完成输出端的配置。

11. 导出 PLC 系统块配置文件

(1)单击配置对话框下部的“导出到文件”按钮。

(2)弹出导出文件对话框，选择保存文件的路径和文件夹为“EK-16”，设置文件名为“SystemBlockUtility. vcb”。

(3)单击“保存”按钮，保存 PLC 系统块配置文件。

(4)关闭、退出 ALP Ladder Editor 软件。

(5)重新启动进入 ALP Ladder Editor 软件。

(6)新建一个项目文件。

(7)双击项目管理的系统块，弹出系统配置对话框。

(8)查看系统块的输入端口配置，I0.0～I0.7 的配置为 P1.0～P1.7。

(9)查看系统块输出端口的配置，Q0.0～Q0.7 的配置为 P2.0～P2.7。

(10)通过文件“SystemBlockUtility. vcb”保存 PLC 系统块的配置，当用户再使用这一种 PLC 时，不需要每次重新配置 PLC 系统块。

12. 隐藏 PLC 系统块的配置信息

(1)用记事本打开 SystemBlockUtility. vcb 文件。

(2)可以看到许多以“1:”开始的配置段，将每段的“1”都修改为“0”。

(3)保存这个文件，并重新运行 ALP Ladder Editor 软件。

(4)新建一个 EK-16 工程，打开项目的系统块，系统配置对话框除了概况页，其余的配置页全部被隐藏了。

13. 显示开发者的信息

(1)用记事本创建一个 XML 文本文件 SystemBlockUtility. LabelLink. xml，并让这个文件和 SystemBlockDll. dll 位于同一文件夹中(即 EK-16 文件夹)。

(2)在这个 XML 文件中编辑如下信息：

```
<b>康灿科技</b>
<hr/>
<ul>
<li>地址：深圳市福田区福强路 XX 号 xx 室</li>
<li>电话：0755-32345678</li>
<li>传真：0755-32345676</li>
<li>邮编：518000 </li>
<li>信箱：szxiao586@163.com </li>
</ul>
```

地址、电话、传真、邮政编码、信箱等信息按开发者的实际情况编辑。

(3)保存这个文件并重新运行 ALP Ladder Editor 软件。

(4)新建一个 EK-16 工程，打开项目的系统块，可以看到 PLC 系统配置对话框显示的开发者的信息。

项目七　电路仿真分析

学习目标

(1) 认识仿真电子元件。

(2) 了解激励源及属性设置。

(3) 学会延时开关电路仿真。

任务16　电子元件仿真

基础知识

一、仿真流程

Protel 99SE 中的模拟器可以对单个或多个原理图直接进行数字或模拟仿真，能够进行模拟数字混合仿真，采用事件驱动的数字器件行为模型，可以进行数字和模拟器件的仿真。

1. Protel 99SE 的仿真流程

(1) 设计仿真用原理图。

(2) 设置仿真环境。

(3) 仿真原理图。

(4) 分析仿真结果。

(5) 仿真结束。

2. 仿真操作

(1) 创建一个项目。

(2) 新建一个原理图文件。

(3) 单击工程管理器的“Browse Sch”标签，单击元件管理器的“Add/Remove”按钮，选择添加“Sim. ddb”仿真数据库，在原理图编辑器中加入仿真组件。

(4) 在原理图放置仿真元件，设置组件的仿真参数。

(5) 绘制仿真电路图。

(6) 在原理图中放置电源和激励源。

(7) 设置仿真节点和电路的初始状态。

(8) 对电路进行 ERC 检查，修正错误。

(9) 设置仿真分析参数。

(10) 单击“Simulate 仿真”菜单下的“Run 运行”命令，运行仿真器，得到仿真结果。

(11) 分析仿真结果，结束仿真。

二、仿真元件

在 Simulate Symbols. lib 仿真库中包含电阻、电容、电感、二极管、三极管、结型场效应晶体管、MOS 场效应晶体管、保险丝、晶振、继电器、互感器、传输线等。

在 Simulate Symbols. lib 仿真库还有 TTL 和数字集成电路元件，包括电压/电流控制开关等。

在 Protel99 中，每一仿真元件的特性由元件电气图形符号库和元件模型参数数据库描述。仿真测试原理图内元件电气图形符号存放在 Design Explorer 99 \ Library \ SCH \ Sim. ddb 仿真分析用元件电气图形符号库文件包内，共收录了 5800 多个元器件，分类存放在如下元件电气图形符号库（. lib）文件中：

74XX. lib：74 系列 TTL 数字集成电路。

7SEGDISP. lib：7 段数码显示器。

BJT. lib：工业标准双极型晶体管。

BUFFER. lib：缓冲器。

CAMP. lib：工业标准电流反馈高速运算放大器。

CMOS. lib：CMOS 数字集成电路元器件。

Comparator. lib：比较器。

Crystal. lib：晶体振荡器。

Diode. lib：工业标准二极管。

IGBT. lib：工业标准绝缘栅双极型晶体管。

JFET. lib：工业标准结型场效应晶体管。

MATH. lib：二端口数学转换函数。

MESFET. lib：MES 场效应晶体管。

Misc. lib：杂合元件。

MOSFET. lib：工业标准 MOS 场效应晶体管。

OpAmp. lib：工业标准通用运算放大器。

OPTO. lib：光电耦合器件（实际上该库文件仅含有 4N25 和通用的光电耦合器件 OPTOISO 两个元件）。

Regulator. lib：电压变换器，如三端稳压器等。

Relay. lib：继电器类。

SCR. lib：工业标准晶闸管。

Simulation Symbols. lib：仿真测试用符号元件库。

Switch. lib：开关元件。

Timer. lib：555 及 556 定时器。

Transformer. lib：变压器。

TransLine. lib：传输线。

TRIAC. lib：工业标准双向晶闸管。

TUBE. lib：电子管。

UJT. lib：工业标准单结管。

在 Simulate Symbols. lib 仿真库中电阻的类型包含 RES 固定电阻、RESSEMI 半导体电阻、RPOT 电位器、RVAR 可变电阻。

在库 Simulation Symbols. Lib 中电容的类型包含 CAP 定值无极性电容、CAPZ 定值有极性电容、CAPSEMI 半导体电容。

在库 Simulation Symbols. Lib 中，只包含了一种 INDUCTOR 电感。

在库 Diode. lib 中，包含了数目巨大的以工业标准部件数命名的二极管。包括普通二极管 1N98、稳压二极管 1N746、双二极管 25CTQ040、桥堆二极管 1KAB5 等。

在库 Bjt. lib 中，包含了数目巨大的以工业标准部件数命名的三极管。主要包括 NPN、PNP 两大类。

在 Jfet. lib 库文件中包含许多结型场效应晶体管。主要包括 N 沟道、P 沟道两类结型场效应晶体管。

在库 MOSfet. lib 中，包含了数目巨大的以工业标准部件数命名的 MOS 场效应晶体管。MOS 场效应晶体管是现代集成电路中最常用的器件。SIM99 提供了四种 MOSFET 模型，它们的伏安特性公式各不相同，但它们基于相同的物理模型。

在 Relay. lib 库文件中包括了各种继电器，主要以电压等级分类，分为 5VSPDT、12VSPDT、24VSPDT 等。

在 Transformer. lib 库包括了大量的电感耦合器。

在 74XX. lib 库包含了 74XX 系列的 TTL 数字逻辑元件；库 Cmos. lib 包含了 4000 系列的 CMOS 数字逻辑元件。

在放置元件过程中，按下“Tab”键调出元件属性窗口，设置元件有关参数时，必须注意：一般仅需要指定必须参数，如序号、型号、大小，而对于可选参数，一般用“*”代替（即采用缺省值），除非绝对必要，否则不宜改变。

三、仿真激励源及属性设置

在电路仿真过程中需要各种各样的激励源，这些激励源也取自 sim. ddb 数据库文件包内的 Simulation Symbols. lib 元件库文件中，包括直流电压激励源 VSRC（voltage source）与直流电流激励源 ISRC（current source）、正弦波电压激励源 VSIN（voltage source）与正弦波电流激励源 ISIN（current source）、周期性脉冲信号激励源 VPULSE（voltage source）与 IPULSE（current source）、分段线性激励源 VPWL（voltage source）与 IPWL（current source）等。常用的直流电压激励源 VSRC、正弦电压激励源 VSIN、脉冲电压激励源 VPLUS，可通过单击“Simulate 仿真”菜单下的“Source 激励源”下的相关命令，选择相应激励源后，将其拖到原理图编辑区内。

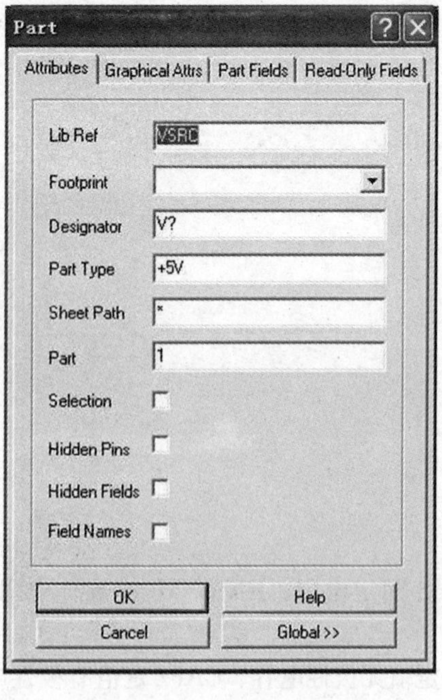

图 7-1　直流信号激励源

1. 直流电压激励源 VSRC 与直流电流激励源 ISRC

这两种激励源作为仿真电路工作电源，在属性窗口内，只需指定序号（Designator，如 VDD、VSS 等）及大小（Part Type，如 5、12 等）。直流电源属性设置如图 7-1 所示。

2. 正弦波信号激励源(Sinusoid Waveform)

正弦波激励源在电路仿真分析中常作为瞬态分析、交流小分析的信号源，其参数设置对话框如图 7-2 所示。

3. 脉冲激励源（Pulse）

脉冲激励源在瞬态分析中用得比较多，双击脉冲激励源符号，将弹出如图 7-3 所示的属性设置对话框。

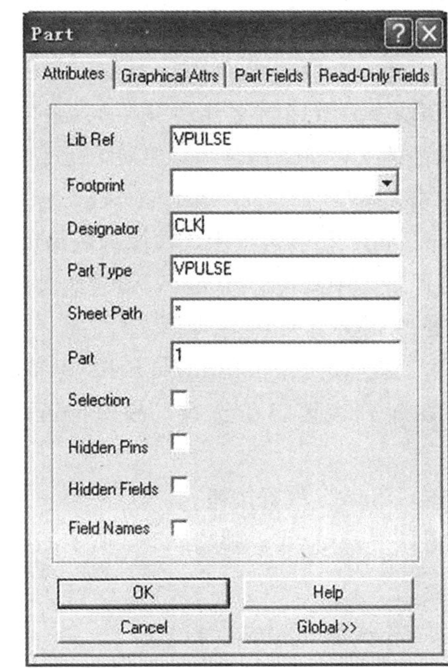

图 7-2 交流信号激励源　　　　图 7-3 脉冲激励源

4. *分段线性激励源* VPWL *与* IPWL（Piece Wise Linear）

分段线性激励源的波形由几条直线段组成，是非周期信号激励源。为了描述这种激励源的波形特征，需给出线段各转折点时间—电压（或电流）坐标（对于 VPWL 信号源来说，转折点坐标由“时间/电压”构成；对于 IPWL 信号源来说，转折点坐标由“时间/电流”构成）。

5. *调频波激励源*——VSFFM（*电压调频波*）*和* ISFFM（*电流调频波*）

调频波激励源也是高频电路仿真分析中常用到的激励源，调频波激励源位于 Sim. ddb 数据库文件包内的 Simulation Symbols. lib 元件库文件中，放置调频波信号源的操作方法与放置电阻、电容等的方法相同。

此外，Simulation Symbols. lib 元件库内尚有其他激励源，如受控激励源、指数函数、频率控制的电压源等，根据需要可从该元件库文件中获取。如果实在无法确定某一激励源或元件参数如何设置时，除了从“帮助”菜单中获得有关信息外，还可以从 Protel99 的仿真实例中受到启发。在 Design Explorer 99 \ Examples \ Circuit Simulation 文件夹内含有数十个典型仿真实例，打开这些实例，即可了解元件、仿真激励源参数设置方法。

技能训练

一、训练目标

（1）学会绘制元件仿真电路。

（2）学会进行元件电路仿真。

二、训练内容和步骤

（1）创建一个项目。

1）启动 Protel 99SE 软件。

2）新建一个项目文件 Simulate1. ddb。

（2）新建一个原理图文件。

1）单击执行“File 文件”菜单下的“New 新建”命令，弹出新建文件对话框，选择原理图文件类型，创建一个原理图的文件“Sheet1. sch”。

2）选择新建的原理图文件“Sheet1. sch”，执行“Edit 编辑”菜单下的“Rename 重命名”命令，将选中的文件重新命名为“SIMR1. sch”。

（3）单击工程管理器的“Browse Sch”标签，单击元件管理器的“Add/Remove”按钮，选择添加“Sim. ddb”仿真数据库，在原理图编辑器中加入仿真组件。

（4）在原理图中放置仿真元件，设置组件的仿真参数。

1）打开“SIMR1. sch”原理图文件。

2）单击工程管理器的“Browse Sch”标签，在 Browse 下拉列表中选择“Library”库，如图 7-4 所示，在库列表窗口中选择“Simulation Symbols. lib”仿真符号库，在元件列表中选择“RES”。

3）单击“Place”放置按钮。

4）按键盘“Tab”键，弹出图 7-5 所示的电阻属性对话框，设置电阻序号为“R1”。

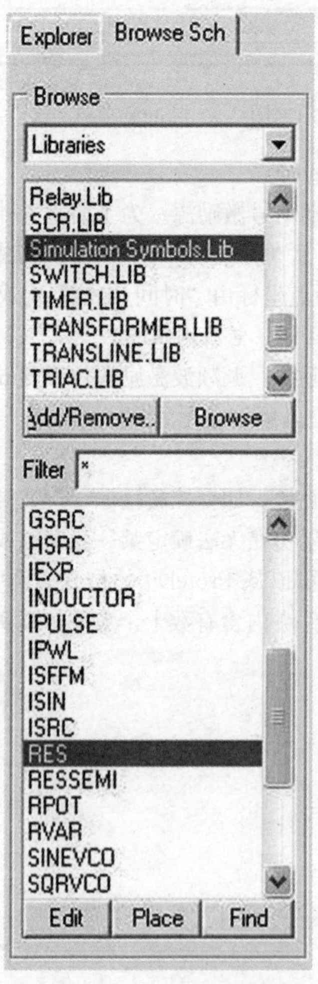

图 7-4　选择“RES”电阻

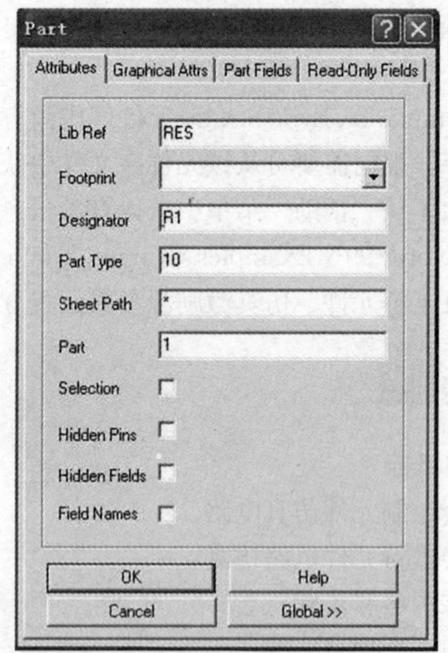

图 7-5　设置电阻参数

5）(Part Type) 元件参数为“10”，即设置电阻值为10Ω。

6）移动光标选择好位置后，单击鼠标放置一个电阻元件。

7）如图 7-6 所示，单击“Simulate 仿真”菜单下的“Source 激励源”下的“+12Volts DC”命令。

8）移动光标，选择在电阻的左边的合适位置，单击放置一个直流激励源。

9）放置一个接地符号，没有地是无法正常仿真的。

(5) 连接元件，绘制仿真电路图（见图 7-7)，设置仿真节点。

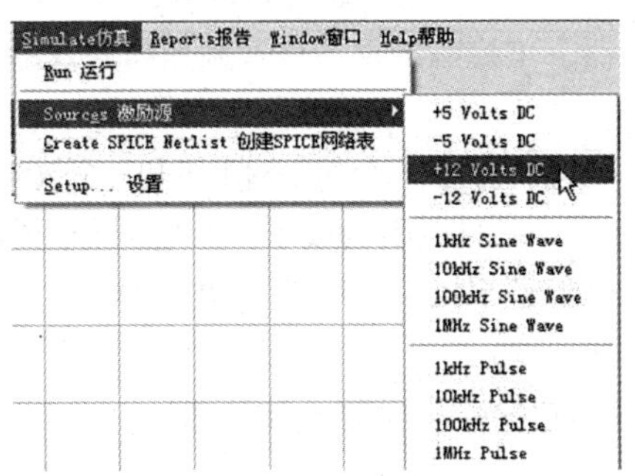

图 7-6 放置仿真激励源

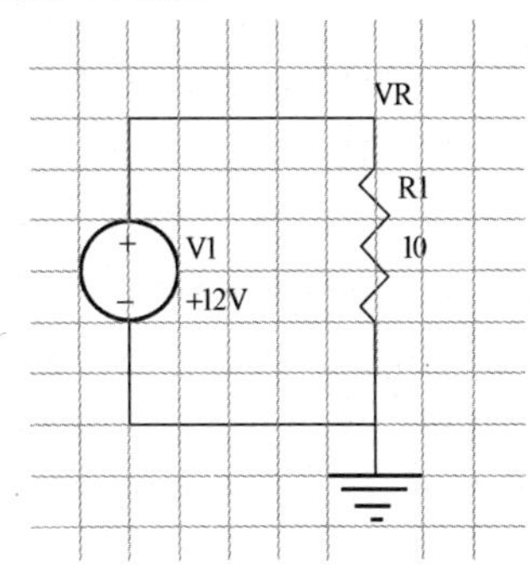

图 7-7 绘制仿真电路图

(6) 对电路进行 ERC 检查，修正错误

1）单击“Tool 工具”菜单下的“ERC 电气规则检查”命令。

2）设置检查项目。

3）单击“OK”按钮，完成 ERC 检查。

(7) 设置仿真分析参数

1）单击执行“Simulate 仿真”菜单下的“Setup 设置”下的命令，弹出属性设置对话框。

2）在一般属性设置中，选择观察节点为“VR”，右下角的“SimView setup”仿真观察点设置中，选择“Show active signal”，观察活动点。

3）单击“Transient”（瞬态）设置标签，取消“Always set defaults”（总取默认值）复选框，选择“Transient Analysis”（瞬态分析）复选框，设置仿真开始为 0、结束时间为 5ms，步进时间为 100 μs，最大步进时间为 100 μs。

(8) 单击“Simulate 仿真”菜单下的“Run 运行”命令，运行仿真器，得到仿真结果（见图7-8）。

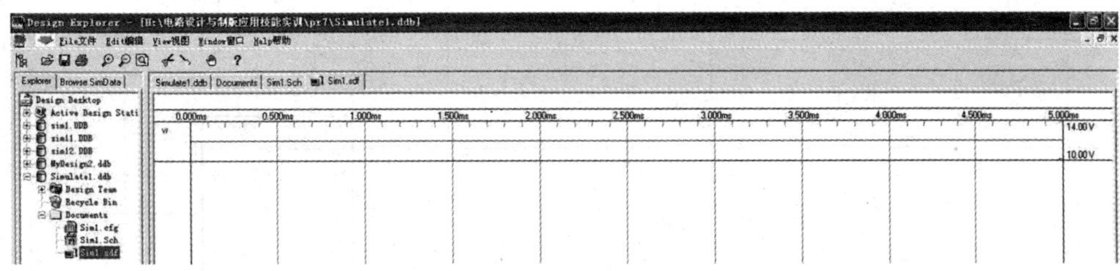

图 7-8 仿真结果

(9) 更改电阻参数，再次单击“Simulate 仿真”菜单下的“Run 运行”命令，运行仿真器，得到新的仿真结果。

(10) 分析仿真结果，结束仿真。

任务 17　定时振荡电路的仿真

一、定时振荡电路

555 定时器是一种中规模的集成定时器，应用非常广泛。通常只需外接几个阻容元件，就可以构成各种不同用途的脉冲电路，如多谐振荡器、单稳态触发器以及施密特触发器等。

NE555 内部电路如图 7-9 所示。

电路由一个分压器，两个电压比较器，一个 R-S 触发器，一个功率输出级和一个放电晶体管组成。

R1、R2、R3 是三只精密度高的 5 kΩ 的电阻，三只电阻构成了一个电阻分压器，为比较器 1 和比较器 2 提供基准电压，因为分压器的三个电阻是 5 kΩ，“555”由此而得名。

引脚 1 接地 GND，通常被连接到电路公共接地端。

引脚 2 为触发输入端，触发 NE555 使其启动它的时间周期。触发信号上缘电压须大于(2/3) VCC，下缘须低于 (1/3) VCC。

引脚 3 为输出端，当定时周期开始时，555 的输出比电源电压少 1.7V 的高电位。周期结束输出回到 0V 的低电位。高电位时的最大输出电流大约 200 mA。

引脚 4 为复位端，外接一个低逻辑电平信号送至这个引脚时，会重置定时器，使输出回到低电平，它通常被接到正电源或忽略不用。

引脚 5 为控制电压端，这个接脚准许由外部电压改变触发电压大小。当定时器处于稳定或振荡的运作方式下，这个输入能用来改变或调整输出频率。

引脚 6 为阈值电压端，当这个接脚的电压从 (1/3) VCC 电压以下变化至 (2/3) VCC 以上时，启动锁定并使输出呈低态。

引脚 7 为放电端，这个接脚和主要的输出接脚有相同的电流输出能力，当输出为 ON 时，它为低电平，对地为低阻抗，当输出为 OFF 时，它为高电平，对地为高阻抗。

引脚 8 为电源端 VCC，定时器的正电源电压端。供应电压的范围是＋4.5V（最小值）至＋16V（最大值）。

由 555 定时器构成的多谐振荡器如图 7-10 所示。

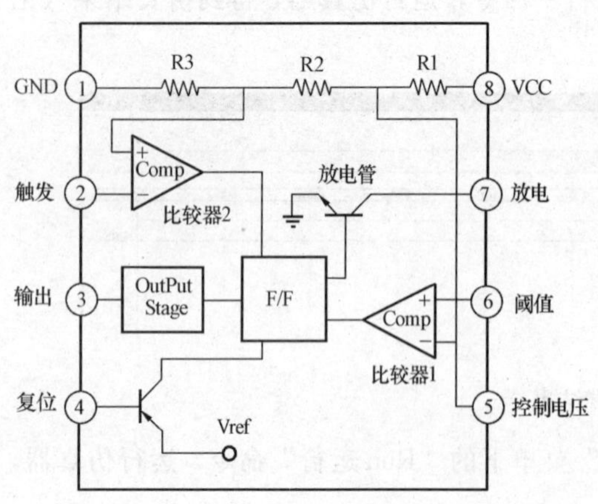

图 7-9　NE555 内部电路

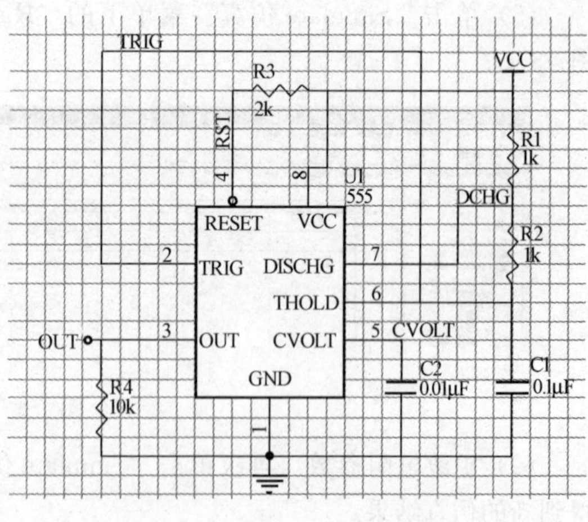

图 7-10　NE555 多谐振荡器

接通电源后，电源 VDD 通过 R1 和 R2 对电容 C1 充电，当 Uc<(1/3)VCC 时，振荡器输出 Vo 为 1，放电管截止。当 Uc 充电到大于等于(2/3)VCC 后，振荡器输出 Vo 翻转成 0，此时放电管导通，使放电端(DIS)接地，电容 C 通过 R2 对地放电，使 Uc 下降。当 Uc 下降到小于(1/3)VCC 后，振荡器输出 Vo 又翻转成 1，此时放电管又截止，使放电端(DIS)不接地，电源 VDD 通过 R1 和 R2 又对电容 C1 充电，又使 Uc 从(1/3)VCC 上升到(2/3)VCC，触发器又发生翻转，如此周而复始，从而在输出端 Vo 得到连续变化的振荡脉冲波形。$T_H=0.7(R_1+R_2)C_1$，由电容 C1 充电时间决定，脉冲宽度 $T_L\approx 0.7R_2C_1$，由电容 C1 放电时间决定，脉冲周期 $T\approx T_H+T_L$。

二、编辑原理图

利用原理图编辑器编辑仿真测试原理图，在编辑原理图过程中，除了导线、电源符号、接地符号外，原理图中所有元件的电气图形符号均要取自电路仿真测试专用电气图形符号数据库文件包 Sim. ddb 内相应元件电气图形符号库文件（. lib），否则仿真时将因找不到元件参数而给出错误提示并终止仿真过程。

（1）创建一个项目文件，MyDesign2. ddB。

（2）新建一个原理图文件 NE1. sch。

（3）单击工程管理器的“Browse Sch”标签，单击元件管理器的“Add/Remove”按钮，选择添加“Sim. ddb”仿真数据库，在原理图编辑器中加入仿真组件。

（4）打开原理图文件 NE1. sch。

（5）放置元件 NE555、R1、R2、R3、R4、C1、C2。

（6）放置电源端 VCC、接地端 GND。

（7）参考图 7-10 连接电路。

（8）添加网络标签 TRIG、OUT。

（9）保存文件。

三、放置仿真激励源（包括直流电压源）

在仿真测试电路中，必须包含至少一个仿真激励源。仿真激励源被视为一个特殊的元件，放置、属性设置、位置编辑等操作方法与一般元件（如电阻、电容等）完全相同。仿真激励源电气图形符号位于仿真测试专用元件电气图形文件包 Sim. ddb 内的 Simulation Symbols. lib 元件图形库文件中。

（1）单击“Simulate 仿真”菜单下的“Source 激励源”下的“+12Volts DC”命令。

（2）移动光标、选择在电阻的左边的合适位置，单击放置一个直流激励源。

（3）放置电源端 VCC 与直流激励源正端连接，放置接地端 GND 与直流激励源负端连接。

（4）单击“Simulate 仿真”菜单下的“Source 激励源”下的“1kHz Pulse”脉冲激励命令。

（5）按键盘“Tab”键，弹出图 7-11 所示的激励源元件属性对话框。

（6）在元件属性中，设置元件序号 Designator 为“IC1”，参数 Part Type 为“0”，元件库参考为“. IC”，其他保持默认。

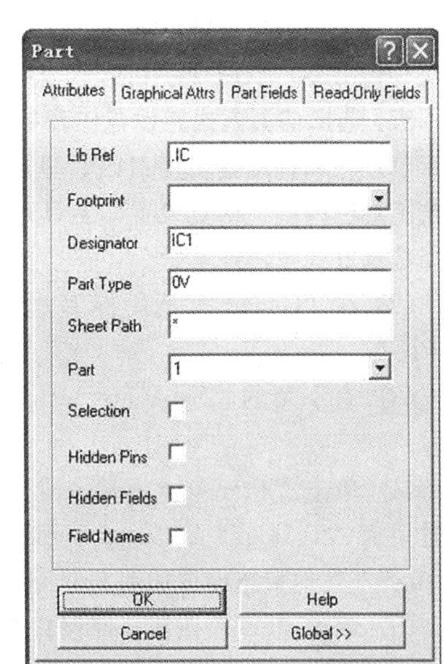

图 7-11 激励源元件属性对话框

（7）单击“Part Fields”其他元件参数标签，如图 7-12

所示，全部修改为“*”，取激励源默认值。

(8) 单击“OK”按钮，使设置参数有效。

(9) 如图 7-13 所示，移动鼠标到 U1 的 2 脚连线上，按下左键，放置一个初始化激励源。

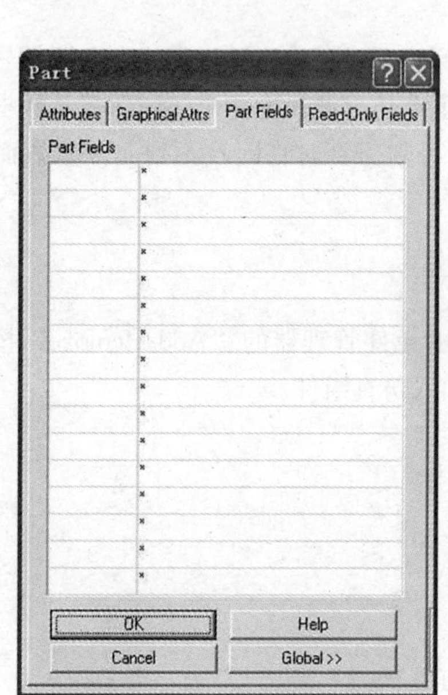

图 7-12 设置“Part Fields”参数

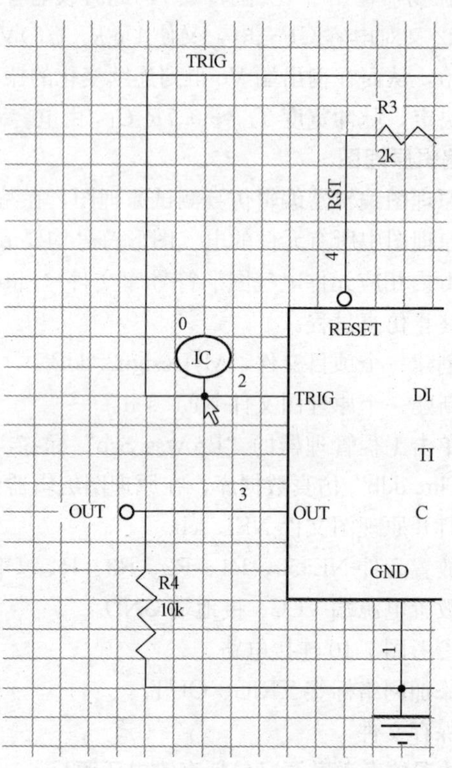

图 7-13 放置初始化激励源

四、放置节点网络标号

在需要观察电压波形的节点上，放置节点网络标号，网络标签 TRIG、OUT 已经放置在触发端和输出端，以便观察到指定节点的触发端和输出端电压波形。

五、选择仿真方式并设置仿真参数

(1) 在原理图编辑窗口内，单击“Simulate 仿真”菜单下的“Setup 设置”命令（或直接单击主工具栏内的“仿真设置”工具），弹出图 7-14 所示的进入“Analyses Setup”仿真设置窗口，选择仿真方式及仿真参数。

(2) 在“General”通用标签属性设置页，设置“Active Signals”活动的信号为“OUT”、“TRIG”。

(3) 右下角的“SimView Setup”仿真查看设置中，单选“Show Active Signals”显示活动信号。

(4) 单击“Transient/Fourier”标签，设置“Start Time”开始时间为“0”，“Stop Time”停止时间为“1.5ms”，“Step Time”跳步时间为“5.0μs”，“Maximum Step”最大跳步为“5.0μs”，其他瞬态设置如图 7-15 所示。

(5) 单击“OK”按钮，使设置有效。

六、执行仿真操作

在原理图编辑窗口内，单击“Simulate 仿真”菜单下的“Run 运行”命令（或直接单击主工

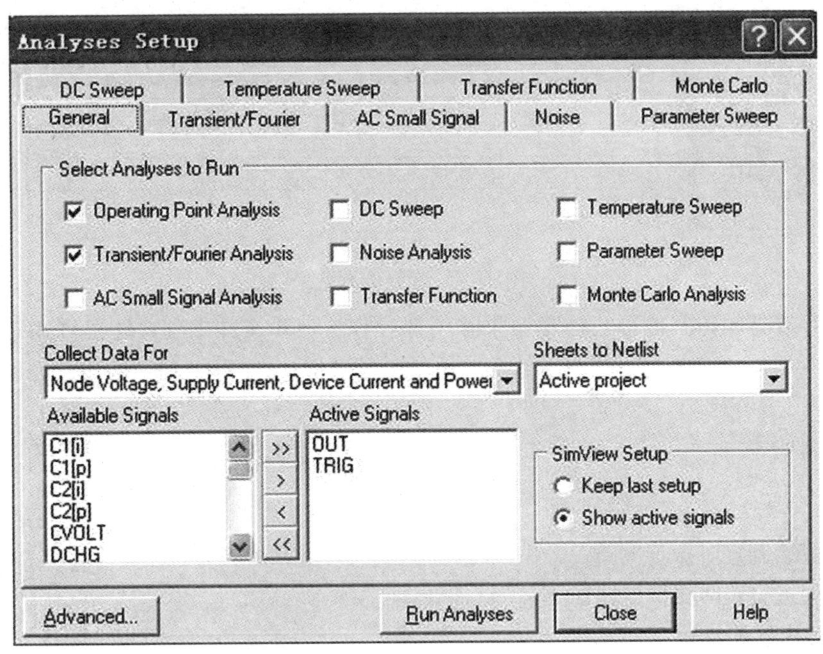

图 7-14 设置仿真参数

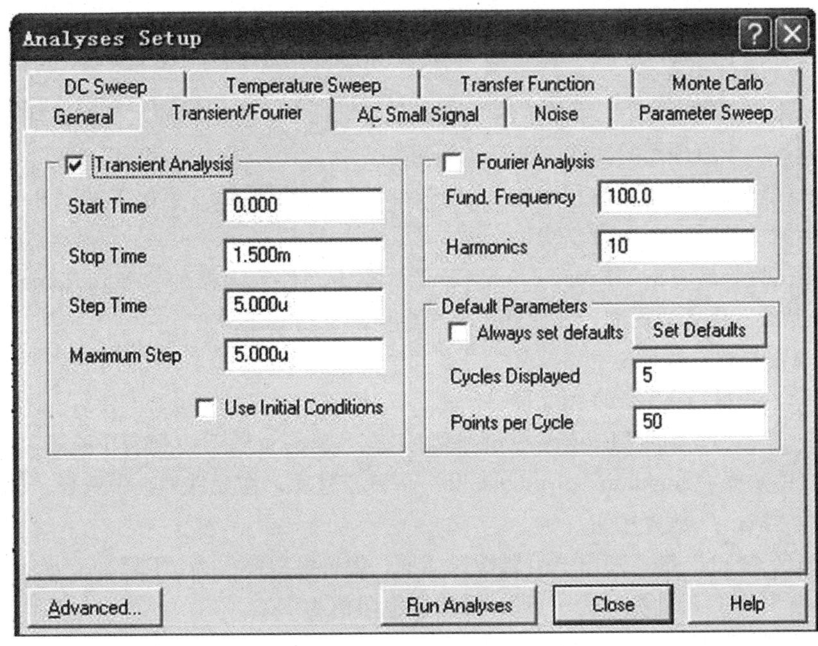

图 7-15 瞬态设置

具栏内的“执行仿真”工具）启动仿真过程，等待一段时间后即可在屏幕上看到仿真结果。

七、观察仿真结果

(1) 仿真操作结束后，自动启动波形编辑器并显示仿真数据文件（.sdf）的内容（或在“设计文件管理器”窗口内，单击对应的 .sdf 文件）。

(2) 在波形编辑器窗口内，如图 7-16 所示，观察仿真结果，若不满意，可修改仿真参数或元件参数后，再执行仿真操作。

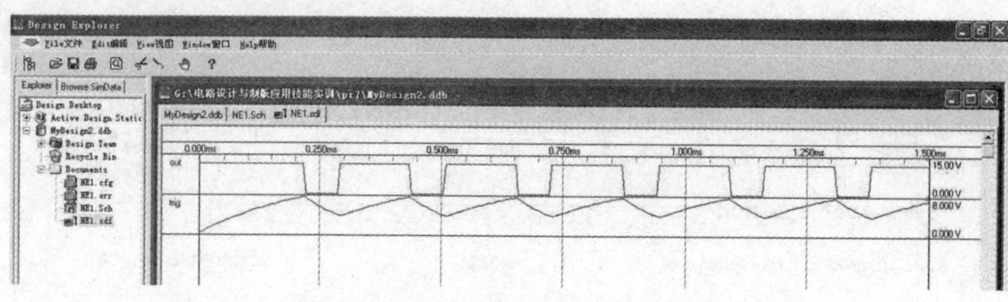

图 7-16　观察仿真结果

（3）保存或打印仿真波形。仿真结果除了保存在？. sdf 文件中外，还可以在打印机上打印出来。

技能训练

一、训练目标

（1）学会绘制定时振荡电路。

（2）学会进行定时振荡电路仿真。

二、训练内容和步骤

1. 创建一个项目

（1）启动 Protel 99SE 软件。

（2）新建一个项目文件 Simulate1. ddb。

2. 新建一个原理图文件

（1）单击执行“File 文件”菜单下的“New 新建”命令，弹出新建文件对话框，选择原理图文件类型，创建一个原理图的文件“Sheet1. sch”。

（2）选择新建的原理图文件“Sheet1. sch”，执行“Edit 编辑”菜单下的“Rename 重命名”命令，将选中的文件重新命名为“NE1. sch”。

（3）单击工程管理器的“Browse Sch”标签，单击元件管理器的“Add/Remove”按钮，选择添加“Sim. ddb”仿真数据库，在原理图编辑器中加入仿真组件。

3. 在原理图绘制定时振荡电路

（1）打开“NE11. sch”原理图文件。

（2）单击工程管理器的“Browse Sch”标签，在“Browse”下拉列表中选择“Library”库，在库列表窗口中选择“Simulation Symbols. lib”仿真符号库，在元件列表中选择“RES”。

（3）单击“Place”放置按钮。

（4）按键盘“Tab”键，弹出电阻属性对话框，设置电阻序号为“R1”。

（5）(Part Type) 元件参数为“1k”，即设置电阻值为 1kΩ。

（6）单击“OK”按钮。

（7）移动光标选择好位置后，单击放置一个电阻元件。

（8）移动鼠标再放置 R2（1kΩ）、R3（2kΩ）、R4（10kΩ）。

（9）放置 2 个电容，C1（0.1μF）、C2（0.01μF）。

（10）在库列表窗口中选择“TIMER. lib”仿真符号库，在元件列表中选择“555”，单击“Place”放置按钮。

（11）按键盘“Tab”键，弹出元件属性对话框，设置集成电路序号为“U1”。

（12）单击“OK”按钮，移动鼠标到合适位置，放置一个集成电路“555”。

（13）放置电源端 VCC，放置接地端 GND。

（14）放置网络标签 OUT、TRIG 等。

（15）参考图 7-10，连接电路。

4. 放置仿真激励源

（1）单击“Simulate 仿真”菜单下的“Source 激励源”下的“+12Volts DC”命令。

（2）移动光标，选择在电阻的左边的合适位置，单击放置一个直流激励源。

（3）放置电源端 VCC 与直流激励源正端连接，放置接地端 GND 与直流激励源负端连接。

（4）单击“Simulate 仿真”菜单下的“Source 激励源”下的“1kHz Pulse”脉冲激励命令。

（5）按键盘“Tab”键，弹出激励源元件属性对话框。

（6）在元件属性中，设置元件序号 Designator 为“IC1”，参数 Part Type 为“0”，元件库参考为“. IC”，其他保持默认。

（7）单击“Part Fields”其他元件参数标签，全部修改为“*”，取激励源默认值。

（8）单击“OK”按钮，使设置参数有效。

（9）移动鼠标到 U1 的 2 脚连线上，按下鼠标左键，放置一个初始化激励源。

5. 选择仿真方式并设置仿真参数

（1）在原理图编辑窗口内，单击“Simulate 仿真”菜单下的“Setup 设置”命令（或直接单击主工具栏内的“仿真设置”工具），弹出图 7-14 所示的“Analyses Setup”仿真设置窗口，选择仿真方式及仿真参数。

（2）在“General”通用标签属性设置页，设置“Active Signals”活动的信号为“OUT”、“TRIG”。

（3）右下角的“SimView Setup”仿真查看设置中，单选“Show Active Signals”显示活动信号。

（4）单击“Transient/Fourier”标签，设置“Start Time”开始时间为“0”，“Stop Time”停止时间为“1. 5ms”，“Step Time”跳步时间为“5. 0μs”，“Maximum Step”最大跳步为“5. 0μs”，其他瞬态设置如图 7-15 所示。

（5）单击“OK”按钮，使设置有效。

6. 对电路进行 ERC 检查，修正错误

（1）单击“Tool 工具”菜单下的“ERC 电气规则检查”命令。

（2）设置检查项目。

（3）单击“OK”按钮，完成 ERC 检查。

7. 运行仿真

单击“Simulate 仿真”菜单下的“Run 运行”命令，运行仿真器，得到仿真结果（见图 7-16）。

更改电阻参数，再次单击“Simulate 仿真”菜单下的“Run 运行”命令，运行仿真器，得到新的仿真结果。

8. 分析仿真结果，结束仿真